"十二五"国家重点图书
市政与环境工程系列丛书

城市水环境规划治理理论与技术

赫俊国 李相昆 袁一星 等编著

张 杰 主审

哈尔滨工业大学出版社

内 容 提 要

本书阐述了城市水生态与水环境系统，介绍了城市水资源计算与评价的方法，规定了城市水环境规划原则及方式，讲述城市水环境污染成因、污染物迁移转化规律和环境容量的推算方法，分析城市水环境的水质评价方法，最后介绍城市点源污染处理技术及城市水环境修复技术，并提出创新的城市用水模式与城市节水体系。全书共分10章。第1章城市水生态与水环境系统；第2章城市水资源与城市水循环；第3章城市水环境规划；第4章城市水环境污染与水环境容量；第5章城市水环境质量评价；第6章城市点源污染处理技术；第7章城市水环境修复技术；第8章城市水环境中雨水利用技术；第9章创新的城市用水模式；第10章城市水经济与水文化建设。

本书可作为高等学校城市水资源专业、给水排水专业和环境工程专业的本科生、研究生教材，也可作为相关专业工程技术人员、管理人员的参考书。

图书在版编目(CIP)数据

城市水环境规划治理理论与技术/赫俊国编著. —哈尔滨：哈尔滨工业大学出版社,2012.4(2021.11重印)
ISBN 978-7-5603-3516-2

Ⅰ.①城… Ⅱ.①赫… Ⅲ.城市环境:水环境–环境规划 Ⅳ.①X321

中国版本图书馆 CIP 数据核字(2012)第 044404 号

责任编辑　王桂芝　贾学斌
封面设计　卞秉利
出版发行　哈尔滨工业大学出版社
社　　址　哈尔滨市南岗区复华四道街10号　邮编150006
传　　真　0451－86414749
网　　址　http://hitpress.hit.edu.cn
印　　刷　黑龙江艺德印刷有限责任公司
开　　本　787mm×1092mm　1/16　印张 22.75　字数 554 千字
版　　次　2012年4月第1版　2021年11月第5次印刷
书　　号　ISBN 978-7-5603-3516-2
定　　价　45.00元

(如因印装质量问题影响阅读,我社负责调换)

前　言

水是不可替代的资源,是人类生活和生产活动中最基本的物质条件之一。城市工业、农业灌溉、水产养殖、交通航运、旅游等各项事业的发展,都必须在保护和利用好水资源的基础上进行。因此,水对城市及其经济的发展具有很重要的作用。由于历史原因以及城市污水厂与污水管网建设不配套、运行资金缺乏、监督体制不完善等诸多因素,尤其是缺乏对健康水循环的科学认识,使得我国江河流域普遍遭到污染,城市水环境污染问题日益严重。虽然近年来城市污水处理设施基础建设速度加快,但我国水环境质量还远没有得到改善,甚至在很多地区还在退化。

基于这种背景,本书把城市水健康循环理念作为指导思想并贯穿全书,对城市水生态与水环境系统进行描述,着重介绍了城市水资源计算与评价方法和城市健康水循环理论、城市水环境规划原则及方式、城市水环境污染及污染物的迁移转化规律和环境容量的推算方法、城市点源污染处理技术及城市水环境修复技术、城市水环境的水质评价方法,最后提出创新的城市用水模型与城市节水体系及举措,提倡建立良好、和谐的城市水经济与水文化。

本书的出版得益于我们密切跟踪本专业领域的发展趋势和最新动态,并能够在教学、科研、实际工程中坚持并将近年来参与的中国科学技术中长期发展规划(2006—2020)的战略研究的部分内容、撰写人员主持或参加的"十一五"国家重大水专项和科技支撑计划项目的部分研究成果及国家其他各类科研项目获得的最新科研成果融入本书,尤其得到中国工程院张杰院士提出的健康城市水生态系统模型及城市健康水循环的理念与理论支持,使本书与当前环境保护的工作实践和行业的发展趋势密切结合。而且很荣幸的是,通过多方的支持,本书已列入"'十二五'国家重点图书出版规划项目"及"黑龙江省精品图书出版工程项目(2011)"。

参加本书撰写的人员有:哈尔滨工业大学市政环境工程学院赫俊国(第1、5、6章),李相昆(第2、9章),袁一星(第3、4章),李建政(第7章),北京工业大学李军(第8章),北京市市政工程设计研究总院于德强(第10章)。

本书在撰写过程中得到了兄弟院校及相关专家的指导和帮助,在此表示衷心的感谢。由于国内外关于此方面的研究尚处于探索研究阶段,加之作者水平所限,难免有疏漏及不当之处,诚挚希望广大读者批评指正。

作　者

2012 年 3 月

目 录

第1章 城市水生态与水环境系统 ··· 1
  1.1 城市生态系统 ··· 1
  1.2 城市水生态系统 ··· 6
  1.3 城市水环境系统 ·· 12
  1.4 中国城市水环境问题 ·· 17

第2章 城市水资源与城市水循环 ··· 21
  2.1 水圈 ·· 21
  2.2 水循环 ·· 21
  2.3 水资源的定义、特性与国内外概况 ································ 25
  2.4 水资源分类与计算工作内容 ······································ 30
  2.5 水资源的计算方法 ·· 31
  2.6 地下水资源估算 ·· 36
  2.7 水资源总量的计算 ·· 43
  2.8 水资源评价 ·· 46
  2.9 水资源水质评价 ·· 49

第3章 城市水环境规划 ··· 53
  3.1 城市水环境功能区的划分与功能介绍 ······························ 53
  3.2 城市水环境形态与组合方式 ······································ 57
  3.3 城市水环境规划原则与方式 ······································ 60
  3.4 城市河流的景观规划设计 ·· 64
  3.5 城市中适宜水环境面积的确定 ···································· 73

第4章 城市水环境污染与水环境容量 ······································· 78
  4.1 城市水环境质量标准 ·· 78
  4.2 城市水环境污染 ·· 79
  4.3 污染物在水体中的迁移与转换 ···································· 87
  4.4 水环境水质模型 ·· 92
  4.5 水环境容量计算 ··· 110

第5章 城市水环境质量评价 ·· 117
  5.1 水质评价概述 ··· 117
  5.2 地表水水质评价 ··· 118
  5.3 地下水水质评价 ··· 133

第6章 城市点源污染处理技术 ·· 141
  6.1 影响城市水体的主要点污染源 ··································· 141

6.2　城市污水生物处理工程技术 …………………………………………………… 142
6.3　活性污泥法 ………………………………………………………………………… 150
6.4　生物膜法 …………………………………………………………………………… 158
6.5　污水的厌氧生物处理技术 ………………………………………………………… 166
6.6　氧化沟污水生物处理技术 ………………………………………………………… 177
6.7　废水生物脱氮除磷技术 …………………………………………………………… 182
6.8　膜生物反应器技术 ………………………………………………………………… 188
6.9　污水处理的稳定塘处理技术 ……………………………………………………… 195
6.10　剩余污泥的厌氧消化处理 ……………………………………………………… 200
6.11　有机固体废弃物的生物处理技术 ……………………………………………… 203
6.12　城市固体废弃物的堆肥技术 …………………………………………………… 209
6.13　城市生活垃圾的卫生土地填埋 ………………………………………………… 217

第7章　城市水环境修复技术 ……………………………………………………… 224
7.1　城市水面恢复 …………………………………………………………………… 224
7.2　城市河流水系修复 ……………………………………………………………… 225
7.3　城市湖泊、水库水体修复 ……………………………………………………… 231
7.4　湖泊、水库水体污染的生物修复 ……………………………………………… 238
7.5　受污染地下水的修复 …………………………………………………………… 258
7.6　城市其他水域系统生态修复 …………………………………………………… 266
7.7　污染土壤的净化修复 …………………………………………………………… 268

第8章　城市水环境中雨水利用技术 ……………………………………………… 279
8.1　城市雨水利用的含义与意义 …………………………………………………… 279
8.2　国内外城市雨水利用 …………………………………………………………… 284
8.3　雨水利用系统 …………………………………………………………………… 288
8.4　雨水收集与截污工程 …………………………………………………………… 289
8.5　雨水调蓄 ………………………………………………………………………… 298
8.6　雨水处理与净化技术 …………………………………………………………… 300
8.7　雨水自然净化技术 ……………………………………………………………… 303
8.8　雨水综合利用系统 ……………………………………………………………… 306
8.9　雨水水文循环途径的修复 ……………………………………………………… 308

第9章　创新的城市用水模式 ……………………………………………………… 313
9.1　创新的水资源利用模式 ………………………………………………………… 313
9.2　城市节水 ………………………………………………………………………… 322
9.3　节制用水 ………………………………………………………………………… 337

第10章　城市水经济与水文化建设 ……………………………………………… 340
10.1　城市水经济建设 ………………………………………………………………… 340
10.2　城市水文化建设 ………………………………………………………………… 345

参考文献 ……………………………………………………………………………… 353

第1章　城市水生态与水环境系统

1.1　城市生态系统

城市是一个在稳定地域内的人口、资源、自然环境和社会环境通过各种相生相克关系建立起来的人群聚居地。从生态角度来看,城市是一个以人类生活和生产活动为中心,由居民和城市环境组成的自然、社会和经济的复合城市生态系统。城市的自然和物理组成是其赖以生存的基础;城市各部门的经济活动和代谢过程是城市生存发展的活力和命脉;人的社会行为和文化理念是城市演变和进化的动力。

城市生态系统占有一定的环境地段,包含生物和非生物组成要素,还包括人类和社会经济要素。这些要素通过物质-能量代谢、生物地球化学循环以及物质供应和废物处理系统,形成一个有内在联系的统一整体。研究城市生态系统,就是从生态学的角度研究城市居民的心理和生理活动与城市环境的关系,了解城市生态系统的结构、功能、特征后,按照城市生态系统的调控原则来保持城市持续稳定发展。

1.1.1　城市生态系统的科学内涵

20世纪20年代,美国芝加哥学派创始人帕克(Robert Ezra Park)提出了人类生态学和城市生态学的思想,开创了城市生态学研究的先河。按《环境科学词典》定义,城市生态系统是"特定地域内的人口、资源、环境通过各种相生相克的关系建立起来的人类聚居地或社会、经济、自然的复合体"。该领域以城市为研究对象,以社会调查及文献分析为主要方法,以社区即自然生态学中的群落、邻里为研究单元,研究城市的集聚、分散、入侵、分隔及演替过程、城市竞争、共生现象、空间分布格局、社会结构和调控机理,认为城市是人与自然、人与人相互作用的产物。城市是人口集中的地区,属于自然环境的一部分,但它本身并不是一个完整、自我稳定的生态系统。城市生态系统中生存着植物和动物,其作用已不再是系统的生产者,大多是起到城市景观绿化作用。由于城市中缺乏分解者,造成城市消费品的大量堆滞,系统的食物链破坏,使城市环境日益恶化,生态失衡。因此,城市生态系统是个很不完善的人工生态系统。

1.1.2　城市生态系统的组成与结构

城市生态系统是一个多层次、多因素、多功能的随机动态的人工生态系统,是一个庞大复杂的组合生态体系。它包括三个子系统:自然生态系统、经济生态系统和社会生态系统,各子系统下面又分为不同层次的次级子系统。这些子系统之间按照特定的形态结构和营养结构组成了城市生态系统,如图1.1所示。

自然生态系统从自然环境的角度研究人类活动与城市的相互关系和影响。生态系统以

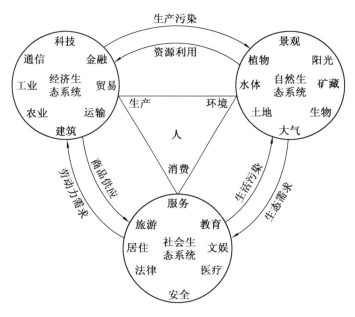

图 1.1　城市生态系统结构示意图

环境问题为中心,它包括自然能源子系统(太阳能、风能、潮汐能……)、矿产子系统、水环境子系统(地表水、地下水、降雨)、大气气候环境子系统、土地环境子系统、动植物子系统、景观绿化子系统等。自然生态系统是城市居民赖以生存的基本物质环境,它以生物和环境的协同共生及环境对城市活动的支持、容纳、缓冲及净化为特征。

经济生态系统以生产问题为中心,从经济发展的角度研究城市生态系统。它包括工业生产子系统、农业生产子系统、交通运输子系统、邮电通信信息子系统、商业金融子系统、建筑子系统、人工能源子系统(电、煤、油)等。经济生态系统涉及生产、分配、流通和消费的各个环节,它以物资从分散向集中的高密度运转,能量从低质向高质的高强度集聚为特征。

社会生态系统从社会学的角度研究城市与人类活动的关系。社会生态系统以人口问题为中心,包括人口子系统(劳动力、就业、年龄结构、流动)、住宅子系统、防灾减灾子系统、公共安全子系统、文化教育子系统、医疗保健子系统、供应子系统、污染治理子系统、社会心理学子系统等。社会生态系统涉及城市居民及其物质生活和精神生活的诸方面,它以高密度的人口和高强度的生活消费为特征。社会生态系统是人类在自身活动中产生的,主要存在于人与人之间的关系上,存在于意识形态领域中。

自然生态系统、经济生态系统、社会生态系统等三个亚系统是不可分割的。人的活动贯穿于整个生态系统的各个过程中。从生态经济角度讲,整个系统又可归结为环境—生产(经济)—消费(社会)三者之间的链式结构,而人是该链式结构的中心。

城市存在于一定的区域范围,占有一定的空间位置,并具有某种形态结构。从城市的构型上看,城市的外貌除了受自然地形、水体、气候等影响外,更要受城市形成的历史、文化、产业结构、民族、宗教,甚至受到人的兴趣等人为因素的影响。一般城市的总体构型有同心圆结构、棋盘结构、辐射型结构、卫星城结构及多中心镶嵌结构等。除城市构型外,城市的人口密度、功能分区和交通桥梁、道路等都是描述形态结构的因素。

从营养结构看,城市生态系统是以人类为中心的复合生态系统,系统中生产者——绿色植物的量很少,消费者主要是人,而不是其他动物,分解者微生物亦少。因此,城市生态系统不能维持自给自足的状态,需要从外界供给物质和能量,从而形成不同于自然生态系统(图1.2(a))和农村系统(图1.2(b))的倒三角形营养结构,如图1.2(c)所示。

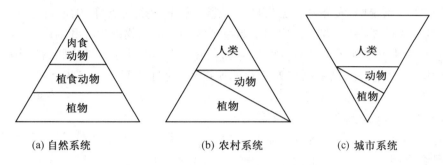

图1.2 不同类型生态系统的营养结构

城市生态系统的营养物质如水、空气、食品等的加工、输入、传递过程都是人为因素在起主导作用。特别是在现代城市中,其生态系统的营养物质传递媒介主要是金融和货币政策经济规律起着决定性作用,可以认为城市生态系统的营养结构主要是城市的经济结构,包括城市产业结构、能源结构、资源结构和交通结构。经济结构又决定着城市的人口结构(城市生态系统的主要生物结构)和城市的形态结构(城市生态系统的空间结构)。同时,经济结构又是制约城市环境状况的主要因素。所以,研究城市生态系统的中心问题是研究城市的经济结构,把握住这一中心环节,对于城市规划、管理以及城市的环境保护工作都是极为重要的。

1.1.3 城市生态系统的特点

城市生态系统是一个结构复杂、功能多样、巨大而开放的复合人工生态系统,与自然生态系统相比,城市生态系统具有如下特点。

1. 城市生态系统以人为主体

城市生态系统是由人所控制的系统,政治、社会、心理、美学观点等个人行为因素对系统有很大的影响,其功能由社会、经济、政治、自然等综合因素而非单纯的自然环境因素所控制。人工生态系统从其他自然生态系统获得资源,维持平衡。人工生态系统平衡失调与社会和文化的变化有关,自然生态系统的平衡失调与基因变异、长期的气候或其他环境变化有关。

2. 城市生态系统是一个开放的系统

这是由系统的不完全性和寄生性所决定的。城市生态系统中人口消费者密集,生产者和分解者不足,生态环节不健全,自然资源严重不足,必须依靠外界输入大量的食物和能源,才能维持高速运转的生长状态,是个典型的非独立生命系统。外界输入城市生态系统的能量和物质,在系统内通过人类的生产和生活实现流通转化,逐级消耗,从而维持系统的功能稳定。而人类生产的产品和生活产生的大量废弃物,大多也不是在城市内部消化、消耗和分解的,而是必须输送到其他生态系统中去消化。这种与周围其他生态系统高速大量的能流和物流交换,主要靠人类活动来协调,使之趋于相对平衡,从而最大限度地完善城市生活环境,满足居民的需要。正是城市生态系统的这种非独立性和对其他生态系统的依赖性,使得城市生态系统显得特别脆弱,自我调节能力很低。

3. 城市生态系统是人类的自我驯化系统

在城市生态系统中,人类一方面为自身创造了舒适的生活条件,满足自己在生存、享受和发展上的许多需要;另一方面又抑制了绿色植物和其他生物的生存和活动,污染了洁净的自然环境,反过来又影响了人类自身的生存和发展。人类驯化了其他生物,把野生生物圈在一定范围内,同时把自己也限制在人工化的城市里,使自己不断适应城市的环境和生活方式,这就是人类自身驯化的结果。

4. 城市生态系统是多层次的复杂系统

城市生态系统划分为自然生态系统、经济生态系统和社会生态系统,其主要特点在 1.1.2 中已经介绍。

1.1.4 城市生态系统的功能

城市是一个高度组织的有机体,具有一切有机体的正常功能。城市的功能就是将外界输入的物流、能流和信息流,经过系统内部的转化作用,最后以一定的方式输出,完成城市生产、生活和还原三大功能。因此,城市好像个加工厂,合理地组织流动、提高加工转化效率、达到稳定运行是城市生态系统研究的目的,如图 1.3 所示。城市生态系统的基本功能包括生产功能、能量流、物质流、信息流四项。

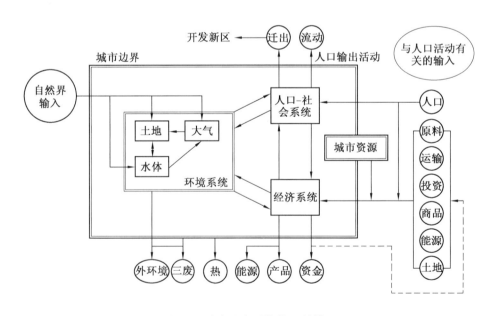

图 1.3　城市生态系统的运转模型

1. 城市生态系统的生产功能

生产功能分生物生产和非生物生产两个部分,体现了人类在城市生态系统生产活动中所具有的主体作用。

2. 城市生态系统的能量流

能量流反映了城市在维持生存、运转、发展过程中,各种能源在城市内外部、各组分之间的消耗、转化,城市经济结构及能源消耗结构对城市环境质量具有较大的影响。

3. 城市生态系统的物质流

城市物质流是指维持城市人类生产、生活活动的各项资源、产品、货物、人口、资金等在城市各个空间区域、各个系统、各个部分以及城市与外部地区之间的反复作用过程。物质流是一种周而复始的循环。

4. 城市生态系统的信息流

城市信息流是城市生态系统维持其结构完整性和发挥其整体功能必不可少的特殊因素。自然生态系统中的"信息传递"指生态系统中各生命成分之间存在的信息流,主要包括物理信息、化学信息、营养信息及行为信息几个方面。生物间的信息传递是生物生存、发展、繁衍的重要条件之一。城市生态系统中信息流的最基本功能是维持城市的生存和发展,是城市功能发挥作用的基础条件之一。

1.1.5 城市生态系统的平衡分析、调控与生态健康

1.1.5.1 城市生态系统的平衡

城市生态系统的平衡是指城市这一自然-经济复合生态系统在动态发展过程中,保持自身相对稳定有序的一种状态。从生态控制理论的观点来看,城市生态系统只有在其整体高度有序化时,才能趋于动平衡状态。此时,系统功能得以充分发挥,系统本身和其中各子系统均具有自我调节能力,系统处于自组织状态,保持各系统的稳定运行。

1.1.5.2 城市生态系统的调控原则

城市生态调控的目标是高效、和谐,调控城市生态系统应遵循以下原则。

1. 循环再生原则

注重物质的综合利用,开发生态工艺、建立生态工厂和废品处理厂等,把废物变成能够被再次利用的资源。如再生纸、垃圾焚烧发电、污水经净化处理后再利用等。

2. 协调共生原则

城市生态系统中的各子系统之间、各元素之间在调控中要保证它们的共生关系,达到综合平衡。共生可以节约能源、资源和运输,带来更多的效益。如采煤和火电厂的配置、公共交通网的配置等。

3. 持续自生原则

城市生态系统整体功能的发挥,只有在其子系统功能得以充分发挥时才能实现。

循环再生原则、协调共生原则和持续自生原则是生态控制论中最主要的原则,也是城市生态系统调控中所必须遵循的原则。

1.1.5.3 城市生态健康内涵

生态系统健康的概念由 Schaeffer 等首次提出,明确的定义是 Rapport 论述的,也是目前被公认的定义。他认为:生态系统健康是指一个生态系统所具有的稳定性和可持续性,即在时间上具有维持其结构组织、自我协调和对胁迫恢复的能力;生态系统健康的定义可通过活

力、组织结构和恢复力三个特征表述。活力表示生态系统的功能,可根据新陈代谢或初级生产力等来测度;组织结构可根据生态系统组分间相互作用的多样性及其数量来评价;恢复力可根据结构和功能的维持程度和时间来测量。

一般来说,健康的生态系统是针对某一个或某一尺度的生态系统而言的。在一个特定区域内一个或单一尺度的健康生态系统并不一定决定其他生态系统或区域复合生态系统是否健康,但是一个或某一尺度不健康的生态系统必然会影响到其他生态系统或区域复合生态系统的健康程度。例如,区域自然系统的破坏势必会导致区域环境恶化,灾害加剧,危害区域社会经济系统并影响人类生态系统的健康程度。所以,为实现城市生态系统的健康良好和可持续发展,作为子系统的水生态系统必须是健康的。

1.2 城市水生态系统

1.2.1 城市水生态系统的定义及内涵

城市水生态系统就是在城市圈内水与各环境要素和社会经济之间相互作用而形成的以水为中心的复杂系统,即雨水与防洪排涝,水资源开发利用与城市供水,水资源配置与生态需水,污染源排放与水环境保护,水污染与水体修复,水景观与人水相亲,水面面积与人居舒适度,人文历史与水文化,水经济与社会进步等方面的城市水问题。

城市水生态系统是依托于城市生态系统中的一个子系统,是在城市这一特定区域内,水体中生存着的所有生物与其环境之间不断进行物质和能量的交换而形成的一个统一整体。由于城市人群与水体的密切关系,城市人群及其与水相关的活动也属于城市水生态系统的涵盖部分。

1.2.2 城市水生态系统的研究内容

1.2.2.1 城市水生态系统的研究思路

通过对生态系统、城市生态系统及水生态系统理论的深入研究和对国内外相关研究成果的回顾、总结与集成,制定城市水生态系统的研究计划,探讨水生态系统内部的循环过程,揭示各要素之间的作用机理,查明水生态系统与社会经济发展的互动规律,界定城市水生态系统的内涵,规范城市水和各环境要素的生态功能,为城市水生态系统建设和管理提供理论依据。

1.2.2.2 健康城市水生态系统建设模式研究

基于城市水生态系统的内涵和相关功能,结合生态城市规划的关键问题,如水源规划、水系规划、水安全、水环境质量及水景观等各项因素,提出健康城市水生态系统建设模式的构建理念及原则,并建立城市水生态系统建设的框架体系。

1.2.2.3 城市水生态系统中的适宜水面面积

根据城市自然环境、社会经济发展水平,考虑城市发展的定位、经济产业格局、社会经济规划目标等因素,综合国际先进经验和国内研究成果,确定城市居民生活和水生态平衡所需要的适宜水面面积。探讨适宜的水面面积对城市局域气候的影响程度，为生态城市中的水生态系统规划提供技术指导和理论依据。

1.2.2.4 城市水生态系统中最佳水面组合形式

水面主要形式通常有河道和洼陷结构两类，其中河道包括沟、渠、溪、河等；洼陷结构包括自然湖、人工湖、水库、水塘、水池、水坑和湿地等。在"以人为本"的现代城市规划建设理念中，水面形式决定城市规划布局和经济社会发展趋势，城市水生态系统中最佳水面组合形式必须根据城市的地形地貌、水系的分布格局、城市发展的总体规划、供排水系统、城市土地利用方案、历史文化传统等具体情况，进行合理的选择，为城市生态系统建设提供基础资源条件和水安全保障。

1.2.2.5 城市水生态系统安全保障体系

水是生命的保障，但是如果管理不善，也会成为城市的灾害。城市水生态系统安全体系主要包括城市防洪排涝体系、供水保障体系、枯水期生态用水量保障体系、城市水环境保护体系。近年来，随着城市化率的提高，大量城市边缘的村庄和农田被划归城市，城市水系范围的扩大及下垫面的改变给城市的防洪和排涝带来很大压力。在城市安全体系中，协调统一河湖防洪标准与城市排水标准，确定合理的水文分析计算方法，制定安全的城市防洪排涝体系十分必要；城市供水是城市社会经济发展的首要保障，必须解决城市供水问题；论证枯水期城市河湖的引水能力，制定保障河湖水系的环境用水量和生态需水量方案；根据城市水环境功能区划，确定城市水生态系统的最大安全纳污容量，研究定量化计算模式，为城市水质安全提供技术支持。

1.2.2.6 城市水生态系统景观、文化、经济建设的概念和目标

水生态系统景观的建设要体现"以人为本"和"人水相亲"的主旨，参照城市的规划格局和水域功能特点，挖掘城市历史文化传统，建设城市水景观，实现水景观与城市文化的和谐统一。同时，利用人们亲水的观念，大力发展涉水经济，如高级豪华型别墅群、涉水游乐场等，充分发挥水经济的作用。

1.2.2.7 城市水生态系统中水环境保护及污染水体的生态修复途径

调查分析城市的污染成因，提出水环境质量保护的技术途径，研究城市洼陷结构中生物对污染物的截留效应以及不同尺度河道对污染物质的净化效应。通过现场监测和实验手段，研究河道沿岸不同水生植物对水体中典型污染物质的吸附和截留规律，分析水生植物对污染水体的净化效应，探讨城市水生态系统的修复途径。

1.2.3 健康城市水生态系统模型

1.2.3.1 城市水生态系统物质平衡分析

城市是水环境和水资源及其他物质和能量消耗的最大潜在用户。大量的水、粮食和其他物资从城市周边地区输入城市，经过居民消费之后，再进入污水中排入城市排水系统，排入受纳水体，如图 1.4 所示。

这种模式在城市规模较小时并没有显出多大缺陷和危害，人们可以尽情享受城市的便

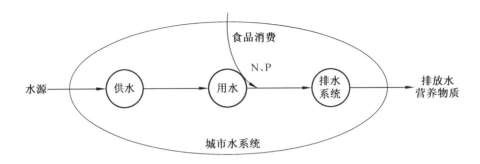

图1.4 传统城市水系统的物质平衡

捷和舒适。然而,随着城市居民的增加,需要输入的水和粮食的数量随之大幅增长,越来越多的污水排入水体,造成了水体的污染和水资源与营养物质的流失。而这些营养物质,例如自然界中的磷是十分有限的。2002年中国人口约为12.8亿人(不含中国香港、澳门和台湾地区)。其中约39.1%居住在城市。大量增长的城市居民给中国所有660个城市的水资源和水环境带来巨大的压力。2002年,中国城市生活污水量为243亿 m^3。如果能够回收其中的1/3,就能够解决今后10~15年的城市缺水问题,此外,污水中含有的大量氮磷营养物质也是相当可观的。因此,在中国的许多城市,尤其是像北京、广州等这些特大城市,城市污水是极为宝贵的水资源,不应该予以废弃。污水应该而且必须回用和再循环,以解决缺水和水污染问题。

1.2.3.2 健康城市水生态系统模型

中国工程院院士张杰指出解决现行物质短缺和人类可持续发展问题的唯一出路是建立循环型社会,其中水的再循环利用是基础。在这样一种新的城市水系统中,水在排放至城市下游之前已经被利用了多次。城市排水系统为城市提供再生水,起到分解者的作用,而且通过排放高质量的处理水将社会用水与水的自然循环联系起来。这样,将降低城市需水量,下游水体水质也得到保护免于被污染。

此外,如图1.5所示,整个城市水系统类似于自然界水循环和氮磷循环,城市的物质流形成了反馈循环的闭环系统,城市可以用很少的新鲜水量就满足城市用水之需,同时也维持了自然界生态系统的物质循环规律。

1.2.4 城市水生态系统的营养结构、功能特点及基本特征

城市水生态系统作为城市生态系统的组成部分,其营养结构与功能特点也具有自然和社会两个方面的属性和特征。

1.2.4.1 城市水生态系统的营养结构

城市水生态系统的生产者在生态特征上与城市陆生生态系统差别很大。对生物学的自然生态系统而言,生产者除一部分水生高等植物外,主要是体型微小但数量惊人的浮游植物。这类生产者的特征是代谢率高、繁殖速度快,种群更新周期短,能量的大部分用于新个体的繁殖,因此,生物量低。对城市这样的人工生态系统,水生态系统中很多营养物质来自人为因素,如城市污水的排入、固体废物堆积、暴雨雨水的汇入等,其生产者的主要来源已不

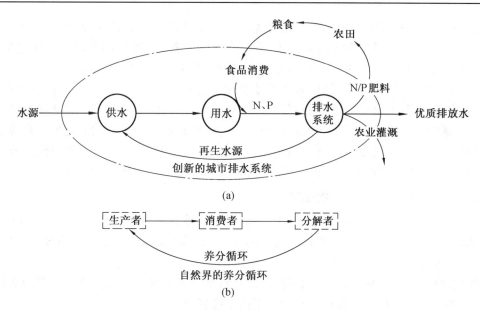

图 1.5 健康的城市水生态系统模型

再仅局限于自然生态系统中的水生植物。

城市水生态系统的自然消费者一般也是体型较小,生物学分类地位较低的变温动物,新陈代谢过程中所需要的热量比常温动物少,热能代谢受外界环境变化的影响较大。城市水生态的社会群体即人类的消费,主要包括居民生活用水、工业生产用水、城市市政综合用水等方面。这部分消费群体所消耗的不仅仅是水域中的"营养成分",更重要的是对水量的占用。对水的过量消耗使得大量水生动植物丧失了栖息地,水生态系统将会出现萎缩。

自然分解者在城市水生态系统中作用较差,很大程度上只是依赖水体中部分浮游生物通过自溶来完成物质循环的功能。大量的分解者应该是城市水生态系统的社会消费者,即人类通过人工作用,对系统内废物进行分解,如污废水治理、固废的处理等。

城市水生态系统自然营养结构中物质循环和结构单一,其生产、消费和分解者均很薄弱。自然水生态系统在无人为因素干扰的情况下,可实现生产、消费和分解的动态平衡。但是城市水生态系统很大程度受到人为因素的影响,人类在生产、消费和分解三者中均有参与。因此,若系统中生产和消费过量,而分解不足,则使得城市水生态系统中营养物质过剩,水量变化不定,水体环境恶化,造成城市水生态系统功能萎缩,甚至枯竭。

1.2.4.2 城市水生态系统的功能特点

与城市中其他生态系统相比,水生态系统对光能的利用率比较低。据奥德姆(Mdum)对佛罗里达中部某温泉的能流研究,太阳总有效能中的 75.9% 能量不能为初级生产者利用,22.88% 呈不稳定状态,而实际用于总生产力的有效太阳能仅占 1.22%,除去生产者自身呼吸消耗的 0.7%,初级生产者净生产力所利用的光能只有 0.52%。据特兰斯康对俄亥俄州荒地生态能流的研究结果,太阳辐射总能量的 1.6% 为初级生产者利用,用于净生产的光能占总辐射能的 1.2%。荒地生态系统是陆地生态系统中生产力比较低的生态类型,但其光能的有效利用率仍为水域生态系统的 2 倍多。

在城市水生态系统中初级生产转化为次级生产的效率一般在10%以上,不低于城市陆地生态系统。所以,在城市水生态系统中,若除去人为干扰,分解者作用远没有陆生生态系统重要,水域中只有10%~40%的初级生产量是由分解者分解的。

自然水域生态系统中动植物尸体及其排泄物的去向主要有三种:一是通过自溶而归还环境并被重新利用;二是由分解者分解而被重新利用;三是下沉,下沉部分一些被水生生物利用,一些则随水体运动返回上层而被再利用。但在城市水生态系统的河流生态系统中,由于水的流动性较大,系统物质循环的功能比较差、内源性营养少,需要大量外源性营养物质,但又不能超过系统所能承受的阈值,这是河流生态系统在物质循环上的特点。

1.2.4.3 城市水生态系统的基本特征

城市水生态系统属淡水生态系统,主要包括湖泊、水库和河流等类型。其中,河流属于动水环境,能不断地输入营养物和排出废弃物,因此比湖库静水环境的生产力高很多倍。

1. 湖库生态系统

湖泊水库具有十分复杂的生态系统,一般将这个生态系统划分为三个不同类型的区域:湖滨带、浮游区和底栖区,各自拥有不同类型的生物群落。

(1)湖滨带通常生长着大量的草类植物,又称为"草床",是湖泊与陆地交接区域。许多天然湖泊具有大面积的湖滨带,从功能上来说,湖滨带可以有效截留地面径流中的泥沙等悬浮物,吸收地面径流中的营养物质,减少其对湖泊水库水体的影响。另外,湖滨带植物可以为各种动物提供良好的栖息地和大量的食物,促进生态良性循环。但是过度茂盛繁殖的湖滨带植物也会产生大量的有机物,每年大量的根生植物和附着的藻类腐烂后产生的有机物随水体进入湖泊水库,将影响水体水质,甚至加剧富营养状态。

(2)浮游区是湖泊水库水域主体,在浮游区生长着多种水生高等植物,包括沉水植物、浮水植物和挺水植物三类。水生高等植物在生长过程中能够将一部分具有溶解性、悬浮性和沉积性的营养物质吸收固定在植物体内,通过定期收割,移出水体之外,一定程度上降低了水体富营养化水平。植物还能通过与藻类竞争营养,遮挡光线能量,抑制藻类的繁殖生长速度。但是,如果在湖泊水库中,任由水生高等植物自由生长、堆积和腐烂,将导致湖泊水库的沼泽化。

(3)在底栖区,生活着丰富的底栖动物和微生物,起着分解作用,将湖滨带或浮游区产生的各种有机物重新分解,使之变为动植物能够重新吸收的营养因素等,然后扩散传质至表水层或有光层。湖泊水库水生态系统如图1.6所示。

湖泊是地面上长期存水的洼地,其特点是水的流动性和更换速度很慢,故也属于静水生态系统。湖泊的许多生态功能与其形态特性有关,受许多因素制约。

在湖泊的沿岸带内,湖水通常较浅,光照较强,溶解氧含量高,水温高,营养物质丰富,所以沿岸带内聚集着许多动植物,尤其是水生维管束植物和藻类等,生产者极为繁茂,由湖岸向湖心带呈同心圆状分布。在湖泊和池塘的沿岸带除挺水植物、浮水植物、沉水植物外,还生存着大量的浮游动植物和自由生物。湖泊的深水层光线弱,浮游植物光合作用补偿层以下的光强度不能满足藻类光合作用的需要,因此,深水层以异养动物和嫌气性细菌为主。

湖泊有独特的发展过程,从产生到衰老,经过一系列的发展阶段,最后由水域生态系统变为陆地生态系统。在这个演变过程中,湖泊经历了由贫营养阶段、富营养阶段、水中草本

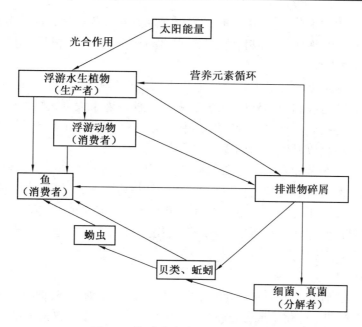

图1.6　湖泊水库水生态系统示意图

阶段、低地沼泽阶段直到森林顶级群落的渐变。但在城市生态系统中,大量人为的因素,使每个阶段的转变时间大大缩短了。

水库虽然是人工形成的水域,但在生态特征上具有与湖泊基本一致的特点。

2. 河流生态系统

(1) 构成。河流包括河槽和在其中流动的水流两个部分。河流属流水型生态系统,是陆地与水体的联系纽带,在生物圈中起着重要的作用。河流生态系统结构示意图如图1.7所示。

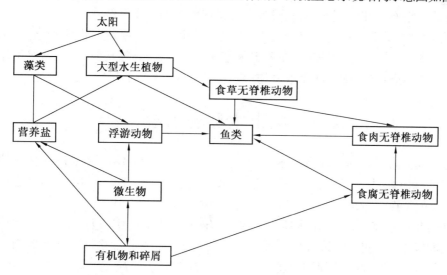

图1.7　河流生态系统结构示意图

①大型水生植物。大型水生植物分为浮游类和根生类,最常见的是水草类,包括有根生

且全部淹没在流水中的水草、有根生但叶子漂浮在水面的水草和完全悬浮漂游的水草,其他主要植物是苔藓地衣和地钱,这些植物虽然没根,但长有一头发状根须,能渗透缠绕在河床石头裂缝之间,适合流水环境。

②微型植物。最常见的是藻类。可以生长于任何适合的地方,如附着在河床石头等介质上,或附着在桥墩、电缆和船舶外体等地方,甚至能够附着于大型植物表面。

③动物。主要包括软体动物、蠕动动物、甲壳类动物、昆虫、鱼类等脊椎动物,以及微型动物,主要是原生动物,以腐生细菌和腐生物质为食物。

④细菌和真菌。细菌和真菌生长在河流的任何地方,包括水流、河床底泥、石头和植被表面等。在河流中起分解者的角色,将死亡的生物体进行分解,维持自然生态循环。

⑤河岸生态。河岸生态是河流生态的重要组成部分。河岸植被包括乔木、灌丛、草被和森林等。河岸植被能够阻截雨滴溅蚀,减少径流沟蚀,并具有提高地表水渗透效率和固定土壤的作用,从而减少水土流失。

(2)基本特征。

①纵向成带。河流因为是纵向流动的,所以很多特征表现为纵向成带特性。一支水系从上游到河口,水温和某些化学成分发生明显的变化,影响着生物群落的结构。但由于城市河流长度有限,这些变化都不太显著。

②生物具有适应急流环境的形态结构。在城市河流中,流速在年际内变化较大,汛期雨水多,上游来水量也较大,故水流较急。河流中生物群落中的一些生物种类,为适应这种生存环境,形成了自身的形态结构上相应的特点。

③相互制约关系复杂。城市河流生态系统受其他系统的制约较大,河段受城市陆地生态系统的制约,城市内陆的气候、植被,尤其是人为的干扰对河流生态产生很大影响。另外,河流在城市生态系统的物质循环中也起着重要作用。它将城市生态系统中制造的多余的废物等输送到城市之外,所以它也影响着城市生态系统周围的生态系统。

④自净能力强,受干扰后恢复速度较快。一般由于河流生态系统具有流动性大,水体更新较快的特点,所以其自净能力较强,在一定限度内,一旦污染源被切断,系统恢复迅速。当然具体情况还与污染物的种类、河流水文和形态特征有关。

1.3 城市水环境系统

环境是以人类为主体的客观物质体系,环境具有一定的特征结构和动态变化规律。在不同层次、空间和地域中,它的结构方式、组成程度、能流和物流的规模和途径以及它的稳定性都有其相应的特点。按组成要素可以划分为水环境、大气环境、土壤环境等。

"水环境"是以水体为载体,由水体中的生命物体和非生命物质(包括水分子)组成的体系。它是生态与环境的重要组成部分。天然状态的水,是在一定自然条件下形成的组分相对稳定的组合体,一般的淡水资源水质较好,利于人的使用。但当人类活动危及水体后,如果水的组分改变,水质变差,可能就不适宜于人类使用,甚至还会对人类的生活、生产带来危害。例如,近年来,媒体经常提及的"大量污水排入地表或地下,导致水体污染,使水环境恶化"。水环境主要由地表水环境和地下水环境两部分组成。地表水环境包括海洋、河流、湖泊、沼泽、池塘、冰川等。地下水环境包括泉水、浅层地下水、深层地下水等。水是构成环境最基本的要素之一,是人类社会赖以生存和发展的最重要的资源,也是水生生物生存繁衍的基本条件。

1.3.1 城市水环境系统的构成

水是一切生物生存的基础,是人类生活和生产活动中最基本的物质条件之一,它具有不可代替的特点。城市工业和生活用水、农业灌溉、水产养殖、交通航运、旅游等各项事业的发展,都必须在保护和利用好水资源的基础上进行。因此,水对城市及其经济的发展具有很重要的作用。

水作为社会有用的资源必须符合三个条件,即必须有合适的水质、足够可利用的水量以及能在合适的时间满足某种特殊用途。当前在我国许多地区,特别是在城市,由于地理、气候和社会经济等因素,不能完全满足以上三个条件。例如有的城市水量不足,城市水污染问题又加剧了水量不足的矛盾。与此相反,有的城市出现的洪水灾害反映了水资源在不适当的时间和地点过多所引起的有害作用。由于人为活动的强化,这些问题日益严重。

城市水系是整个流域的一部分,参与整体的水文循环过程。此外,城市强烈的水资源利用活动给城市水系又加上了人工的循环系统。整个城市水环境系统如图1.8所示,水环境系统由自然循环系统和水资源利用人工循环系统组成。

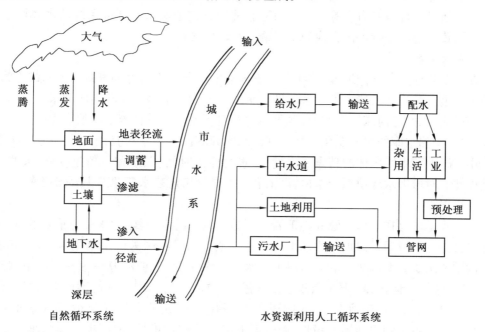

图1.8 城市水环境系统

城市水资源利用的人工循环由城市给水系统和排水与处理系统组成。事实上,在这一系统的运行过程中,除了有部分水量消耗外(如被人体和产品吸收),主要发生的是水质变化过程,即清水→污水→清水的水质循环。因此,城市污水处理系统在水循环中起着决定性作用,对下游水资源的再利用有着重大影响。污水处理达到一定水质要求后,可通过中水系统或土地利用系统实现污水资源的回用,这是解决城市水资源不足的重要途径。此外,对城市边界来说还有上下游的输出输入,通过水质、水量与整体流域和大气联系起来。因此,城市水环境系统是个复杂的开放的生态系统,生态链上任何一个环节发生问题都会引起整个系统的生态失调。例如,在人工循环系统中,许多城市缺乏完善的污水处理系统,导致城市水体发生严重的污染。上游不当的输入也会引起洪水灾害或水污染,这是一种区域性转移问题。因此,必须将城市水环境系统视为流域系统的一部分,才能有效地解决问题。

在自然循环系统中,水体通过蒸发、降水和地面径流与大气水联系起来,可用暴雨径流模型分析。此外,城市水体与地下水通过土壤渗透以及地下补给运动联系起来,一般可用土壤渗透模型和地下水运动模型分析。

从上面对城市水系统的分析可知,除了人工供水或排水管路程系统之外,构成城市水环境系统的水体主要包括地表水和地下水两部分,而地表水又包括河流、湖泊、水和池塘等。下面对其中几种主要水体的特点进行简单的评述。

1. 河流

河流由降水(雨、雪水)径流形成,大小不同的河流形成的相互流通的水道系统称为河系或者水系,而供给地面和地下径流的集水区域称为流域。河流的水文特征包括水流的补给、径流在空间和时间上的变化、洪水的形成和运动情况、枯水特性、河流的冻结以及河床泥沙运动情况等。河流作为环境水体的特点主要表现为:水体流动速度大、水体更新周期短、输运能力强以及自净能力大等。城市河流通常构成整个城市水环境系统的水体网络,是一个城市同其他地区进行水体交换的主要输入和输出途径。

2. 湖泊水库

湖泊是陆地上的低洼地方,终年积蓄着大量的水分而不与海洋直接相连的都称为湖泊。湖泊分为天然湖泊和人造水库或者池塘。水库又分为湖泊型水库和河床型水库。后者是水坝拦截形成,水面与河床形态类似,调蓄能力相对较差。上游径流是湖泊水库的主要补给水源,决定着湖泊水库的水文变化特征。湖泊水库起着调节水系水流,维持局部地方生态的重要作用。湖泊和水库水体的特点是水量大、水力停留时间长、水体更新速度慢,天然湖泊尤其是如此。对城市水环境系统来讲,湖泊和水库是城市地表水资源的主要储存库。

3. 地下水

地下水是储存在土壤孔隙和地下岩层裂隙溶洞中的水,是陆地水资源重要的赋存形式,全球绝大部分水资源是以地下水的形式存在。地下水是我国人民生活用水、城市和工农业用水的重要水源。全国2/3的城市以地下水为供水水源,农业灌溉用水占了地下水总开采量的81%左右。地下水主要来自地表的入渗,土体的过滤作用通常使得地下水具有优良的水质。但另一方面,由于地下水存在于土壤岩石孔隙中,地质条件复杂,调动起来非常困难,同时也由于地下水的更新周期最长,使得地下水一旦被污染后,治理也更加困难。此外,污染物在土壤和岩石表面的吸附,也会给地下水的处理增加难度。

1.3.2 城市水环境系统的功能

水的重要性可以概括为:民以食为天,食以水为先。水是生命的源泉、农业的命脉、工业的血液、城市的生命线、环境的要素、生态环境的支柱和社会安定的因素。水环境带给人类的利益，综合起来可用图1.9来说明。

图1.9 水环境带来的利益

城市水环境系统的功能包括为城市提供水源，城市物流和人流的运输，流域洪水的调节，郊区农业灌溉，生态建设，观赏旅游和水上娱乐活动，城市小气候改善，发展渔业和水产，补给地下水源，直接提供工业冷却水源以及城市地表径流和污水的最终受纳体等。这些功能相互联系、相互竞争、相互促进、各有层次。例如某种功能满足了，则其他功能也就可以发挥了；反之，有些功能的过分利用，如作为污水受纳体的功能被过度利用，则会导致其他许多功能的丧失。以往这一点往往被忽视，早期对污染物的就地排放，在当时看来似乎是经济和方便的，但现在看来它是以其他功能的丧失为代价的。而且，从长远看，经济上的代价也是巨大的。因此确定城市水环境系统的功能时必须全面分析比较，抓住影响功能的主要矛盾，以使功能得到最佳发挥。上述大多数功能均以水质为前提，因此水质控制及其有关的系统是决定水环境系统功能的关键。城市水环境功能的确定，可采用多目标决策的理论和方法进行分析。

中国传统选择城址有"靠山傍水扎大营"的古训，古代建城之所以要靠近水体，主要是出于人类生活对水的依赖，无论中外，此理相通。因此城市中临近水的地区往往是一个城市发展最早的地区。

城市水环境系统所具有的带有功利价值的功能，如供水、航运、排水等功能已被人们所充分地认识和利用，但城市水环境系统所具有的非常重要的环境景观和生态效应却长期以来被人们所忽视。在进行城市水环境的整治时，往往采用传统的设计理念，从工程的角度进行设计和施工。传统的水利工程设计理念一般认为，最好的设计是用最小的投入达到所要求的工程功能（如行洪、航运、发电等）的设计；自然状态是人们无法完全控制的，人工系统（如混凝土结构）是实现工程目的最可靠和最好的手段；城市水利工程的首要目标是保证其工程用途（如排水、防洪）的实现。在这种设计理念的指导下，仅将水区的环境作为工程实体而非城市公共空间来看待，较少考虑城市的整个生态系统、人的心理和生理等方面的环境需求。这一问题对工程技术人员尤其如此，对水环境工程的设计多采取传统的工程措施，即裁弯取直、石砌护坡、高筑岸堤等。此举确能对水环境的整治起到立竿见影的效果,但是对环境及生态的许多方面却会产生缓慢或不易察觉的负面影响,如拉直的岸线改变了自然形成的江河岸线的自然特征和重要功能,同时由于这样的岸线垂直陡峭,落差大,加之水流快,带来了新的安全问题,使人们行走在岸边,有一种畏惧感,不能获得良好的亲水性,使滨水区成为冷冰冰和缺乏生活情趣的堆砌体。更为严重的是这种典型的"U"型硬质岸线结构,完全改变了一个动态的自然景观系统和生态系统,使滨水景观这个城市中最具生态价值的环境失去了活力,成为钢筋混凝土的渠道。因此,工程治理方法只能解决单一的问题,对于丰富而多样的城市滨水景观生态系统的形成存在着严重的缺陷。因而设计者必须以新的观念重新审视城市中这份宝贵的资源,从整个城市的景观系统和整个水环境的生态功能出发,进行滨水区的景观规划,把市民的活动引向水边,以开敞的绿化系统、便捷的交通系统把市区与滨水区联系起来,使滨水景观真正成为城市景观的一个有机组成部分。

城市水环境系统功能的发挥由它的结构和系统的完善程度所决定。当前城市水污染引起的水环境系统功能的衰退,表明了整个水环境系统的失调。解决的办法必须从系统着手,健全系统的结构。一个完善的城市水环境系统是通过水资源人工循环系统、自然循环系统和流域系统联系成体,从而使城市获得较高的经济和环境效益。因此,城市水环境系统是人和自然的复合生态系统,它受到城市活动的干扰和影响。其中人工水循环系统是城市重要的基础设施,它对城市水环境质量的作用越来越为人所认识。恢复城市水环境系统的正常功能,必须首先从改善人工水循环着手。

人工水循环系统是城市重要的流通设施,它是不可缺少的一个生态系统组分。为了认识水环境系统的生态功能,必须首先认识城市生态系统中流通设施的作用。就城市的经济功能来看,城市必须具备生产设施、消费设施和流通设施。流通设施是沟通生产和消费间联系的网络;没有流通就无法进行正常的经济活动,因此它是整个城市的基础条件。城市规模越大、生产分工越细、社会联系越强,对基础设施的要求和社会化程度就越高。因此流通设施是承受城市的发展而发展起来的。在现代高度发达的城市中,各种形式的流通设施形如蛛网,密布于地面和地下,将城市各种组分有机地联成一体,使城市有条不紊地运行。因此,城市的高效率有赖于城市发达和完善的流通设施。

现在,流通网络对城市的重要意义已日益为人们所认识。在这种认识的基础上,许多地区的开发取得了成功的经验。例如,深圳特区在建设之前,首先完成"七通一平",即路通、自来水通、电灯通、电话通、邮通、排水通、煤气通和平整土地,为各项投资创造了良好的环境。由于流通问题较早地解决,工厂建成后能很快发挥经济效益和社会效益,加快了建设步伐。这再次证明了近年来城市建设实践所总结的"先地下、后地面,先市政、后建筑"的经验是正确的。

城市人工水环境系统是重要的网络之一。城市上水供水系统的重要性已为人们所共知,但下水排水系统在我国往往被忽视,以致出现排泄不畅或不当,致使城市窒息。现代城市下水设施的概念已有了发展,处理后排放的污水可以作为城市第二水源开发利用,以缓解水资源短缺的状况。因此下水设施其终端处理厂增加了再生功能,它是使社会、经济、环境三种效益达到高度统一的有效途径。

不受人类活动影响的自然水循环系统一般都处于平衡状态,其结构与功能一致。但是,城市化过程正日益干扰自然水循环的固有系统,改变着它的结构并影响它原有的功能。

1.4 中国城市水环境问题

人类的环境问题,首先是由城市环境体现出来的,水环境问题也不例外,在总体意义上讲,我国的城市水环境问题是我国总体水环境问题的突出表现。我国整体的水环境问题可概括为:洪水灾害多、清洁可用水少、水质恶化。

1.4.1 洪水灾害多

据研究,地球自然灾害的分布有一定的地带性,即存在着两大自然灾害带。其一为环太平洋灾害带,其二为北纬20°~50°灾害带,在这两个灾害带中,拥有全球火山的95%、地震的95%、海啸的70%,是台风和风暴潮最为严重的地带,同时也是暴雨、洪涝、干旱等灾害的集中区和频发地。我国大部分地区位于这两个灾害带内。据世界气象组织(WMO)的研究报告称,在世界范围造成经济损失最大的自然灾害是洪水,其次是干旱;造成对人类生活影响面最大的是干旱,其次是洪水;造成死亡人数最多的也是洪水。我国每年因洪水灾害造成的损失占各种自然灾害总损失的比例估计在60%以上,高于世界平均比例。

从公元前206年至公元1949年的2155年间,我国共发生旱灾1056次,水灾1092次,几乎每两年就要发生一次水灾。仅在20世纪,我国发生的灾难性大洪水灾害就有:1915年的珠江大水,1931年江淮大水,1933年的黄河大水,1954年的江淮大水,1957年的松花江大水,1963年的海河大水,1975年淮河支流洪汝河的大水,1991年的江淮大水,1994年的珠江大水,1995年的辽河、浑河、第二松花江的大水,1996年的西江、洞庭湖大水,1998年长江中下游和嫩江、松花江大水、2000年海南大洪水、2003年淮河大洪水、2010年湖北、丹东大洪水等。这些特大洪水的发生,都使人民生命财产遭受严重的损失。

1.4.2 水资源匮乏

我国旱涝灾害主要发生在七大江河流域。这一地区占全国国土面积的80%以上,流域中下游地区又是人口密集、社会经济发达的区域,是我国最易遭受旱涝灾害的地区。在一般年份,农田受旱面积为$0.06\sim0.2\times10^8\ \text{hm}^2$。从总体上说,因缺水造成的经济损失超过洪涝灾害,其影响和经济损失巨大。20世纪60年代中期以来,华北地区连年干旱,80年代比50年代降水减少大约1/5,河川径流总量减少40%。降水的减少和工农业生产用水量的增大,加之河水调配缺乏统一规划,导致诸如黄河断流逐年严重,旱情加重,同时对流域的生态环境产生了难以估量的影响。由于连年不断的干旱,同时又没能科学地利用充裕的地下库容进行洪水期渗灌蓄水,加剧了我国北方地区以开采地下水为主要水源所导致的严重超采,引起许多环境地质问题。例如,据1993年统计,全国50余座大中城市出现了不同程度的地面沉降问题,并有逐年增加的趋势,造成了不小的经济损失。又例如,渤海湾地区沿岸的许多地区因过量开采地下水而导致海水入侵,造成了土地次生盐碱化;甘肃石羊河下游的民勒盆地,因超采地下水,造成盆地内地下水水位普遍下降3~5 m,使依靠地下水成活的沙枣、柽柳、梭梭、白刺灌丛等防风固沙植被衰亡,草丛退化,导致了生态环境恶化和地质灾害频发,加剧了水资源与环境的困难。

自 1949 年至 1993 年,我国总用水虽以平均每年 100 亿 m³ 的速度递增,但对水资源需求的增长仍与我国有限的水资源之间形成了尖锐的矛盾,如果不采取有效措施,引起重视,我国水资源和环境的问题将更加严峻。如黄河断流已在逐年加重,1997 年达到 200 多天,1995 年和 1997 年断流河段长度超过 680 km。黄河断流不仅对黄河下游用水产生影响,而且对生态环境也将产生难以估量的影响。据分析估计,全国按目前的正常需要和不超采地下水,缺水总量约为 $(300 \sim 400) \times 10^8$ m³。许多地区由于缺水,造成工农业争水、城乡争水、地区之间争水、超采地下水和挤占生态用水的局面。

我国地表水及地下水资源的总量为 28 100 亿 m³,人均占有 2 200 m³,而世界上水资源最丰富的国家,例如加拿大的人均占有水资源量达 12 万 m³;美国虽然较少,但是也有 1 万 m³。我国人均水资源量只有世界平均量的 1/4,且分布极不均匀。从全国各河川流域的水资源(包括地表水和地下水)量来看,我国北方地区的水资源量共有 5 857.43 亿 m³,占全国的 20.85%,南方地区的水资源总量为 22 457.5 亿 m³,占全国的 79.15%,南、北方的水资源量比例为 4∶1。

根据我国人口的增长、粮食的需求以及工业产值的增长,按中等发达国家的技术水平来预测,我国 2050 年的供水需求为:①我国人口将在 2050 年达到 16 亿左右,其中城市人口占 70%,农村占不到 30%;②人均粮食的消耗量今后维持在 400 kg/年的水平,总需求量为 6 400 亿 kg;灌溉定额:水浇地 350 m³/亩(1 亩约为 667 m²),水田为 700 m³/亩;由此得出农业耗水总量将从 1993 年的 4 273 亿 m³ 增至 2050 年的 4 636 亿 m³;③工业增长 50 年的平均速度为 6%~7%,万元产值耗水量将从现在的 100~200 m³,降至 20 m³ 左右,所以工业耗水总量将从 1993 年的 762 亿 m³,增至 2050 年的 2 708 亿 m³。根据以上估算,得出年总需水量的增长速度为 2% 左右,即从 1993 年的 5 700 亿 m³,将增加到 2050 年的 8 937 亿 m³,即增长 60%,占我国可利用水资源量的 28% 以上。如果以每年增供水量 70~80 亿 m³/年,根据国际经验,一个国家用水超过其水资源可利用量的 20%,就很可能发生水危机。

由此不难看出,在我国工农业高速度发展的近二三十年内,水资源问题始终是制约我国经济可持续发展的因素,水资源供需矛盾一直会是很紧张的,假如没有重大的技术措施,缺水的状况将难以改变,因供水不足所产生的环境问题也难以改善。

1.4.3 水质恶化严重

人类的环境问题,首先是由城市环境体现出来的。比如,2005 年松花江水污染对哈尔滨市的影响,2011 年大气中 PM2.5 颗粒含量对北京市的影响等。目前我国城市环境污染以大气和水体污染最为明显,尤其是后者。水是许多污染物质的媒介物,与大气相比,水体扩散条件和自净能力较差,易于富集和迁移。由于经济建设和城市的不断发展,用水量几乎呈指数增长,经过城市新陈代谢作用产生的废水也急剧增长,这些废水直接排回水体,使城市水体实际上成了大量污水的受纳水体,以至有的水体终年发黑发臭,严重影响城市生活环境和水资源的再利用。

截至 2011 年,经过"十一·五"期间的艰苦工作,我国城市废水处理率达到 77.4%,城镇污水处理率达到 60%。工业污水处理合格率达到 94% 以上,同时未经处理或不合格排放的大量废水携带着悬浮物、有机污染物、氮磷等营养性污染物、重金属、有毒有害污染物、难生物降解污染物等,排放到全国的各类江、河、湖、水库、海湾及近海海域,造成了严重的水环境污染。

根据全国监测站的监测结果,我国七大水系的污染程度从重到轻的次序为:辽河、海河、淮河、黄河、松花江、长江、珠江。主要淡水湖泊的污染程度从重到轻的次序为:巢湖(西半湖)、滇池、南四湖、太湖、洪泽湖、洞庭湖、镜泊湖、兴凯湖、博斯腾湖、松花湖、洱海。

据我国七大水系重点评价河段统计,符合《地面水环境质量标准》Ⅰ、Ⅱ类的占 32.2%,符合Ⅲ类标准的占 28.9%,属于Ⅳ类标准的占 38.9%。与前些年相比,七大水系的水质状况没有好转,水污染程度在加剧,范围在扩大。

长江水系水质污染与前些年相比呈加重趋势。水质符合Ⅰ、Ⅱ类水质标准的河段为38.8%;符合Ⅲ类标准的为 33.7%,属于Ⅳ类标准的为 27.5%。主要污染参数为氨氮、高锰酸盐指数和挥发酚,个别河段铜超标。长江干流总体水质虽好,但干流岸边污染严重,干流城市江段的岸边污染带总长约 500 km。

黄河水质污染日趋严重。全流域符合Ⅰ、Ⅱ类水质标准的占 8.2%,符合Ⅲ类标准的占26.4%,属于Ⅳ类标准的占 65.4%。主要污染参数为氨氮、高锰酸盐指数、生化需氧量和挥发酚。黄河的水污染随着水量的减少和沿岸排污量的增加有加重的趋势,托克托到龙门区段的 1 100 余家企业直接排污入黄河,污水量占干流日径流量的 5%。在上游来水量不断减少、下游灌溉引水和城市供水不断增加的情况下,黄河下游的断流日趋严重。黄河 1996年断流时间达 136 天,断流的河道长度近 700 km,约占黄河郑州以下总长的 90%。

珠江水系水质总体较好,但部分支流河段受到污染。水质符合Ⅰ、Ⅱ类水质标准的占49.5%,符合Ⅲ类标准的占 31.2%,属于Ⅳ、Ⅴ类标准的占 19.3%。主要污染参数为氨氮、高锰酸盐指数和砷化物。

淮河水系污染问题仍十分突出,枯水期水质污染严重,重污染段向上游延伸,但一些重点治理的支流的超标程度在逐步降低,符合Ⅰ、Ⅱ类水质标准的占 17.6%,符合Ⅲ类标准的占 31.2%,属于Ⅳ、Ⅴ类的占 51.2%。主要污染指标为氨氮、高锰酸盐指数。颍河和沂河有时达到Ⅳ、Ⅴ类标准。

松花江、辽河水系污染严重。松花江水系污染主要污染指标是总汞、高锰酸盐指数、氨氮和挥发酚。其中,同江段总汞污染严重,水质较差。辽河水系枯水期污染严重,流经城市河段的水质均超过地面水Ⅴ类标准。全水系符合Ⅰ、Ⅱ类水质标准的仅占 2.9%,符合Ⅲ类水质标准的占 24.3%,属于Ⅳ、Ⅴ类标准的占 72.8%。主要污染指标参数为氨氮、高锰酸盐指数和挥发酚,铜、氰化物、汞也有超标现象。

海河水系水污染问题一直比较严重。一些重要的地面水源地已受污染或有污染威胁。包括水库在内,符合Ⅰ、Ⅱ类水质标准的占 39.7%,符合Ⅲ类标准的占 19.2%,属于Ⅳ、Ⅴ类标准的占 41.1%。主要污染指标为氨氮、高锰酸盐指数、生化需氧量和挥发酚。

浙闽的水系水质较好,少数河段受到污染,符合Ⅰ、Ⅱ类水质占 40.7%,符合Ⅲ类标准的占 31.8%,属于Ⅳ、Ⅴ类标准的占 27.5%。主要污染参数为氨氮。

我国内陆河流水质良好,受自然地理条件的影响,个别河段的总硬度和氯化物含量偏高。符合Ⅰ、Ⅱ类水质标准的占 63.5%,符合Ⅲ类标准的占 25.4%,属于Ⅳ、Ⅴ类标准的占 11.1%。

在统计的138个城市河段中,有133个河段受到不同程度的污染,占统计总数的96.4%。属于超Ⅴ类水质的有53个河段,属于Ⅴ类水质的有27个河段,属于Ⅳ类水质的有26个河段,属于Ⅱ、Ⅲ类水质的有32个河段,分别占统计总数的38.4%、19.6%、18.8%和23.2%。城市河段的主要污染指标是石油类和高锰酸盐指数,悬浮物超标现象仍普遍存在。

我国城市地下水质总体较好。与前些年相比,大部分城市水质保持稳定或有所好转,沿海城市的海水入侵状况无明显变化。

据统计,我国80个大中城市的城区和近郊区地下水开采总量为79亿 m^3。城市地下水供需矛盾有所缓和,北京、哈尔滨、石家庄、保定、沈阳、常州、苏州等市地下水位有所回升。但山东淄博、河北沧州等城市地下水超采仍很严重,在年降水量大幅度增加的情况下,沧州市深层地下水位漏斗面积比上年扩大一倍,达2 225 km^2。

我国湖泊水库依然普遍受到污染,总磷、总氮污染严重,有机物污染面广,个别湖泊水库出现重金属污染。

淡水湖泊的主要污染物为总磷、总氮,首要环境问题是富营养化。耗氧有机物污染突出,重金属污染较轻。巢湖的总磷、总氮污染严重,湖泊重度富营养化。滇池的主要污染参数为总磷、总氮、高锰酸盐指数。东太湖水质较好,入湖河道的水质已达地面水质Ⅲ～Ⅳ类标准,沿岸地区污染较重,其中五里湖、梅梁湖富营养化和有机污染最重,主要污染参数是总氮、总磷。

大型水库污染主要发生在近岸水域且有加重趋势。主要污染参数为无机氮、无机磷和石油类。各海区近岸海域无机氮超过一类海水水质标准的超标率依次是:东海83%、渤海60%、黄海58%、南海52%;无机磷超过一类海水水质标准的超标率依次是:东海77%、渤海49%、黄海47%、南海20%;石油类超过一类海水水质标准的超标率依次是:渤海64%、黄海53%、南海33%、东海18%。珠江口海域依然是中国近海污染较重的海域之一,水体中无机氮、无机磷和石油类普遍超标,pH值超标现象普遍。胶州湾海域的无机氮、无机磷和油类也普遍超标。长江口、杭州湾、舟山渔场、浙江沿岸、辽东湾等海域的无机氮和无机磷普遍超标,大连湾、锦州湾海域的无机氮和石油类超标也较严重。

可以看出,以水资源紧张、水污染严重和洪涝灾害为主要特征的水危机已成为我国可持续发展的重要制约因素。我国经济发展到目前水平,必须进一步从人口、资源、环境的宏观视野,对水资源和水环境问题总结经验,调整思路,制定新的战略。

我国城市水生态系统建设和管理现状及存在的主要问题表现在以下几个方面:城市防洪排涝安全得不到保障;城市供水保证率低下;水环境质量严重恶化;水景观不被重视,水面面积严重不足;水文化建设力度不够,水经济得不到开发;城市水资源管理混乱。

1.4.4 健康城市水环境构建原则

健康的城市水生态系统建设模式必须建立在城市水生态系统的科学理论基础上,按照生态学的基本原理和社会经济可持续发展的要求,以提升城市品位和实现人与自然和谐相处为目标。建设模式构建原则如下:城市水安全的原则;水环境质量达到水功能区划或显著改善的原则;水景观与人水相亲和城市布局相适应的原则;水文化充分反映城市文化底蕴的原则;水经济充分开发,并与城市经济格局相协调的原则;城市水资源统一管理的原则。

第 2 章 城市水资源与城市水循环

2.1 水　　圈

水是地球上分布最广泛和最主要的物质。它参与生命的形成和活动,是地表物质和能量转化的重要介质,也是生态与环境系统中最为活跃和影响最深刻的因素,水是人类社会赖以生存和发展的自然资源。地球常被称作"水球"并不是偶然的,至少在太阳系中地球是独一无二的。这主要是由于地球形成的巨大水圈,如果没有水,地球上的生命就不复存在。

水圈是地球系统各类水体的总称,是组成地球系统的一个圈层,包括气态、液态和固态形式的所有水体。水圈中的水以海洋水、陆地水、极地冰川、大气中的水汽及存在于生物体内的生态水等形式构成,各类水体形成一个断断续续围绕地球表层、不停运动和相互联系的水壳。水圈在地球系统中与其他圈层相互联系、相互制约、相互作用,将大气圈、岩石圈、土壤圈和生物圈紧密地联系起来。因此,水圈是地球圈层中最活跃的圈层。

水是地球上分布最广泛的物质之一。地球总表面积 5.1×10^8 km^2,被水所覆盖的面积约为 3.61×10^8 km^2,为地球总表面积的 71%。地球上的水以液态、固态和气态 3 种不同的形式存在于地表、地下和空气中,并通过水循环构成一个连续覆盖地球表层的水圈。

据地球能量和水文循环试验计划 1992 年的研究成果,地球水圈全部水约为 14.59×10^8 km^3,若将其均匀覆盖于地球表面,水深可达 2 860 m。海洋水约有 14×10^8 km^3,占全球水量的 95.95%,为地球水圈的最大组成,由于海洋水含盐,所以人类不能直接利用。南北两极和高山冰川约为 0.434×10^8 km^3,占全球水量的 2.97%,为地球水圈的次大组成,但该部分水亦难以被人类直接利用。全球地下水约为 0.153×10^8 km^3,占全球水量的 1.05%。河流、湖泊、沼泽等地表水约为 36×10^4 km^3,大气水约为 1.55×10^4 km^3(其中分布在海洋上空的大气水约为 1.1×10^4 km^3,陆地上空的大气水约为 0.45×10^4 km^3),生物水约为 2 000 km^3,这些水合计约占地球水量的 0.03%。尽管地下水、河川等地表水、大气水及生物水在水圈中所占比例甚小,但其对人类的意义却至关重要。

2.2 水　循　环

2.2.1 水文循环

地球上各种形态的水总是处于不断的变化中,这种变化可能是热力作用下的相态转换,也可能是在重力作用下的斜向运动,或是沿压力梯度、密度梯度的垂直、水平输送,通过蒸发、水汽输送、降水、下渗、径流等过程,分布在地球系统各个层次的水被联结起来,进行周而复始的、跨越各圈层的水分循环,即水循环。水循环涉及整个水圈,并深入大气圈、岩石圈、土壤圈及生物圈,同时通过无数条路线实现循环更替。地球上的各类水体通过水循环形成一个连续而统一的整体,即水圈。

从整个水圈的角度来看,水分循环过程可表述为:在太阳辐射能和地球重力的作用下,水从海陆表面蒸发,上升到大气中形成水汽,水汽随着大气运动而转移,在一定的热力条件下凝结,并降落到陆地和海洋表面,一部分降水在地表被植被截留或被地表土储存,并由植物和地表土蒸发到大气中;另一部分降水到表面形成地表径流和入渗水流,渗入土壤的水以表层壤中流和地下水径流的形式汇合成地向径流进入河道,形成河川径流。储存在地下的水,一部分上升到地表蒸发,部分向深层渗透,在一定的地质构造中以泉水的形式排出。地表水和返回地表的地下水最终都会流入海洋或蒸发到大气中去。

地表系统中的水是通过多种途径实现其循环和相变的,这些途径扩展的范围可以从地表到大气圈对流层的上部(大约15 km),在地壳内向下可以达到1 km的深度。全球性海陆间的水分循环称为水分大循环,是指从海洋蒸发的水分被气流带到陆地上空,凝结形成降水落到地面,经过下渗、产流、汇流等过程再返回海洋的循环。它是由各个海洋和陆地区域的水循环所组成的。水分在海洋及其上空大气之间的循环称为海洋水循环;水分在陆地及其上空大气之间的循环称为陆地水循环。图2.1所示为水循环的概化模型。

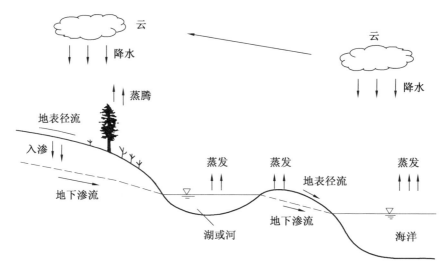

图2.1 水循环模型示意图

据法尔肯马克和弗宙蒙斯泰戈等人的计算结果,全球从海洋中蒸发的水分总量为 $45.3\times10^4 \text{ km}^3/\text{a}$,其中以降水方式仍然回至海洋的水分为 $41.2\times10^4 \text{ km}^3/\text{a}$,由海洋蒸发后输送到大陆去的水分为 $4.1\times10^4 \text{ km}^3/\text{a}$。全球大陆上的蒸发量为 $7.2\times10^4 \text{ km}^3/\text{a}$,大陆上的降水量为 $11.3\times10^4 \text{ m}^3/\text{a}$,由大陆流入海洋的径流量为 $4.1\times10^4 \text{ m}^3/\text{a}$。

按上述的海陆之间的水量平衡计算,每年流经陆地进入海洋的总水量约为 $4.1\times10^4 \text{ km}^3$。但是,其中的70%,即 $2.8\times10^4 \text{ km}^3$ 为洪水径流,一般在一天至数天内渲泄入海,非人力可以挽留。另有 $0.5\times10^4 \text{ km}^3$ 流经无人区(如热带丛林和寒带冻原),无人问津。可供人类利用的稳定径流量只有 $0.7\times10^4 \text{ km}^3$。为了截取洪水径流,人类修筑了许多大大小小的水库。迄今全世界水库的总库容达 $0.2\times10^4 \text{ km}^3$,约占地球总径流量的16.7%,使人类可利

用的淡水量达到 0.9×10^4 km³。然而,受气候和地理条件的影响,地球上不同国家水资源的分布都极不均匀,冰岛、厄瓜多尔、印度尼西亚等国水资源丰富,而北非和中东许多国家,如埃及和沙特阿拉伯等国,降水量少、蒸发量大,因此径流量很小,人均和单位面积土地的淡水占有量都极少。我国也属于缺水国家。

2.2.2 城市水循环及我国城市水循环现状

2.2.2.1 城市水循环

城市水循环又称为水的社会循环。中国工程院张杰院士曾指出,水的社会循环是指在水的自然循环当中,人类循环不断地利用其中的地下或地表径流满足生活与生产活动之需而产生的人工水循环。例如,城市从自然水体中取水,经过净化处理后供给工业、商业、市政和居民使用,用后的废水经排水系统输送到污水处理厂,处理之后又排回自然水体。图 2.2 所示为水的自然循环和社会循环示意图。

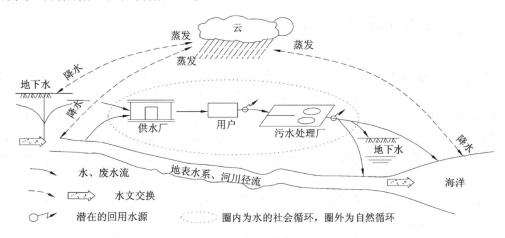

图 2.2 水的自然、社会循环示意图

水的自然循环和社会循环交织在一起,水的社会循环依赖于自然循环,又对水的自然循环造成了不可忽视的负面影响。但是,只要在水的社会循环中,注意遵循水的自然循环规律,重视污水的处理程度,使得排放到自然水体中的再生水能够满足水体自净的环境容量要求,就不会破坏水的自然循环,从而使自然界有限的淡水资源能够为人类重复地、持续地利用。

水的社会循环系统可分成给水系统和排水系统两大部分,这两部分是不可分割的统一有机体。给水系统即是自然水的提取、加工、供应和使用过程,好比是水社会循环的动脉;而用后污水的收集、处理与排放这一排水系统则是水社会循环的静脉,两者不可偏废一方。

美国供水协会曾对 155 座城市进行了调查,结果显示:城市给水水源中每 30 m³ 水中就有 1 m³ 是经过上游城镇污水系统排出的。这有力说明,在水的社会循环中,用后废水的收集与处理系统是能否维持水社会循环的可持续性的关键,是联结水社会循环与自然循环的纽带。

2.2.2.2 我国城市水循环现状

目前,大部分国家的社会水循环状况不容乐观。尤其是发展中国家,情况更加危急。例如我国社会水循环的流量已经占可利用水资源量的50%左右,70%的河流不能满足饮用水源的要求,其中40%河流甚至连农业灌溉用水也不能满足,水环境已经全面恶化。这种社会水循环是不健康的水循环。

在水的社会循环中,由于污水处理昂贵的费用和人们滞后的水环境和水资源保护意识,对使用过的废水大部分没有进行处理或足够深度的处理便排入自然水体中,破坏了地球上极为有限的淡水资源的质量和运动规律,造成江川污染、河床干涸的可怕局面,最终使得大自然不堪重负,水生态遭到破坏,水环境日趋恶化,这又进一步导致在水的社会循环中,取用水越来越难,加剧了水的供需矛盾,直接导致过度开发的恶果,使水的自然循环状况更加恶化。这种相互制约、破坏的循环即是不健康的水循环(unhealthy water cycle),终将造成水资源的不可持续利用,人类的生存和发展受到威胁,人类社会不能持续发展。

2.2.3 城市健康水循环理论与模型

张杰院士在国内首次提出了健康城市水循环的理念与模型。

现今世界各国都不同程度提出了健康水循环的概念。这是针对人们滥排污水和丢弃废物,滥施农药与化肥而提出的,是拯救人类生存空间的根本性战略。

所谓水的健康循环(healthy water cycle),是指在水的社会循环中,尊重水的自然运动规律和品格,合理科学地使用水资源,不过量开采水资源,同时将使用过的废水经过再生净化,使得上游地区的用水循环不影响下游水域的水体功能,水的社会循环不损害水自然循环的客观规律,从而维系或恢复城市乃至流域的良好水环境,实现水资源的可持续利用。

这样,水的社会小循环就可以与自然大循环相辅相成、协调发展,实现人与自然的和谐发展,维系良好的水环境,最终达到"天人合一"的境界,使自然界有限的水资源可以不断地满足工业、农业、生活的用水要求,永续地为人类社会服务,从而为社会的可持续发展提供基础条件。可见,在水的社会循环中,污水处理厂是维持水社会循环得以健康发展的关键,起到净化城市污水、制造再生水的作用。

在一个城市中,水健康循环要求城市要有完备的给排水系统,如图2.3所示。尽量实施节制用水,减少取水量,增加污水深度处理与回用量,维持氮磷营养物的循环,维持城市河湖水体良好的水质,为居民提供洁净的饮用水,创造良好的生活和工作环境。

在流域范围内,水的健康循环就要求上游城市的排放水是再生水,能够成为下游城市水源的一部分,从而河流水系水质保持良好,沿江河都能满足城市的用水要求。这样,流域内城市群之间就能够充分共享水资源及良好的水环境,其简略示意如图2.4所示。

可见,根据水健康循环的理念,水资源的利用将由过去的"取水—输水—用户—排放"的单向开放型流动,转变为"取水—输水—用户—再生水循环"的反馈式循环流程。通过水资源的不断循环利用,使水的社会循环和谐地纳入水的自然循环过程中,实现社会用水的健康循环。这是根据人类社会用水历史的发展和物质循环的实际规律探索水资源可持续利用和水环境保护的切实途径。这种认识恰恰正是可持续发展和循环经济"3R(Reduce、Reuse、Recycle)"原则(减少、再用、再循环)在水资源与水环境领域的生动演绎。

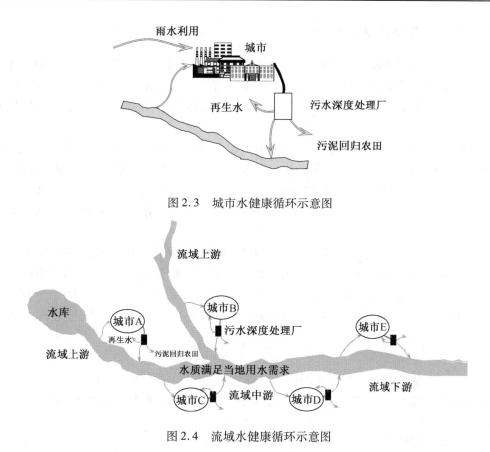

图 2.3 城市水健康循环示意图

图 2.4 流域水健康循环示意图

2.3 水资源的定义、特性与国内外概况

我国是一个水资源贫乏的国家,水资源总量约 2.8×10^{12} m³,人均占有的水资源量约 2 200 m³,只有世界人均占有量的 1/4。近 20 年来,伴随着国民经济的持续高速发展和城市化进程的加快,水资源短缺、水环境污染等问题日益突出。目前,全国 668 座城市中,有 40 多座城市缺水,年缺水量约 60×10^8 m³;全国有近 50% 的河段、90% 的城市水域受到不同程度的污染。中国工程院《中国可持续发展水资源战略研究报告》指出,全国目前缺水总量为 $300 \times 10^8 \sim 400 \times 10^8$ m³,到 2030 年国民经济需水总量将增加 $1\,400 \times 10^8$ m³;1997 年全国废污水排放总量为 584×10^8 m³,到 2030 年全国城市污水排放量将增加到 $850 \times 10^8 \sim 1\,060 \times 10^8$ m³。

由此可见,中国的水资源短缺,不仅有量的匮乏,还有(水)质的"匮乏"。如何合理开发、利用和保护水资源,实现水资源的可持续利用,已成为影响我国经济和社会发展的战略问题,是一项综合性很强的系统工程,涉及水利工程、市政工程、环境工程、生态工程乃至社会学、经济学等诸多学科领域。

2.3.1 水资源定义及特性

水是一种重要的资源。"资源"是一个经济学概念,一般专指自然资源。资源的"自然"性只是一个相对的概念,对于某些资源,已无纯"天然"可言,如水、空气、森林和环境,人类社会活动在很大程度上已干预并参与了其中的自然循环过程。尽管如此,我们仍视其为自然资源。

水资源的定义可由自然资源定义直接引申出来,但时至今日还没有一个统一的描述。2002年10月1日起施行的《中华人民共和国水法》将水资源定义为"地下水和地表水";联合国教科文组织(UNESCO)和世界气象组织(WMO)共同制定的《水资源评价活动——国家评价手册》中则定义水资源为"可以利用或有可能被利用的水源,具有足够数量或可用的质量,并能在某一地点为满足某种用途而可被利用"。

通常,水资源具有广义和狭义之分。广义上的水资源是指能够直接或间接使用的各种水和水中物质,在社会生活和生产中具有使用价值和经济价值的水;狭义上的水资源则是指人类在一定的经济技术条件下能够直接使用的淡水。本书所指的是狭义上的水资源。

水资源具有重要的环境生态功能。水资源除具有资源的一般共性外,还表现出独有的特殊性:

1. 水的不可替代性

水是一切生命形式生存与发展不可或缺的物质,是不可替代的,具有重要的生态环境地位。如果地球没有了水,人类就失去了生存和发展的基础,地球就会成为没有生命的星球。

2. 水的循环性

水资源是在循环流动中形成的动态资源。水循环系统是一个庞大的水资源系统,水资源在被开采利用后,能够得到降水的补给,处在不断的开采、补给、消耗、恢复的循环之中。

3. 可再生性

使用过的水经过有效处理后,可满足排放、循环、循序使用,现代水处理集成技术的发展保障了水资源的再生利用。

4. 稀缺性

稀缺性是现代经济学的一个重要概念,是评判资源价位的要素之一。水资源在地球上具备稀缺性条件,地球上有2/3的面积覆盖着水,但可利用的淡水资源十分有限,只占全球总水量的2.576%,其中包括为维持整个生态系统平衡而不能动用的生态基量。因此,对于人类不断增长的需求而言,水资源是稀缺的或将成为稀缺的。相对于需求而言,水资源的稀缺性主要表现在水量、水质、经济承受能力和水环境四个方面。

5. 空间分布的不均匀性

水资源在自然界中的空间分布上极不均匀。全球水资源的分布最高的和最低的相差数倍甚至数十倍。而我国水资源在区域上的分布同样极不均匀,表现为:东南多,西北少;沿海多,内陆少;山区多,平原少。

6. 利害双重性

水存在利害双重性。从其自然属性来看,水是维持人类社会生存不可缺少和不可替代的物质资源,这是其有利的一面。同时,水又是生态系统中最活跃的因子,是自然界能量转换和物质运输的主要载体,局部过量的水循环会造成危害,如洪涝灾害等。

2.3.2 水资源概况

2.3.2.1 世界水资源概况

地球上的水量是非常丰富的,地球70.8%的面积被水覆盖,其中96.5%是海水。但如果不算两极的冰层、地下冰等,人们可以得到的淡水只占地球上水的很小一部分。此外,有限的水资源也很难再分配,巴西、俄罗斯、中国、加拿大、印度尼西亚、美国、印度、哥伦比亚和扎伊尔9个国家已经占去了这些水资源的60%。从未来的发展趋势看,由于社会对水的需求不断增加,而自然界所能提供的可利用的水资源又有一定限度,突出的供需矛盾使水资源成为世界各国国民经济发展的重要制约因素,主要表现在如下两方面。

1. 总体水量供给严重不足

随着社会需水量的大幅度增加,水资源供需矛盾日益突出,水量短缺现象非常严重。20世纪末,联合国在对世界范围内的水资源状况进行分析研究后发出警报:"世界缺水将严重制约下个世纪经济发展,可能导致国家间冲突。"同时指出,全球已经有1/4的人口面临着一场为得到足够的饮用水、灌溉用水和工业用水而展开的斗争。目前,全球地下水资源年开采量已达到550 km^3,其中美国、印度、中国、巴基斯坦、欧共体、独联体、伊朗、墨西哥、日本、土耳其的开采量之和占全球地下水开采量的85%。亚洲地区,在过去的40年里,人均水资源拥有量下降了40%~60%。预测到2025年,全世界将有2/3的人口面临严重缺水的局面。

统计结果表明,从1900年到1975年,世界人口增长一倍,年用水量则由约400 km^3 增加到3 000 km^3,增长了约6.5倍。其中农业用水从每年的350 km^3 增加到2 100 km^3,约增加了5倍;城市生活用水从每年的20 km^3 增加到250 km^3,约增长12倍;工业用水从每年的30 km^3 增加到630 km^3,约增长了20倍。近年来,由于城市人口的增长,耗水量大的新兴工业的建立,在一些工业较发达、人口较集中的国家和地区已明显表现出水资源严重不足。

2. 水质型缺水问题突出

水源污染造成的"水质型缺水",加剧了水资源短缺的矛盾,更加剧了居民生活用水的紧张和不安全性。1995年12月在曼谷召开的"水与发展"大会上,专家们指出:"世界上近10亿人口没有足够量的安全水源。"

据统计,目前全世界每年约有420 km^3 污水排入江河湖海,污染了5 500 km^3 的淡水,约占全球径流总量的14%以上。随着经济、技术和城市化的发展,排放到环境中的污水量日益增多。预计今后25~30年内,全世界污水量将增加约15倍。特别是在第三世界国家,污、废水基本不经处理即排入地表水体,由此导致全球性的水环境质量日趋恶化。据卫生学家估计,目前世界上有1/4人口患病是由水污染引起的。据不完全统计,发展中国家每年有8 500万人死于饮用不洁净的水,占所有发展中国家死亡人数的1/3。

以欧洲为例,欧盟约有70%的人口居住在城市,城市把大量的废物倾入水体,因此通过供水管道流到居民家中的水的质量每况愈下,东欧的大多数自来水已被认为不宜饮用。工业废物的倾入,河流受污染严重,已严重制约了当地国民经济的发展和人类的生存。

2.3.2.2 中国水资源概况

我国地处太平洋西岸、亚洲东部,其独特的地理位置和三阶梯的地形结构,使我国水资源量和分布在时空上不均匀,常造成干旱、湿润地带甚至多水地带的季节性缺水以及洪涝灾害,如长江流域1998年的洪灾和2000年的旱灾;而空间上的不均匀,则是我国西北和华北地区资源性缺水的主要原因。

降雨量整体减少进一步加剧了我国水资源供需的矛盾。我国近40年的降雨资料表明,20世纪50年代全国平均年降雨量为873 mm,80年代降至838 mm,以每10年12.7 mm的速度递减,在缺水的华北地区降雨量的减少尤其明显。

另外,我国水资源空间上的分布与全国人口、土地、产业布局和其他资源的分布存在着很大的不匹配性,见表2.1。加上人口持续增长和经济高速发展,使得我国水资源社会分布与社会需求间的矛盾愈加突出。其主要表现在:一是供求总量更加不平衡,需水量增长速度超过可供水量的增长速度,供水状况趋于恶化;二是北方和沿海工业发达地区等地域性水资源供求矛盾日趋突出,将严重制约社会经济的发展;三是巨大的人口压力对发展耕地灌溉事业提出更紧迫的要求,而工业城市将是增加用水量的主要部门。用水量骤增,将对农业灌溉用水构成严重的威胁,部门用水矛盾更加尖锐。

据预测(表2.2、表2.3),到21世纪30年代在需水量实现零增长之前,全国需水总量将可能达到$7\,000 \times 10^8 \text{ m}^3$,比目前需水量增加$2\,000 \times 10^8 \text{ m}^3$左右,平均每年需增加可供水量近$100 \times 10^8 \text{ m}^3$。

表2.1 中国水资源与人口、耕地、矿产资源等组合状况

区 名	水资源量 /10^3 m³	人口 /万人	耕地 面积/10^4 km²	耕地 平均水量 /[m³·(km²)⁻¹]	45种矿产资源价值/亿元	工农业产值/亿元
东北	1 529.0	9 993	1 623.8	9 417.0	5 123.17	5 039.0
华北	1 685.2	30 333	2 984.4	5 646.0	23 598.41	12 398.0
西北	2 235.1	8 018	1 147.0	19 486.5	5 054.42	1 997.5
北方	5 449.3	48 344	5 755.2	9 462.2	33 776.0	19 434.5
比例/%	18.84	42.41	60.15		58.96	42.11
西南	12 751.8	22 286	1 381.7	92 292.0	18 156.88	4 743.3
东南	9 259.2	43 370	2 430.5	38 097.0	5 355.99	21 972.4
南方	22 011.0	65 656	3 812.2	57 738.3	23 512.87	26 715.7
比例/%	80.16	57.59	39.85		41.04	57.89

表 2.2 我国 21 世纪上半叶总需水量预测(流域)

流域片	总需水量/10^8 m^3					
	2000 年	2010 年	2020 年	2030 年	2040 年	2050 年
全国	5 815	6 395	6 933	7 267	7 459	7 599
松辽河	537	593	670	734	792	809
海滦河	464	485	517	538	548	557
淮河	759	836	908	962	985	1 016
黄河	441	473	515	528	541	548
长江	1 919	2 144	2 321	2 433	2 502	2 561
珠江	802	909	993	1 033	1 045	1 055
东南诸河	335	359	378	387	390	392
西南诸河	82	92	102	106	108	109
内陆河	476	504	529	545	548	553

表 2.3 我国 21 世纪上半叶总需水量预测(部门)

年份	农业用水			工业用水			城镇生活用水			合计用水量 /10^8 m^3
	用水量 /10^8 m^3	增长率 /%	比率 /%	用水量 /10^8 m^3	增长率 /%	比率 /%	用水量 /10^8 m^3	增长率 /%	比率 /%	
2000	4 848	−0.41	85.0	665	3.34	11.7	189	3.56	3.3	5 702
2010	4 653	−0.13	79.5	929	3.64	15.9	268	2.69	4.6	5 850
2030	4 530	−0.43	65.8	1 899	3.00	27.6	456	2.38	6.6	6 885
2050	4 157		49.9	3 436		41.3	730		8.8	8 323

目前我国各种水库的总库容量已达到 $4~660\times10^8$ m^3,江河引水工程的引水量为 $3~125\times10^8$ m^3,可控水量共 $7~625\times10^8$ m^3,约占全国河川径流总量 2.7×10^{12} m^3 的 28%,而实际用水量为 $5~192\times10^8$ m^3,约为全国水资源总量 2.8×10^{12} m^3 的 18.54%。其中,各类蓄水工程供水量只有 $1~355\times10^8$ m^3,约占总供水量的 26.1%,江河引水工程供水量占 61.2%,地下水供水量占 11.6%,其他工程占 2.1%。

考虑到水资源的生态环境作用,水资源实际可开发量并非水资源可利用量,过量开采势必带来一系列环境问题。从全国情况看,生态环境用水明显不足的流域主要是黄河、海河和内陆河流域。目前全国各流域、各地区的地表径流控制程度和水资源利用量不同,差异很大。北方河流控制程度高,南方较低。像黄河、辽河、海滦河及淮河各流域大中型水库总库容已分别达到全河水量的 84%、73% 和 72%,而长江、珠江仅为 9.1% 和 11%。地表水资源开发利用程度,北方河流除黑龙江和松花江外,多在 40%~60%,而南方河流则不到 20%。有专家指出,河川径流利用率超过 20% 就会对水环境有所影响,超过 50% 就会造成严重影响。依据我国实际情况和影响限定值的因素,河川水资源利用量不能超过河道来水量的 40%。目前我国北方地区大面积出现的地下水位持续下降、土地荒漠化、河道断流、湖泊萎缩等严重生态问题,主要原因是水资源循环使用率过高造成的。

另外,不可忽视的是随着用水量增加,导致污废水排放量同步增加,河道内径流减少将使水源水质等级下降,并由枯水期水质下降转向全年水质下降的发展趋势。季节性突发污染事故逐年上升,导致河流水质恶化乃至劣变为排污沟。水污染特征为从地表水污染向地下水污染发展,从单因素污染向复合污染方面发展,由于水污染、富营养化、底泥污染相互作用,从水体本身污染向包括土壤在内的水环境系统整体污染发展,总体概念是"无水则枯,有水则污"。中国水资源整体质量在下降,水环境污染呈上升趋势,形势十分严峻。

2.4 水资源分类与计算工作内容

2.4.1 水资源分类

给水水源可分为两大类:地下水源和地表水源。地下水源包括潜水、承压水;地表水源包括江河、湖泊、水库和海水。

大部分地区的地下水由于受形成、埋藏和补给等条件的影响,具有水质澄清、水温稳定、分布面广等特点。尤其是承压地下水(层间地下水),其上覆盖不透水层,可防止来自地表的渗透污染,具有较好的卫生条件。但地下水径流量较小,有的矿化度和硬度较高,部分地区可能出现矿化度很高或其他物质如铁、锰、氟、氯化物、硫酸盐、各种重金属或硫化氢的含量较高的情况。

由于受地面各种因素的影响,地表水通常表现出与地下水相反的特点。例如,河水浑浊度较高(特别是汛期),水温变幅大,有机物和细菌含量高,有时还有较高的色度。地表水易受到污染,但一般具有径流量大、矿化度和硬度低、含铁锰量等较低的优点。地表水的水质水量呈现明显的季节性,采用地表水源时,在地形、地质、水文、卫生防护等方面均较复杂。

2.4.2 水资源量计算工作内容

水资源量计算主要内容包括:

(1)基本资料的搜集、审查及分析。这是水资源计算的基础工作,一般应对搜集、调查、刊印的资料和以往分析成果进行整理与审查。选择代表站,对径流资料进行还原计算。

(2)水资源分区。水资源区是水资源评价的基本单元,分区的原则是:保持流域水系的完整性,能反映水土资源条件的地区差异,便于进行水资源计算和供需平衡分析,考虑流域规划和供水规划的需要。

按上述原则,首先应根据河流水系、地形地貌划分大区,再根据水文站分布、水文地质特性及水资源开发利用现状等因素划分小区。为避免分区面积过大或过小,对于大江大河应进行分段,自然条件相似的小河可适当合并。

(3)降水、蒸发量的计算。

(4)河川径流量的分析计算。

(5)地下水补给量的分析计算。分为山丘区和平原区的不同地貌单元,分别计算地下水补给量或排泄量。

(6)区域产水资源量计算。在不同地貌单元的河川径流量、地下水补给量计算基础上，扣除重复量，得出区域产水资源量。

(7)进行不同区域的水量平衡分析。利用水文、气象及其他自然因素的地带性规律，检查水资源计算成果的合理性。

2.5　水资源的计算方法

2.5.1　河川径流量计算

河川径流量通过水文站实测资料计算而得。一般需要计算：多年平均年径流量，年径流量的年际变化特征，不同频率的年径流量以及相应的年内分配特征。实际工作中，常会遇到不同的水文资料情况，即有长期径流资料、短期径流资料、缺乏径流资料三种情况。

区域水资源的分析计算一般是针对省级或省以下行政区域而言的。有时，区域内包含一个或几个完整的流域。由水文站观测资料计算出河川径流量是代表完整流域的。若需对非完整流域(以下均称为设计流域)估算河川径流量，可以从径流形成条件的相似性出发，把完整流域的河川径流量，按面积比或综合修正法处理，移用修正后的数值即为所求值。

1. 影响年径流量及年内分配的因素

研究影响年径流量的因素，对年径流量的分析计算具有重要意义，尤其当径流资料短缺时更为重要。

研究影响年径流量的因素，可从流域水量平衡方程着手。由以年为时段的流域平衡方程式

$$R = P - E \pm \Delta U \pm \Delta W \tag{2.1}$$

可知，年径流量 R 取决于年降水量 P、年蒸发量 E、时段始末的流域蓄水变化量 ΔU 和流域之间的地下水交换量 ΔW 四项因素。前两项属于流域的气候因素，后两项属于下垫面因素(指地形、植被、土壤、地质、湖沼、流域大小等)。当流域完全闭合时，$\Delta W = 0$，影响因素只有 P、E 和 ΔU 三项。

(1)气候因素对年径流量的影响。气候因素中年降雨量与年蒸发量对年径流量的影响程度随地理位置、高程不同而有差异。在湿润地区，降雨量较多，年径流系数较高，年降雨量与年径流量之间具有较密切的关系，这说明年降雨量对年径流量的影响高于流域蒸发的作用。在干旱地区，降雨量少，且大部分耗于蒸发，年径流系数低，年降雨量与年径流量的关系不很密切，降雨和蒸发都对年径流量起着相当大的作用。

以冰雪补给为主的河流，其年径流量的大小主要取决于前一年的降雪量和当年的气温。

(2)下垫面因素对年径流量的影响。流域的下垫面因素主要从两方面影响年径流量，一方面通过流域蓄水增量 ΔU 影响着年径流量的变化；另一方面通过对气候因素的影响间接地对年径流量发生作用。说明如下：

① 地形。地形主要通过对降雨、蒸发、气温的影响而间接对年径流量发生作用。山地对水汽的抬升和阻滞作用，使迎风坡降雨量增大。在高山地区，增大的程度主要随水汽含量

和抬升速度而定。由于气温随高程的增加而降低,因而高程增加,蒸发量减小,所以地形对降雨和蒸发的作用,将使年径流量随高程的增加而加大。待到某一高度后,因水汽量减小,降水量反随高度的增加而减小。

② 湖泊。湖泊(包括水库在内)一方面通过对蒸发的影响而间接影响年径流量,另一方面通过对流域蓄水量的调节而影响年径流量的变化。

湖泊增加流域的水面面积。由于陆面蒸发小于水面蒸发,因此湖泊的存在增加了蒸发量,从而使年径流量减少。这种影响可用公式表示为

$$\Delta R = \Delta E = (E_水 - E_陆)f \tag{2.2}$$

式中　　ΔR——年径流量的减少量;

ΔE——由于湖泊影响使蒸发量的增加量;

$E_水, E_陆$——分别为水面、陆面的蒸发量;

f——湖泊率,即湖泊面积与流域面积之比。

在干旱地区,由于$(E_水 - E_陆)$的数值较大,所以湖泊对减少年径流量的作用较显著;在湿润地区,由于$(E_水 - E_陆)$的数值较小,所以湖泊对年径流量的影响较小。

另外,湖泊增大了流域的调节作用,使ΔU值加大,对年径流变化发生作用。有湖泊的流域与无湖泊的流域相比,在$\Delta U > 0$的多水年份,湖泊可以多储蓄部分水量,使年径流量减小;而在$\Delta U < 0$的少水年份,湖泊则多放出一部分水量,使年径流量增大,因而,湖泊起着减缓年径流量年际变化的作用。

③ 流域大小。流域可看做一个径流调节器,输入为降水,输出为径流。一般随着流域面积的增大,径流量的变化相应地减小。这是因为:流域面积增大时,地下储蓄水量一般相应加大;随着流域面积的加大,流域内部各地径流量的不同期性也越显著,所起的调节作用就更为明显。

2. 影响径流量年内分配特征的因素

从时段为月的流域水量平衡方程式为

$$r = p - e + \Delta u + \Delta w \tag{2.3}$$

可知,月径流量取决于$p, e, \Delta u, \Delta w$四种因素的数量。当流域完全闭合($\Delta w = 0$)时,月降水量p和月蒸发量e的逐月变化是引起月径流量变化的主要原因。另外,若地下含水层厚以及地面水库、湖泊容积大时,则月径流量变化小,反之则大。对非闭合流域而言,影响因素要多一项Δw,因而还必须考虑流域之间的地下水交换量的影响。

2.5.2 河川径流量的计算

2.5.2.1 有长期径流资料时河川径流量的计算

1. 概述

当资料系列容量$n > 30$年时,一般称为长期资料,可应用数理统计法进行频率计算。

因河川径流是气候的产物,而气候情况虽然年际间有变化,但这种变化只是在平均水平上的摆动,并无增大或减小的明显趋势。因而,河川径流长期变化存在着稳定的变化趋势,因此,认为过去的径流量长期变化的统计规律可以代表未来的变化统计特性是合理的。

用以往长期实测年径流系列来反映未来的年径流变化时,首先应对系列进行可靠性、一

致性和代表性的审查。在满足数理统计法基本要求的前提下,计算出的统计参数才是基本可靠的。

2. 不同频率年径流量的推求

(1)选样。年径流量选样时,一般按多年平均情况,取固定日期作为起点。时段为1年。

(2)频率计算。资料系列容量 $n > 30$ 年时,一般称为长期资料,可直接进行频率计算。频率计算方法可参见相关水文统计方法。

(3)设计频率的年径流量推求。在水资源计算中,按工程设计标准指定频率的河川径流量称保证频率的径流量。

预求设计频率的年径流量时,可从适线法得出的年径流量理论频率曲线上查得,可将相应的统计特征值 Q、C_v、C_s 按以下公式计算,即

$$Q_p = K_p \times Q \tag{2.4}$$

或

$$W_p = K_p \times W_0 \tag{2.5}$$

式中　K_p——指定设计频率的模比系数,根据 C_v、C_s,查皮尔逊 Ⅲ 频率曲线的 K_p 表;

　　　Q,W_0——分别为多年平均的年平均流量及设计年水量。

(4)年径流量变化特征。河川径流量的多年变化,较降水更为剧烈。反映年径流量多年变化的统计特征,可用年径流变差系数,也可用最大最小径流量的倍比值。有时,为了深入揭露河川径流量时序变化特征,则用丰、平、枯水年的周期性和连丰、连枯年的持续性来表示。

我国代表性河流的年径流变差系数及最大最小年径流量倍比关系见表2.4。

表2.4　我国代表性河流年径流量变化特征表

河名	站名	集水面积/km²	系列年数		最大径流量		最小径流量		平均径流量/10⁸ m³	C_s	C_s/C_v	最大与最小年径流量的比值
			实测	延长后	/10⁸ m³	年份	/10⁸ m³	年份				
松花江	哈尔滨	390 536	42	82	847	1932	123	1920	385	0.43	2.0	6.9
辽河	巨流河	129 311	41	41	111	1954	21.1	1943	49.5	0.44	2.0	5.3
滦河	滦县	44 100	50	51	128	1959	16.1	1936	47.5	0.54	2.5	8.0
北运河	通县	2 650	58	62	15.1	1956	0.186	1965	3.84	0.80	2.5	81.2
永定河	官厅	43 402	47	61	32.2	1939	7.16	1930	17.8	0.35	2.5	4.5
黄河	三门峡	688 421	61	61	823	1964	242	1928	504	0.25	2.0	3.4
长江	宜昌	1 005 501	100	100	6 037	1954	3 345	1942	4 530	0.12	2.0	1.8
嘉陵江	北碚	156 142	37	37	998	1964	499	1959	685	0.21	2.0	2.0
赣江	外州	80 948	30	30	1 091	1973	265	1963	682	0.31	2.0	4.1
西江	梧州	329 705	37	37	3 470	1915	1 070	1963	2 240	0.21	2.0	3.2
柳江	柳州	45 785	37	37	589	1968	222	1963	410	0.20	2.0	2.7
富春江	芦茨埠	31 485	37	41	543	1954	173	1979	299	0.29	2.0	3.1
闽江	竹岐	54 500	42	44	842	1937	276	1971	564	0.28	2.0	3.1

3. 河川径流量的年内分配计算

在不同的流域或同一流域上,即使年径流量相差不大,但若年内分布形式不同,对水资源开发工程的选定、工农业及城市生活用水也会带来很大影响。因此,在多年平均及不同频率径流量计算的基础上,尚要研究径流的年内分布,并给出正常或丰、平、枯水年等不同典型年的逐月径流量变化过程,为水资源的开发利用提供必要的依据。

(1) 正常年径流年内分配的计算。正常年河川径流量的年内分布近于多年平均情况,一般采用历年各月径流量的多年平均值表示,或用它与多年平均年径流量的比值来表示。

表 2.5　某站年、月平均流量　　　　　　　　　　　　　单位:m³/s

年份	年平均流量	月平均流量									
		4月	5月	6月	7月	8月	9月	10月	11月	12月	1~3月
1953	40.5	15.3	45.4	98.5	103	205	6.32	4.67	1.52	0.34	0
1954	6.85	2.26	4.38	63.7	5.03	1.02	2.12	3.17	1.02	0.015	0
1955	12.6	5.35	7.65	15.1	65.9	6.71	33.5	13.4	2.69	0.076	0
⋮	⋮	⋮	⋮	⋮	⋮	⋮	⋮	⋮	⋮	⋮	⋮
1964	6.76	8.88	11.2	7.59	4.33	26.7	15.8	5.17	1.13	0.11	0
1965	3.17	7.30	2.44	1.36	7.71	7.01	6.62	4.69	0.66	0.003	0
1966	10.1	9.35	3.34	11.4	15.4	22.9	44.9	9.58	3.98	0.35	0
1967	7.01	27.7	25.8	10.5	8.01	5.69	1.69	1.66	0.44	0.001	0.76
1968	1.66	5.24	1.92	1.23	1.28	2.00	2.52	4.43	0.78	0.005	0.17
⋮	⋮	⋮	⋮	⋮	⋮	⋮	⋮	⋮	⋮	⋮	⋮
1975	4.14	7.38	3.86	19.3	11.1	4.51	1.72	1.35	0.48	0.009	0
1976	1.88	1.41	10.3	8.02	0.71	1.32	0.38	0.14	0.053	0	0
1977	1.70	1.42	2.77	9.01	4.70	1.67	0.14	0.16	0.50	0.001	0
1978	3.61	3.06	8.02	8.57	5.99	12.1	2.91	1.68	0.63	0.010	0
1979	4.47	18.0	4.78	7.56	5.17	6.35	8.65	2.85	0.40	0.005	0
1980	3.16	1.27	4.21	13.2	7.22	1.28	6.31	3.91	0.68	0.015	0
平均	11.6	10.1	14.3	17.8	33.0	34.7	17.8	8.71	1.72	0.072	0.033
占年水量的百分比/%	100	7.3	10.3	12.9	23.9	25.1	12.9	6.3	1.24	0.05	0.03

(2) 设计年径流量的年内分配计算。在一般情况下,径流年内分配的计算时段、计算项目(即指工程要求的项目)和计算方法,应根据各部门对水资源开发利用的不同要求、实测资料情况、径流量变化幅度来确定。

① 计算时段确定和设计时段流量的计算:计算时段的确定与水资源工程要求有关。对城市(镇)供水工程来说,一般取枯水期为计算时段;对灌溉工程来说,一般取灌溉期为计算时段,也可取灌溉期内主要需水期为计算时段;对水电工程来说,枯水期水量和年来水量决

定着发电效益,因此,可取枯水期或年作为计算时段。

当计算时段确定后,就可根据历年逐月的径流资料,统计出时段径流量。之后,进行频率计算。

②年内分配的计算方法:设计年径流量的年内分布,一般采用典型年的年内分配形式,并按设计频率水量控制的倍比缩放法计算,具体可以分为年水量控制和供水期水量控制两种同倍比缩放法计算。

a. 典型年的选择。从实测资料中选择典型年时,应考虑下列两个原则:一是典型年的年水量或供水期水量应与设计频率的水量相近。这是因为两者水量相近,形成条件有可能相差不大,年内分配相似的可能性也比较大。二是应选对供水不利的年内分配年份作为典型年。因为水量相近的年份可能不止一个,选择对供水不利的年份作典型年,则供水可靠性符合实际。

b. 设计年的各月径流量计算方法。具体做法是对典型年的径流过程按倍比值缩放。倍比值 K_T 的计算式为

$$K_T = Q_{TP}/Q_{Tm} \quad (2.6)$$

式中　Q_{TP}, Q_{Tm}——设计时段平均流量和典型年的时段平均流量。

设计年径流量的逐月流量 Q_{ip},计算公式为

$$Q_{ip} = K_T \times Q_{im} \quad (2.7)$$

式中　Q_{im}——典型年中的各月平均流量。

2.5.2.2　有短期径流资料时河川径流量的计算

1. 概述

当资料系列容量 $n = 5 \sim 20$ 时,一般称为短期资料。如直接根据这些资料进行频率计算,求得的统计参数或最后的成果可能具有较大的误差。为了提高计算精度,必须设法展延年、月径流系列。

在水文计算中,常用相关法来展延系列,即建立本站(设计站)的年、月径流资料与参证资料的相关关系,然后利用较长系列的参证资料,通过相关关系来展延设计站的年、月径流资料。参证资料必须与设计站的年、月径流资料在成因上有密切联系;有足够长的实测系列;同时,与设计站年、月径流资料应有一段相当长的平行观测期。只有满足上述三个条件,才能利用参证资料来展延设计站的径流资料。

2. 展延系列的方式

在实际工作中,通常利用径流量或降雨量作为参证资料来展延。

(1) 利用径流资料展延系列。

① 年径流量相关法。当设计站实测年径流量资料不足时,可利用上、下游、干、支流或邻近流域测站的长系列实测年径流量资料来展延系列。其依据是影响年径流量的主要因素是降雨和蒸发,它们在地区上具有同期性,因而各站年径流量之间也具有相同的变化趋势,可以建立相关关系。

② 月径流量相关法。由于影响月径流相关的因素较年径流量相关的因素要复杂。因此,月径流量之间的相关关系不如年径流量相关关系好。因此,用月径流量相关来插补展延径流量时,一般精度较低。

(2) 利用降雨资料展延系列。

① 年降雨径流相关法。在湿润地区,降雨量较多,年径流系数较高,年蒸发及流域蓄水量的各年变幅较小,所以年径流量与年降雨量之间往往存在较好的相关关系。在干旱地区,年降雨量中的很大部分耗于流域蒸发,年径流系数很小。因此,年径流量与年降雨量之间关系微弱,较难定出相关线,插补资料的精度较低。

② 月降雨径流相关法。有时为了展延月径流量,除了建立年降雨径流相关关系外,还需建立月降雨径流相关关系。但是单纯的月降雨径流相关关系一般是不太密切的,点绘数据分布散乱。

2.5.2.3 缺乏径流资料时河川径流量的估算

当径流观测资料少于 5 年时,一般称为缺乏径流资料。这种情况下,虽有些径流资料,若无法进行展延,则设计年径流量及年内分配只有通过间接途径来推求,间接途径只能对某些水文特征值作出粗略的估计,成果的可靠性视具体情况不同,可能有较大的差别。要注意成果的综合平衡分析或进行各种方法成果的对比分析。

1. 水文比拟法

水文比拟法是将参证流域的水文资料分析成果移用或修正移用到设计流域的一种方法。移用的前提是设计流域影响径流的各项因素,与参证流域影响径流的各项因素均相似,或各自然地理因素对所研究的水文特征的影响具有较好的相似性。此种前提存在,可称设计流域与参证流域为相似流域。参证流域必须具备两个条件:相似流域,具有较长期的径流资料。

2. 等值线图法

由于气候特征值(如多年平均的降水量、蒸发及气温等)随地理坐标不同而发生连续的变化,因而这种气候因素被称为分区性因素。利用这种特性就可以在地图上做出它的数值变化的等值线图,该图就反映了某气候特征值的地理分布规律。

影响闭合流域多年平均年径流量的因素主要是降雨和蒸发。所以,该水文特征值也具有地理分布规律。应用水文特征值的等值线图推求缺资料地区的水文特征值,此种方法称为地理插值法。

绘制降雨量、蒸发量的等值线图时,把各观测点的观测值标注在地图中各对应的观测点位置上。但绘制径流深等值线图时,因为径流量是流域面上产生的,因而需把径流深点注在流域内径流深分布的重心上。但在山区流域,径流深随高程增加而增大,径流分布不均匀,径流分布重心则应根据面积形心与径流的分布综合修正确定,也可把径流深点注在流域平均高度处。

2.6 地下水资源估算

计算地下水补给量的方法可以归纳为两大类:一是根据地下水动态观测的资料直接计算补给量;一是按照补、排相等原理,计算地下水排泄量以替代地下水补给量。

山区和平原的地下水补给量组成不同,采用的计算方法也有差异。丘陵地区地下水补给情况介于山区和平原之间,在计算方法上通常归入山区一类。一般山丘区、岩溶山区及黄土丘陵沟壑区(以下统称为山区)地下水资源的计算项目、方法大体相同。平原区、山间盆地平原及黄土台源地区(以下统称平原区)地下水资源的计算项目、方法大体相同。

2.6.1 山区地下水资源的计算

2.6.1.1 概述

在山丘区,由于地下水补给量的观测资料尚不充分,一般按地下水多年平均的排泄量同补给量相等原理,用公式 $U_P = R_g - U_g + E_g$ 可以计算各项排泄量近似作为地下水的补给量。山丘区地下水的总排泄量包括:① 河川基流量 $Q_基$;② 河床潜流量 $Q_潜$,山前侧向流出量 $Q_侧$,山前泉水出露量 $Q_泉$;③ 浅层地下水开采的净耗量 $q_开$;④ 潜水蒸发量 $E_潜$ 等项目。

2.6.1.2 河川基流量计算

山丘区河流坡度陡,河床切割较深,河流是地下水主要的排泄通道。河川基流量基本是通过与河流无水力联系的基岩裂隙水补给的。加之山丘区下垫面的不透水层相对较浅,河川径流中地下径流部分也随着流量过程线的起伏而变化。因此,河川基流量可用分割流量过程线的方法来推求。

(1) 分区基流量计算。

① 代表站的选择。结合区域水利规划的要求,按水系将全区内山丘区划分为若干分区,选择各分区的代表站进行基流量的计算。选代表站的原则:a. 代表站控制的流域应为闭合流域,其面积宜在 200 ~ 500 km² 范围内;b. 选定的代表流域,其下垫面和水文地质的性质,应有足够的代表性;c. 代表站实测流量资料至少应具有包括丰、平、枯典型年在内 10 年以上的资料,且基本不受人类活动的影响。

② 基流分割方法。一般在计算年的逐日流量过程线上,确定汛初洪水起涨点和汛末洪水终止点,将两点连一斜线,则斜线以上部分为地表径流,如图 2.5 所示,其余部分均作为地下径流。如果汛期洪峰不连续,有明显的间歇期,或者汛前、汛末有小洪峰,就应分段用斜线分割法进行分割。

③ 多年平均年基流量计算。若对所有年份河川流量过程线都进行基流分割,则可得到年基流量的系列。于是可直接计算出多年平均年河川基流量值。若挑选若干代表年份(包括丰、平、枯)的流量过程线进行分割,则可根据这些年份的河川年径流量 R 与相应年份的基流量 R_g,绘制 $R - R_g$ 相关图,如图 2.6 所示。

利用 $R - R_g$ 相关曲线图,可查得未分割基流年份的年基流量,并计算其多年平均值。

④ 不同频率的年基流量计算。假定年基流量与河川年径流量有同频率关系,则可根据不同频率的年径流量,利用 $R - R_g$ 相关图查出相应频率的年基流量。

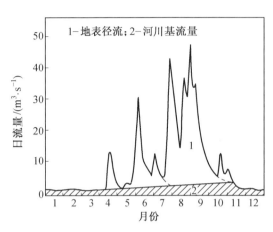

图 2.5　某站逐日平均流量过程线分割示意图　　图 2.6　某站 $R - R_g$ 关系曲线

（2）区域的河川基流量计算。在单站河川基流量计算的基础上，尚需进一步计算整个山丘区的河川基流量。在水文地质条件比较单一的区域，可以用等值线法计算河川基流量。其步骤是：

① 将各代表站的多年平均年基流深 R 标绘于地形图上各站集水面积重心处；

② 参照地形、地貌和水文地质图，勾绘多年平均年基流深等值线图，并量算各等值线间的面积 f_i；

③ 按式（2.8）计算山丘区全区的多年平均年基流量

$$\overline{W}_\text{基} = 10^{-5} \sum_{i=1}^{n} f_i R_{gi} \tag{2.8}$$

式中　$\overline{W}_\text{基}$——全区多年平均年河川基流量，10^8 m^3；

　　　f_i——任意两条等值线间的面积，km^2；

　　　R_{gi}——相邻两条等值线基流深的平均值，mm。

2.6.1.3　河床潜流量

当河床中有松散冲积物时，在其中的径流量称为河床潜流量。河床潜流量未被水文站所测得，故应单独计算，其计算公式为

$$Q_\text{潜} = KIAt \tag{2.9}$$

式中　$Q_\text{潜}$——河床潜流量，m^3；

　　　K——渗透系数，m/d；

　　　I——水力坡度，一般近似用河底坡降代替；

　　　A——垂直于地下水流的潜流过水面积，m^2；

　　　t——过水时间，d。

2.6.1.4　山前泉水出露总量

在地下水资源丰富的山区（尤其是岩溶区），地下水常以泉水形式在山前溢出。对泉水

出露量常通过调查分析法和统计估算确定。一般是选择溢出量较大的有代表性的若干泉,进行调查统计。

统计计算泉水出露总量时,应注意以下两点:

① 对已经开发利用的泉,除应调查现状泉水流量外,还应调查开采量,并将其还原计入现状泉水流量中,以取得天然情况下的泉水流量。

② 若所调查的泉水流量已包括在河川径流量中,则应在分析计算重复量时加以说明,并将重复部分的泉水流量单独列出。

2.6.1.5 山前侧向流出量

山丘区的基岩裂隙水和支流沟谷中的孔隙潜水,主要通过侧向潜流的形式向平原区补给,所以,山前侧向流出量,亦即平原区山前侧向流入的补给量。

山前侧向流出量可用达西公式计算,即

$$Q_{侧} = KIBh \tag{2.10}$$

式中　$Q_{侧}$——侧向流出量,m^3/d;

　　　K——渗透系数,m/d;

　　　I——地下水水力坡度;

　　　h——含水层厚度,m;

　　　B——计算断面宽度,m。

2.6.1.6 山间盆地潜水蒸发量

在土壤毛细管作用下,浅层地下水沿毛细管不断上升,形成了潜水蒸发量。潜水蒸发量的大小,可利用地下渗透仪进行实测。通过实测资料分析,得知潜水蒸发量除了与气候、地形有关外,还与潜水埋深、包气带岩性以及有无作物生长等因素有关。

潜水蒸发的能力取决于气象条件和土壤输水能力。在黏土层中,潜水蒸发最大速率不会超过土壤的最大输水能力 K,即饱和时渗透系数。在沙土层中,潜水蒸发速率小于地表土壤饱和时的最大蒸发速率 E。

潜水蒸发量也可根据地下水埋深变化来计算。当潜水蒸发能力小于土壤输水能力时,可用阿维扬诺夫公式计算,即

$$E_{潜} = E_0 \left(1 - \frac{\Delta}{\Delta_M}\right)^n \tag{2.11}$$

式中　Δ——地下水埋深,m;

　　　Δ_M——潜水蒸发的临界埋深,是指潜水蒸发为零时的埋深;

　　　$E_{潜}$——潜水蒸发量,mm;

　　　E_0——地表土壤饱和时的蒸发量(用 E601 型蒸发皿观测的水面蒸发值来近似代替);

　　　n——与气候、土质有关的指数(一般取 1~3)。

2.6.1.7 浅层地下水实际开采的净消耗量

$$q_{开} = Q_{农用}(1 - \beta_{农}) + Q_{工用}(1 - \beta_{工}) \tag{2.12}$$

式中　$q_{开}$——浅层地下水实际开采的净耗量,m^3;

$Q_{农用}$——用于农田灌溉的实际开采量,m^3;
$Q_{工用}$——用于城市工业、生活的开采量,m^3;
$\beta_农$——井灌回归系数;
$\beta_工$——工业、生活用水回归地下水系数。

对于我国南方降水量较大的山丘区,上述五项资源量相对较小,约占5%以下,一般可不予计算。

2.6.2 平原区地下水资源的计算

2.6.2.1 概述

在平原区,由于有一定的地下水动态观测资料,因而可视资料情况采用上述两类方法计算,相互验证。平原区地下水的总补给量包括降水入渗量 u_p,河道渗漏 $u_{河渗}$,水库(包含湖泊、闸坝)蓄水渗漏 $u_{p库渗}$,渠系渗漏 $u_{p渠渗}$,田间入渗 $u_{p田渗}$,人工回灌 $u_{p人工}$,越流补给 $u_{越补}$ 等项。平原区地下水的总排泄量包括:①向河道的排泄量 R_g;②侧向流出量 $Q_{侧}$;③越流排泄量 $Q_{越}$;④人工开采净耗量 $g_{开}$;⑤潜水蒸发量 $E_{潜}$ 等项目。

平原区地下水资源量可以通过计算总补给量或总排泄量的途径获得。在有条件的地区,也可同时计算两个量,以便互相验证。

2.6.2.2 地下水补给量的计算

平原地区地下水补给量有降水入渗、河道渗漏、渠系渗漏、水库蓄水渗漏、田间入渗、人工回灌、山前侧向流入和越流8项补给。

1. 降水入渗补给量

指降水(包括地表坡面漫流和填洼水)渗入土壤,并在重力作用下渗透补给含水层的水量。计算公式为

$$u_p = 10^{-5} FaP \qquad (2.13)$$

式中 u_p——降水入渗补给量,10^8 m^3;
F——接受降水入渗补给的面积,km^2;
P——多年平均年降水量,mm;
a——多年平均年降水入渗补给系数,当地下水动态观测资料短缺时,可采用接近多年平均年降水量年度的相应值。

2. 山前侧向流入补给量

山前侧向流入补给量,系指山丘区山前地下径流补平原区浅层地下水的水量,可以采用地下水稳定流计算法分段进行计算,参见公式(2.8)。但应注意,计算剖面应尽可能选在山丘区与平原区交界处,若水力坡度甚小(小于1/5 000),则山前侧向流入补给量也可忽略不计。

3. 河道渗漏补给量

在洪水季节江河水位高于两岸地下水位时,河水渗入补给地下水的水量称河道渗漏补给量。

(1)在河道附近无地下水动态观测资料的地区,可以利用上、下游水文站断面实测径流

量之差来计算河道渗漏补给量。当河道两岸地下水文地质条件基本一致,并为双侧渗漏补给时,总补给量为左右侧渗漏量之和,即

$$u_{河渗} = u_{左} + u_{右} \tag{2.14}$$

其中左侧河道渗透量为

$$u_{左} = (\overline{W}_{上} - \overline{W}_{下}) \frac{I_{左}}{I_{左} + I_{右}} \tag{2.15}$$

右侧河道渗透量为

$$u_{右} = (\overline{W}_{上} - \overline{W}_{下}) \frac{I_{右}}{I_{右} + I_{左}} \tag{2.16}$$

式中　$\overline{W}_{上}, \overline{W}_{下}$——河道上、下游断面多年平均年径流量;
　　　$I_{左}, I_{右}$——河道左、右岸地下水水力坡度。

当河道为单侧渗漏补给时,河道渗漏补给量为

$$u_{河渗} = \overline{W}_{上} - \overline{W}_{下} \tag{2.17}$$

(2)地下水达西计算法。当江河水位变化较稳定时,计算公式为

$$u_{河渗} = KIAt \tag{2.18}$$

若江河两岸水文地质条件不相同,则应分别计算两岸的河道渗漏补给。

若江河两岸水文地质条件相同,则可只按单侧岸边断面计算,两倍量即为河段对地下水的补给量。

4. 渠系渗漏补给量

渠系渗漏补给量系指灌溉渠道水位高于地下水位时,渠道水补给地下水的水量。渠系渗漏补给量一般只计算到干、支、斗三级渠道。常见的计算方法有地下水稳定流计算法、经验公式法、渠系入渗补给系数法等。

(1)地下水稳定流计算法。具体计算参见公式(2.8)。

(2)渠系入渗补给系数法。计算公式为

$$u_{渠渗} = mW_{渠道} = r(\eta_{渠系})W_{渠首} \tag{2.19}$$

式中　$u_{渠渗}$——渠系渗漏补给量,10^8 m^3;
　　　m——渠系入渗补给系数;
　　　$W_{渠道}$——渠首引水量,10^8 m^3;
　　　r——渠系渗漏补给地下水系数;
　　　$\eta_{渠系}$——渠系有效利用系数。

5. 水库蓄水渗漏补给量

(1)剖面法。计算公式同式(2.8),但应注意该式适用于计算水库蓄水周边只向库外单侧渗漏的补给量。

(2)出入库水量平衡法。计算公式为

$$u_{库渗} = P_{库} + W_{入} - W_{出} - E + \Delta W \tag{2.20}$$

式中　$u_{库渗}$——水库渗漏补给量,10^8 m^3;
　　　$P_{库}$——水库水面上的降水量,10^8 m^3;
　　　$W_{入}, W_{出}$——入库、出库水量,10^8 m^3;

E—— 水库水面蒸发量，10^8 m^3；

ΔW—— 水库的蓄水变量，10^8 m^3。

6. 田间入渗补给量

田间入渗补给量是指灌溉水进入田间后，渗漏补给地下水的水量。计算公式为

$$u_{田间} = \beta_{田} W_{田} \tag{2.21}$$

式中　$u_{田间}$—— 田间入渗补给量，10^8 m^3；

$\beta_{田}$—— 田间入渗系数；

$W_{田}$—— 进入田间的水量，10^8 m^3，可由渠首引水量乘以渠系有效利用系数得到。

7. 人工回灌补给量

农灌用的人工回灌量，是引进外水注入沟畦或洼地或井中，变为地下水的量。回灌是抽水之逆。人工回灌时，所引的外水量，并非全部补给欲计算的均衡区。设在某一时段内，所引取外水量为 W_1，这笔水量要扣除一部分损耗才能补给本均衡区。此损耗主要是区内外的蒸发损失和区外的渠系渗漏。实际回灌补给量为 $W_2 = W_1 - $ 损耗量。

8. 越层补给量

当深层承压水头大于浅层地下水水位时，通过弱透水层向浅层地下水进行补给，这种补给称为越流补给。

设弱透水层的厚度为 M'，渗透系数为 K'，深浅层的压力水头差为 h_0，按达西公式，在单位时间单位面积的越层水量为

$$\varepsilon = K'I' = K'\frac{h_0}{M'} \tag{2.22}$$

在时间 t 和面积 F 上的越层补给总量为

$$u_{越} = \varepsilon t F \tag{2.23}$$

2.6.2.3　平原区地下水排泄量的计算

按排泄形式可将排泄量分为潜水蒸发、河道排泄、侧向流出、越流排泄和人工开采净消耗等项。

1. 潜水蒸发量

计算公式见式(2.11)。

2. 河道排泄量

当江河水位低于岸边地下水位时，河道即可排泄地下水。计算方法为江河渗漏补给量之反运算。

当山丘区和平原区的出口处均有水文站时，对来自山丘区的平原河道，也可用山丘区分割基流的方法进行计算。首先用平原区出口处实测流量过程，减去上游山丘区出口处实测流量过程，求得平原区的径流过程线，然后仿照山丘区分割基流的方法推求出平原区河川基流量作为平原河道排泄量。

对平原河道，可直接用出口处的流量过程线进行基流分割，求得平原河道的排泄量。

3. 侧向流出量

当区外地下水位低于区内地下水位时，通过区域周边流出的地下水量称侧向流出量。

具体计算方法同山丘区山前侧向流出量的计算。

4. 越流排泄量

当浅层地下水位高于深层地下水位时，浅层水越层排入深层的水量称为越流排泄量。当越流排泄量较小，且资料不全时，可忽略不计。

2.7 水资源总量的计算

在水量评价中，我们把河川径流量作为地表水资源量，把地下水补给量作为地下水资源，由于地表水和地下水相互联系和相互转化，河川径流量中包括了一部分地下水排泄量，而地下水补给量中又有一部分来自于地表水体的入渗，故不能将地表水资源和地下水资源量直接相加作为水资源总量，而应扣除相互转化的重复水量，即

$$W = R + Q - D \tag{2.24}$$

式中　　W——水资源总量，m^3；
　　　　R——地表水资源量，m^3；
　　　　Q——地下水资源量，m^3；
　　　　D——地表水和地下水相互转化的重复水量，m^3。

由于分区重复水量 D 的确定方法因区内所包括的地下水评价类型区而异，故分区水资源总量的计算方法也有所不同。下面分三种类型予以介绍。

2.7.1 单一的山丘区水资源总量的计算

这种类型的地区一般包括山丘区、岩溶山区、黄土高原丘陵沟壑区。地表水资源量为当地河川径流量，地下水资源量按排泄量计算，相当于当地降水入渗补给量，地表水和地下水相互转化的重复水量为河川基流量。分区水资源总量（W）为

$$W = R_m + Q_m - R_{gm} \tag{2.25}$$

式中　　R_m——山丘区河川径流量，m^3；
　　　　Q_m——山丘区地下水资源量，m^3；
　　　　R_{gm}——山丘区河川基流量，m^3。

1. 山丘区地下水资源量的计算

由于直接计算山丘地下水补给量的资料尚不充分，故可用排泄量近似作为补给量来计算地下水资源量（Q_m），即

$$Q_m = R_{gm} + \mu_{gm} + Q_{km} + Q_{sm} + E_{gm} + Q_{gm} \tag{2.26}$$

式中　　R_{gm}——河川基流量，m^3；
　　　　μ_{gm}——河床潜流量，m^3；
　　　　Q_{km}——山前侧向流出量，m^3；
　　　　Q_{sm}——未计入河川径流的山前泉水出露量，m^3；
　　　　E_{gm}——山区潜水蒸发量，m^3；
　　　　Q_{gm}——实际开采的净消耗量，m^3。

据分析，μ_{gm}，Q_{km}，Q_{sm}，E_{gm} 及 Q_{gm} 一般所占比重很小，如我国北方山丘区，以上五项之和仅占其地下水总补给量的 8.5%，而 R_{gm} 占 91.5%。

2. 山丘区河川基流量的计算

山丘区河流坡度陡，河床切割较深，水文站得到的逐日平均流量过程线既包括地表径流，又包括河川基流，加之山丘区下垫面的不透水层相对较浅，河床基流基本是通过与河流无水力联系的基岩裂隙水补给的，因此，河川基流量可以用分割流量过程线的方法来推求，具体方法有直线平割法、直线斜割法、加里宁分割法等。

在北方地区，由于河流封冻期较长，10月份以后江水很少，河川径流基本由地下水补给，其变化较为稳定。因此，稳定封冻期的河川基流量，可以近似用实测河川径流量来代替。

在冬季降水量较小的情况下，凌汛水量主要是冬春季被拦蓄在河槽里的地下径流因气温升高而急剧释放形成的，故可将凌汛水量近似作为河川基流量。

2.7.2 单一平原区水资源总量的计算

这种类型区包括北方一般平原区、沙漠区、内陆闭合盆地平原区、山间盆地平原区、山间河谷平原区、黄土高原台源阶地区。地表水资源量为当地平原河川径流量。地下水除由当地降水入渗补给外，一般还有外区来水的补给，用总补给量减去井灌回归补给量后作为地下水资源量。地表水和地下水相互转化的重复水量有地表水体渗漏补给量，平原区河川基流量和侧渗流入补给量。分区水资源总量（W）为

$$W = R_p + Q_p - (R_s + Q_k - Q_{gp}) \tag{2.27}$$

式中　R_p——平原区河川径流量，m^3；

　　　Q_p——平原区地下水资源量，m^3；

　　　R_s——地表水体渗漏补给量，m^3；

　　　Q_k——侧渗流入补给量，m^3；

　　　Q_{gp}——平原区降水形成的河川基流量，m^3。

1. 平原区地下水资源量的计算

平原区的地下水资源量（Q_p）的计算公式为

$$Q_p = P_r + Q_k + Q_r + Q_L + Q_c + Q_f + Q_e + Q_{wT} \tag{2.28}$$

式中　P_r——降水入渗补给量，m^3；

　　　Q_k——侧渗流入补给量，m^3；

　　　Q_r——河道渗漏补给量，m^3；

　　　Q_L——水库（湖泊、闸坝等）蓄水渗漏补给量，m^3；

　　　Q_c——渠系渗漏补给量，m^3；

　　　Q_f——渠灌田间入渗补给量，m^3；

　　　Q_e——越流补给量，m^3；

　　　Q_{wT}——井灌回归量，m^3。

降水入渗补给量是平原区地下水的重要来源。据统计分析，我国北方平原区降水入渗

补给量占平原区地下水总补给量的53%,而其他各项(未考虑Q_e)之和占47%。

2. 平原区重复水量的计算

平原区地表水和地下水之间重复水量中的地表水体(包括河道、湖泊、水库、闸坝等地表蓄水体)渗漏补给量和侧流渗入补给量前已述及。平原区降水形成的河川基流量与潜水埋深和降水入渗补给量有关,当潜水位高于河水位时,则有一部分降水入渗补给量排入河道,故在其他各项补给量很小的情况下,可用水文分割法近似估算平原区降水形成的河川基流量。而在其他各项补给量占较大比重时,排入河道的地下水量既有降水入渗补给量也有其他补给量。因此,需要将两个量分开,一般采用的方法如下:

(1) 根据平原排涝河道的流量资料,用逐次洪水分割推求平原基流量。

(2) 用降水入渗补给量与总补给量之比值,乘以河道排泄量(排入河道的地下水量)来估算平原区的河川基流量(R_{gp}),计算公式为

$$R_{gp} = Q_R \frac{P_r}{U} \tag{2.29}$$

式中　R_{gp}——河川基流量,m^3;

Q_R——排入河道的地下水量,m^3;

P_r——降水入渗补给量,m^3;

U——地下水总补给量,m^3。

(3) 在侧渗流入补给量和井灌回归量很小的情况下,可估算,即

$$R_{gp} = \frac{P_r}{Q_R Q_s + P_r} \tag{2.30}$$

式中　R_{gp}——河川基流量,m^3;

Q_R——排入河道的地下水量,m^3;

P_r——降水入渗补给量,m^3;

Q_s——地表水体渗漏补给量,m^3。

2.7.3　多种地貌类型的混合区水资源总量的计算

在多数水资源分区内,往往存在两种以上的地貌类型区。如上游为山丘区,下游为平原区,在计算全区地下水资源量时,应先扣除山丘区地下水和平原区地下水之间的重复量。这个重复量由两部分组成,一是山前侧渗量,二是山丘区河川基流对平原区地下水的补给量。后者与河川径流的开发利用情况有关,较难准确定量,一般用平原区地下水的地表水体渗漏补给量乘以山丘区基流量之比估算。全区地下水资源量(W)计算公式为

$$W = Q_m + Q_p - (Q_k + kQ_s) \tag{2.31}$$

式中　Q_m——山丘区地下水资源量,m^3;

Q_p——平原区地下水资源量,m^3;

Q_k——侧渗流入补给量,m^3;

Q_s——地表水体对平原区地下水的补给量,m^3;

k——山丘区基流量与河川径流量的比值。

由于在全区地下水资源量计算中已扣除了一部分重复量,因此,地表水资源量和地下水资源量之间的重复量为

$$D = R_{gm} + R_{gp} + Q_s(1 - k) \tag{2.32}$$

式中　　R_{gm}——山丘区河川基流量,m^3;

　　　　R_{gp}——平原区降水形成的河川基流量,m^3。

全区水资源总量 W 计算公式为

$$W = R + Q - [R_{gm} + R_{gp} + Q_s(1 - k)] \tag{2.33}$$

式中　　R——全区河川径流量,m^3;

　　　　Q——全区地下水资源量,m^3。

2.8　水资源评价

水资源评价是对水资源量与质的评价,即以水资源量计算为基础,评价(或确定)在满足水质要求的前提下,水资源的可利用量或可采量。

水资源估算与评价是针对省或省级以下行政区域而言的,任务是研究区域内降水,蒸发,地表水、地下水之间的转化关系,计算河川径流量及地下水资源量、水质及时空分布特点;以此为基础,依据社会经济、环境等多种因素对水资源的数量、质量及其时空分布特征和可利用前景,做出全面、综合的分析评价。

2.8.1　地表水资源评价

地表可用水资源是指在当前技术经济条件下,因不可能把所有的上游来水或本地产水都加以控制利用,不可避免地要产生弃水、流出、蒸发等,同时还要扣除必需的生态基流量,所以要依据具体情况进行地表水可利用量的评价。

2.8.1.1　地表水可利用量评价问题

1. 可利用水量问题

除当地自然或人工拦蓄及使用部分外,地表水总有一部分(有时是相当大的一部分)水量流出研究区,成为当地的一种损失量。损失量的大小,除与当地自然条件有关外,还取决于当地的经济条件及对水的要求。从目前情况看,企图使当地产水量一点也不损失,几乎不可能,这样做也不经济。由此可见,地表水资源评价是在计算地表水资源量后,还要确定不可避免的损失量,如蒸发、渗漏流失、流出本区(或称弃水),这样来确定最大可利用量,如果因为技术及经济条件不允许水资源进行拦蓄调节和时间上再分配,则可利用的水量就更少。

评价地表水可利用量可按行政区域划分,有全国、省、区和地、市、县的地表水可利用量;按水的存在类型分,有河流、湖泊和水库水资源可利用量评价。

2. 评价内容

(1)确定河川径流量及入湖、入库水量和可利用水量;

(2)研究河川径流量及入湖、入库流量的时序变化和概率分布特征;

(3)摸清洪、涝、旱规律;

(4) 根据用水要求,论证供水保证率及其开发利用方案。

3. 确定可利用量的必备条件

欲确定地表水资源的可利用量必须具备如下条件或资料:

(1) 研究区水系、湖泊、水库的分布及水文特征、地形地貌、流域水文地理要素资料;
(2) 研究区各雨量站、水文站多年水文观测资料,如水文年鉴、水文手册等;
(3) 计算地表水资源量;
(4) 统计计算损失量的有关参数,如渗漏率、蒸发率、流出率等;
(5) 研究区国土整治和水资源开发规划及实施计划;
(6) 已有地表水取水构筑物类型、设计和实际取水量(用户用水量变化),即现状供水量和可供量(现状可供能力);
(7) 拟定扩大地表水取水构筑物类型和布置方案。

2.8.1.2 地表水资源评价方法

1. 可利用水量与用水量对比法

该法是计算研究区地表多年平均产水量并扣除可能的损失量,即可利用的地表水量后,与要求的用水量相对论证用水保证程度,并提出合理用水的方案及解决水源不足或过剩的措施。

2. 不具备充分调蓄条件的典型年法

对地表水产水量能够最大限度地拦截调蓄,减少损失(弃水),提高可利用率,关键是要修水库,对水资源实行多年调节。在不具备充分调蓄条件,或进行地表水资源评价时没考虑到要创造条件进行调蓄时,可以将自然情况下地表水产水量作为地表水可利用量的极限量,进行逐年地表水可用量的统计分析,并采用典型年法进行评价。

3. 河川径流被控制并可多年调节时的以丰补歉评价法

在具备充分调蓄条件(建了多年调节水库)下,以平水年($P=50\%$)地表水产水量评价地表水可利用量。枯水年多用,丰水年多补少用,把多年平均可利用量保持在平水年地表水产水量的水平上,实际上就是利用水库的多年调节作用,以丰补歉,人为操纵水资源在时间上的再分配,以调整对水资源的利用,最大限度地去保证和满足需求。

可见,在地表水绝大部分被修建的大型水库控制地区,通过对水库的科学调度运用和管理,实施多年调节,其地表水的可利用水量可以按照水库的可供水量评价。若水库的实际供水量就是按可供能力最大限度供水确定的,则可以简单按水库多年平均可供水量评价地表水可利用量。

2.8.1.3 现状条件下的可供水量并非可利用量

现状条件下,已经兴建的地表水蓄水、引水、提水工程的实际供水能力同客观地表水产水量在时间分配上有矛盾,就大大降低了可利用量水平。所以,可供水量总是小于可利用量和丰水期的产水量,因为蓄、补、提水的工程能力小,而弃水大,供不应求的现象时有出现。因此,现状条件下的可供水量是指根据用水需要能提供的水量,它是当时水资源开发利用程度和能力的现实状况,决不能代表地表水资源的可利用量。广义言之,地表水可供水量是可以根据技术经济条件逐步扩大的,这就是常说的立足于本地的开源。要开源就要修建新的蓄水、引水和提水工程。当接近地表水可利用量时,开源几乎就没有潜力了。这时地表水资源危机日益严重,就要考虑开发地下水资源、城市污水资源化、雨水资源利用,甚至跨流域调水等新的开源工程。现状可供水量不是工程供水能力的机械累加,而是在现有工程设施条件下,对不同保证率根据用水需要能提供的水量。因此,可供水量与供水能力、地表水产水量及需水量密切相关,但它又不等于供水能力或需水量,更不等于可利用量。

2.8.2 地下水资源评价

地下水资源评价主要依据地下水资源计算结果,按实际情况,结合地区的水文地质条件,评价确定地下水可采资源量。

2.8.2.1 地下水可采资源的评价原则

对可开采资源的评价,依据以下基本原则进行。

1. 按激化开采(或充分取水)的观点评价

所谓"激化开采",就是在保证正常取水的条件下,利用技术可靠、经济可行的取水工程,最大限度地夺取补充量、截取天然排泄量以便满足各种用水的需要。

地下水的开采是通过各种取水构筑物来实现的。所以,取水构筑物的类型、结构及布局等可直接影响开采效果。实践证明,在某些傍河水源地由于取水工程布置不同,所获得的开采资源量相差很大,存在引水工程技术是否合理的问题。另外,引水工程的不同布局也可能收到同样的效果,但要考虑造价问题。因此,在供水勘察中,为了充分取水,应尽量按照技术经济的取水工程的实际部署来评价开采资源,否则将会偏离实际结果。

2. 按均衡开采的观点评价

"均衡开采"即是在整个开采期限内水量不减少,动水位变动在设计要求之内,由补给来保证取水,即以地下水天然补给量作为均衡开采的依据。

（1）在有长年就地补给地区,当开采漏斗扩展到一定程度后,所增加的补充量和减少的排泄量足以平衡开采资源时,储存量只在开采中起到形成漏斗的作用,而不参与开采条件下的均衡,这时开采资源是由开采时增加的补给量和开采时减少的排泄量之和组成的。

（2）在缺乏就地补给地区,靠开采所能夺取的补充极其有限。此时,开采资源只能靠开采时所减少的天然排泄量来保证。

综上所述,在整个开采期限内要达到均衡开采,当枯水期(年)因补给量不足时,可以使用地下水储水量,但是,必须从丰水期(年)得到的补给量加以偿还。假如不能偿还,开采就会朝负均衡方向发展,开采资源就得不到保证。要想开采且在整个开采期限内稳定不变,主要应当用补给量的补偿来平衡。但补给量在一年之中有丰水期与枯水期的变化,因此,必须采用均衡开采的观点评价开采资源,以丰补歉,最大限度地达到人们开采地下水的要求。

3. 按节制开采的观点

在可开采资源定义中规定的"不影响邻近已有水源地的开采"和"不发生危险性工程地质现象",这就是开采地下水的限制条件。在地下水开采过程中,即使在整个开采期限内能够保证充分取水,且水量达到平衡,也不能影响其他水源的开采,或在水源地上产生地面沉降等现象,否则就必须"节制开采",减少开采资源的评价数量,或者采取人工回灌,防止或减少危害现象的发生。近年世界各地由于大量取用地下水,只考虑了用水的需要,而没有照顾地面沉降的后果,致使很多地区地面沉降严重,危害了工农业生产。

2.8.2.2 局部(或集中)开采区的地下水可采资源评价方法

所谓局部开采区,是指开采区在整个地下水流域中的影响范围不大,而且该漏斗与其附近地区的地下水降落漏斗无明显的联系,或当集中开采区附近有大面积的井灌区(即在大面积井灌区内有集中开采区),但井灌区的机井密度很小,而且用水量远比集中开采区用水量少,两者相比,前者可以忽略不计时,均可称为局部开采区。显然,局部开采也就是指无限含水量地区或不考虑边界条件影响地区,其可开采资源的主要评价方法有四种。

1. 非稳定流法

该法是利用地下水非稳定流微分方程式在不同边界条件下的解析解和数值解,预测地下水可采资源的方法。

2. 相关分析法

根据地下水动态要素与气象因素或其他因素间的成因关系,通过相关计算得到为地下水资源评价需要的相关关系。例如根据开采量与其相应水位降低间的相关关系来评价地下水可采资源。

3. 稳定流抽水试验法

通常在水文地质条件比较复杂而又没有地下水长期观测资料的地段,可以通过较长时间的抽水试验结果评价地下水资源。这种方法一般是把较长时段抽水的稳定流量作为评价地下水资源的依据。

4. 侧向地下径流量评价法

当地下水的运动不随时间变化,或者随时间变化不大的地段(如补给条件好、开采量不大的地段),可以直接用地下水的侧向径流补给量评价地下水资源。

2.9 水资源水质评价

2.9.1 水质评价概述

水质评价是根据水体的用途,按照一定的评价参数、水质标准和评价方法,对水体质量进行定性或定量评定的过程。进行水质评价,先要收集、整理、分析水质监测的数据及有关资料,根据评价目的,确定水质评价的参数;然后选择适当的数学模型对水质参数进行单项或综合评价,最后提出评价结论。

水质评价的一般步骤是:

1. 水环境背景值调查

指在未受人为污染影响的状况下,确定水体在自然发展过程中原有的化学组成。因目前难以找到绝对不受污染影响的水体,所以测得的水环境背景值实际上是一个相对值,可以作为判别水体受污染影响程度的参考比较指标。进行一个区域或河段的评价时,可将对照断面的监测值作为背景值。

2. 污染源调查评价

污染源是影响水质的重要因素,通过污染源调查与评价,可确定水体的主要污染物质,从而确定水质监测及评价项目。

3. 水质监测

根据水质调查和污染源评价结论,结合水质评价目的、评价水体的特性和影响水体水质的重要污染物质,制定水质监测方案,进行取样分析,获取进行水质评价必需的水质监测数据。

4. 确定评价标准

水质标准是水质评价的准则和依据。对于同一水体,采用不同的标准,会得出不同评价结果,甚至对水质是否污染结论也不同。因此,应根据评价水体的用途和评价目的选择相应的评价标准。

5. 按照一定的数学模型进行评价

6. 评价结论

根据计算结果进行水质优劣分级,提出评价结论。为了更直观地反映水质状况,可绘制水质图。

2.9.2 水质预测与水质模型

2.9.2.1 水质预测

水质预测是根据水体质量的历史资料或现状,结合未来人口和经济社会的发展需求,经过定性的经验分析或通过水质数学模型的计算,探讨水环境质量的变化趋势,为控制水污染计划的制定和决策提供依据。

水质预测主要是研究社会、经济发展给水环境造成的污染负荷问题,通过对未来污染物质产生量的预测,估计和推测未来的水环境前景,以便采取有效的对策来防治污染、改善水质。水质预测一般包括两个方面的内容:一是污染物排放量的预测,二是区域水环境质量的预测,通过污染物的排放量来推断水质变化的方向和程度。

水质预测的一般方法是通过已取得的情报资料和监测、统计数据对水污染的现状进行评价,以此作为基准年的水质状况;然后根据经济、社会发展规划中各水平年的发展目标,选择适当的预测模型,对将来或未知的水质前景进行估计和推测。水质预测不仅是进行水资源保护决策的依据,也是制定区域、流域水资源保护规划和水污染综合防治规划的基础。

水质预测的程序大致可分为准备、综合分析及实施预测等三个阶段。

(1)准备阶段包括明确水质预测的目的,制定预测计划,确定预测的期间以及搜集进行水质预测所需要的数据和资料等工作内容。

(2)综合分析阶段的主要任务是在分析数据和资料的基础上,选择适当的预测方法,修改或建立预测模型,并检验预测模型等。

(3)按预测的精度要求选定预测模型之后,便可进入实施预测阶段,其主要任务是用模型实施预测,分析预测的误差,最后提交预测结果。

2.9.2.2 水质模型

科学的水质预测是水质管理的依据。对未来的水质状况预测越准确,做出的决策就越正确,实现确定的目标就越有把握。而预测模型是预测的核心,因此,建立和选择合适的水质模型是水质预测技术的关键。

水质模型分为:数学模型表达式,时间表达式,生物、化学、物理过程表达式。

水质的数学模型是描述污染物在水体中运动变化规律及其影响因素相互关系的数学表达式。

水质数学模型按解的特点分为确定性模型和随机性模型;按时间分为稳态性模型(不随时间变化)和动态模型;按空间分为零维、一维和多维模型;按模型的性质有黑箱、白箱、灰箱模型。

常用的水质数学模型有:

1. 均匀混合水质模型

这是假设污染物进入河段后完全均匀混合,在不同方向浓度没有差别,根据物质平衡原理建立起来的水质模型,属零维水质模型。在只预测污染物浓度随时间的变化时可选用这种模型。

2. 一维水质模型

这是假设污染物进入河段后在横向和水深方向上混合均匀,但在顺水流的纵向存在扩散作用,形成浓度变化,这样建立起来的模型,是一个偏微分方程。在预测排污口排放的污染物或污染事故排放对下游水质的影响时,多采用此类模型。

3. 二维水质模型

在宽浅河流上,排入河中的污染物在水深方向可以认为混合均匀,在顺水流的纵向和河宽的横向上则形成混合区,这时河水的水质需要用二维水质模型描述。二维水质模型只有在最简单的情况下才有解析解,一般只能用数值法求解。在需要预测排污口形成的污染带时,可选用二维模型。

4. 溶解氧模型

河水中溶解氧数量是反映河流污染程度和水环境质量的一个重要且方便的指标。同时,溶解氧与水污染和水环境质量的许多参数密切相关,因此,溶解氧模型得到广泛应用和发展。最基本的溶解氧模型是斯特里特-费尔普水质模型(简称 S-P 模型)。它是 1925 年美国两位工程师(斯特里特和费尔普)根据俄亥俄河的污染源调查研究,认为在河流的自净过程中,同时存在两个过程:有机污染物进行氧化,消耗水中溶解氧,其速率与水中有机污染物浓度成正比;大气中的氧不断地进入水体,即所谓的大气复氧,其速率与水体的氧亏值(即水中溶解氧的实际浓度与该水温条件下氧的饱和溶解度之差)成正比。根据质量守恒原理,提出了氧平衡数学模型。由于溶解氧模型能预测河流水质受有机污染的影响程度和水质沿途恢复的情况,因而得到广泛应用。

对于面积小,封闭性强,四周污染源多的小湖或湖湾,假设污染物入湖后在湖流和风浪作用下,与湖水混合均匀,湖泊各处污染物浓度均一,可采用完全混合水质模型。对于水域宽阔的大湖泊,污染物入湖后,污染局限于排污口附近水域,这时考虑污染物在湖水中稀释、扩散规律,可采用非完全混合水质模型描述。

对于非点源污染物,如泥沙、生化需氧量、氮和磷、重金属、农药、酸雨以及微生物等污染物,可以用非点源污染水质模型预测。这类模型由三部分组成:径流模拟、泥沙模拟、污染物与径流和泥沙的相互关系。

2.9.3 水资源综合评价

水资源综合评价是在水资源数量、质量和开发利用现状评价以及对环境影响评价的基础上，遵循生态良性循环、资源永续利用、经济可持续发展的原则，对水资源时空分布特征、利用状况及与社会经济发展的协调程度所做的综合评价。

水资源综合评价内容应包括：水资源供需发展趋势分析，评价区水资源条件综合分析，分区水资源与社会经济协调程度分析。

1. 水资源供需发展趋势分析应符合的要求

（1）不同水平年的选取应与国民经济和社会发展五年计划及远景规划目标协调一致。

（2）应以现状供用水水平和不同水平年经济、社会、环境发展目标以及可能的开发利用方案为依据，分区分析不同水平年水资源供需发展趋势及其可能产生的各种问题，其中包括河道外用水和河道内用水的平衡协调问题。

2. 水资源条件综合分析

水资源条件综合分析是对评价区水资源状况及开发利用程度的总括性评价，应从不同方面、不同角度进行全面综合和类比，并进行定性和定量的整体描述。

3. 分区水资源与社会经济协调程度分析

分区水资源与社会经济协调程度分析包括建立评价指标体系，进行分区分类排序等两部分内容，应符合下列要求：

（1）评价指标应能反映分区水资源对社会经济可持续发展的影响程度、水资源问题的类型及解决水资源问题的难易，主要包括以下内容：①人口、耕地、产值等社会经济状况的指标；②用水现状及需水情况的指标；③水资源数量、质量的指标；④现状供水及规划供水工程情况的指标；⑤水环境状况的指标。

（2）应对所选指标进行筛选和关联分析，确定重要程度，并在确定评价指标体系后，采用适当的技术理论与方法，建立数学模型对评价分区水资源与社会经济协调发展情况进行综合评判。评判内容包括：①按水资源与社会经济发展严重不协调区、不协调区、基本协调区、协调区对各评价分区进行分类；②按水资源与社会经济发展不协调的原因，将不协调分区划分为资源短缺型、工程短缺型、水质污染型等类型；③按水资源与社会经济发展不协调的程度和解决的难易程度，对各评价分区进行排序。

（3）各评价指标的重要程度以及评判标准，应充分征求决策者和专家意见。有条件时应使用交互式技术，让决策者与专家参与排序工作全过程。

第 3 章 城市水环境规划

3.1 城市水环境功能区的划分与功能介绍

3.1.1 城市水环境功能区的划分

3.1.1.1 水环境功能区划分的目的与原则

进行城市水环境的功能区划分的目的是确定城市中各类、各级水体的主要功能,然后按其功能的重要性,正确划分出水体等级,依据高、低功能水域划分不同标准进行保护;然后按拟定的水域保护目标,科学地确定水域允许纳污量,达到既充分利用水体自净能力,又能有效地保护城市水环境的目标。同时,科学地划分功能区,并计算允许纳污量之后,可以制定入河排污口排污总量控制方案,并对输入该水域的污染源进行优化分配和综合整治,提出入河排污口布局、治理期限和综合整治的意见,从而保证水域功能区水质目标的实现。

为科学合理地划分城市水环境功能区,需坚持以下原则:

1. 可持续发展的原则

水环境功能区划分应结合城市水资源开发利用规划及社会经济发展规划,并根据水资源的可再生能力和自然环境的可承受能力,科学合理地开发利用水资源,并留有余地,保护人类赖以生存的水生态环境,保障人体健康和水环境的结构与功能,促进社会经济和生态环境的协调发展。

2. 综合分析、统筹兼顾、突出重点的原则

水环境功能区划分应将水环境作为同一整体考虑,分析城市河流上下游、左右岸及流域中的位置,近、远期社会发展需求对水域保护功能的要求。上游水环境功能的划分,要考虑保障下游功能要求;支流功能的划分,要考虑保障干流水域的功能要求;当前功能区的划分,不能影响长远功能的开发;对于有毒有害物质,必须在功能区中杜绝。

3. 合理利用水环境容量原则

根据河流、湖泊和水库的水文特征,合理利用水环境容量,保证水环境功能区划中水质标准的合理性,既充分保护了水资源质量,又能有效利用环境容量,节省污水处理费用。

4. 结合水域水资源综合利用规划,水质与水量统一考虑的原则

水环境功能区划分将水质和水量统一考虑,既要考虑水资源的开发利用对水量的需要,又要考虑对水质的要求。

3.1.1.2 水环境功能区划的方法

1. 系统分析法

系统分析法主要是采用系统分析的理论和方法,把区划对象作为一个系统,分清水环境

功能区划的层次,进行总体设计。

2. 定性判断法

定性判断法主要是在对河流、湖泊和水库的水文特征、水质现状、水资源开发利用现状及规划成果进行分析和判断的基础上进行河流、湖及水库水环境功能区的划分,提出符合系统分析要求且具有操作性的水环境功能区划方案。

3. 定量计算法

定量计算主要是采用水质数学模型进行水环境功能区水质模拟计算,根据模拟计算确定各功能水质标准,划定各功能区和水环境控制区的范围。

4. 综合决策法

对水环境功能区划分方案进行综合决策,提出水环境功能区划分技术报告及水质指标。

3.1.1.3 城市水环境功能区的分类

1. 概述

城市水环境功能区划分应按照新修改的《中华人民共和国水法》的要求来进行,划分的分级分类由水利部提出方案,并遵照实施。水资源具有整体性的特点,它是以流域为单位,由水量与水质、地表水与地下水这几个相互依存的组分构成的统一体,组分的变化影响其他组分,河流上下游、左右岸、干支流之间的开发利用也会相互影响。水资源还有多种功能,在国民经济各部门中广泛应用,可用来灌溉、发电、航运、供水、养殖、娱乐及生态等方面。但在水资源的开发利用中,各用途间往往存在矛盾,有时除害与兴利也会发生矛盾。水环境功能区划可以实现宏观上对整个城市乃至区域水资源利用状况的总体控制,合理解决有关水的矛盾,并在整体功能布局确定的前提下,有重点地进行区域水资源的开发利用。

水环境质量是评价水资源优劣及其利用可行性的基本指标之一。水环境标准,是根据各类水域功能,为控制水污染、保护水资源、保障人体健康、维护生态平衡、促进经济建设而制定的水环境质量评判标准。标准中的水质参数(控制项目)及其水平限值(标准值),既是控制水环境污染的基本依据,也是水环境质量的评价标准,具有相对的科学性。之所以是"相对科学"的,是因为这类标准都具有时效性及一定的主观性,是当前社会、技术、经济水平下的产物。随着社会的发展、科技的进步以及对客观世界认识的深入,水环境质量的评价标准将被不断地修改与完善。

2. 水环境功能区

我国水环境质量按功能分区管理,功能区按水质用途划分为6类。各类功能区有与其相应的各种用水水质标准和水质基准,分述如下:

(1)自然保护区。指国家和各级政府规定的自然资源、自然景观和珍稀动植物等重点保护的区域,生物基准是制定该功能区水质标准的主要依据。

(2)生活饮用水水源区。指城镇集中和分散的生活饮用水水源及其保护区,包括牧业基地的人畜共用集中饮用水水源,要保证水源地水质经水厂处理后符合现行《生活饮用水卫生标准(GB 5749)》和《生活饮用水卫生规范》的规定,饮用水卫生基准是制定该功能区水质标准的主要依据。

(3)渔业用水区。指各种鱼、贝类等水产资源的产卵场、越冬场、养殖场和回游通道等水域,要使重要经济鱼、贝类水体的水质符合现行《渔业水质标准》的规定,水生生物基准是制定该功能区水质标准的主要依据。

(4) 游览、娱乐用水区。指国家重点保护、划定的风景区和地方一般的风景游览、游泳、水上运动等水域。水质应符合现行《景观娱乐用水水质标准》的规定,娱乐和感官的水质基准是制定该功能区水质标准的主要依据。对于游泳用水水质标准,还要考虑保护游泳者健康的卫生基准。

(5) 工业用水区。指各类工业用水的供水区,各行业的生产要求是制定该功能区水质标准的主要依据。

(6) 农业用水区。指农田灌溉、林业及牧业的用水区。处理后的城市污水及与城市污水水质相近的工业废水用于农田灌溉的水质应符合《农田灌溉水质标准》。保护植物、土壤、家畜的农业基准是制定该功能区水质标准的依据。

3.1.2 城市水环境的功能

水是生物生存的重要因子,是生态环境的重要组成部分,是生命的生存和繁衍的基础保障,是社会进步和经济发展的润滑剂,是提高人类生活质量的重要因素。在城市系统中,水环境系统发挥着重要的作用,水环境对生态系统及社会经济的作用介绍如下。

3.1.2.1 水环境的生态功能

水环境是城市中最活跃、最富有生命力的部分。它在水域生态系统和陆地生态系统的交接处,受到两种生态系统的共同影响,呈现出生态的多样性。作为城市的命脉,水环境区维护着城市生命的延续,不仅承载着水体循环、水土保持、储水调洪、水质涵养、维护大气成分稳定的运作功能,而且能调节温度、湿度、净化空气、吸尘减噪、改善城市小气候,有效调节城市的生态环境,增加自然环境容重,促使城市持续健康地发展。

3.1.2.2 水环境的环境容量功能

在城市水系中,水域的大小决定水环境容量,水体具有较大的纳污能力和净污功能,水环境面积越大,水体越多,水环境容量就越大,同样排放污染物的条件下,水环境质量就越好。开阔的湖、塘可以沉淀水体中部分颗粒物质以及吸附于其上的难降解污染物质。

3.1.2.3 水环境的防洪排涝功能

在城市规划建设中,水环境直接影响城市的防洪排涝标准。暴雨径流首先由地面向附近的洼地或城市排水系统汇集,再排放到城市河湖之中。如果城市水环境较小,洪水调节能力较小,河流洪峰流量大,造成河道断面防洪压力大;如果城市水环境较大,在遭遇雨洪时可起到储蓄部分洪水的作用,调节洪水的流量过程线,降低洪峰峰值,为城市洪水的下泄提供一定的安全时间,缓解河道排洪压力。

城市水环境调查表明:城市水系在防洪排涝中具有重要作用,水环境面积不断减少造成我国城市防洪压力越来越大。

3.1.2.4 水环境的健康保健、环境美化功能

空气中的负离子,可促进人体合成和储存维生素。城市水环境的存在,水景喷泉和溪流的设计,提高了空气中负离子的产生量,对市民的健康起积极作用,水体的高速运动就会产生负离子。国内很多研究证实,负离子具有降尘、灭菌、防病、治病等功能,众多专家还考证

了空气负离子对人体系统的多种疾病具有抑制、缓解和辅助治疗作用,尤其对人体的保健作用更加明显。

城市中的水体以其活跃性和穿透力而成为景观组织中最富有生气的元素。由于江、河、湖、海的冲蚀作用,水环境常常形成沱、坝、滩、洲等特殊形态的场地而成为城市中重要的景区、景点。这些天然的地形、地貌在水体的声、光、影、色的作用下,与城市灿烂的历史文化精粹相结合,形成了动人的空间景观。变化的水环境形式为不同的生物提供了各种富于变化的环境,提高了城市生物多样性的发展空间。

3.1.2.5 城市水环境的文化功能

在人类活动的作用下,城市水环境不仅是单纯的物质景观,更是城市中的文化景观。人们除了维持生命需要水之外,还有观水、近水、亲水、傍水而居的天性。城市水环境不仅作为物质资料的功利对象,而且作为文化灵魂的载体存在于城市之中,它集中体现了城市深厚的文化积蕴和丰富的物质文明。城市水环境的景观,是人类的生活理想和创造能力在自然水环境中的凝结化和形态化,是人与水的结合点,是人类在自然风物中倾入情感的结晶。

3.1.2.6 水环境的经济价值

在"以人为本"的现代城市规划建设理念中,水环境决定了城市规划布局和经济社会发展的趋势。不同的水环境形式在城市生态环境系统中起着不同的作用。城市水体的总量以及水环境形式的组合方式影响着城市的产业结构和布局。工农业、居民生活和服务业等对水量、水环境质量的要求不同,在制定一个城市的产业结构时,要统筹考虑城市的水资源承载力、水资源的优化配置,确定合理的产业比例和相应的规模,满足各行业对水资源和水生态的不同要求。适宜的水环境面积有利于改善城市的生存环境,提高城市品位,创造良好的投资环境,从而加快城市的可持续发展。城市水环境发展了港口、码头的经济价值,城市的繁荣多是依赖水运的发达。城市水环境发展了水产业的经济价值,带动了旅游产业和房地产业的发展。

3.1.2.7 水环境对气候的调节作用

随着生活水平的提高,人们对居住的环境质量要求不断提升,开始关注城市化率的提高对城市气候及室内温度的影响,相继提出了一些改善城市气候环境的策略,如增加城市绿地面积、调整城市建筑物布局、控制大气污染甚至考虑人工增加水环境面积等。

城市由于修建了大量建筑和街道广场,形成了特有的不透水下垫面,而且居民的生产和生活活动,排放出大量的热量、水汽、烟尘等气体,两者相互作用,构成了城市独特的气候特征——城市气候。城市气候受其所在的地理位置、大气环流、土壤植被和地形特征等自然因素的影响,形成了诸如城市热岛、干岛、湿岛、混浊岛和雨岛等"五岛"效应气候特征。

城市内水环境的存在,可以一定程度上缓解城市热岛现象。因为城市水环境的引入,改善了城市内部不透水下垫面的单一形式,增加了城市内的蒸散量和水分的储存量,通过水汽平衡影响着城市气候。水体热容量大,蒸发水分多,增温和降温缓和,故此在冬季和夜晚,地面降温时,水环境起保温作用,夏季和白天增温时起降温作用。

另外,城市内不透水的下垫面覆盖了持水土壤,割断了土壤自由水的活动出路,减少了地面蒸发,使得城市路面和空气干燥。水环境的加入,恢复并增大了城市范围内的水体蒸发,提高了城市局部湿度和人体舒适度。

3.2 城市水环境形态与组合方式

3.2.1 城市水环境形态

城市水环境类型主要有河流、湖泊、水库、湿地、水塘、水坑等洼陷结构,其中河流、湖泊、水库、湿地为主要水环境类型。河流包括江、河、渠等,它有自然形成的,也有人工的;湖泊包括自然湖泊、人工湖泊。一般来说,自然湖泊水环境较大,人工湖泊水环境较小;水库也可归纳到人工湖之列,它一般位于城市流域上游;湿地包括自然湿地和人工湿地,自然湿地主要是若干年前湖泊淤积形成的,人工湿地主要是因人类工程的建设而造成地域特性发生变化而产生的,如河道两岸滩地、历史废弃河道等。下面分别介绍构成城市水环境的主要类型。

3.2.1.1 城市河流形态

城市河流作为流域河流的组成部分,形态受自然和人类活动的影响,可分为三大类:自然河流、人工河流和人工改造后的半自然河道。

1. 城市中自然河流的形态

自然河流形态十分复杂,主要表现在纵向的蜿蜒性、横向的多样性及河床的变化性,下面对其性质分述如下。

(1)蜿蜒性。蜿蜒性是自然河流的重要特征,河流的蜿蜒性使河流形成主流、支流、河湾、沼泽、急流和浅滩等丰富多样的生境。城市范围内的自然河流一般都是蜿蜒曲折的,不存在直线或折线形态的天然河流。在自然界长期的演变过程中,河流的河势也处于演变中,使得弯曲与自然冲刷两种作用交替发生,但是弯曲或微弯是河流的趋向形态。另外,也有一些流经丘陵、平原的河流在自然状态下处于分离散乱的状态。

(2)断面形状的多样性。河流的横断面形状多样性,表现为非规则断面,常有深潭与浅滩交错的形态出现,自然河流的横断面多有变化。自然界河流的浅滩环境,光热条件优越,适于形成湿地,供鸟类、两栖动物和昆虫栖息。积水洼地中,鱼类和各类软体动物丰富,它们是肉食候鸟的食物来源,鸟粪和鱼类肥土又促进水生植物生长,而水生植物又是草食鸟类的食物,形成了有利于禽类生长的食物链。

(3)河床的透水性。在一条纵坡比降不同、蜿蜒曲折的河流中,河床的冲淤特性取决于水流流速、流态、水流的含沙率及颗粒级配以及河床的地质条件等因素。悬移质和推移质的长期运动形成了河流动态的河床。需要指出的是,除了在高山峡谷段的由冲刷作用形成的河段,其河床材料是透水性较差的岩石以外,大部分河流的河床材料都是透水的,即由卵石、砾石、沙土等材料构成的河床。具有透水性能的河床材料,适于水生和湿生植物生长及微生物生存。不同粒径卵石的自然组合,又为鱼类产卵提供了场所。同时,透水的河床又是联结地表水和地下水的通道,从而形成了完整的淡水生态系统。

2. 城市中人工河流的形态

城市人工河流是人类改造自然和构建良性城市水生态系统的重要举措。一般来说,城市人工河道主要是为了泄洪、排涝、供水、排水而开挖的,河流形态设计的基本指导思想是:

有利于快速行洪和排水,有利于城市引水。因此,人工河流形态与自然河流相比要简单得多,人工河流纵向一般为顺直或折弯河道形态,很少为弯曲河道形态。河道断面形式也比较单一,主要为梯形和矩形形式,河道一般没有滩地,因此人工河流生态系统较为简单,水生动物和水生植物人工化程度很高,缺乏自然性和多样性。

3. 城市中人工改造自然河道的形态

人工改造的自然河道是城市河道中的主要部分,在城市水生态系统中扮演着主要角色。人工改造的自然河道既具有自然河流的生态特性,又能达到人类要求的行洪和排涝目的。人工改造的自然河道形态主体还是自然河道形态,改造仅是部分形态,改造的主要内容是裁弯取直、边坡衬砌、河道疏浚等。

3.2.1.2 城市湖库的形态

城市湖库的形态是多种多样的,应该说各个城市的自然湖泊、人工湖和水库形态各不相同,基本形态差异很大。为了便于规划分析,在综合分析城市湖库特征基础上,归纳出湖库的基本形态。自然湖泊的基本形态可概括为:流线多边形、河川形、流线扇形、不规则形等,其岸边形态一般没有直线形和折线形,多为流线型或随等高线变化的曲线形,因此纯自然湖泊在人类活动高度集中的城市是不存在的。城市自然湖泊由于受到人类活动的干扰,平面形态部分为自然形成,部分为人工构筑,形状更为复杂,人工湖的基本行态可概括为:矩形、多边形、圆弧形、弧扇形、葫芦形、动物形等,其平面形态主要受城市规划确定的建湖范围和游憩规划要求所影响,大多数城市为了美化环境,设计出各种形态的人工湖,岸边多为流线型形态,十分优美。水库的基本形态可概括为:地形高程形、扇形、河道形、不规则形等,水库的形态主要受地形影响,挡水坝兼程蓄水后,低于控制高程以下部分积水,形成同等高线的水环境形态。近年来,有些城市为解决水资源短缺问题,利用低洼处调蓄洪水,形成蓄洪水库,这些水库形态基本是受地形控制,形态各不相同。

3.2.1.3 其他洼陷结构形态

城市其他洼陷结构主要包括湿地、水塘、水坑等,这些结构的形态较复杂。城市湿地主要是城市废弃河湖和水塘形成的,湿地的基本形态有矩形、河道形、多边形等;水塘、水坑等基本形态有矩形、圆形、多边形等,这些洼陷结构有的是人工开挖,也有的是自然形成,在现代城市中所占比例较小。

3.2.2 城市水环境组合形式

3.2.2.1 水环境组合的原则

1. 保持自然水环境特征的原则

在城市水生态系统规划建设中,确定水环境组合形式首先必须尊重市区范围内自然河、湖水环境状况,尽量减少对自然水环境的大幅度改造,保持多年形成的水系结构和组合特征。特别要禁止填河围湖工程,更不应该因某种需要而改变河道或洼陷结构位置,应保持水环境的自然地理区位和独特风貌。

2. 统筹考虑和均匀布局的原则

城市水环境面积的多少已成为衡量城市生态状况的重要指标之一,同样城市水环境组合是否合理也是反映城市生态状况的重要因素。即使水环境面积较大,但水环境分布集中或水环境形式单一,表明城市的水生态系统还是有缺陷的,特别是对城市防洪、景观和经济开发十分不利。因此,城市水环境组成和形式规划应统筹考虑,合理布置河道、洼陷结构、湖泊和水库等。

3. 有利于景观生态建设和社会经济发展的原则

城市水环境组合形式应有利于城市景观生态系统的建设,特别是河道和湖泊周边沿岸的景观布置,有利于水环境的景观建设。其组合同时应考虑城市的社会经济发展,应有利于提升城市品位,开发水经济,特别是旅游经济和房地产经济。

3.2.2.2 水环境组合形式选择

1. 城市水环境的形式

水环境的主要形式包括河道、洼陷结构、较大水深和水面的湖库等,其中河道包括沟、渠、溪、坑等;洼陷结构包括水深较浅的自然湖、人工湖、小水库、水塘、水池和湿地等。

城市是在人口密集的地域上逐渐增大,所以在自然资源保留较好的城市中,水体形式多种多样。一般城市内水环境形式以沟、渠、溪、坑为主,一些城市还有少量的自然湖泊、人工湖泊、水塘、水池和湿地等。南方城市由于水量较丰富,河网比较密集,水环境形式也相对多样,构成了多样的城市水生态系统;但在我国北方城市,由于雨量较少,水环境形式较单一。

2. 城市水环境组合形式选择

一般城市中水环境形式以河道类为主,以河道的大小、形成、作用的不同分为沟、渠、坑、溪等。这些河道在城市水生态系统中起着联结本系统与城市中其他系统及联结水生态系统内部各成分的重要作用。河道因为其流动的特性,使得它不仅具有携带沿岸排入的污染物能力,而且担负着城市洪涝排放的重要作用。

洼陷结构中的湖泊、水库、坑塘等大面积水域一方面由于具有较大的水体容量,在城市遭遇雨洪时可起到储蓄部分洪水,降低洪峰峰值,为城市洪水的下泄提供一定的安全时间的作用;另一方面,这些大面积水体还可以完善丰富城市景观,并通过水汽平衡改善城市周围局地气候,增强居民安逸舒适的感觉。

湿地在城市生态系统中是重要的水环境形式,是水生态系统与陆地生态系统的过渡带。湿地中生长和生存着的大量动植物不仅丰富了生物多样性,而且对城市下泄污染物有良好的净化效果。

根据不同水环境形式各自的特点和功能,应考虑各城市的具体情况,发挥各种形式水环境的主要功能。对于平原河网地区城市来说,选择河流、湖泊、湿地、水塘等水环境组合形式比较理想,河道可起到行洪、排涝和输水的作用等,湖泊可起到供水、蓄洪的作用等,湿地可以净化城市达标尾水,水塘可起到蓄洪、景观的作用等;对于山丘区城市来说,选择水库、河道、人工湖、湿地等水环境组合形式较好,水库位于城市上游,具有调蓄流域雨水、供城市用水和发电等作用,河道起到行洪、输水等作用,人工湖起到城市蓄洪的补充和改善景观环境的作用,湿地同样布置在城市下游,起到净化城市达标尾水等作用;对于干旱、半干旱地区的城市,由于水资源短缺,城市水环境组合形式一般以河道和人工湖为主,应采取措施保持水量,减少下渗。选择确定适合不同城市的水环境组合形式十分重要,也非常困难,应根据城市的具体情况来确定。

3.3 城市水环境规划原则与方式

3.3.1 水环境规划原则

城市水环境规划应重视城市河、湖的多种功能,尊重河、湖的自然规律,以环境生态建设为中心,恢复其生命活力和环境自净能力,使之自然化、生态化、人文化。为实现这些目标,应在城市水环境规划观念、河湖工程技术、管理模式上进行创新。城市水环境规划应遵循以下主要原则:

1. 保持水环境自身自然性的原则

河畔空间属于水陆交汇地带,在野生河流中,原本具有很高的生物多样性和形态各异的自然地形,由此形成了丰富多变的自然景观和季节特点。但是,在我国城市河流管理及生态环境治理中,河滨自然地形被整平,植被单一化、人工化及草坪化。生态结构和自然景观被大大地简单化,致使河流在很大程度上失去了作为城市系统自然廊道、城市水生态系统中的生物多样性和自然保留地价值。城市河滨地带的生态建设不能简单地视为"绿化"和"美化",而要从整体上保护和恢复原有的自然生态结构和天然景观,尽量减少对自然河道水系的改造,避免过多的人工化。特别是要禁止填河围湖工程,应保持水系的自然风貌。

2. 保障城市河、湖水系用地原则

由于认识和管理方面的原因,在我国许多城市,河湖用地难以保障。城市河湖空间受挤,导致河流水文特性、生态环境质量受损。为此,应在城市土地利用规划中明确划定河流用地,在有关法规中规定市政建设和房地产开发中不得侵占河湖土地;城市中的小型河流、沟渠不得随意占用和填埋;在旧城区的改造中,应有计划地恢复历史上被占用的河流用地。

3. 与区域或流域水系协调的原则

城市河湖水系是流域水系的重要组成部分,城市水系水环境的改造和建设必须与流域水系相协调,流域性或区域性主要河道在城市范围内必须保持水流的畅通和行洪的安全。

4. 统筹考虑和均匀布局的原则

城市水环境组合应做到统筹考虑,合理布置河道、洼陷结构、湖泊和水库等,在水生态系统良性循环的城市中,应有河道、坑塘、湖泊和湿地等不同的水环境形式。

5. "以人为本"成为城市水环境规划设计理念

现代城市水环境规划应当体现"以人为本"的设计理念,充分满足人们回归自然、亲河近水的情感要求。水的魅力主要通过视觉、听觉、触觉而为人所感受,因此河湖空间设计应以安全性、开放性和舒适性为原则,应提供更多场所满足人群直接欣赏水景、接近水环境的要求。

6. 引入多自然河流治理法来恢复城市河流水体自净能力的原则

城市河流的治理基本在沿用传统的河道工程技术。这类工程往往使河流成为一条冷冰冰的人工渠:三面衬砌、线条生硬、水生生物缺乏、河流水体自净能力低下、居民难于接触水环境。从现代河流治理理念看,对城市河流进行"渠化"和"硬化"已是一种落后的观念。近年来,我国很多城市在城市河流建设中积极研究并大力推广多自然河流治理法。实践经验表明,在保证河流综合功能的前提下,多自然河流治理法的运用对恢复水质、维护河流自然生态和自然景观具有良好的效果。

7. 有利于社会经济发展的原则

城市水环境组合应考虑城市的社会经济发展,应有利于提升城市品位,促进相关行业经济的发展,活跃水经济,特别是旅游经济和房地产经济。

8. 有利于景观生态和文化建设的原则

城市水环境组合形式应有利于城市景观生态系统的建设,特别是河道和湖泊周边沿岸的景观布置以及水环境的景观浮岛建设。同时,城市河流不仅是一种自然景观,更蕴涵着丰富的文化内涵。它既是自然要素也是一种文化遗产,城市河流景观建设应注重提升城市河流的文化价值,促进水文化的继承和发展。

3.3.2 城市中的河流规划

城市中的河流规划是城市水生态系统建设和管理中的重要性规划工作。城市河流担负着城市排洪、蓄洪、供水、纳污、景观、生物多样性等重要作用,科学合理地规划城市河流,能有效地解决城市防洪排涝、生态用水、水环境质量和水景观建设等问题,并有助于维护河流生态系统的组织结构和生态稳定性。

1. 城市河流走势规划

河流走势规划就是确定河流在城市区域内的空间位置。一般来说,河流走势首先必须考虑其自然走势,按照河流多年形成的走势进行分析确定;其次要考虑城市河流防洪排涝的设计标准,要求汛期洪水尽快排出城市,减少洪涝损失,因此城市河流可以在保持总体自然走势的情况下,进行局部裁弯取直或改造,以便缩短排洪历程。河流裁弯取直后,缩短了河流的长度,使水流滞留时间缩短,水能消耗降低,有更多的剩余能量输送泥沙。但是,防洪工程的建设破坏了岸边生态环境,造成岸滩人工化,使城市河流生态环境质量下降;河流渠道化造成水流多样性减少,降低了河流的生物多样性,河流自然性、多样性的丧失,造成了河流生态系统的严重退化。因此,城市河流走势规划必须慎重考虑保持自然走势和进行改道。

2. 河流干、支流规划

城市河流干、支流规划是城市水环境规划中的具体体现,只有统筹考虑、利用干支流网络与湿地共同阻滞、固流和减缓流速的作用,才能充分发挥城市河流系统的行洪和排涝作用。对支流水系的合理规划可使每一条支流洪峰的到来时间错开,从而减弱了干流的洪水压力。因此,支流水系在蓄积洪水、提供行洪空间、调节洪水等方面起到重要作用。

3. 城市河流功能规划

城市河流在城市水安全保障、水环境保护、水景观建设、水文化构建中具有重要作用,河道对城市的自然特征、生态功能和社会经济价值进行功能定位规划是十分重要的。城市河流功能通常包括行洪、排涝、供水、排水、纳污、造景、观赏、娱乐、航运、渔业等促进人类社会经济发展和安居乐业的功能,还包括提供水生动物活动繁殖和水生植物生长场所以及实现生态系统生物多样性和其他自然生态作用的功能,在城市河流规划中必须根据具体城市状况确定河流的功能,以便按功能进行建设和管理。

4. 河流纵向尺度规划

河道纵向形态变化规律是河道规划的重要内容,河流的纵向主要指河流纵坡比和纵向形态变化规律。河道纵坡比是影响河流行洪、排涝等功能的主要参数。河道纵坡比主要受地形地貌影响,地表高差越大,纵坡比也就越大;河道纵坡比越大,河流流速越快,对河床冲刷力越大,有效断面的排洪流量越大;相反,地表高差越小,纵坡比也就越小,河流流速越慢,河道排洪越困难。因此,在河流规划中必须合理地确定河道纵坡比。河道纵向形态,如弯曲程度等对河流水动力特性、行洪能力及水生动物栖息和水生植物生长等都有重要影响。一般来说,河道弯曲程度越大,水动力特性越复杂,行洪能力越低,对水生动物栖息和水生植物生长越有利;顺直河道排洪快,但对水生动物栖息和水生植物生长不利。

5. 河道横断面规划

城市河流横断面形式很多,常见的形式有梯形断面、矩形断面、复合梯形断面、复合矩形断面、U形断面、V形断面、自然断面等,其中梯形和矩形断面是最常用的。在城市河道中,矩形断面占地面积小,有利于城市建设用地,因此在我国城市河流中矩形断面使用最多。但是,矩形断面为满足行洪要求,河道堤岸修建较高,而在枯水期河道水位较低,造成洪水期高水位和枯水期低水位的很大落差,不仅形成严重的枯水期人水分离现象,而且高混凝土或浆砌石墙也严重地影响城市景观。梯形断面占地面积比矩形大,但过水断面较小,因此具有与矩形断面相类似的缺点,故梯形断面和矩形断面都不是城市河道理想的断面形式。从行洪、景观和人水相亲的理念等多种因素考虑,复合形断面是城市水生态系统建设中较理想的断面形式,但这种断面形式占地面积较大,在很多城市中难以实现,特别是在老城区河道整治中更难做到。综上所述,城市水生态系统建设中,河道最终采用何种形式必须进行综合分析比较后确定。

6. 河流生态环境规划

河流生态环境规划主要包括河道水生动物、水生植物、水环境质量等规划。这种规划通常比较困难,特别是在城市水生态系统中构建较为理想的生物环境是十分困难的。近年来,我国城市开始重视河流生态环境规划和建设工作,但总体上还算探索阶段,成功的经验不多。

3.3.3 城市中的内湖规划

城市中的内湖规划主要是指对城市水生态系统中自然湖和人工湖的空间布局、湖面大小及形态所作的规划。

城市内湖在城市水生态系统中具有重要的作用,它不仅具有蓄积洪水、调控地表水量、补充地下水等资源性作用,而且具有较大的水环境容量,对改善城市人居环境和局地气候有重要意义。同时,城市内湖又是城市水景观和水文化最耀眼的亮点,是水经济开发空间最有利的水域。但随着城市化进程的加快,长期以来,我国城市围湖造地现象十分严重,致使湖面面积日渐减少,湖水和干流失去联系,调蓄作用消失,水质明显下降,沿岸垃圾堆积和景观破碎,水经济开发盲目、过度和混乱。为扭转这种状况,必须切实加强城市内湖规划和建设,确保城市内湖水生态系统的良性循环。

1. 城市的自然湖泊保护规划

城市自然湖泊规划的主要任务是保护,规划的主要工作是保持自然湖泊的水环境面积和相应水位,禁止围湖造地和水资源的过度利用;保持或提高湖水水质状况,保持湖水中的营养指标(如氮、磷、叶绿素含量等)不再超标,确保水功能区划水质目标的实现;保护自然湖泊的生物多样性,确保水生动物的活动区域与栖息场所以及水生植物的生长空间,特别是保持或提高可以适合鱼类生存、适合游泳和其他亲水活动的水质;加强水土保持工作,减少泥沙入湖量,降低湖中沉积层高度,确保湖泊容量;保护湖泊周边的自然景观,尽量减少人工建筑物对自然湖泊生态系统的人为破坏和干扰。

2. 城市的人工湖规划

城市人工湖建设是城市为增加水环境形态,提高水环境面积,进而改善城市生态系统的重要措施。城市人工湖规划主要是根据城市总体规划确定的城市水环境面积比例要求,确定城市人工湖空间布置位置、水环境面积和容量大小以及平面形态,构建人工湖水生态系统及沿岸景观格局,为人工湖设计和建设提供依据。城市人工湖建设应纳入城市水系之中,湖体应设有进水口和出水口,要求湖内水体能更新轮换,确保水质达标和水环境优良。根据人工湖的容积大小,规划确定是否具有调蓄洪水功能。当湖体本身不具有调洪作用时,应注意其分洪和排涝出水口,确保洪水不会造成外溢等现象。当湖体具有行洪和蓄洪作用时,应注意洪水期和枯水期水位的变化幅度,两者相差不宜太大,以免造成不利的水景观。建议具有调洪功能的人工湖采用复式岸坡,枯水期湖面较小,为实现人水相亲,在复式平台建大水环境人工湖,不仅增大了调蓄容量,提高了蓄洪能力,而且避免了突兀的防洪墙建设,改善了水景观环境。考虑到人工湖在城市的生态景观功能中的重要性,因此,人工湖平面形式应多种多样,各个城市可根据自然条件、土地资源和美学要求,设计符合城市特点的平面形态。人工湖规划还要重视水生动物和水生植物的建设内容,力求实现人工湖水生态系统良性循环。

3.3.4 城市中的水库规划

城市中的水库是根据城市自然条件而建设的人工蓄水水库,一般来说,城市中的水库主要包括山区性城市周边的蓄水水库、平原区城市调节性水库,主要功能有防洪、供水、灌溉、发电、渔业、景观、娱乐等,其中,防洪、供水和景观是城市水库的主导功能,灌溉、发电、渔业、娱乐等为城市水库的派生功能。城市蓄水水库主要是以在山区性城市周边具有汇流的条件控制为主,只有在适合的位置才能建设水库,水库的形态也主要取决于地形条件,人为改造较为困难。通常城市防洪水库规划在城市水利规划中确定,供水水库规划一般由水利和城建部门共同确定。近年来,为了解决河流水位暴涨暴跌,特别是枯水期河道干枯等问题,很多城市建设调节性水库以抬高水位,实现人水相亲为目标。调节性水库的调节建筑物主要有橡胶坝、节制闸、翻板坝、溢流坝等,其中,橡胶坝和节制闸在我国城市中较常见。城市水库的特征参数主要有库容(防洪库容、兴利库容、死库容等)、水位(洪水位、正常水位、死水位)、坝高等。

3.3.5 城市中的湿地规划

湿地能够滞蓄洪峰洪量、吸收和削减城市排出的污染物质、净化水资源、保持生物多样性、提供有关生物资源等。首先,由于湿地具有地势低洼、土壤含水性强、植被茂盛等特征,因而可以快速长期地蓄积洪水水流。当洪水到达湿地时,它能够吸收大量水分,并将其固含在土壤中,缓慢渗透到地下,补充地下水,并通过地下水的流动,在另一块湿地升出地面。湿地上密集的植物系统增加了洪水流动的摩擦阻力,由于洪水受到湿地的阻滞与缓慢排放,因而削弱了洪峰。湿地水生植物可以吸收、分解和利用水域中氮、磷等营养物质以及细菌、病毒,并可富集金属及有毒物质。研究结果表明:挺水植物如慈菇、菱白、水花生以及沉水植物如伊乐藻对水体中氮的去除率可达75%,菱白、伊乐藻对水体中磷的去除率可达75%,芦苇、慈菇对磷的去除率可达65%。水中的鱼类和浮游动物也对藻类和微生物进行吸收、分解。湿地系统中富含大量的生物、微生物,通过其复杂的生物代谢和物理化学过程,水体中的各种有机和无机溶解物和悬浮物被截留,有毒物质被转化。湿地还具有维持地下水的补给与排泄,沉积物的稳定,作为鱼类栖息地、野生生物栖息地等重要功能,因此被称为"地球的肺"。在城市化进程中,湖泊和河流消失的同时,与之相伴的湿地系统也被城市的硬质空间所占用,导致众多以湿地为生的生物灭绝。因而,城市水环境规划中必须重视湿地的规划和保护,尽量保持其天然状态,充分发挥它在城市水生态系统中的综合作用。

城市湿地规划的主要任务是保护湿地,划定湿地保护区;保持湿地面积,不允许侵占和开垦;保持湿地生物多样性和物种资源;减少或控制向湿地直接排放高浓度污染物质,制定污染物总量控制方案;充分利用湿地系统调蓄洪水,提出洪水资源化的规划方案。

3.3.6 城市中的其他水环境规划

城市其他水环境主要是指除河流、湖泊、湿地之外的城市洼陷结构,如城市内的水坑、水塘、人工小水环境等,这些水环境面积一般很小,对城市整个水生态系统影响较小,但对局部区域有一定作用。公园、开发区、别墅区、度假区等范围内的小水环境对景观作用十分明显,在工业区、居住区等范围内的小水环境视情况进行保护。城市其他水环境规划的主要任务是统筹考虑城市洼陷结构的保护、保持和填用的方案,划定有关水环境的主导功能,构建水环境的景观构局,特别是公共场所的水环境景观规划。

3.4 城市河流的景观规划设计

3.4.1 城市河流及其景观

3.4.1.1 城市河流功能

城市最初多在接近水边的地方选址,城市河流指流经城区的河流。城市河流是综合性的、多层次的、重要的。随着城市化的进程,自然环境和开放空间不断减少,对河流空间的要求变得越来越高,城区河流逐渐成为人们休闲娱乐的理想场所。因此,城市河流景观设计应满足人们对环境的需求,以亲水为理念,营造人与自然和谐的气氛。

河流空间的位置、形状、大小等的不同,其利用形态也不相同。表3.1列举了城市河流的主要利用形态。

表 3.1 城市河流的主要利用形态

活动类型	内容(例)
静态活动(场地性的)	钓鱼、看比赛、露天演出、野外烧烤、休闲
线路运动	自行车、划船、跑步
轻型活动	滑旱冰、散步、观察自然、放风筝
场地运动(运动项目)	高尔夫、网球、足球、滑翔机、跳伞运动

城市河流的功能见表 3.2,可以分为流水功能、亲水功能、空间功能和自然生态功能。各功能之间相互作用、相互影响,使得河流功能得以充分发挥,只强化一种功能,而忽略其他功能是不合适的。

表 3.2 城市河流的功能

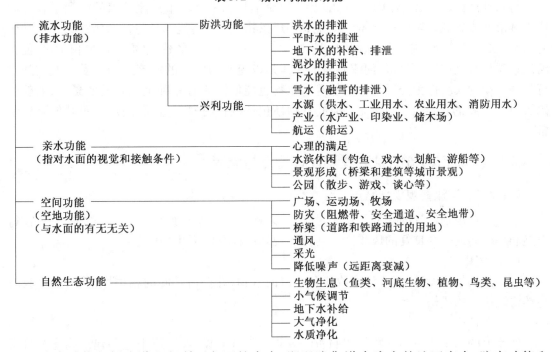

流水功能包括防洪和兴利两方面的内容,即以防御洪水为主的地区安全、防灾功能和供水、用水、航运等。亲水功能、空间功能、自然生态功能都属于环境方面的功能,包括确保河畔娱乐活动场所和公园、紧急疏散道路等场地用地以及气候调节、水生动植物栖息地的提供地等。

3.4.1.2 城市河流的景观

景观用于表现"地表景物眺望"、"人和周围环境的眺望"等。眺望着的人称为视点;所眺望的景物称为景观对象;眺望着的人的周围环境称为视点场;所眺望的景物的周围环境称为对象场。

河流景观根据视线方向和流水方向的组合可以分为两种形式的构图,即当流水方向和视线方向成直角,如从堤防等处向对岸眺望时所见景观,称为对岸景;当流水方向和视线方向平行,如从桥等处向河流眺望时的景色,称为纵观景。此外,当从高处或远处眺望河流时所见景观,称为鸟瞰景。这三种典型的河流景观构图的特点为:

(1)对岸景。看到的是水线、堤防、护岸、沿岸成排的树木、建筑物表面、山林背景等横向的条纹景观。

(2)纵观景。可以表现曲折水流的动感,并可以一览两岸和流水的景色,适于河流空间的观赏。两岸的建筑物、树木由近及远,连绵不断,构成宏伟的景观。纵观景的这一特点可以用来展示河流弯曲的形态,更好地表现河流风貌。

(3)鸟瞰景。是一种大范围的眺望,把广阔的河流尽收眼底,有助于确认气势宏大的河流与山岳、平原的地貌关系。对于大江大河,置身于其中,难以掌握河流整体的风貌,从高空、远处则能一目了然地看到河流在山岳、平原和城市之间蜿蜒起伏的雄姿,给人以深远感和规模感。

与郊外河流、自然河流不同,在景观上,河流本身和带有城市河流特点的沿河景物一起构成城市河流景观。城市河流景观的主要构成景物包括:河流本身包括河床和其上流动着的河水;水工建筑物护岸、阶梯、闸门、堰、桥梁;反映城市风貌的建筑物、河岸的树木等,使得河流景观具有立体感;人、舟、河流景观的主体是以流水为中心的河流空间以及在此空间进行某种活动的人。作为交通工具的船等水景物也能使河流有一种生机勃勃的景象,泊船的码头也是主要的景点,河流景观的构成景物还包括栅栏、护栏、电线杆、灯具等其他附属设备。

3.4.2 城市河流的景观规划设计特点与流程

3.4.2.1 河流景观规划特点

河流景观规划设计的任务是在满足防洪、兴利和环境等方面的河流功能的前提下,使得设施和环境构成一个良好的风景区。河流的规划设计有以下几个特点:

1. 综合性

在河流的景观设计中,应注意收集各种沿河景物,并探讨其间的相关性,使得设计具有整体协调统一的风格。

2. 日常性

河流上的水工建筑物一般是按照防洪等非日常现象设计的,当把这些建筑物作为日常风景来鉴赏时,会产生不协调感。所以在河流景观设计上,在满足基本功能的前提下,需要把它们作为构成日常风景的一个要素来理解。

3. 透视性

透视形态景观设计的是风景,是作为眺望体形态(透视形态)的设计。在设计过程中,除了平面图和剖面图外,还要使用透视图等表现透视形态的图纸或制作模型,进行立体观察。

3.4.2.2 河流景观规划设计基本流程

河流景观规划设计的基本流程如下:

1. 设计条件的汇总

确认各种前提制约条件,如上一级规划、相关的流域规划、受影响的下一级规划,用地制约条件、沿河开发状况和选址条件等。

2. 设计目标的确定

确定设计目标是设计工作中很重要的一环。河流景观的设计目标要满足实用性、亲水性等，还要注意保护自然生态环境；同时，在保留地区、河流固有风格的基础上，有效利用水的空间，使包括河流在内的沿河建筑物和流域景观得以实现风格的统一。

3. 详细调查

在分区规划调查的基础上，对设计所需的河流和沿河情况进行详细调查。

4. 设计作业

设计工作包括方案编制、景观预测和设计评价。在备用方案的编制以及对其预测和评价工作的基础上，选择最佳的可行性方案进行设计。

3.4.3 城市河流的景观规划设计

3.4.3.1 水边设计

1. 护岸形式和材料

（1）护岸形式。护岸一般采用以下几种形式：一是直立式护岸和陡坡护岸，多采用混凝土或钢板桩护岸，容易破坏风景，可以通过护岸材料和顶端的处理使其发生变化，槽谷河道沿河可以用乔木绿化；二是带胸墙的护岸，但它具有亲水性差、破坏河流景观和损害街区景观的劣处；三是缓坡护岸，具有容易接近水边，易于营造良好的河流景观，槽谷河道沿河可用乔木绿化的优点。

（2）护岸材料。护岸材料多为砌石和混凝土，较少采用土和木桩。选取的原则应尽量同周围的城市相协调，并且应按所追求的自然环境来选取材料。护岸材料的种类和性能如下：一是砌石护岸，它能通过石材加工方法和砌筑方法来表达景观的细微变化、地区性和风土性等，虽然从河流景观的角度看很好，但是由于是天然石材，所以造价较高；二是混凝土护岸，现在对混凝土本身的色彩、凹凸等的研究仍然不够，应以城市河流景观为对象，开发出满足景观要求的混凝护岸材料，或对现有材料进行改进。

2. 容易接近水边

河流应成为通勤、购物、散步等日常生活能接近的地带，所以堤内到河流之间的亲水问题十分重要，因此必须形成市区中人流集中的地点连接河流的交通网络，尤其是形成步行者的空间交通网络。

具体的治理分为：

（1）从市区到河道通道，包括已有的绿色通道、交通干线、商业步行街等，还可以作为紧急疏散时到河边和对岸的疏散道路。在铺装时可以将道路一直通向河边，或者合理处置标志、小水渠和河沟。

（2）通向河边的道路与沿河道路的交汇点，这是街道和河流的结点，是眺望河流或走向水边的重要场所。从形态上可以分为十字交汇和 T 形交汇两种，建设时力求交汇点形态鲜明。

（3）从沿河道路通向水面的接近方式，必须注意防洪的要求（不改变河槽容积，原则上河床向下游方向降低），在设置场所时需要研究的内容包括和通向水边路程的关系，河滩、浅流、渊潭及水生植物等对河流的景观价值、亲水活动等。接近的方法可以是阶梯和坡面。

3. 水环境和生态保护

利用城市河流时应确保河流的水量和水质。常用以下方法来保证水量、水质,并利用水生生物来丰富河畔景观。

(1) 保证水量。水量的保证方法因不同的水源而有所不同,从其他河流或干流引水关系到各河流的维护和流量控制,另外可灵活利用地下水。保证水量的方法有:缩小平时的流水面、利用落差结构、加固河床结构和堰等营造出平静水面。需要注意的是,采用缩小平时的流水面方法时应控制适当的流速和水深,可组织成浅流、渊潭、河滩等景观;采用利用落差结构方法时,可以利用平静水面和遗失落水流的对比和变化等因素。实际中,可把几种方法组合起来来保证水量。

(2) 保证水质。不同的净化方法有不同的具体形式和可行性,水质净化对策需要长期坚持和上、下游地区的同步进行。

4. 水边的道路

水边的道路可分为:

(1) 管理用道路。管理用道路禁止普通车辆通行,但是可用做步行道、自行车道。

(2) 管理道路和车辆道路兼用,河流的一侧作步行道。

(3) 利用坡底加固和高河滩做成的道路,道路标高和水面接近,容易受到漫水的影响。

城市中的河流空间是人们休闲和娱乐的重要场所,所以应该尽量把这些河边道路作为步行道(包括自行车道)。这样,人们在沿着河流散步时就有从城市生活中回归到大自然中的感觉。因此,在管理道路上不准普通车辆通行,即使通行也要人车分开,或者不能交叉并要减速等。

利用坡度加固段和高河滩的道路应尽量设在接近水面的位置,使得亲水效果更好。在大河上利用高河滩做步行道或自行车道;中小河流由于地域狭窄,可以利用坡底加固结构,在其顶面设步行道,或者在河道上盖步行道平板。在修路时,要保证原有用地最好,并且要满足防洪需要。利用坡面底端加固结构和高河滩做道路设计,应按水边利用的最佳状态来决定道路距水面和护顶的高度、路面材料、路宽等。

护岸和水边道路的整体设计,可分为强调边界流畅法和模糊法。护岸、道路都是河岸景观构成要素中的精髓,设计时应比较稳重,避免色彩、亮度和色调过于鲜明。

沿河道路是仅次于护岸的重要景观,所用的铺装材料有土、沙、石、沥青、混凝土、砖、木砖、混凝土砌块、瓷砖等,它们的选择要和沿河道路的风格、护岸材料及沿河的建筑物协调。为了丰富道路的造型,可以选用几种道路材料进行搭配。

5. 滨水建筑

在城市河流中,尤其是排列在水边的建筑物是最基本的景观构成。通常用法规引导的方法去确定建筑物的色彩和造型,从而建立一个好的街景。改善水边的光照条件。如果建筑物紧贴河边建造,河岸上几乎没有空地,高大建筑物把河流包围,并使河流笼罩在阴影之下。从河流景观的角度看,是非常不理想的。

水边空地为了保证沿河的步行道用地和绿化,应尽量使建筑物后移,在河边留出足够的开放空间。这样还可以组织一个眺望河流景观的场所。

利用沿河的开放空间进行绿化,可以改善建筑物呆板的外观,丰富河流景观。商业、办公用地可积极地利用水边空间,通过景观变化形成韵律,表达出活力和兴旺。可以在桥头配置建筑物和小花园作为地区标志,并利用这些为河流景观增色。低层住宅区要控制占地规模、层高和外墙的位置,屋面的坡度和外墙的材料、色彩要统一。中高层建筑要注意建筑物的高度,尤其是在河流南岸时,建筑物的高度和位置不能妨碍对水边的日照。另外,沿河流要留有足够的开放空间,并进行充分的绿化。沿河工业用地在配置工厂的建筑物时,要提高景观价值的意识。对已有的建筑也可以采取一些措施,改进景观。应努力推进工厂厂区(包括四周的缓冲绿化带)的绿化,并尽量对市民开放沿河的空间。

6. 河边的小景

河边要有适合于河边风格的设施。栅栏、长椅、公告板、减速路障等河边的小景物,是通过细节来表现景观的。这些小景物具有以下特点:

(1)耐用年限短,需要按照街道的变化和利用的变化来改造,进行细致管理;

(2)不仅要满足符合河流和街区个性表现的功能,还可以做出富有弹性、创造性的设计。

7. 栅栏、护栏

由于城市河流多采用陡坡护岸并且河床很深,再加上沿河的交通量大,因此设置防护栏和防护栅很常见。需要注意的是:

(1)栅栏的色彩。防护栏的颜色应尽量和"背景"协调,最好采用黑色、暗茶色和灰色等稳重的颜色,并且是本地特色的颜色。

(2)栅栏的材料和形状。从投产性、施工性、维护性、强度、价格等各方面考虑,栅栏的材料常选取铁制品和铝制品。但从统一河流的风格考虑,最好采用当地的天然材料和制品(石、木、竹、铸造产品、砖、陶器等)组合使用。形状和原材料关系较大,但城市河流多为直线河道,防护栅的网格方向不论纵向还是横向,都应是透视性好的构造。此外,除了防护功能,防护栏还要考虑其他用途和将来的利用,也应考虑形态和设置方法。

(3)已有防护栏的修景。将已有的栅栏、护栏作为修景来处理,用涂刷新的色彩、覆盖灌木和常春藤等方法。

8. 休息设施

在人们经常聚集的地带应设置休息设施,如桥头与通向水边道路的交汇点、邻接公园等地,主要设施应包括长椅、垃圾箱、烟灰缸、厕所和饮水处。

长椅应设置在能眺望到河面的位置上,兼做疏散设施时可用藤架、灌木、乔木等围起来,成为稳固的设施。颜色不求显眼,但形状要稳固,使人坐着舒服。

高河滩常常没有树阴,设置遮阳棚很有必要。但为了防止泄洪时不倾倒和不妨碍泄洪,在设置场所的选择上和设施的构造上要仔细考虑。对河畔上的设置,需要在眺望河面景观上下功夫,同时还要考虑到从桥和河岸眺望时能起到使人凝目的作用以及倒影的效果。

厕所应设置在醒目的地方,应是夜晚也明亮的清洁美观的场所。从节约用水、排水处理以及提高人们的环境意识方面出发,可以考虑采用不用水冲的生态厕所。

9. 标志、导向板

河流各种信息的传递方法为设置标志和导向板,可以分为以下几类:河流管理的标示板,警告、专用许可的标示板和包括街区在内的导向板、地图等。这些都应使市民容易看懂,并且能表达河流功能。而且,不能为标示而单一设置,而应使其成为引人注目的设施和地区标志,具有同其他设施一体化的复合功能,起到改善河流景观的作用。

10. 临时结构

随着水活动的增多,需要设置一些必要的设备以满足临时利用(搞活动和节日庆典)和季节性利用。重要的是,这类设施在用来举行一些活动的同时也要营造出河流的风光。

3.4.3.2 绿化规划设计

同河流成为一体的绿色植物是重要的景物,作为线形绿化带构成了城市公园的绿地系统。

1. 树种、栽植方法

树种、栽植要注意:一是地区及其场地的环境条件(气候、水、土壤等);二是占地条件(绿化范围、周围土地利用等)。

通过树种来展现河流风貌,最好调查清楚地区特点、历史象征、四季景色等。对沿河的植物绿化应进一步强调"河流特点"。为此,在选择树种时,以满足生态需要为首要条件。另外,应季的花和红叶在水面的影子及水边飞舞的鸟类昆虫的形态都是河流风光的组成部分。

植物物种结构的地方风格与水的统一风格植物物种的结构和形态要适合当地城市和地区的情况。河水和绿化统一考虑,能发挥两者的互补效果。在设计水边植物的栽植时,应注意同水自然特性的紧密结合。

2. 槽谷河道的坡面坡肩绿化

槽谷河道是中小城市河流常见的形态,按照防洪的要求,河床通常疏浚得深,按照管理的要求,又用铁防护栏围起来,显得没有生机。在这种河流空间绿化时就要表现出亲水性的特点。

槽谷河道的坡面和坡肩的植物栽植设计要做到:确保栽植空间,要保证起码的河流宽度;用栽植结构的配置展示出整体感,置身于河流空间时,要感受到被河流和绿化连成一体的效果,做到在视觉上有整体感,看不到去河边的路有阻以及使河水空间有统一风格。

3. 有堤河道的绿化

有堤河道和槽谷河道的不同在于河流和住宅区之间有河堤这条"边界"。它的绿化可以分为:

绿化堤防边侧地带在土地有富余时,把堤防边侧地带填高,栽植包括乔木在内的各种植物,能保证堤内外视觉的联系,对加强河流空间的独立性,组成植物繁盛的空间也是有效的。

矮墙的绿化城市河流多在堤防上建有矮墙(胸墙、半截墙)。那些混凝土矮墙隔断了堤内外的空间,作为改进,可以用乔木、灌木、蔓藤植物对河流空间进行绿化。

采用复合断面绿化高河滩。在形成复合断面的情况下,高河滩的处理成为一个问题。应注意根据河流规模使绿化舒展而优美,在满足防洪需要的条件下,配置乔木、灌木作为地区标志或用来划分空间,务求富于变化。

4. 边界地带的绿化

城市的土地利用效率高、密度大,常不能保证河流空间有足够的绿化地带。在同公共和公益设施相邻接时,在邻接地带可能有较宽的绿化空间,这时就要有邻接团体的配合,才能推进绿化。公共、公益设施的统一修整对边界部位的绿化设计要考虑双方空间的效果,同时在和公园、集会场所相邻接时,对双方往来通道也要给以周详的考虑。在相邻地带是私人住宅等情况下,植花种草,对景观加以修饰,效果也很好。另外在公共方面要对河流或地区的整体绿化规划给予充分的研究。

5. 绿化重点

用植物来绿化、修景并不只是说要尽量多植树木花草,而按照地区特点和功能来设计植物的形态才是绿化设计的根本。

用树木来修景沿河场所,除了桥头、码头等人流集中的地带外,主要是在河道拐弯处的中轴景部分,因为这些地点常是暴露在人们视线内的部分。在这些重要地点栽种乔木和灌木,能形成强烈印象,可以使河流的整体印象更为深刻、亲切。树种最好选择引人注目的,或能使该地区产生象征意义的树种。

用花草来修景,对场所、河流和整个地区均要求协调一致、定位明快。在市中心等处这种方法是必要的,还要好好研究利用花型美的水生植物来装点。

6. 现有树木的保护和利用

现有的树木多数在景观上或娱乐方面具有重要的价值,也是日常的体闲空间和景观构成的资源,在现有生活中具有宝贵价值,应该灵活运用并加以保护。

3.4.3.3 夜景设计

1. 城市夜景与河流空间

夜景的最大特点就是不同于白天的采光手法。白天的光是阳光,而夜晚可以采用人工选择采光方式。照明的效果在很大程度上依赖于背景的黑暗,若混乱的城市照明泛滥成灾,照明效果将会下降。

在设计城市照明时,不仅要组织每个空间的照明设计和氛围,同时也包括与之接近的道路和网络,建立通过照明来重组城市空间的观点非常重要。城市空间要素的河流照明关键要看河流空间在都市整体照明上占据何种位置、起何种作用,并以此来捕捉河流的夜色景观。所以要从整体上对沿河街道的线形照明、河畔公园的照明以及从街区到河边的道路加以规划。河流空间是在水面和照明方面具有有利条件的一组空间,研究视点场和适合观赏对象特征的照明方法非常重要。

2. 城市中人的活动与河流空间的照明

河流空间中的人的活动包括眺望夜景、散步、享受热闹和品味风情。

对街道中寻求眺望夜景的场所加以改造,使人们可以平静、从容地眺望,这是创造夜景场所的第一步。当用映照到桥和水边建筑物、树木以及河面照明的光来展示夜景时,应注意以下几点:①按观察对象的结构、外形、材料、规模来选择适当的光源;②当前景为水,设计照明时要将背景调暗;③用树木等遮盖住耀眼的光,限定视觉范围和方向等。

在沿着河边公路和河堤的林阴道散步时,应注意保持一定的亮度,给人以安全感。设计时应使照明精细,具体有以下几点:①在脚下路面设置脚灯照明及配置导向照明;②在采用高柱水银灯照明时,容易产生刺眼的光;③对成为判断街区位置标志的桥和下到堤外的阶梯或水边平台及小码头设置照明等。

河边是人流集中的热闹地带,是人与人接触、交流的空间。如果用灯光来烘托这种场面,要注意避免刺眼的强光照明,照明光源可以采用光色温暖的白炽灯或瓦斯幻灯。

在设计专用照明时,重要的是要保持一定的暗度,用微妙的光亮营造场上气氛。有时需要暂时把周围的建筑光源和霓虹灯关闭。

3.4.3.4 重要地点的设计

1. 桥、桥头

桥在城区河流中起的景观作用包括:①作为横向建筑分割河流空间;②呈明显直立式造型的下承式桥易成为醒目的地区标志;③是眺望河流纵观景的场所;④作为交通节点,这里是水、陆交汇的场所;⑤作为精心构思的艺术品,桥具有自身的艺术价值。

设计要点在设计桥和桥头时,要重视设置场所和地域的个性风格。重点是对于公园也要按临街、地区、综合公园等水平有修整规划,进行系统改造。需要注意的是应将桥强调为城市的主轴,使桥头和街区风格相协调,桥上应有良好的眺望条件,对具有历史、文化价值的景物进行修复时要保持原有的形态和构思等。

桥和桥头与其上下游的护岸最好做总体设计。

构成桥、桥头、护岸的具体要素是:桥台、桥墩、梁、主柱、高栏、桥灯、路面铺装、凉亭等。对桥头则因其地方特点不同而有不同设施,如广场、厕所、长椅等休息设施及绿化带、街灯、人行横道、信号灯等。

注意应根据各种不同的视点来精心设计。以河流和桥的关系为例,河流是背景、桥是景物,以此为基础来设计。但是,也应注意避免对桥和桥头过分地修饰,必须与周围的景观相协调。

2. 河岸公园、绿地

河岸的公园绿地中有来自河流方面的和城市方面的。前者是把周围景物组织进来,成为河流公园和散步休闲场所,常常是把河流横断面宽余的地方或者高河滩部位修成公园。来自城市方面的是将规划整理时产生的公园绿地建在河边,为提高功能或将自古以来就是名胜的河边观潮著名庭院建成公园。在规划公园和绿地时,需要将规划地的区域特性过渡到自然环境、人文环境、感知环境中去把握,要明白河流条件和规划条件。此外,掌握要规划的公园、绿地的社会需求也很重要。

沿河公园有条形、点形等多种类型。在任何情况下都要对河流和公园作整体治理,这是一个根本原则。通过河流区域和公园区域的重复指定等措施来促进事业的发展,在维护方面也有赖于双方的协定和共同努力。

在河流的设计中,必须注意到,怎样提高亲水性能和怎样有效地利用自然风格,可以考虑使堤防坡度变缓和划分成两级台阶等方法,使任何人都可以轻易接触到水。为了表达自然风格,首先应使用天然材料。随着时间的推移渐渐能体会出那种大手笔的设计才是理想的。对于人工建筑物,要注意不使其显眼,游乐设备的配置也要注意顺其自然。

3. 小码头、小广场

随着航运的衰退,小码头不再是交通要道和人们集中的地方,只有在河口港和著名旅游胜地的河流处才可以看到一些以前繁华的情景。可是近年来摆渡船和游览船逐渐增多,帆船、摩托艇之类的娱乐船只也迅猛增加,所以,今后在利用水面修建小码头的基地设施时,也要从景观的角度考虑。

为了靠近水边,最好设置成缓坡护岸和阶梯式护岸,如果面积有限也可以考虑采用两级护岸。对水位比较固定的地区,可以采用固定式结构,引桥、铺装和护栏都加以精心设计;而在水位变动较大的地方,可以采用阶梯式或浮动结构,同时,要体现堤内分担功能。即使如此,也要细致考虑板面材料和饰面、扶手和系缆桩的造型和色彩,力求设计出隽永且富有个性的码头来。但时刻要注意的是,设计的前提是不能阻碍河水向下游排放。

3.5 城市中适宜水环境面积的确定

城市水环境的大小取决于多种因素,它与城市的经济、社会、自然条件及资源可供量等有密切关系。水环境大有利于改善城市景观环境、提高人居舒适度、提升城市品位,但面积太大不仅严重占据城市宝贵的用地资源,而且需要大量的水资源,这对水资源短缺的城市来说是十分困难的;反之,水环境面积小能有效地提高城市的居住率、增大经济效率,但面积太小不仅严重影响城市防洪排涝,而且严重影响城市的人居环境、降低城市品位,直接影响到招商引资和社会经济的可持续发展。因此,如何选择城市水环境面积十分重要。

所谓适宜水环境面积就是在综合分析城市自然条件、水土资源量、社会发展趋势和经济发展水平等的基础上,确定适合城市各方面的水环境面积。该水环境面积确定不仅要考虑水环境现状,而且要考虑城市水环境历史变化过程,根据水环境可恢复性的原则,提出具有超前性、可达性和切合城市实际的适宜水环境面积。

3.5.1 我国城市分布状况及水资源分布特征

城市水环境面积的确定取决于城市水资源总量,没有水资源总量的保证,城市水环境面积就无法实现。城市水资源总量又取决于城市所在的地域位置。我国城市地域分布特点及水资源分布特征分述如下。

3.5.1.1 城市分布与水资源总量分析

从我国城市分布的温度带来看,我国城市主要分布于亚热带、暖温带和中温带,尤其在亚热带,几乎集中了全国一半左右的城市,以1999年为例,全国共有城市667个,其中地处亚热带的城市有299个,占全国总城市数的44.83%,居我国各气候区城市分布数之首;地处暖温带的城市有177个,占全国总城市的26.54%。城市密度最高的也是亚热带,其次是暖温带。位于亚热带地区的城市水资源较丰富,年降水量平均在800 mm以上,为城市水环境面积提供了水资源条件;位于暖温带地区的城市水资源较为短缺,年降水量平均在300~500 mm,加之人类开发利用程度很高,城市水环境面积的确定将受水资源的限制;位于中温带地区的城市水资源十分短缺,年降水量100~200 mm,实现城市水环境面积的水资源条件不能满足要求。

我国城市的空间分布偏集于东部沿海,这一地带只占全国14.2%的国土面积,却分布着全国45.0%的城市数和45.0%的城市人口,是我国城市分布最密集的地带,其中又以长江三角洲、珠江三角洲、京津唐和辽中、辽南地区城市密度最大,中部地带占全国29.2%的国土面积,分布了全国37.1%的城市数和37.0%的城市人口,而西部地带占全国56.5%的国土面积却仅分布了18.0%的城市数和18.0%的城市人口,城市分布密度仅是东部沿海地区的10.1%和中部地带的24.7%,是中国城市分布稀疏的地带。从城市等级规模来看,东部沿海地带集中分布着特大城市和大城市,这一区域中,特大城市和大城市的城市人口分别占全国同类城市人口的49.4%和51.0%;在中部地带,大中小城市分布比较均衡,它们的城市数和城市人口均占全国各类总数的30.0%~42.0%,而西部地带则表现为以小城市占优势的地域分布特征。位于我国东南和东中南部沿海地区城市的水资源丰富,为构建城市水环境面积提供了水资源条件;位于东中北和东北部沿海地区城市的水资源相对缺乏,构建城市水环境面积已存在水资源短缺问题,如京津唐和辽中、辽南地区的城市;位于中部地区城市的水资源较为短缺,水环境面积必须减少;位于西部地区城市的水资源十分短缺,水资源已成为城市水环境面积的主要制约条件。

3.5.1.2 城市垂直分布及水资源总量分析

在海拔高度小于500 m的丘陵、平原地区,城市数占全国的82.8%,尤其在华北平原、长江中下游平原、珠江三角洲等地区城市分布密集。在海拔高度500~2 000 m的低山、中山、高原区,城市数约占全国的15.8%。在平均海拔2 000 m以上的中、高山区,城市数约占1.4%,这一区域,是我国典型的城市低密度区,如占全国面积25%左右的青藏高原区,只拥有全国0.75%的城市数。由此可见,我国城市体系地域空间分布也明显地表现为"低密高疏"的特点。一般来说,南方平原地区城市的水资源较为丰富,北方平原地区城市的水资源较为短缺,低丘陵区城市的水资源亦较为短缺,中、高山区城市的水资源十分短缺,因此,城市水环境面积的确定应考虑地形条件。

3.5.2 我国土地资源的特点

短缺是我国土地资源的特点。土地是一切城市活动的载体,城市水环境面积的确定离不开土地。土地资源的多少直接决定着水环境面积的大小。通过在对土地的自然、社会、环境的组成、结构、功能等综合分析和评价的基础上,选择最佳用地形式,同时考虑各类用地形式的相互影响,来确定城市用地的合理组织形式及城市水环境布局形式。我国是人口大国,人均土地资源非常有限,城市用地十分紧张,拿出大量的土地来建设水环境是不现实的。另外,我国城市之间土地资源紧缺程度也不相同,经济发达的长江三角洲、珠江三角洲及京津唐地区城市,因人口密度高,人均土地资源更少,不利于较大程度地建设水环境面积;经济欠发达的西部地区城市,因人口密度较低,人均土地资源较大一些,有利于建立较大的水环境占地,但西部地区水资源紧缺,也无法形成较大的城市水环境。因此,城市水环境面积要根据各种因素综合分析来确定。

3.5.3 我国城市水环境面积的统计分析

我国城市水环境面积比例差很大,各个城市均不相同。根据几十个城市调查统计分析,南方平原地区城市水环境面积比例较大,可达10.0%~25.0%,如武汉市由于东湖、长江等大水环境存在,有"百湖城市"之称,城市水环境面积达25.1%;南京市由于玄武湖、长江等大水环境存在,城市水环境面积达15.0%;江苏省无锡市地处太湖河网地区和梅梁湖、京杭运河等复杂的河湖系统中,构建了优美的水景观系统,城市水环境面积达15.0%;杭州市由

第 3 章 城市水环境规划

于西湖、钱塘江等大水环境的存在,城市水环境面积达 11.2%;上海市虽然没有较大的湖泊水环境,但有苏州河、黄浦江,城市水环境面积达 5.9%,特别是靠近东海故更有利于城市滨水景观的建设。我国南方丘陵地区和无大水域的中等城市水环境面积比例相对要小一些,一般可达 5%~15%,如浙江省丽水市由于大溪上的开潭调节水库建成后,城市水环境可达 11.8%;浙江省绍兴市城市水环境达 10.0%;江苏省连云港市水环境面积达 16.4%;江苏省盐城市目前水环境为 3.8%。我国中部地区城市水环境面积比例要更小一些,一般为 2%~5%。山东省大多数城市水环境面积只有 0.5%~1.0%,河南省、湖北省、安徽省等城市水环境面积一般在 0.2%~1%。我国西部地区城市由于水资源十分短缺,非汛期城市水环境面积除公园内有一些人工水环境外,基本上为零。因此,我国城市水环境面积比例的大小主要受水资源的多少所影响,水资源丰富的地区,城市水环境面积就较大;水资源短缺地区,城市水环境面积就小,甚至非汛期没有水环境。

3.5.4 我国城市适宜水环境面积规划

随着人们生态意识和生活水平的提高,城市水环境面积比例受到越来越多人的关注。如何确定水环境面积比例是一项非常复杂的系统工程。根据国内外水环境现状分析和作者多年从事城市水生态系统建设规划的实践经验,提出我国城市水环境面积比例的建议,供城市水环境规划设计时参考。一般来说,在我国水资源丰富的长江以南地区城市,水环境面积要大些,可达 15%~25%,这些城市经济水平、人们的期望值和自然条件可以实现这样的水环境比例;在水资源一般的长江与淮河之间的中东部地区城市,水环境面积可规划在 10%~15%;在水资源较为短缺的黄河与淮河之间的中东部地区以及东北地区城市,水环境面积建议在 5%~10%;在水资源短缺的华北地区城市可设计一些景观水域,水环境面积建议在 1%~5%。在我国水资源特别短缺的西北干旱地区城市,非汛期可不人为设计水环境比例。具体针对某一个城市,必须根据当地的自然环境条件、历史水环境比例、社会经济状况和生态景观要求等来确定。同时,水环境面积比例的实现应是动态的过程,近期不能实现,可随着社会经济水平和生态环境意识的提高,在中、远期实现所确定的水环境面积比例。

3.5.5 城市水环境适宜度分析的基本方法

城市水环境适宜度是指由城市的水文、地理、地形、地质、土地、生物、人文等特征所决定的水环境对城市特定、持续的适宜程度。水环境适宜度只有与特定城市相联系才有意义,水环境适宜度分析应按城市内在的适宜方向进行界定,对保证恰当地利用土地、水资源的经济社会价值和生态景观效应具有重要的意义。

分析城市水环境适宜度主要有以下三种方法。

1. 直接叠加法

直接叠加法可分地图叠加法和因子等权求和法两种形式。地图叠加法应用于土地利用规划之中的土地适宜度分析,该方法使得规划能够有效地综合考虑社会和环境因素。这种方法的基本步骤可归纳为:

(1) 确定规划目标及规划中所涉及的因子。

(2) 调查每个因子(如行洪、排涝、供水、水景观等)在区域中的状况及分布(即水环境所要达到的生态目标),并根据对其目标(即某种特定的水环境)的适宜性进行分级,然后用不同的深浅颜色将各个因子的适宜性分级分别绘在不同的单要素地图。

(3)将两张及两张以上的单要素进行叠加得到水环境复合图。

(4)分析复合图,并由此制定水环境的规划方案。

地图叠加法是一种形象直观的方法,是可以将社会、自然环境等不同量纲的因素进行综合的水环境适宜度分析的方法。但其缺点是这种地图叠加实质是一种等权相加方法,实际上各个因素的作用是不相同的,而且同一因素可能被重复考虑;当分析因子增加后,用不同的深浅颜色表示适宜等级并进行重叠的方法显得相当繁琐,并且很难辨别综合图上不同深浅颜色之间的细微差别。但不管如何,地图叠加法对水环境适宜度分析还是有重要意义的。

因子等权求和法实质是把地图叠加法中的因子分级定量化后,直接相加求和而得出综合评价值,以数量的大小来表示适宜度,使人一目了然,克服了繁琐的地图叠加和颜色深浅的辨别困难。计算公式为

$$V_{ij} = \sum_{k=1}^{n} B_{kij} \tag{3.1}$$

式中 V_{ij}——水面方式为 j 的第 i 个网格的综合评价值(j 种水面方式的生态适宜度);

B_{kij}——水面方式为 j 的第 i 个网格的第 k 个生态因子适宜度评价值(单因子评价值);

i——网格编号;

j——水面类型编号;

k——影响 j 种类型的生态因子编号;

n——影响 j 种类型的生态因子总数。

这种直接叠加法应用条件是各生态因子对水环境的特定方面的影响程度基本相近且彼此独立。

2. 因子加权评分法

当各种生态因子对城市水环境的特定方式的影响程度相差很明显时,就不能直接叠加求综合适宜度了,必须采用加权评分法。因子加权评分法的基本原理与因子等权求和法的原理相似,不同的是要确定各个因子相对重要性(权重),对影响特定水环境方式大的因子赋予较大的权值。然后在各单因子分级评分的基础上,对各个单因子的评价结果进行加权求和,得到相应网格对特定水环境方式的总评分,一般分数越高表示越适宜。其计算公式为

$$V_{ij} = \sum_{k=1}^{n} B_{kij} W_k \Big/ \sum_{k=1}^{n} W_k \tag{3.2}$$

式中 W_k——k 因子对 j 种水环境方式的权值;

其他符号与前面的因子等权求和法相同。

加权求和的方法克服了直接叠加法中等权相加的缺点,以及地图叠加法中繁琐的照相制图过程,同时避免了对阴影辨别的技术困难。加权求和法另一重要优点是将图形网格化、等级化和数量化,适宜计算机的应用,这也是近年来这一方法被广泛地应用于土地利用规划之中的原因。但是无论是直接叠加法还是加权求和法,从数学上讲,要求各个因子必须是独立的,而实际上许多因子间是相互联系、相互影响的。为了克服这一缺陷,可采用土地利用

中的另一种新方法,称为"生态因子组合法"。

3. 生态因子组合法

直接叠加法和加权求和法都要求各个因子是相互独立的,而事实上,许多因子的作用是相互依赖的,如地面高程大于城市中心区平均高程时不管城市用地如何,都是不适宜人工湖的修建。但如果按加权求和或直接叠加法来做,当地面高程大于城市中心区平均高程的地区,而城市用地利用率很低,适合于水环境不占用主要用地的极好条件时,可能会得出中等适宜的结论。因子组合法认为:对于某特定的水环境来说,相互联系的各个因子的不同组合决定了对这种特定水环境的适宜性。生态因子的组合法可以分为层次组合法和非层次组合法。层次组合法首先用一组组合因子去判断水环境的适宜度等级,然后将这组因子看成为一个单独的新因子与其他因子进行组合判断水环境的适宜性,这种按一定层次组合的方法便是层次组合法。很显然,非层次组合法是将所有的因子一起组合去判断水环境的适宜度等级,适用于判断因子较少的情况,而当因子过多时,采用层次组合法要方便得多。

第4章 城市水环境污染与水环境容量

4.1 城市水环境质量标准

水环境标准分为国家标准和地方标准两级。国家水环境标准是指在全国或某个特定行业或特定地区范围内统一使用的标准。地方水环境标准是指具有地方特点,在规定地区内统一使用的标准。它以国家水环境标准为依据,是国家水环境标准在当地的补充与具体化,但其内容不得与之相抵触且必须严于国家标准。

水环境标准一般分为水环境质量标准、水污染物排放标准、环境基础标准、水质分析方法标准、环境保护仪器设备标准及环境样品标准6类。

水环境质量标准是为了保护与利用江、河、湖、水库、地下水、海等水域所作的规定。例如《地表水环境质量标准(GB 3838—2002)》、《海水水质标准(GB 3097—1997)》、《地下水质量标准(GB/T 14848—93)》以及与其相应的各类功能区用水水质标准,例如《渔业水质标准(GB 111607—89)》、《景观娱乐用水水质标准(GB 12941—91)》、《农田灌溉水质标准(GB 5084—1992)》、《生活饮用水水源水质标准(CJ 3020—1993)》等。

依据水域特征、环境功能和保护目标,各类水体水质按其功能高低依次划分为若干类,见表4.1,不同功能类别分别执行相应类别的标准值。水域功能类别高的标准值严于水域功能类别低的标准值。同一水域兼有多类使用功能的,执行最高功能类别对应的标准值。

表4.1 水域功能分类表

水域类别	执行标准	功能分类				
		Ⅰ类	Ⅱ类	Ⅲ类	Ⅳ类	Ⅴ类
地表水	《地表水环境质量标准》	主要适用于源头水、国家自然保护区	主要适用于集中式生活饮用水地表水源地一级保护区、珍稀水生生物栖息地、鱼虾类产卵场、仔稚幼鱼的索饵场等	主要适用于集中式生活饮用水地表水源地二级保护区、鱼虾类越冬场、洄游通道、水产养殖区等渔业水域及游泳区	主要适用于一般工业用水区及人体非直接接触的娱乐用水区	主要适用于农业用水区及一般景观要求水域
海水	《海水水质标准》	适用于海洋渔业水域,海上自然保护区和珍稀濒危海洋生物保护区	适用于水产养殖区,海水浴场,人体直接接触海水的海上运动或娱乐区,以及与人类食用直接有关的工业用水区	适用于一般工业用水区,滨海风景旅游区	适用于海洋港口水域,海洋开发作业区	

续表 4.1

水域类别	执行标准	功能分类				
		Ⅰ类	Ⅱ类	Ⅲ类	Ⅳ类	Ⅴ类
地下水	《地下水质量标准》	主要反映地下水化学组分的天然低背景含量。适用于各种用途	主要反映地下水化学组分的天然背景含量。适用于各种用途	以人体健康基准值为依据。主要适用于集中式生活饮用水水源及工、农业用水	以农业和工业用水要求为依据。除适用于农业和部分工业用水外，适当处理后可作生活饮用水	不宜饮用，其他用水可根据使用目的选用

4.2 城市水环境污染

4.2.1 城市水环境污染致因

造成城市河流、湖库等水环境质量下降的原因很多，归纳起来主要包括工业废水、居民生活污水、城市降雨径流及城市其他类型所携带的污染物质进入水体。虽然近年来我国各个城市加大对点源的治理力度，但工业废水和生活污水在污染的构成上仍然占据较大的比例。据统计，我国 2001 年废水排放总量约为 19 723.6 万吨，其中企业废水排放 10 449.6 万吨，占 53%；生活污水排放 9 274 万吨，占 47%。据排污量发展趋势研究表明，生活污水已逐渐成为水域污染的重要成因，尤其在城市范围内的河道中，生活污水在污染中所占比例更突出。在城市范围内，短历时、高强度的暴雨径流对城市水环境也造成了严重的危害。初雨径流的水质非常恶劣，容易在短期内对水体产生较大的影响。城市郊区的农田化肥及农药随径流进入水体环境，也会给城市水生态系统的安全带来严重影响。另外，城市中大量的固废物质及垃圾场也会对城市范围内的水体环境造成巨大的环境质量威胁。城市水环境污染成因具体如下。

4.2.1.1 城市化进程加快、人口增加、经济增长加快

我国人口数量多，人口增长速度较快，同时，城市化率的迅速提高使得大量人口向城市积聚，对城市资源和环境的影响已成为制约城市环境与经济可持续发展的主要因素。发达国家的经验表明，工业总产值每增加 10.0%，废水排放量增加 0.17%。我国工业生产增长所带来的废水排放比例更高，水污染更为严重。全国七大流域水质调查结果表明，河湖水体质量最差的都是位于城市范围或城市近郊工矿区附近的河段和湖泊。

4.2.1.2 城市工业结构及废水治理力度不足

现阶段，中国对工业企业废水排放提出严格的标准，但由于国内企业产业结构不合理，重污染企业多，生产工艺落后，管理水平低，物料消耗高，单位产品污染物排放量过高，造成对水环境的严重影响。很多老企业缺乏应有的污水处理设施，即使有处理设施的企业，由于管理不善，很多污水处理设施没有发挥应有的作用，许多企业的治污设施不正常运转或不能有效运转，也是工业废水污染水环境的重要因素。

4.2.1.3 城市基础设施建设与城市发展不适应

国内城市化水平迅速提高,但城市排水系统不完善,污水处理设施建设缓慢,与城市建设和经济的发展不相适应。目前,我国城市排水体制虽然在推进"雨污分流",但"雨污合流"仍然占主导地位,很多老城区难以实现雨污分流。雨季大量的雨水同污水一起进入地表水体,污染城市河流湖泊。加上城市污水集中处理设施建设力度不足,污水直接进入城市地表水体,对水环境造成极大危害。

4.2.1.4 城市初雨径流污染控制不足

城市的快速发展及城市地面的不透水性不断提高,造成城市暴雨径流量的增加;城市经济的发展和汽车数量的增加及城市路面污染加重,使得初雨径流的水质恶化,造成对城市水体的严重威胁。城区雨水主要有屋面、道路、绿地三种汇流方式,其中路面径流因为交通污染导致水质较差;屋面雨水径流要视屋面材质而定,水质变化较大;绿地的径流一般水量较小,水质相对较好。据国外有关资料报道,在一些污水点源得到有效控制的城市水体中BOD_5负荷40%~80%来自降雨产生的径流,成为城市主要的水体污染面源。近年来,对城市雨水利用的研究逐渐增加,一般采用的方法是通过雨水收集、综合处理后进行回用。但到目前为止,国内大多数城市中雨水的利用率很低或根本未加以利用。很多城市,特别是山区城市,暴雨量很大,雨后仍然缺水的原因就是对暴雨资源未有效利用。

4.2.1.5 城市固体废物对城市水环境的影响

城市中每天产生大量的固体垃圾废物,由于处理堆放不善或防渗措施不当,大量含有高浓度污染物的渗滤液流入地表水体中或渗透进入地下水,给城市水环境带来严重污染。除渗滤液污染水体外,城市居民将固体废弃物直接倾倒入城市河流、湖泊中,使地表水受到严重影响,不仅减少水体面积,而且还危害水生生物的生存,破坏了水生态系统的平衡。

4.2.1.6 城市用水和排水未形成合理的收费标准

水资源的长期无价和价格偏低导致了水资源利用率和回用率很低,普遍没有将水看做一种有限的资源。提高城市供水水价后,通过经济杠杆的调节,可促进城市居民提高节水意识,提高工业企业的用水效率并加强用水循环,重复利用。

4.2.1.7 城市面源污染严重,但缺乏有效的防治措施

城市不透水的混凝土或沥青路面比例大,各类污染源产生的污染物将随雨水径流汇入河湖,导致水环境质量不断下降。城市面污染源对城市河湖水环境质量影响很大,但目前对面污染源防治还缺乏有效的方法。

4.2.2 水体中污染物质

水污染是指水体因某种物质的排入,导致水体的化学、物理、生物或者放射性等方面特性的改变,从而影响水的有效利用,危害人体健康或者破坏生态环境,造成水质恶化的现象。这种物质即为污染物,造成变化的原因是污染物的量超过了该物质在水体中的本底含量和水体的环境容量。

造成水体污染的因素是多方面的:向水体集中排放未经有效处理的城市污水和工业废

水;施用的化肥、农药以及城市地面的污染物,随雨水径流进入水体;随大气扩散的有毒有害物质通过重力沉降或降水过程进入水体等都会造成水的污染。按空间分布方式分类,前述第一项属点污染源,其他属面污染源,所造成的污染分别称为点源污染和面源污染。其中,点污染源是水体污染的主要因素。相对于水体而言,以上两类污染又称为外源污染。与外源污染相对应,由于水体中底泥受扰动重新分散悬浮于水中或污染物由底泥中释出、底泥中有机物的厌氧分解产物、投放饵料、水体内动植物代谢与残骸等所造成的污染称为内源污染。

按污染物的性质,对受污染水体造成的危害叙述如下。

4.2.2.1 物理性污染

水体的物理性污染是指水体在遭受污染后,使水的颜色、温度、浊度、悬浮物、泡沫等产生变化,这类污染易被人们所觉察。

1. 感官性状污染

污水,特别是印染废水、洗煤废水、农药废水等某些工业废水,都具有独特的颜色与气味,排入水体后,往往使水体着色。水体着色后,给人们以水体被污染的感觉,引起感官不悦。

2. 热污染

载热物质排入水体,使水体温度升高,影响水质,危害水生生物与水生植物生长,称为水体热污染。温度超过60 ℃的工业废水,排入水体后,会引起水体的水温升高,形成热污染效应。热污染产生的现象主要有:

(1)由于水体水温升高,使水体溶解氧质量浓度降低,如图4.1所示。由于溶解氧浓度降低,亏氧量随之减少,故大气中的氧向水体传递的速率也减慢,同时导致水生生物耗氧速度加快,促使水体中溶解氧更快地被消耗殆尽,造成鱼类和水生生物因缺氧而窒息死亡,水质迅速恶化。

(2)由于温度升高,导致水体中的化学反应加快,水温每升高10 ℃,化学反应速度加快1倍。会导致水体的物理化学性质(如离子浓度、电导率、溶解度、腐蚀性)的变化,臭味加剧。

(3)使水体中的细菌繁殖加速,如作为给水水源时,则需要增加混凝剂的投量及投氯量,

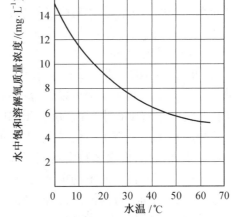

图4.1 水中饱和溶解氧质量浓度和水温的关系

这样又会使水中的有机氧化物更快地转化为三氯代甲烷($CHCl_3$)类化合物(FHMS),或称为氯仿,是一种致癌物质。

(4)由于水温增高,可以加速藻类的繁殖。因此,热污染也会加快水体富营养化进程。

3. 悬浮物污染

悬浮物是水体主要污染物质之一。悬浮物分无机物和有机物两类,一般城市污水中,有机悬浮物略高于无机悬浮物。水体被悬浮物污染后,造成的危害主要有:降低光的穿透率,减弱水的光合作用,妨碍水体的自净作用;水中存在悬浮物,可能堵塞鱼鳃,导致鱼的死亡;

含有大量有机悬浮物的水体,由于微生物的呼吸作用,会使溶解氧含量大为降低,也可能影响鱼类的生存;水中的悬浮物又可能是各种污染物的载体,它可能吸附一部分水中的污染物并随水流迁移。

4. 油类污染

油类已成为水体的主要污染物质之一。油类,尤其是石油,能够在水面形成油膜。据实测,每滴石油能在水面形成 $0.25\ m^2$ 的油膜,每吨石油可能覆盖 $5\times10^6\ m^2$ 的水面,油膜隔绝大气与水面,破坏水体的复氧条件。实验证明,当油膜厚度大于 1 mm 时,就影响水面的复氧作用;油还能堵塞鱼的鳃部,使鱼类受到危害。水中含油 $0.01\sim0.10\ mg/L$ 时,对鱼类及水生生物就会产生有害影响。我国渔业用水标准低于 $0.05\ mg/L$,当水中含有的石油质量浓度达到 $0.33\sim0.55\ mg/L$ 时,就会产生石油气味,不适于饮用。

4.2.2.2 无机物污染

1. 酸、碱、无机盐类污染

工业废水中的酸与碱、雨水淋洗受污染空气中的二氧化硫而产生的酸雨,均会污染水体。酸性废水与碱性废水相互中和产生各种盐类,酸或碱与地表物相互反应,也可能生成无机盐类。因此,酸、碱的污染伴随着无机盐类的污染。

酸、碱污染水体,使水体的 pH 值发生变化,破坏自然缓冲作用,抑制微生物生长,妨碍水体自净,如长期遭受酸、碱污染,则将导致水质逐渐恶化及周围土壤酸化或碱化。对渔业水体来说,pH 值不得低于 6 或高于 9.2。当 pH 值为 5.5 时,一些鱼类就不能生存或生殖率下降,甚至死亡。农业灌溉用水的 pH 值应为 $5.5\sim8.5$。酸、碱污染还会增加水体中的无机盐类和水的硬度。天然水体对酸、碱具有中和作用。水体中的反应,对保护天然水体,如缓冲天然水的 pH 值的变化具有重要意义。

2. 重金属等有毒物质污染

(1) 重金属污染。重金属在水体中不能被微生物降解,只能在各种形态之间相互转化、分散和富集。重金属在水中可以化合物的形态存在,也可以离子形态存在。在地表水中,重金属化合物的溶解度很小,往往沉积于水底。

重金属离子由于带正电荷,在水中易被带负电荷的胶体微粒所吸附,吸附重金属离子的胶体可随水流迁移,但大多数会迅速沉降。因此,重金属一般都富集在排污口下游一定范围内的底泥中。沉积在底泥中的重金属是一个长期的次生污染源,很难治理。它们逐渐向下游推移,扩大污染面,每到汛期,河流径流量加大,冲刷泛起底泥,使重金属随底泥参与径流。一般的污染物,经汛期水量的稀释,其浓度是降低的,而重金属却往往是增高的。如松花江汛期水中汞的含量高于平时,就是这个原因。重金属在水体中的另一个特点是可以转化。水体底泥或鱼体中的无机汞,在微生物的作用下,能够转化为毒性更大的有机汞(甲基汞),六价铬可以还原为三价铬,三价铬也可能氧化为六价铬。

金属离子在水中的转移和转化与水体的酸碱条件有关。如六价铬在碱性条件下的转化能力强于在酸性条件下的转化能力;又如在酸性条件下,二价镉离子易于随水流迁移并易为植物所吸收。

地表水体中的重金属离子可通过食物链,成千上万倍地富集。例如淡水鱼可将汞富集 1 000 倍、镉 300 倍、砷 330 倍、铬 200 倍等。藻类对重金属离子的富集程度更为强烈,如汞可达 1 000 倍,铬 4 000 倍(富集倍数以水中含量为 1 计),见表 4.2。

表 4.2　水生生物对常见重金属离子的平均富集倍数

重金属	淡水生物			海水生物		
	淡水藻	无脊椎动物	鱼类	海水藻	无脊椎动物	鱼类
汞	1 000	10^5	1 000	1 000	10^5	1 700
镉	1 000	4 000	300	1 000	250 000	3 000
铬	4 000	2 000	200	2 000	2 000	400
砷	330	330	330	330	330	230
钴	1 000	1 500	5 000	1 000	1 000	500
铜	1 000	1 000	200	1 000	1 700	670
锌	4 000	40 000	1 000	1 000	10^5	2 000
镍	1 000	100	40	250	250	100

(2) 氰化物污染。当水体中氰化物(CN^-)质量浓度达到 0.3~0.5 mg/L 时,鱼类便中毒死亡。我国渔业用水标准要求氰质量浓度不得超过 0.02 mg/L,当水体游离氰质量浓度超过 0.1 mg/L 时,微生物生长受到抑制,水体的自净作用因而受到阻碍。

农作物对氰化物的耐受程度比水生生物高,灌溉水中氰质量浓度在 0.5 mg/L 以下时,不会导致地下水中氰含量超过饮用水标准,我国农业灌溉水质即以此作为标准。

氰化物、砷、铬、铜、铅、汞等元素及其化合物被列入我国优先控制污染物名单。

4.2.2.3　有机物污染

有机物是不稳定的物质,随时随地都在向稳定的无机物转化。从能量观点来看,有机物是能量的主要储存物质,是生物体的主要能源。有机污染物被排入水体后,在水体这一生态系统中,沿着食物链从一个机体转移到另一个机体。

有机污染物进入水体,水中能量增加,如其他条件适宜,微生物将得以增殖,有机物得到降解,从而消耗了水中的溶解氧。与此同时,通过水面的复氧作用,水体从大气中得到氧的补充。若排入水体的有机物未超过水体的环境容量,水体中的溶解氧始终会保持在允许浓度范围内。若排入水体的有机物过多,微生物分解有机物的耗氧速率大于复氧速率,水体将由饱和氧状态到不饱和氧状态,再到缺氧状态或无氧状态,这说明水体的有机污染物在数量上已超过了水体的环境容量。在水体缺氧条件下,有机物易被厌氧微生物分解,释放出 H_2S、NH_3 和 CH_4 等有毒并具有臭味的气体,造成水体"黑臭"现象。因此,耗氧的有机污染物能恶化水质,破坏水体的基本功能。

当大量有机物沉积于水体底部时,因有机物分解耗去了溶解氧,而大气复氧很难达到底层,因此水体底部常处于缺氧状态。在此条件下,底部只有少量能适应缺氧或无氧条件的生物以及厌氧微生物生存。底泥中的有机物厌氧分解产物,同样引起水质恶化。

目前已知的有机化合物种类多达 400 万种,其中人工合成化学物质已超过 4 万种,每年还有许多新品种不断出现。这些化学物质中大部分通过人类活动进入水体。20 世纪 60 年代和70年代初,人们比较重视重金属离子的污染;80年代后,水源中的有机污染物成为人类最关注的问题。不少有机污染物对人体有急性或慢性、直接或间接的毒害作用,其中包括致癌、致畸和致突变作用。根据现有检测技术,已发现给水水源中有2 221种有机物,饮用水中有765种,并确认其中20种为致癌物,23种为可疑致癌物,18种为促癌物,56种为致突变物,总计117种有机物成为优先控制的污染物。

世界上许多国家特别是工业发达国家,都根据本国情况规定了有毒有机污染物名单。我国在有机污染物方面也进行了大量调查研究工作。中国环境监测总站在调查研究基础上,参考国外文献资料,提出了反映我国环境特点的优先污染物名单,其中优先控制的有毒有机物包括10种卤代(烷/烯)烃类,6种苯系物,4种氯代苯类,1种多氯联苯,6种酚类,6种硝基苯,4种胺,7种多环芳烃,3种酞酸酯,8种农药,丙烯腈和1种亚硝胺。值得注意的是有些有毒有机污染物是在传统的氯消毒或预氯化过程中产生的。例如,腐殖酸等在加氯过程中会形成有致癌作用的三卤甲烷等氯化有机物。随着科学技术的进步和医学研究的进展,有机污染物的毒性和浓度限值将愈来愈明确。

4.2.2.4 氮、磷的污染

1. 含氮化合物的转化

含氮化合物在水体中的转化分两步,第一步是含氮化合物如蛋白质、氨基酸和尿素等有机氮转化为无机氨氮;第二步是氨氮的亚硝化和硝化。这两步转化反应都是在微生物作用下进行的。以蛋白质为例说明这一转化过程。

蛋白质是由多种氨基酸分子组成的复杂有机物,含有羧基和氨基,由肽键(R—CONH—R)连接。蛋白质的降解首先是在细菌分泌的水解酶的催化作用下,水解断开肽键,脱除羧基和氨基而形成NH_3。此过程称之为氨化。

NH_3进一步在细菌(亚硝化菌)的作用下,被氧化为亚硝酸,反应方程式为

$$2NH_3 + 3O_2 \xrightarrow{\text{亚硝化菌}} 2HNO_2 + 2H_2O + 619.6 \text{ kJ}$$

继之亚硝酸在硝化菌的作用下,进一步氧化为硝酸,反应方程式为

$$2HNO_2 + O_2 \xrightarrow{\text{硝化菌}} 2HNO_3 + 200.97 \text{ kJ}$$

在缺氧的水体中,硝化反应不能进行,可在反硝化细菌的作用下,产生反硝化作用,反应方程式为

$$2HNO_3 \xrightarrow{+4H, -2H_2O} 2HNO_2 \xrightarrow{+4H, -2H_2O} (NOH)_2 \xrightarrow{-H_2O} N_2O \xrightarrow{+2H, -H_2O} N_2 \uparrow$$

有机氮在水体中的转化过程一般要持续若干天。因此,水体中各种形态的氮随时间的变化有如图4.2所示的相对关系。

从耗氧有机物在水体中的转化过程来看,有机氮→NH_3→NO_2^-→NO_3^-可作为耗氧物质自净过程的判断标志。但从另一方面来考虑,这一过程又是耗氧有机物向植物性营养物污染的转化过程,也就是从一种污染方式向另一种污染方式转化,这一点是值得注意的。

2. 磷化合物的转化

水体中所有的无机磷几乎都是以磷酸盐形式存在的,包括磷酸根,偏磷酸盐,正磷酸盐:PO_4^{3-},HPO_4^{2-},$H_2PO_4^-$,聚合磷酸盐:$P_2O_7^{4-}$,$P_3O_{10}^{5-}$,有机磷则多以葡萄糖-6-磷酸,2-磷酸-甘油

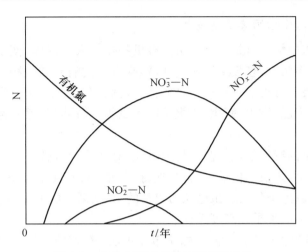

图 4.2　水体中不同形态氮随时间变化

酸等形式存在。

水体中的可溶性磷很容易与 Ca^{2+}、Fe^{3+}、Al^{3+} 等离子生成难溶性沉淀物而沉积于水体底泥中。沉积物中的磷,通过湍流扩散再度稀释到上层水体中,或者当沉积物中的可溶性磷大大超过水中磷的浓度时,可能再次释放到水体中。

3. 氮、磷污染与水体的富营养化

富营养化是湖泊分类和演化的一种概念,是湖泊水体老化的一种自然现象。在自然界物质的正常循环过程中,湖泊将由贫营养湖发展为富营养湖,进一步又发展为沼泽地和旱地。但这一历程需时很长,在自然条件下,需时几万年甚至几十万年,但富营养化将大大地促进这一进程。如果氮、磷等植物营养物质大量而连续地进入湖泊、水库以及海湾等缓流水体,将促进各种水生生物(主要是藻类)的活性,刺激它们异常增殖,这样就会造成一系列危害。

藻类占据的空间越来越大,使鱼类活动的空间越来越小,衰死藻类将沉积塘底。藻类种类逐渐减少,并由以硅藻和绿藻为主转为以蓝藻为主,蓝藻不是鱼类的良好饵料,而且还会迅速增殖,其中有一些甚至是有毒的。藻类过度生长,将造成水中溶解氧的急剧变化,能在一定时间内使水体处于严重缺氧状态,使鱼类大量死亡。湖泊水体的富营养化与水体中的氮、磷含量有密切关系。

近年来又有人认为,富营养化问题的关键不是水中营养物质的浓度,而是营养物质的负荷量。据研究,贫营养湖与富营养湖之间的临界负荷量为:总磷为 0.2~0.5 mg/(L·年),总氮为 5~10 mg/(L·年)。

水体富营养化在国内普遍存在,是影响我国水环境质量的主要问题之一,已成为主要控制目标。根据目前的工程实践经验与观察,由于污水总量过大,单纯通过二级生物除磷脱氮工艺未必能避免受纳水体的富营养化问题。进一步提高污水处理深度或控制污染物排放总量可能是控制水体富营养化的根本途径。因此,高效低耗的除磷脱氮水处理技术成为当前污水处理技术的研究热点,关于此,本书有专门介绍。

4.2.2.5 病原微生物污染及其危害

未污染的天然水中细菌含量很低。由于有机物排入天然水体,使水中有了细菌的生存条件,同时也有由城市污水、垃圾渗滤液、医院污水带入的病原微生物。病原微生物包括致病细菌、病虫卵和病毒,常见的是肠道污染病菌,包括霍乱、伤寒、痢疾等病菌。寄生虫病的虫卵有血吸虫病、阿米巴、鞭虫、蛔虫、烧虫及肝吸虫等,病毒有肠道病毒与传染性肝炎病毒等。

病原微生物污染的特点是病原微生物数量大,分布广,存活时间长,繁殖速度快。某些传染病可通过水体大面积快速传播,危害甚烈,在世界各国历史上均不乏惨痛的教训。随着卫生保健事业的发展,这类传染病虽已从历史上的第一、第二位下降到第七、第八位,但它们对人类仍有极大威胁,必须予以高度重视。

水源污染给人类健康带来了严重威胁。解决的办法一是保护水源,二是强化水处理工艺。

4.2.3 水污染排放标准

当污水需排入各类水域或回用于各种对象时,其水质应达到或通过处理后达到所允许的程度。作为执行和实施环境保护政策、法规的主要依据与控制污染源的直接手段,水污染物排放标准是在生态标准、经济可能、社会要求三者并重的基础上,通过综合平衡,全面规划而制定的,既体现了发展方向,又考虑了现实可能,有重点、有步骤地控制污染源,从而有效地保护水体。

水污染物排放标准分为污水一般排放标准、行业水污染物排放标准和地方水污染物排放标准三类。

4.2.3.1 一般排放标准

主要有《污水综合排放标准》和《城镇污水处理厂污染物排放标准》。标准规定了各类污染物质的最高允许排放浓度,其主要特点是:

(1)根据污染物性质及危害对控制项目分类。如《污水综合排放标准》将污染物分为两类。其中,第一类污染物指能在环境或动植物体内蓄积,对人体健康产生长远不良影响者,共13项。这类污染物不分行业和污水排放方式,也不分受纳水体的功能类别,一律在车间或车间处理设施排放口采样,其最高允许排放浓度必须达到本标准要求。第二类污染物指其长远影响小于第一类的污染物质,在排污单位排放口采样,其最高允许排放浓度必须达到本标准要求,共56项。

《城镇污水处理厂污染物排放标准》将污染物控制项目分为基本控制项目和选择控制项目两类。基本控制项目主要包括影响水环境和城镇污水处理厂一般处理工艺可以去除的常规污染物,以及部分一类污染物,共19项。选择控制项目包括对环境有较长期影响或毒性较大的污染物,共计43项。其中,基本控制项目必须执行,选择控制项目,由地方环境保护行政主管部门根据污水处理厂接纳的工业污染物的类别和水环境质量要求选择控制。排入城镇污水处理厂的工业废水和医院污水,在排入前应达到《污水综合排放标准》、相关行业的国家排放标准、地方排放标准的相应规定限值及地方总量控制的要求。

(2)根据受纳水域环境功能和保护目标对污染物标准值执行分级控制,详见表4.3。

表 4.3　污水排入功能分级和目的

污水受纳体及功能分区 / 执行标准 / 污水受纳体	排放标准《地表水环境质量标准》分类	《海水水质标准》分类	《污水综合排放标准》分级	《城镇污水处理厂污染物排放标准》分级	目　的
特殊控制区	Ⅰ、Ⅱ类水域和Ⅲ类水域中规定的保护区	Ⅰ类水域	禁排,现有排污口应按水体功能要求,实行污染物总量控制	禁排	重点保护集中饮用水水源及其重要水产基地
重点控制区	Ⅲ类水域	Ⅱ类水域	一级	一级 B	保护饮用水水源二级保护区、经济鱼类、食品工业用水、游泳安全等
一般控制区	Ⅳ、Ⅴ类水域	Ⅲ类水域	二级	二级	充分发挥水体的自净功能
设有二级污水处理厂的城镇排水系统			三级		保护城镇污水处理厂的正常运行
非重点控制流域和非水源保护区				三级	仅适用于建制镇采用一级强化处理工艺的污水处理厂,以节省工程投资及运行费用
城镇景观用水和回用水				一级 A	污水资源化
备　注	1. 一类重金属污染物和选择控制项目不分级 2. 采用一级强化处理工艺的污水处理厂必须预留二级处理设施的位置,分期达到二级标准				

4.2.3.2　行业水污染物排放标准

有关污水排放的行业标准涉及各类工业,是全国统一的与环境保护有关的工艺、设备、资源综合利用、排污定额等内容的规定,我国目前已发布 30 余项国家行业水污染排放标准。

4.2.3.3　地方水污染物排放标准

地方水污染物排放标准是国家排放标准的补充和具体化,强调地方所辖区域内的特殊性。原则上地方标准必须严于国家标准。

4.3　污染物在水体中的迁移与转换

污染物在进入天然水体后,通过物理、化学和生物因素的共同作用,使污染物的总量减少或浓度降低,受污染的天然水体部分地或完全地恢复原状,这种现象称为水体自净。如果排入水体的污染物超过水体的自净能力,就会导致水体的污染。水体自净过程很复杂,按其作用的机制可分为三类。

4.3.1 物理净化

物理净化是指污染物通过稀释、扩散、混合、沉淀和挥发等作用,使自身浓度降低;物理净化只能降低污染物在水中的浓度,而不能减少污染物质的总量。物理净化作用过程如图4.3 所示。

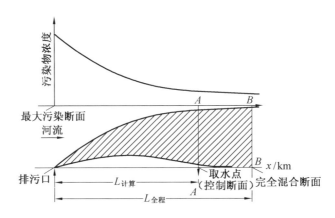

图 4.3 水体的物理净化作用过程图

4.3.1.1 稀释与扩散

污染物进入天然水体后,被水体水混合,使浓度降低称为稀释,如图 4.3 所示,一般分为三个阶段。第一个阶段在离开排污口后以射流的方式和周围水体掺混而扩散。当射流的动量或浮力作用逐渐消失以后,进入第二阶段,如尚未扩散至河流的全断面,则将随河水运动,并由于紊动而继续横向扩散。当扩散至全河宽,并且全断面完全混合或接近完全混合时,进入第三阶段,以后沿纵向继续随流离散,可称为离散段。在该段起点断面处,污染物浓度分布均匀且远低于排污口处的浓度。大江、大河因宽度大,可能不易出现完全混合断面,而在排污口一侧下游形成稳定的污染带。

所谓达到全断面混合的含义尚无统一的规定,实用上有许多近似的确定方法。有分析将泄流看做一个污染源处理。费希尔(H. B Fischer)按有限边界的均匀流中污染源扩散的计算方法,并以岸边最小浓度与断面最大浓度之差在5%以内为达到完全混合的标准,提出估算顺直河流中达到全断面完全混合的距离的关系式如下。

对于在河流中心排污,有

$$L = 0.1UW^2/D_y \tag{4.1}$$

对于在河岸排污,有

$$L = 0.4UW^2/D_y \tag{4.2}$$

式中　L—— 达到完全混合的断面至排污源的距离;
　　　U—— 水体断面平均流速,m/s;
　　　W—— 河床宽度,m;
　　　D_y—— 垂直于流向 x 的横向紊动扩散系数,m²/s。

影响稀释的两种运动形式:
(1) 污染物质延水流方向(x方向)运动,称为"平流"或"对流";
(2) 污染物沿纵向x,横向y和深度方向z的扩散与迁移运动。水体内任意单位面积上的移流率O_1的推求公式为

$$O_1 = U(x,t) \cdot C(x,t) \tag{4.3}$$

或

$$O_1 = U(x,y,z,t) \cdot C(x,y,z,t)$$

式中 O_1——污染物质的"平流"或"对流"率,mg/(m²·s);
U, C——分别为水体断面平均流速,m/s,污染物平均质量浓度,mg/L。

污染物进入水体后,存在三种类型的扩散方式,即分子扩散、紊流扩散和纵向离散。分子扩散是由于水体中存在浓度梯度场,污染物由高浓度区向低浓度区迁移,如图4.4所示。其通量N可由Fick第一定律计算,即

$$N_x = -D_x \frac{\partial C}{\partial x} \tag{4.4}$$

式中 N_x——延x向的扩散通量值,mg/(m²·s);
D_x——延x向的分子扩散系数,m²/s;
$\frac{\partial C}{\partial x}$——延$x$向的浓度梯度,mg/(m³·m);
"-"——沿污染浓度减少方向扩散。

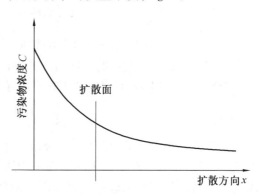

图4.4 Fick第一定律附图

若研究的是三维方向的扩散通量,则可写成

$$N = -\left(D_x \frac{\partial C}{\partial x} + D_y \frac{\partial C}{\partial y} + D_z \frac{\partial C}{\partial z}\right) \tag{4.5}$$

式中 N——三维综合的扩散通量值,mg/(m²·s);
D_x, D_y, D_z——x,y,z向的分子扩散系数,m²/s;
$\frac{\partial C}{\partial x}, \frac{\partial C}{\partial y}, \frac{\partial C}{\partial z}$——$x,y,z$向的浓度梯度,mg/(m³·m)。

湖泊、水库等静水体,在没有风生流、异重流(由浓度差、温度差引起)、行船等产生的紊动作用影响时,扩散的主要方式是分子扩散。

如取另一单位面积和上述面积平行,距离为δx,如图4.5所示。在一维扩散中,单位时间内进入x面的扩散质为$N_x(x,t)$,从$x+\delta x$面出去的扩散质为$N_x(x,t) + \frac{\partial N_x(x,t)}{\partial x}\delta x$,经过$\delta t$时间的进出差为$\frac{\partial N_x(x,t)}{\partial x}\delta x \delta t$,而控制面以内扩散质的变化量为$\frac{\partial C_x(x,t)}{\partial x}\delta x \delta t$。根据质量守恒定律,两者之和应为零,即

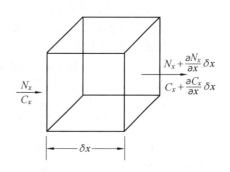

图4.5 Fick第一定律附图

$$\frac{\partial}{\partial x}N_x(x,t)\delta x\delta t + \frac{\partial}{\partial x}C_x(x,t)\delta x\delta t = 0$$

即

$$\frac{\partial}{\partial x}N_x(x,t) + \frac{\partial}{\partial x}C_x(x,t) = 0 \tag{4.6}$$

将式(4.4)代入得

$$\frac{\partial}{\partial x}C_x(x,t) = D_x\frac{\partial^2}{\partial x^2}C_x(x,t) \tag{4.7}$$

式(4.7)称为 Fick 第二定律,其积分解为

$$C_x(x,t) = \frac{M}{\sqrt{4\pi D_x}}\exp\left(-\frac{x^2}{D_xt}\right) \tag{4.8}$$

式中 M——$t=0$ 时,在 $x=0$ 处的扩散质数量,这些扩散质沿两方向扩散。

式(4.8)表示扩散质的浓度沿两方向的分布规律,可见它是按指数规律急剧衰减的。当扩至三维时,按上述相同步骤不难导出相应于 Fick 第二定律的方程为

$$\frac{\partial C}{\partial x} = D\left(\frac{\partial^2 C}{\partial x^2} + \frac{\partial^2 C}{\partial y^2} + \frac{\partial^2 C}{\partial z^2}\right) \tag{4.9}$$

紊动扩散是因紊流所产生的漩涡混合作用产生的扩散。对于流动的水体,除紊动扩散外,还存在由于流速在断面上的布面不均所产生的混合,称为纵向离散,也称为对流扩散。紊动扩散所产生的扩散通量也可采用类似分子扩散公式式(4.5)~(4.9)的形式来表示,其扩散系数称为紊动扩散系数 N_g。

对于流动的水体,以上三种扩散混合方式同时存在,其各方向上的扩散通量可直接叠加,为简化计,以下推导中所指的扩散系数均为综合扩散系数。

4.3.1.2 混合

指污水与水体水的混合状况。对于河流,决定于混合系数 $\alpha(\alpha = Q_混/Q_总)$。$Q_混$ 为与污水相混合的河流流量,$Q_总$ 为河流的总流量。混合系数与河流形状、污水排放形式(如排污口特征、排放方式、排污流量等)有关。

计算断面的混合系数的最简便公式为

$$\alpha = L_{计算}/L_{全混}, \quad L_{计算} \leq L_{全混} \tag{4.10}$$

式中 $L_{计算}$——排污口至计算断面(控制断面)的距离,km;

$L_{全混}$——排污口至完全混合断面的距离,km;

α——混合系数,当 $L_{计算} \geq L_{全混}$ 时,$\alpha = 1$。

河流混合的数学模式,可通过对河流的实测数据进行数学分析后得到。

表 4.4 为岸边排放时,排放点与完全混合断面的距离统计数据,可供参考。

表 4.4 岸边排放点与安全混合断面距离　　　　　　　　　单位:km

河水流量与污水流量之比值 Q/q	河水流量 $Q/(m^3 \cdot s^{-1})$			
	5	5~50	50~500	>500
5:1~25:1	4	5	6	8
25:1~125:1	10	12	15	20
125:1~600:1	25	30	35	50
>600:1	50	60	70	100

注:当注水在河心进行集中排放时,表列间距可缩短至2/3;当进行分散式排放时,表列间距可缩短至1/3。

完全混合断面污染物平均质量浓度为

$$C = (C_w q + C_R \alpha Q)/(\alpha Q + q) \tag{4.11}$$

式中 C_w——原污水中某污染物的质量浓度,mg/L;

q——污水流量,m³/s;

C_R——河水中该污染物的质量浓度,mg/L;

Q——河水流量,m³/s。

若原河水中没有该污染物,且河水流量远大于污水流量时,式(4.11)可简化为

$$C = \frac{C_w q}{\alpha Q} = \frac{C_w}{n} \tag{4.12}$$

式中 n——河水与污水的稀释比,$n = Q/q$。

4.3.1.3 沉淀

沉淀使水体中的浓度降低,但增加了水体底泥的浓度。如果长期沉淀积累,一旦受到暴雨冲刷,可造成对河水的二次污染。

沉淀作用的大小可用下式表达,即

$$dC/dt = k_3 C \tag{4.13}$$

式中 C——水中可沉淀污染物质量浓度,mg/L;

k_3——沉降速率常数(沉淀系数),如果取负值,表示已沉降物质再被冲起。

4.3.2 化学净化作用

化学净化作用是指通过水体的氧化还原、酸碱反应、分解化合、吸附与凝聚(属物理化学作用)等作用,使污染物质的存在形态发生变化和浓度降低。

4.3.2.1 氧化还原作用

氧化还原作用是水体自净的主要化学作用。水体中的溶解氧与污染物发生氧化反应,使水中某些重金属离子被氧化成难溶物而沉淀(如铁、锰等被氧化成氢氧化铁、氢氧化锰而沉淀),有些被氧化成各种酸根而随水迁移(如硫离子被氧化成硫酸根离子等)。还原反应也对水体起着净化作用,但多数情况下是由微生物作用进行的。

4.3.2.2 酸碱反应

天然水体由于含有多种物质,故不呈中性,pH值为6~8。当含酸或含碱污水排入后,pH值发生变化,造成对污染物的净化作用。如在碱性的条件下,已沉淀于底泥的三价铬可氧化为六价铬(如K_2CrO_4)。又如硫化砷(As_2S)在酸性或中性的天然水中是难溶性物质,沉淀到底泥中,在碱性天然水中能够生成硫代亚砷酸盐成为溶解性物质。

4.3.2.3 吸附与凝聚

吸附与凝聚属于物理化学作用,产生这种净化作用的原因在于天然水中存在着大量具有很大表面能量并带电荷的胶体微粒。胶体微粒有使能量变为最小及同性相斥、异性相吸的物理现象,它们将吸附和凝聚水体中各种阴、阳离子,然后扩散或沉降,达到净化的目的。

4.3.3 生物化学净化作用

通过水体中的水生生物、微生物的生命活动,使污染物质的存在状态发生变化,污染物总量和浓度降低。其中,最主要的是微生物对有机污染物的氧化分解作用,以及对有毒污染物的转化。

物理净化作用与化学净化作用,只能使污染物的存在位置与存在形态发生变化,使水体中的存在浓度降低,但不减少污染物的总量。而生物化学净化可使污染物的总量降低,使水体得到真正的净化,如图4.6所示。

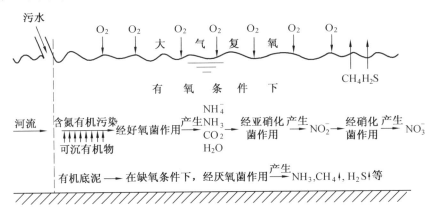

图 4.6 天然水体中含氯有机物生物化学净化示意图

经一系列生物化学作用后,最终使有机污染物无机化,由有害向无害转化。图 4.6 表示了生物化学作用对有机物降解的复杂过程。

化学和生物化学净化机制的定量模式,还有待进一步研究。目前对污水排入河流后,通过一定时间或流经一定距离,其生物化学净化量的多少,用下述模型表达,即

$$S = KC \tag{4.14}$$

式中　S——每日生物化学净化量,$mg/(L \cdot d)$;

　　　C——可生物降解污染物初始质量浓度,mg/L;

　　　K——该污染物的生物化学降解速率常数,d^{-1}。

4.4　水环境水质模型

水体水质模型反映水体中污染物质因物理、化学和生物化学作用而迁移和转化的过程。这种迁移和转化受水体本身复杂运动的影响。因此,常用的水体水质模型主要考虑物质在水体中的物理迁移过程。至于化学及生物化学的转化过程则采用综合的方法处理,然后将它和物理迁移过程叠加。

水体水质模型有五种分类方法:① 按水体运动的空间分为一维、二维和三维;② 按水质组成分为单变量和多变量型;③ 按时间相关性分静态(与时间无关)和动态(与时间有关)型;④ 按数学特征分为有线型与非线型、确定性与随机性等;⑤ 按水体类型分为河流、湖泊

水库、河口、海湾与地下水等水质模型。

水体水质预测及预报常用的水质模型是水体运动的空间一维、二维或三维模型。

4.4.1 水体水质基本模型

4.4.1.1 三维水体水质模型(Brooks 模型)

污染物在静止水体中的三维空间内因污染物质量扩散(分子扩散)引起的浓度降低和空间分布规律可用式(4.9)来描述。

污染物在水体三维空间内因水流运动(纵向离散)与污染物质量扩散(分子扩散和紊动扩散)引起的浓度降低规律及空间分布规律可用三维水体水质模型即布洛克斯(Brooks)模型来描述,即

$$\frac{\partial C}{\partial t} = -\left(u_x \frac{\partial C}{\partial x} + u_y \frac{\partial C}{\partial y} + u_z \frac{\partial C}{\partial z}\right) + \left(D_x \frac{\partial^2 C}{\partial x^2} + D_y \frac{\partial^2 C}{\partial y^2} + D_z \frac{\partial^2 C}{\partial z^2}\right) + \sum S \quad (4.15)$$

式中　C——污染物质量浓度,mg/L;

　　　t——时间,d;

　　　u_x, u_y, u_z——x, y, z 方向的水流运动速度,m/s;

　　　D_x, D_y, D_z——x, y, z 方向的紊动扩散系数,m²/s。

式(4.15)右侧第一括弧项是由水体水流导致的污染物质改变量,它不仅有 x 向的改变量 $u_x \frac{\partial C}{\partial x}$,也有 y 与 z 方向的改变量 $u_y \frac{\partial C}{\partial y}, u_z \frac{\partial C}{\partial z}$;第二括弧项是污染物质的扩散项,也包括 x, y, z 方向的扩散量;第三项 $\sum S$ 是水体中某污染物质量浓度的增减项,包括降解项或旁侧污染物进入量,是 C, x, y, z 的函数,与式(4.9)相比,主要增加了由于水流运动产生的离散量 $u_x \frac{\partial C}{\partial x}, u_y \frac{\partial C}{\partial y}$ 和 $u_z \frac{\partial C}{\partial z}$。

三维模型计算非常困难,因此工程应用困难。实际上,在一般情况下,水体的水深远小于其平面尺寸,垂向扩散很快完成。因此,在污染物扩散阶段,常取平均值为其垂向浓度,将三维扩散问题简化为横、纵向的二维扩散问题分析。而在横向扩散混合完成后(第三阶段),可进一步简化为一维纵向离散。

4.4.1.2 流动水体二维水体水质模型

设水体水质在 z 向(即水体深度方向)分布均匀,即污染物质在 z 向的输移和扩散量为零,$\frac{\partial C}{\partial z} = 0$,而且不考虑旁侧的进入量,$\sum S = 0$,则可简化为二维水体水质模型,即

$$\frac{\partial C}{\partial t} = -\left(u_x \frac{\partial C}{\partial x} + u_y \frac{\partial C}{\partial y}\right) + \left(D_x \frac{\partial^2 C}{\partial x^2} + D_y \frac{\partial^2 C}{\partial y^2}\right) \quad (4.16)$$

4.4.2 水体水质模型的应用

根据受纳水体特征,污水扩散分为在静止水体中的扩散和在流动水体中的扩散两种;根据污染源在时间上的连续性,又可分为瞬时源和连续源。

4.4.2.1 污水在静止水体中的扩散稀释

湖、塘、水库、海洋等,都属于相对静止的水体,污染物的扩散只有分子扩散。在无边界影响的情况下,根据 Fick 第二扩散方程,可求出描述污染物质扩散过程的解析式。这些基本解在环境污染分析中得到较多的应用,也常作为分析复杂问题的基础。

1. 瞬时源的扩散

当 $t=0$ 时,在原点瞬时集中排入质量为 M 的污染物(如污染物意外倾泄水体),分析以后任何时刻 t 在无界空间中(距排放点处)的浓度 $C(x,y,z,t)$ 分布,这是扩散方程最基本的解。

$$\begin{cases} C(x,t) = \dfrac{M}{\sqrt{4\pi D_x t}} \exp\left(-\dfrac{x^2}{4D_x t}\right), \text{一维扩散} \\ C(x,y,t) = \dfrac{M}{4\pi t \sqrt{D_x D_y}} \exp\left(-\dfrac{x^2}{4D_x t} - \dfrac{y^2}{4D_y t}\right), \text{二维扩散} \\ C(x,y,z,t) = \dfrac{M}{(4\pi t)^{3/2}(D_x D_y D_z)^{1/2}} \exp\left(-\dfrac{x^2}{4D_x t} - \dfrac{y^2}{4D_y t} - \dfrac{z^2}{4D_z t}\right), \text{三维扩散} \end{cases} \quad (4.17)$$

若在空间上的多个点同时投入污染物,则其在空间上的分布可通过单点扩散叠加解得。

2. 连续源的扩散

与瞬时源不同,连续源指从某时刻 $t=0$ 开始,在某处连续排入污染物(如城市污水排放日),求以后任何时刻空间中污染物的浓度分布。

对于等强度点源(单位时间排入量),其浓度分布函数为

$$\begin{cases} C(r,t) = \dfrac{m}{4\pi Dr} \mathrm{erfc}\left(\dfrac{r}{2\sqrt{Dt}}\right) \\ r^2 = x^2 + y^2 + z^2 \end{cases} \quad (4.18)$$

式中,$\mathrm{erfc}(\psi)$ 称为补误差函数,$\mathrm{erfc}(\psi) = 1 - \mathrm{erf}(\psi)$,$\mathrm{erf}(\psi) = \dfrac{2}{\sqrt{\pi}} \int_0^\psi \mathrm{e}^{-\xi^2} \mathrm{d}\xi$,称为误差函数。

4.4.2.2 污水在河流中的扩散稀释及应用

污水在河流中的扩散稀释,可视作横向流速 $u_y = 0$ 及垂向流速 $u_z = 0$,纵向扩散系数 D_x 与纵向流速 u_x 相比,其稀释作用甚微,可忽略不计。横向扩散系数 D_y 可视为常数,按二维扩散分析。

1. 瞬时源的扩散

污染物在河流中的扩散相当于点源以速度 u_x 循 x 方向移动,若取速度为 u_x 的移动坐标系 $x' = x - u_x t$(x 为污染源在 x 轴距静止坐标系原点的距离),则问题转化为污染物在静止水体中扩散,见式(4.19)。

$$\begin{cases} C(x,t) = \dfrac{M}{\sqrt{4\pi D_x t}} \exp\left[-\dfrac{(x-u_x t)^2}{4D_x t}\right], \text{一维扩散} \\ C(x,y,t) = \dfrac{M}{4\pi t\sqrt{D_x D_y}} \exp\left[-\dfrac{(x-u_x t)^2}{4D_x t} - \dfrac{y^2}{4D_y t}\right], \text{二维扩散} \\ C(x,y,z,t) = \dfrac{M}{(4\pi t)^{3/2}(D_x D_y D_z)^{1/2}} \exp\left[-\dfrac{(x-u_x t)^2}{4D_x t} - \dfrac{y^2}{4D_y t} - \dfrac{z^2}{4D_z t}\right], \text{三维扩散} \end{cases}$$
(4.19)

2. 连续源的扩散

对于连续源的二维扩散，式(4.16)偏微分方程解为

$$C(x,y) = \dfrac{M/h}{\sqrt{2\pi}u\sigma_y} \exp\left(-\dfrac{y^2}{2\sigma_y^2}\right) \tag{4.20}$$

$$\sigma_y^2 = 2D_y \dfrac{x}{u} \tag{4.21}$$

$$D_y = \alpha_y \bar{h} u^* \tag{4.22}$$

$$u^* = \sqrt{g\bar{h}i} \tag{4.23}$$

式中 C——坐标点(x,y)处的污染物质量浓度，mg/L；

M——排放源的强度，g/s；

$\bar{h}$——河流平均水深，m；

$\bar{u}$——河流平均流速，m/s；

σ_y^2——横向均方差；

α_y——无因次横向弥散系数；

u^*——摩阻流速，m/s；

i——河流平均水力坡度；

g——重力加速度，m/s。

污水排放口下游 x km 处污染源横向增量为

$$L_y = 4\sqrt{2T_x D_y} \tag{4.24}$$

式中 T_x——河水流到 x 处所需时间，s。

竖向混合系数为

$$\alpha_x = 0.067\bar{h}u^* \tag{4.25}$$

污水在竖向与河水完全混合所需时间为

$$T_x = 0.4\dfrac{\bar{h}^2}{\alpha_x} \tag{4.26}$$

此时污水的升流高度为

$$L_z = \bar{u}T_z \tag{4.27}$$

式(4.20)是集中排放计算式，如为分散排放，则排放源的强度应为 M/n，n 为排放孔数。分散排放扩散稀释图如图 4.7 所示。

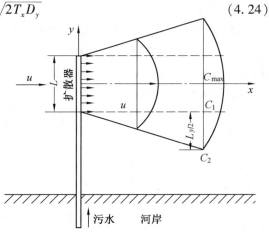

图 4.7　分散排放扩散稀释图

显然 x 轴处质量浓度最大,其增量为

$$\Delta C(x,0) = \alpha + 2\sum_{i=1}^{\frac{n-1}{2}}\left[\alpha \times \exp\left(-\frac{y_i^2}{2\sigma_y^2}\right)\right] \quad (4.28)$$

$$\alpha = \frac{M}{n\bar{h}}\bigg/\sqrt{2\pi u}\,\sigma_y \quad (4.29)$$

式中　$y_i = pi$,p 为排放孔间距。

设河流污染物质量浓度基值为 C_b,则在排污口下游 x 处的最大质量浓度为

$$C_{\max} = C_b + \Delta C \quad (4.30)$$

排放口下游 x 处扩散器两端的质量浓度增量为

$$\Delta C_1\left(x,\frac{L}{2}\right) = \alpha + \sum_{i=1}^{n-1}\alpha\exp\left(-\frac{y_i^2}{2\sigma_y^2}\right) \quad (4.31)$$

式中　L——扩散器长度,m。

因此

$$C_1 = C_b + \Delta C_1 \quad (4.32)$$

污染物扩散区边缘的质量浓度增量为

$$\Delta C_2\left(x,\frac{L+L_y}{2}\right) = \sum_{j=1}^{n-1}\alpha\exp\left(-\frac{y_j^2}{2\sigma_y^2}\right) \quad (4.33)$$

式中　$y_j = \frac{L_y}{2} + pi$。

因此

$$C_2 = C_b = \Delta C_2 \quad (4.34)$$

【例 4.1】　某市污水流量为 5.4 m³/s,经一级处理后,用多孔扩散器排入大江,排放水的 BOD 的质量浓度为 280 mg/L。该江宽 2 000 m,平均水深 20 m,枯水期日平均流量 6 000 m³/d,平均流速 0.16 m/s,平均水力坡度为 6.7×10^{-6},江水 BOD 的质量浓度基值为 2.3 mg/L,在排污口下游 8 km 处已建有集中式取水口,距岸边 350 m。计算污水排入后,对取水口水质的影响。

解　由于江的宽度大,污水的 BOD_5 浓度较高,故取扩散器的长度为 300 m,分三段,每段长 100 m,三段的管径分别为 DN 2 000 mm,1 600 mm,1 200 mm;三段共设 45 个排出孔,孔径 175 mm,孔距 6.5 m,在平均水深的 1/3 处喷入江中。扩散器的末端距岸边 1 000 m。

由式(4.23)得

$$u^*/(\mathrm{m\cdot s^{-1}}) = \sqrt{g\bar{h}i} = \sqrt{9.8\times20\times6.7\times10^{-6}} = 0.036\,2$$

由式(4.25)得

$$\alpha_x/(\mathrm{m^2\cdot s^{-1}}) = 0.067\bar{h}u^* = 0.67\times20\times0.036\,2 = 0.048\,5$$

由式(4.26)得

$$T_x/\mathrm{s} = 0.4\frac{h^2}{\alpha_x} = 0.4\times\frac{20^2}{0.048\,5} = 3\,300$$

由式(4.27)得

$$L_z/\text{m} = \bar{u}T_z = 0.16 \times 3\,300 = 528$$

根据现场示踪测定,大江在该市河段的 $\alpha_y = 0.5$,故由式(4.22)得

$$D_y/(\text{m}^2 \cdot \text{s}^{-1}) = a_y \bar{h} u^* = 0.5 \times 20 \times 0.036\,2 = 0.362$$

每个排放孔的排放源强度为

$$m/(\text{g} \cdot \text{s}^{-1}) = \frac{M}{n} = 5.4 \times \frac{280}{45} = 33.6$$

根据题意要求,用式(4.21)~(4.33)计算出沿河流方向 2 km,4 km 及集中取水口 8 km 处的 BOD_5 质量浓度值。计算值列于表 4.5。

表 4.5 二维扩散稀释式计算表

排放扩散器下游距离 x/km	流达时间 T_x/s	扩散宽度增量 L_y/m	横向均方差 σ_y^2	σ_y	α /(mg·L⁻¹)	质量浓度增量 ΔC /(mg·L⁻¹)	最大质量浓度值 C_{max} /(mg·L⁻¹)	质量浓度增量 ΔC_1 /(mg·L⁻¹)	C_1 /(mg·L⁻¹)	ΔC_2 /(mg·L⁻¹)	取水口处质量浓度 C_2 /(mg·L⁻¹)
2	12 500	380	9 050	95	0.044	1.41	3.71				
4	25 000	538	18 100	135	0.031	1.16	3.46				
8	50 000	760	36 200	190	0.022	0.90	3.2	0.7	3.0	0.04	2.3 + 0.04 = 2.34

计算结果表明,取水口处于污染物扩散区的边缘,因江水基值 BOD_5 的质量浓度为 2.3 mg/L,由于污水的排入,沿江水扩散到该处,BOD_5 质量浓度增量为 0.04 mg/L,该处降水的 BOD_5 的质量浓度为 2.3 mg/L + 0.04 mg/L = 2.34 mg/L,仍属于二级水体(BOD_5 的质量浓度小于 3 mg/L),故认为是安全的。

4.4.2.3 污水排海的扩散稀释及作用

由于海水的性质与江河的不同,海水含盐量高,密度大,水层上下温差大,又潮汐与洋流回荡,因此污水排入海湾后,扩散稀释存在着初始轴线稀释、输移扩散稀释与大肠菌群的衰亡稀释等。

1. 初始轴线稀释

海水的密度一般为 1.01~1.03 g/cm³,远大于污水的密度(约为 1 g/cm³),故污水排入海水后,会立即引起密度流而向上升腾,在升腾过程中扩散稀释,成为初始轴线稀释。

初始轴线稀释可用初始轴线稀释度表。

(1)当海水密度均匀时,污水喷出后,羽状流可一直浮升至海面。

$$S_1 = S_c\left(1 + \frac{\sqrt{2}S_c q}{uh}\right)^{-1} \tag{4.35}$$

$$S_c = 0.38(g')^{1/3} h q^{-2/3} \tag{4.36}$$

式中 S_1——初始轴线稀释度;

S_c——无水流时,即 $u = 0$ 时的初始轴线稀释度;

h——污水排放深度,m;

q—— 扩散器单位长度的排放量，$m^3/(s·m)$；

u—— 海水流速，m/s；

g'—— 由于海水污水密度差引起的重力加速度差值，且

$$g' = (\rho_a - \rho_0)g/\rho_a$$

式中 ρ_a—— 海水密度；

ρ_0—— 污水密度；

g—— 重力加速度，$9.81\ m/s^2$。

(2) 海水密度随深度呈线性分布时，即海水密度自海面向海底呈线性逐渐增加，污水喷入海水后，羽状流上升至一定高度 Z_{max} 后，停止上升，此时污染云的密度比其上面的海水的密度大，则

$$S_1 = S_c\left(1 + \frac{\sqrt{2}S_c q}{uz_{max}}\right)^{-1} \tag{4.37}$$

$$S_c = 0.31(g')^{1/3}z_{max}q^{-2/3} \tag{4.38}$$

式中 z_{max}—— 污染物扩散区边界的最大浮升高度，m。

$$z_{max} = 6.25(g'q)^{2/3}\left[\frac{\rho_0}{(\rho_a - \rho_0)g}\right] \tag{4.39}$$

2. 由于洋流引起的输移扩散

海洋的流态较复杂，除主导洋流外，还有潮汐的影响。对于海域或宽阔的海湾，可不考虑潮汐的回荡作用，否则就应考虑回荡对稀释扩散的影响。此外，污水中有机污染物在海水中的生物化学降解作用远小于洋流引起的输移扩散稀释作用。因此生化降解作用可略去不计。又因为经初始轴线稀释后，可视深度方向的浓度是均匀的，故也可用二维水质扩散模型计算。

(1) 不考虑回荡的影响。根据式(4.16)，假设污染物扩散区随洋流的移动是单向的、连续的和匀速的，污水的横向扩散混合可用具有水平扩散系数的扩散过程来描述，则布洛克斯求解式为

$$S_2 = \frac{1}{erf\sqrt{\frac{3/2}{\left(1 + \frac{2}{3}\beta\frac{x}{L}\right)^3 - 1}}} \tag{4.40}$$

式中 S_2—— 输移扩散稀释度；

x—— 排放口至下游某点的水平距离，m；

β—— 系数，且

$$\beta = 12E_0/uL$$

式中 E_0—— 排放口处($x = 0$)的涡流扩散系数，m^2/s，$E_0 = 4.64 \times 10^{-4}\ m^2/s$；

L—— 扩散器长度，m。

(2) 考虑回荡的影响。对于不太宽的潮汐海口，污水在一段受纳海水内，经几次回荡后才能移开排放口向外海方向输移，此时的 S_2 为

$$S_2 = C_1\left[\frac{u_E(L + L_y)hC_p + 2nQC_0}{u_E(L + L_y)h + 2nQ}\right]^{-1} \tag{4.41}$$

式中　C_1——经初始稀释后,污染物扩散区边界轴线上的质量浓度,mg/L;
　　　C_0——原污水中污染物的质量浓度,mg/L;
　　　Q——排放的污水量,m³/s;
　　　C_p——海水中污染物的质量浓度,mg/L;
　　　u_E——涨潮流速,m/s;
　　　n——污染物在潮汐作用下的回荡次数,计算公式为

$$n = \sum_{i=1}^{k} \frac{u_{Ei}t_{Ei}}{\dfrac{u_{Fi}t_{Fi} - u_{Ei}t_{Ei}}{K}} \tag{4.42}$$

式中　t_{Ei}——第 i 个潮周的涨潮历时,s;
　　　t_{Fi}——第 i 个潮周的落潮历时,s;
　　　u_{Ei},u_{Fi}——第 i 个潮周的涨、落潮流速,m/s;
　　　K——观测的潮周期数。

污染物经几次回荡后的横向增宽

$$L_y = 4\sqrt{2nTD_y} \tag{4.43}$$

式中　T——涨落潮历时,s,$T = T_涨 + T_落$;
　　　D_y——横向扩散系数,m²/s。

对于潮汐海口,D_y 的估算公式为

$$D_y = 0.96hu \tag{4.44}$$

式中　u——海口摩阻流速,m/s。

$$u^* = \sqrt{ghi} \tag{4.45}$$

式中　i——海床坡降;
　　　h——污水排放口深度。

做规划设计时,从安全考虑,可忽略由横向扩散所增加的稀释作用或海口不宽,无充分空间让污染物横向扩散,即 $L_y = 0$,由此计算的扩散器长度,应满足水质目标 C_m 的要求,即

$$\frac{u_E L h C_p + 2nQC_0}{u_E L h + 2nQ} \leqslant C_m \tag{4.46}$$

此时

$$S_2 = \frac{C_1}{C_m} = \frac{C_0}{S_1 C_m} \tag{4.47}$$

(3) 大肠菌群的衰亡稀释度。

$$S_3 = \exp\left(\frac{2.3x}{T_{90}u \times 3\,600}\right) \tag{4.48}$$

式中　u——x 处的流速,m/s;
　　　T_{90}——大肠菌群衰亡90%所需的时间,h。

(4) 总稀释度。

$$S = S_1 \times S_2 \times S_3 \tag{4.49}$$

3. 污水排海扩散器的计算

由于海洋流比较多变,因此扩散器的布置相对于洋流方向大致可分为三种形式,即 I 形,T 形与 Y 形(适用于无主导洋流方向时),如图 4.8 所示。

(1) 扩散器长度的计算。当不考虑潮汐回荡的影响并已知排放深度及静潮(或称憩潮)的初始轴向稀释度 S_c 时,计算扩散器的长度用式(4.36)或式(4.38)先计算出 q,然后根据排放污水量计算出扩散器长度,具体计算见例 4.2。若污水量较大,则用式(4.50)计算出污染物扩散区的平均初始稀释度 S',然后根据图 4.9 求出扩散器长度。

$$S' = \sqrt{2} S_c \left(1 + \frac{\sqrt{2} S_c q}{u z_{\max}} \right)^{-1} \quad (4.50)$$

当考虑潮汐回荡的影响并已知水体的水质目标及水文水质条件时,扩散器长度用式(4.46)计算。

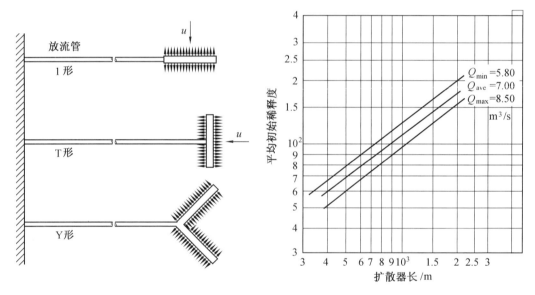

图 4.8 扩散器形式　　　图 4.9 扩散器长度计算图

(2) 喷孔数的计算。海底排污时,扩散器上喷孔之间的距离约为排放水深的 1/3,此时的稀释能力较好,扩散器的长度可缩短,投资可减少。扩散器喷孔数

$$m = 3L/h \quad (4.51)$$

(3) 喷孔直径及所需总水头计算。扩散管内流速在 0.6 ~ 3.0 m/s,即处于不沉淀与不冲刷的流速之间,污水通过每一个喷孔的流量计算公式为

$$q_n = C_D a_n \sqrt{2g E_n} \quad (4.52)$$

式中　q_n——从一个喷孔中排出的污水流量,m^3/s;

　　　C_D——喷孔管嘴的流量系数,根据管嘴形式,如喇叭口、尖嘴口等不同,如图 4.10 所示。由于扩散管内的流速是不断减小的,若计算值 $\dfrac{v_n^2/2g}{E_n}$ 小于 0.01,则喇叭口喷孔 C_D 值均取 0.9,尖嘴喷孔 C_D 均取 0.6;

a_n——个管嘴的过水断面积,m^2;
E_n——污水喷孔内的总水头,m;
g——重力加速度,9.81 m/s^2。

若将最远的喷孔称为1号,如图4.10所示,则自该喷孔流出的流量为

$$q_1 = C_D a_1 \sqrt{2gE_1} = C_D \frac{\pi}{4} d_1^2 \sqrt{2gE_1} \tag{4.53}$$

式中 q_1——号喷孔的流量,m^3/s;
d_1——喷孔的直径,m;
a_1——号喷孔的面积,m^2;
E_1——号喷孔的总水头,且

$$E_1 = h_1 + \frac{v_1^2}{2g} \tag{4.54}$$

式中 h_1——号喷孔处,管内外压力差,加喷孔的局部水头损失(可取0.3 m),再加沿程损失;
v_1——扩散器内流向1号喷孔的管内流速,m/s。

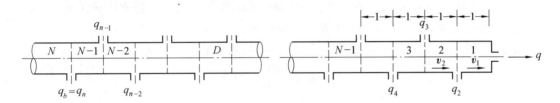

图4.10 喷口及总水头计算图

依次计算2号喷孔处的管内总水头为

$$E_2 = E_1 + h_{12} + \frac{\rho_a - \rho_0}{\rho_0} \Delta Z \tag{4.55}$$

式中 E_2——号喷孔处的管内总水头,m;
h_{12}——号喷孔之间管内的水头损失,m;
ρ_0——管内污水的密度;
$\rho_a - \rho_0$——海水和污水的密度差;污水比海水轻时 $\rho_a - \rho_0 > 0$;污水比海水重时 $\rho_a - \rho_0 < 0$,海水的密度 ρ_a 为 1.01 ~ 1.03 g/cm^3;
ΔZ——两相邻喷孔间的高程差,m,顺坡时 $\Delta Z > 0$,反坡时 $\Delta Z < 0$;
$\frac{\rho_a - \rho_0}{\rho_0} \Delta Z$——比重水头。

$$h_{12} = f \frac{L}{D} \frac{v_2^2}{2g} \tag{4.56}$$

式中 f——管材的摩阻系数,铸铁管为0.022;
L——相邻两喷孔的距离,m;
v_2——号喷孔之间管内流速,m/s。

2号喷孔的流量

$$q_2 = C_D a_2 \sqrt{2gE_2} \tag{4.57}$$

式中　q_2——2号喷孔流量，m^2/s；

　　　a_2——2号喷孔面积，m^2。

由1号喷孔流向2号喷孔的管内流速为

$$v_2 = v_1 + \frac{q^2}{\frac{\pi}{4}D^2} C_D a_2 \sqrt{2gE_2} \tag{4.58}$$

依照上述程序，逐步计算到最后一个喷口，即第 n 个孔口，可用计算机完成计算。

【例4.2】 某城市的城市污水量为 $1.4\ m^3/s$，经一级处理后，BOD_5 的质量浓度为 $100\ mg/L$，排海。海水的密度为 $1.026\ g/cm^3$，污水的密度为 $0.999\ g/cm^3$，近海海底坡度为 0.02，拟排海深度为 $10\ m$ 海洋的洋流流速：近海区洋流平均流速为 $0.3\ m/s$，方向与海岸垂直，岸边洋流流速为 $0.03\ m/s$。最大潮差 $1.5\ m$。规划要求排污水后，憩潮时污染物扩散区轴线初始稀释 S_c 不得小于85，请设计排放管、扩散器及近岸海水 BOD_5 质量浓度的增量。

解　排放管的计算：

污水流量为 $1.4\ m^3/s$，取排放管管径为 $1\ 200\ mm$，钢管，由《给水排水设计手册》中水力计算表得，管内流速为 $1.238\ m/s$，$1\ 000i = 1.294\ m$。

由于要求排海深度为 $10\ m$，海底坡度为 0.02，故排放管长度应为

$$L_{排}/m = \frac{10}{0.02} = 500$$

沿程水头损失为

$$h_{排}/m = 500 \times 1.294/1\ 000 = 0.65$$

扩散器计算：

根据题意，海水密度均匀，所以污水排放后的初始稀释度用式(4.35)及式(4.36)计算，同时计算得扩散器单位长度排放量。

由式(4.36)得

$$g'/(m \cdot s^{-2}) = \frac{\rho_a - \rho_0}{\rho_a} g = \frac{1.026 - 0.999}{0.999} \times 9.81 = 0.265$$

由 $85 = 0.38 \times 0.265^{1/3} \times 10 \times q^{-2/3}$，解得 $q = 0.004\ 86$。

喷口间距约为排海深度的 $1/3$，所以间距为 $10/3\ m = 3.3\ m$，故每个喷孔的排出量应为

$$q_1/(m^3 \cdot s^{-1}) = 3.3 \times q = 3.3 \times 0.004\ 86 = 0.016$$

扩散器长度为

$$L/m = 0.14/0.004\ 86 = 288$$

取扩散器长度 $300\ m$。

扩散器喷孔数用式(4.51)计算

$$m/个 = 3L/h = 3 \times 300/10 = 90$$

因洋流方向垂直于海岸，故采用T形扩散器，为了使扩散器内的流速均匀，分为三段，每段长 $100\ m$，喷孔30个，如图4.11所示。

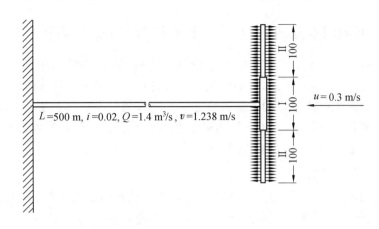

图 4.11 排海管与扩散器计算器

Ⅰ 段:每侧长度 50 m,流量(1.4/2) = 0.7 (m³/s)。若取管径为 900 mm,由水力计算表得,管内平均流速 1.1 m/s,属经济流速,所取管径合格,1 000i = 1.51 m,得沿程水头损失为 0.076 m,每侧长度喷出流量为 50 m × 0.004 86 m³/(s·m) = 0.243 m³/s。

Ⅱ 段:长度 100 m,进入该段的流量为 0.7 m³/s,取管径 700 mm,得管内平均流速为 1.2 m/s,属经济流速,1 000i = 2.4 m,得沿程水头损失为 0.24 m。

排放管起端所需总压力等于排放水深、各段沿程损失、自由水头、喷孔局部损失、T 形三通损失、最大潮差之和,即

$$H/\text{m} = 10 + 0.65 + 0.076 + 0.24 + 0.7 + 0.3 + 1.5 + 1.5 \approx 15$$

轴线初始稀释度 S_1,由式(4.35)计算得

$$S_1 = S_c\left(1 + \frac{\sqrt{2}S_c q}{u z_{\max}}\right)^{-1} = 85\left(1 + \frac{\sqrt{2} \times 85 \times 0.004\,86}{0.3 \times 10}\right)^{-1} = 71.7$$

输移扩散稀释度 S_2 用式(4.40)计算。扩散器至海岸边 $x = 500$ m,$E_0 = 4.64 \times 10^{-4}$ L$^{4/3}$ = $4.64 \times 10^{-4} \times 300^{4/3}$ m$^{2/3}$/s = 0.932 m$^{2/3}$/s。近海岸海洋流流速为 0.03 m/s,得

$$\beta = \frac{12E_0}{uL} = \frac{12 \times 0.932}{0.03 \times 300} = 1.24$$

由式(4.40)得

$$S_2 = \frac{1}{erf\sqrt{\dfrac{3/2}{\left(1 + \dfrac{2}{3}\beta\dfrac{x}{L}\right)^3 - 1}}} = \frac{1}{erf\sqrt{\dfrac{3/2}{\left(1 + \dfrac{2}{3} \times 1.24 \times \dfrac{500}{300}\right)^3 - 1}}} = \frac{1}{0.33} = 2.63$$

至海岸边的总扩散度

$$S = S_1 \times S_2 = 71.7 \times 2.63 = 188.6$$

海岸边处海水的 BOD_5 增量 ΔC 为

$$\Delta C/(\text{mg} \cdot \text{L}^{-1}) = BOD_5/S_{总} = 0.53$$

扩散器的水头损失是采用每段扩散器内的平均流速进行计算的,但由于喷孔不断喷出污水,所以每段扩散器内的沿程流量不断减小,流速也不断减慢,故所需总水头及各喷孔排出的流量应逐孔逐段计算,计算公式为式(4.51) ~ (4.58)。

4.4.3 河流氧垂曲线方程——菲里普斯(Phelps)方程

有机物质排入河流后,可被水中微生物氧化分解,同时消耗水中的溶解氧(DO)。所以,受有机污染物污染的河流,水中溶解氧的含量受有机污染物的降解过程控制。溶解氧含量是使河流生态系统保持平衡的主要因素之一。溶解氧的急剧降低乃至消失,将会影响水体生态系统平衡和渔业资源,当 DO 的质量浓度小于 1 mg/L 时,大多数鱼类便窒息而死,因此研究 DO 的变化规律具有重要的实际意义。

4.4.3.1 氧垂曲线

有机污染物排入河流后,经微生物降解而大量消耗水中的溶解氧,使河水亏氧,另一方面,空气中的氧通过河流水面不断地溶入水中,又会使溶解氧逐步得到恢复。所以,耗氧与复氧是同时存在的,河水中 DO 与 BOD 的质量。浓度变化模式如图 4.12 所示。污水排入后,DO 曲线呈悬索状下垂,故称氧垂曲线;BOD 曲线呈逐步下降状,直至恢复到污水排入前的基值浓度。

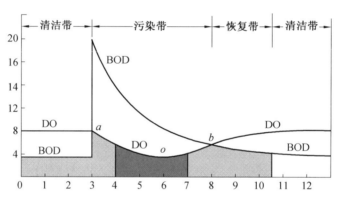

图 4.12 河流中 BOD_5 及 DO 的变化曲线

氧垂曲线可分为三段:第一段 $a-o$ 段,耗氧速率大于复氧速率,水中溶解氧含量大幅度下降,亏氧量增加,直至耗氧速率等于复氧速率。点 o 处,溶解氧量最低,亏氧量最大,故称点 o 为临界亏氧点或氧垂点;第二段 $o-b$ 段,复氧速率开始超过耗氧速率,水中溶解氧量开始回升,亏氧量逐渐减少,直至转折点 b;第三段点 b 以后,溶解氧含量继续回升,亏氧量继续减少,直至恢复到排污点前的状态。

4.4.3.2 氧垂曲线方程——菲里普斯方程的建立

1. 氧的消耗

造成河流水体中氧消耗的主要因素有:有机物的生化作用、含氮化合物的硝化作用、水底底泥的好氧分解、水生植物的呼吸作用以及无机还原性物质的氧化反应等。

(1) 有机物耗氧。美国学者斯蒂特-菲里普斯(Streeter-Phelps)于 1925 年对耗氧过程动力学研究分析后得出:河水温度不变时,有机物生化降解的耗氧量呈一级反应,属一维水质模型,其表达式见下式,反映了有机物的耗氧速率。

$$\begin{cases} \dfrac{dL}{dt} = -K_1 L_t \\ t=0, L_t = L_0 \end{cases} \quad (4.59)$$

积分后得

$$\begin{cases} L_t = L_0 \exp(-K_1 t) \\ L_t = L_0 \times 10^{-k_1 t} \end{cases} \quad (4.60)$$

式中　L_0——有机污染物总量,即氧化全部有机物所需要的氧量;

　　　L_t——t 时刻水中残存的有机污染物量;

　　　t——时间,d;

　　　k_1, K_1——耗氧速率常数,$k_1 = 0.434 K_1$。

耗氧速率常数 k_1 或 K_1,因污水性质不同而异,须经实验确定。生活污水排入河流后 k_1 值见表 4.6。

表 4.6　生活污水好氧速率常数 k_1

河水水温/℃	0	5	10	15	20	25	30
k_1 值	0.039 99	0.050 2	0.063 2	0.079 5	0.100 0	0.126 0	0.158 3

表 4.6 的关系,可用式(4.59) 表达,即

$$k_1 = k_2 \theta^{(T_1 - T_2)}$$

或

$$k_1 = k_{20} \theta^{(T_1 - T_{20})} \quad (4.61)$$

式中　k_1, k_2, k_{20}——温度 T_1, T_2, T_{20} 时的耗氧速率常数,k_{20} 为 20℃ 时的速率常数,$k_{20} = 0.1$;

　　　θ——温度系数,$\theta = -1.047$。

(2) 硝化作用。废水中若有未氧化的氨氮存在时,会产生硝化作用而消耗溶解氧。

$$2NH_3 + 3O_2 \xrightarrow{\text{亚硝化细菌}} 2HNO_2 + 2H_2O + \text{能量}$$

$$2HNO_2 + O_2 \xrightarrow{\text{硝化细菌}} 2HNO_3 + \text{能量}$$

从式中可以看出氧化 1 g 氨氮($NH_3 - N$) 需氧 4.75 g。

硝化速度与水的温度、pH 值和溶解氧浓度等有关。20 ℃ 时硝化最适宜的 pH 范围为 8.2 ~ 8.6,而当 pH 值低于 7.0 或高于 9.8 时,硝化速度将不及最大速度的 50%。水中溶解氧质量浓度少于 2.5 mg/L 时,硝化作用大大地降低,故在低溶解氧水中,不易产生硝化作用。反之没有溶解氧或溶解氧接近于零时,反硝化作用将开始进行。实验表明氨氮质量浓度高于 60 mg/L 时对硝化还没有抑制作用。

(3) 水底底泥的分解。水底底泥内部的分解过程主要是厌氧性的,而在底泥与流水的接触面则进行好氧分解(流水中存在若干溶解氧)。污泥杂质沉积河底后可以延迟流水中溶解氧的消耗,但如底泥被搅拌起来后将消耗相当量的氧。

(4) 水生植物的呼吸作用。图 4.13 表示含有大量藻类植物的水中的溶解氧变化情况,所耗氧量一般以 g/m² 表示。

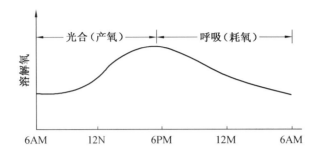

图4.13 含有大量藻类植物的河水中的溶解氧一天内变化情况

(5) 无机还原物质的影响。含有亚硫酸盐等物质的工业废水排入河川后,可立即消耗溶解氧。

2. 水体复氧时氧的来源

(1) 水体和废水中原有的氧。通过河流水面与大气的接触,空气中的氧不断溶入河水中,即一般所称的大气复氧。当其他条件一定时,复氧速率与水的亏氧量 D 成正比。

$$\begin{cases} \dfrac{\mathrm{d}(D_0 - D)}{\mathrm{d}t} = K_2 D \\ t = 0, D = D_0 \end{cases} \tag{4.62}$$

式中 K_2——复氧速率常数,$k_2 = 0.434 K_2$;

       D——亏氧量;

$$D = C_a - C$$

式中 C_a——一定温度下,水中饱和溶解氧质量浓度,mg/L;

       C——河水中溶解氧质量浓度,mg/L。

水的搅动和与空气接触面的大小等因素对氧的溶解速度影响很大,必须对水体进行实测。通常上述因素都反映在 k_2 值内(表4.7)。

表4.7 复氧常数 k_2

河流水文条件	水温/℃			
	10	15	20	25
缓流水体	—	0.110	0.150	—
流速小于 1 m/s 水体	0.170	0.185	0.200	0.215
流速大于 1 m/s 水体	0.425	0.460	0.500	0.540
急流水体	0.684	0.740	0.800	0.865

(2) 水生植物的光合作用。水生植物的光合作用与日光、温度、植物种类、养分等有关,且日夜不同,如图4.13所示。

3. 溶解氧变化过程动力学

菲里普斯对被有机物污染的河流中溶解氧变化过程动力学进行了研究后得出结论,河水中亏氧量的变化速率是耗氧速率与复氧速率之差。在与耗氧动力学分析相同的前提条件

下,亏氧方程也属一级反应,若仅考虑水中有机物的耗氧及大气复氧的影响,则可用一维水质模型表示,即

$$dD/dt = r_D - r_M \tag{4.63}$$

式中 r_D——耗氧速率,包括有机物耗氧速率(K_1L_t)、水生生物呼吸耗氧速率 R 和底泥分解耗氧速率 S,即

$$r_D = K_1L_t + R + S = K_1L_0 e^{-klt} - f - R + S$$

r_M——复氧速率,包括从空气中的溶氧速率(K_2D)和植物光合作用放氧速率(P),即

$$r_M = K_2D + P$$

$$\begin{cases} \dfrac{dD}{dt} = (K_1L_0 e^{-K_1 t} + R + S) - (K_2D + P) \\ t = 0, D = D_0 = C_s - C_0 \end{cases} \tag{4.64}$$

式中 C_0——水中初始溶解氧质量浓度,mg/L。

式(4.63)的解析式为

$$\begin{cases} \dfrac{dD}{dt} = (K_1L_0 e^{-K_1 t} + R + S) - (K_2D + P) \\ t = 0, D = D_0 = C_s - C_0 \end{cases} \tag{4.65}$$

式中 D_t——t 时刻河流中亏氧量。

式(4.65)称为河流中氧垂曲线方程式。水生植物和底泥的影响必须通过周密的调研才能确定。在一般情况下,往往不予考虑,于是式(4.65)就变为典型的菲里普斯氧垂方程式

$$\begin{cases} D_t = \dfrac{K_1 L_0}{K_2 - K_1}(e^{-K_1 t} - e^{-K_2 t}) + D_0 e^{-K_2 t} \\ D_t = \dfrac{k_1 L_0}{k_2 - k_1}(10^{-k_1 t} - 10^{-k_2 t}) + D_0 10^{-k_2 t} \end{cases} \tag{4.66}$$

它的意义在于:

(1)用于分析受有机物污染的河水中溶解氧的变化动态,推求河流的自净过程及其环境容量,进而确定可排入河流的有机物最大限量。

(2)推算确定最大缺氧点即氧垂点的位置及到达时间,并依此制定河流水体防护措施。氧垂曲线到达氧垂点的时间 t_c,可通过方程式(4.66)求定,即当 $dD/dt = 0$ 时

$$t_c = \dfrac{\lg\left\{\dfrac{k_1}{k_2}\left[1 - \dfrac{D_0(k_2 - k_1)}{k_1 L_0}\right]\right\}}{k_2 - k_1} \tag{4.67}$$

在使用式(4.66)和式(4.67)时应注意如下几点:

(1)公式只考虑了有机物生化耗氧和大气复氧两个因素,故仅适用于河流截面变化不大,藻类等水生植物和底泥影响可忽略不计的河段。

(2)仅适用于河水与污水在排放点处完全混合的条件。

(3)所使用的 k_1,k 值必须与水温相适应。

(4)如沿河有几个排放点,则应根据具体情况合并成一个排放点计算或逐段计算。

(5) 不适用于湖泊、水库、海洋或港湾等水域。

按氧垂曲线方程计算，在氧垂点的溶解氧含量达不到地表水最低溶解氧含量要求时，则应对污水进行适当处理。故在理论上，或按污染物排放总量控制时，该方程式可用于确定污水处理厂的处理程度。但应注意，我国目前污水厂处理程度一般应根据受纳水体的水环境质量功能区划要求确定，而不考虑其环境容量。

4. 氧垂曲线方程的应用

氧垂曲线方程用于处理程度的确定与环境容量的计算，可通过例 4.3 说明。

【例 4.3】 某城市人口 35 万人，排水量标准为每人每天 150 L，每人每日排放于污水中的 BOD_5 为 27 g，换算成 BOD_u 为 40 g，河水流量为 3 m³/s，河水夏季平均水温为 20 ℃，在污水排放口前，河水溶解氧质量浓度为 6 mg/L，BOD_5 质量浓度为 2 mg/L（BOD_u 质量浓度为 2.9 mg/L），根据溶解氧含量求该河流的自净容量和城市污水应处理的程度。排放污水中的溶解氧含量很低，可忽略不计。

解 (1) 先确定各项原始数值。

排入河流的污水量为

$$g/(m^3 \cdot d^{-1}) = 350\,000 \times 0.150 = 52\,500$$

污水排放口前河水中的亏氧量为

$$D_0/(mg \cdot L^{-1}) = C_s - C_0 = 9.17 - 6.0 = 3.17$$

(20 ℃ 时的饱和溶解氧质量浓度为 9.17 mg/L)

污水排入河流后的最高允许亏氧量为

$$9.17 \text{ mg/L} - 4.0 \text{ mg/L} = 5.17 \text{ mg/L}$$

(2) 求污水与河水混合后的 BOD_u 及 L_0。

根据表 4.6，因水温为 20 ℃，故 $k_1 = 0.1$，由表 4.7，因流速较小，故取 $k_2 = 0.2$，混合系数取 0.5。

最高允许亏氧量为 5.17 mg/L = D，采用式 (4.66) 时，仍有两个未知数 t 与 L_0，因此用式 (4.67) 进行试算。

① 初步假设 $L_0 = 15$ mg/L，代入式 (4.64) 得

$$t_c/d = \frac{\lg\left\{\dfrac{0.2}{0.1}\left[1 - \dfrac{3.17(0.2 - 0.1)}{0.1 \times 15}\right]\right\}}{0.2 - 0.1} = 1.98$$

② 将所得 t_c 值代入式 (4.65) 求 L_0 值为

$$5.17 = \frac{0.1 L_0}{0.2 - 0.1}(10^{-0.1 \times 1.98} - 10^{-0.2 \times 1.98}) + 3.17 \times 10^{-0.2 \times 1.98}$$

解得

$$L_0/(mg \cdot L^{-1}) = 16.8$$

③ 重复①～②步骤，直至前后两次结果的差值小于事先设定的允许误差为止。本例为 $L_0 = 16.5$ mg/L。

④ 因河水本身含有 BOD_u 的质量浓度为 2.9 mg/L，因此水体能够接纳的污水所含 BOD_u 的质量浓度为 16.5 mg/L - 2.9 mg/L = 13.6 mg/L。

⑤ 为了确保氧垂点处的溶解氧质量浓度不低于 4 mg/L，河水每日可以接受的 BOD_u 总

量(即水体的自净容量)为

$$13.6(3 \times 0.5 \times 86\,400 + 52\,500)\text{g} = 2\,476\,560\text{ g} = 2\,476.56\text{ kg}$$

⑥ 每人每日能排入水体的 BOD_u 量为 $2\,476\,560\text{ g}/350\,000 = 7.08\text{ g}$。

⑦ 因每人每日产生的 BOD_u 值为 40 g,排入水体前应去除的 BOD_u 量为 $40\text{ g} - 7.08\text{ g} = 32.92\text{ g}$。

⑧ 污水应达到的处理程度为 $32.92/40 = 82.3\%$。

⑨ 污水的 BOD_u 质量浓度为 $40 \times 350\,000/525\,00\text{ mg/L} = 266.7\text{ mg/L}$。

⑩ 排放污水的 BOD_u 允许质量浓度为 $266.7 \times (1 - 0.82)\text{ mg/L} = 48\text{ mg/L}$。

因此,污水必须采用生物处理,BOD_u 的处理程度为 82.3%。

4.4.4 湖泊、水库水体的水质模型

湖泊、水库水体的主要污染源有:点污染源(生活污水、工业废水集中排入),非点污染源(雨水径流、农田灌溉水的回流等),大气降尘等。湖泊、水库内的产生水流区域及形式有:河流入流口附近,大量污水排放口附近,风生流、异重流(由温度差、密度差引起),人类活动(如行船、灌溉抽水)造成的紊流等。故湖泊、水库的水体运动与自净规律十分复杂。湖泊、水库的大小与水文条件各不相同,污水排入后,与湖水的混合情况可分为:完全混合型(即污水与湖水可完全混合),面积较小、水深较浅的湖泊存在这种可能;非完全混合型,面积较大、水深较深的湖泊存在这种情况。本节主要论述非完全混合型的水体净化模型。

4.4.4.1 A·B·卡拉乌舍夫扩散模型

A·B·卡拉乌舍夫采用圆柱坐标将二维水质模型(见式(4.16))简化为一维水质模型得

$$\begin{cases} \dfrac{\partial C}{\partial t} = \left(D - \dfrac{q}{\varphi H}\right)\dfrac{1}{r}\dfrac{\partial C}{\partial r} + D\dfrac{\partial^2 C}{\partial r^2} \\ r = r_0, C = C_0 \end{cases} \quad (4.68)$$

式中 q—— 入湖污水量,m^3/d;

C—— 计算点污染物质量浓度,mg/L;

H—— 污染物扩散区湖水平均深度,m;

φ—— 污水在水体中扩散角度,开阔岸边垂直入流 $\varphi = 180°$,湖中心排放时,$\varphi = 360°$;

C_0—— r_0 处(即排污口处)水体中污染物原有质量浓度或水环境质量标准值,mg/L;

r—— 湖泊某计算点离排污口距离,m;

D—— 湖水的紊流扩散系数。

若排放量稳定,并代入边界条件 $r = r_0, C = C_0$,则式(4.68)的积分解为

$$\begin{cases} C = C_0 \dfrac{1}{a-1}(r^{1-a} - r_0^{1-a}) \\ a = 1 - \dfrac{q}{DH\varphi} \end{cases} \quad (4.69)$$

4.4.4.2 有机污染物自净方程

前已述及，湖、库紊动扩散能力很小，可以略去不计，而只考虑平流作用和有机污染物的生物降解作用，则可将式(4.68)中的扩散项略去，得

$$\begin{cases} q\dfrac{\partial C}{\partial t} = -KCH\varphi r \\ r = 0, C = C_0 \end{cases} \quad (4.70)$$

式(4.70)的解为

$$C = C_0 \exp\left(-\dfrac{K\varphi H r^2}{2q}\right) \quad (4.71)$$

式中 K——湖、库水的自净速率系数，d^{-1}。

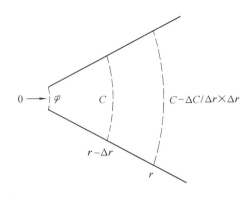

图 4.14 湖泊、水库扩散示意图

4.4.4.3 溶解氧方程

湖、库水体中溶解氧含量分布，主要决定于入湖、库污染物的生化耗氧与水体水面复氧，水生植物的光合作用产氧，其他增氧(如入湖、库河流的带入等)与耗氧(如水生动、植物的耗氧等)。

为简化方程的数学表达式和便于求解，只考虑有机污染物的生化降解与大气复氧作用，由圆柱坐标作一维氧垂曲线方程为

$$\begin{cases} q\dfrac{\partial D}{\partial r} = (k_1 L - k_2 D)\varphi H r \\ r = 0, D = D_0 \end{cases} \quad (4.72)$$

式(4.72)中各项符号的意义同前，其解为

$$\begin{cases} D = \dfrac{k_1 L_0}{k_2 - k_1}(e^{-nr^2} - e^{-mr^2}) + D_0 e^{-mr^2} \\ m = \dfrac{k_2 \varphi H}{2q}, \quad n = \dfrac{k_1 \varphi H}{2q} \end{cases} \quad (4.73)$$

4.5 水环境容量计算

水环境容量的定义：在满足水环境质量标准的要求下，水体最大允许污染负荷量，又称水体的纳污能力，它建立在水质目标和水体稀释与自净规律的基础之上。

河流的水环境容量可用函数关系表达为

$$W = f(C_0, C_N, x, Q, q, t) \quad (4.74)$$

式中 W——水环境容量，用污染物质量浓度乘水量表示，也可用污染物总量表示；
C_0——水中污染物的原有质量浓度，mg/L；
C_N——水环境的质量标准，mg/L；
x, Q, q, t——表示距离、河流流量、排放污水量和时间。

水环境容量一般包括两部分：差值容量与同化容量。水体稀释作用属差值容量；自净作用的去污容量称同化容量。

4.5.1 河流水环境容量的推算

4.5.1.1 中小河流的水环境容量推算

假设污染物沿河呈线性衰减,并且
(1) 上游转输来的污物量是稳定的,即 C_0 是一定的;
(2) 忽略河段中污染物的离散和沉降作用;
(3) 河流的流量是不变化的,计算时应选取一个设计枯水期流量,以保证安全。

河段中只有一个排污口(又称单点)的水环境容量推算,如图 4.15 所示。

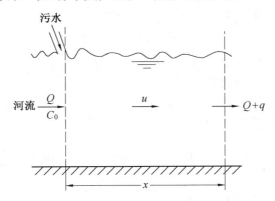

图 4.15　单点排放水容量计算图

$$W_\text{点} = 86.4[C_N(Q+q) - C_0 Q] + k_1 \frac{x}{u} C_0(Q+q) \tag{4.75}$$

或

$$W_\text{点} = 86.4\left(\frac{C_N}{\alpha} - C_0\right)Q + k_1 \frac{x}{u} C_0(Q+q) \tag{4.76}$$

式中　$W_\text{点}$——单点河段水环境容量,kg/d;
　　　C_0——河水中原有污染物质量浓度,mg/L;
　　　C_N——水环境的质量标准,mg/L;
　　　k_1——污染物衰减系数,即耗氧系数,d^{-1};
　　　x——沿河流经的距离,m;
　　　u——平均水流速度,m/s。

$\alpha = Q/(Q+q)$ 称为稀释流量比,$\left(\frac{C_N}{\alpha} - C_0\right)Q$ 称为差值容量,$k_1 \frac{x}{u} C_0(Q+q)$ 称为同化容量,对于难降解污染物,没有同化容量项。

有多个排污口(又称多点)的河段水环境容量推算,如图 4.16 所示。
计算公式为

$$\sum W_\text{点} = 86.4(C_N - C_0)Q_0 + k_1 \frac{\Delta x_0}{u_0} C_0 Q_0 + 86.4 C_N \sum_{i=1}^{n} q_i + C_N \sum_{i=1}^{n-1}\left(k_1 \frac{\Delta x_i}{u_i} Q_i\right) \tag{4.77}$$

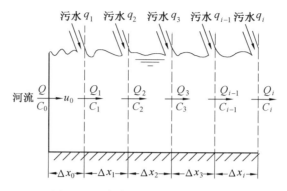

图 4.16 多点排污环境容量计算图

$$Q_1 = Q_0 + q_1, Q_2 = Q_1 + q_2, Q_i = Q_{i-1} + q_i$$

式中 Δx_i——各排污口断面之间的间距。

如图 4.17,沿河均匀排入污水的容量推算公式由多点公式推出,即当 $n \to \infty$ 时,初始流量即河流流量为 Q_0,末端流量为 Q_N,则

$$W_{最大} = 86.4[(C_N - C_0)Q_0 + C_N(Q_N - Q_0)] + \lim_{n \to \infty} k_i C_n \sum_{i=1}^{n-1} Q_i \frac{\Delta x_i}{u_i} =$$

$$86.4(C_N Q_N - C_0 Q_0) + \frac{Q_0 + Q_N}{2} C_N k_1 \frac{x}{u} \qquad (4.78)$$

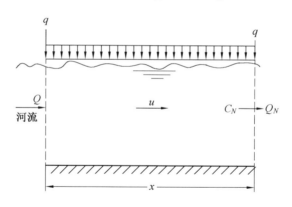

图 4.17 沿河多点排入污水

4.5.1.2 大河流水环境容量的推算

大河的流量大,宽深比大,流速也大,排入的污水流量相对含量少,当进行岸边排放时,污水常形成岸边污染带,污染物质在河道内的横向扩散系数与河道流量、流速、水深以及排放形式有密切关系。水环境容量的计算方法一般采用简化后的二维扩散模型,即式(4.20)进行。

1．计算步骤

（1）首先应对河流的历史和现状,污染源与污染物进行综合调查,并作现状评价；

（2）按河流的自然条件与功能,将河流划分为若干河段；

(3) 确定几项主要的水质指标,一般可选择 DO,BOD,COD,NH_3-N,酚及 pH 值等作为水质参数,根据地面水环境质量标准确定上述各指标的标准;

(4) 确定排放口处的河流流量,从安全考虑,一般以 90% ~ 95% 频率的最枯月平均流量或连续 7 天最枯平均流量作为河流的设计流量;

(5) 计算河流水环境容量。先确定数学模型与系数,然后计算河段现有各排污口的河流点容量及其总和;

(6) 进行不同排放标准方案的经济效益和可行性比较,选择最优方案,确定向河流排污的削减总量及各排污口的合理分配率;

(7) 按最优排放标准方案,对河段进行水质预测,即预先推测执行排放标准后的河段水质状况。

2. 关于削减总量的计算和分配

削减总量计算公式为

$$W_k = W^* - \sum W_{点} \tag{4.79}$$

式中　W_k——削减总量,kg/d;

W^*——河段中每日排入河流的污染负荷总和,kg/d;

$\sum W_{点}$——多点排放的河段水环境容量总和,kg/d。

从式(4.79) 可知:

当 $W^* < \sum W_{点}$ 时,W_k 为负,即尚有一部分水环境容量未被利用,一般应预留 10% ~ 20% 作为安全容量,多余部分可作为今后发展用。

当 $W^* > \sum W_{点}$ 时,W_k 为正,说明该河已超负荷,各排污口应削减排污量,应削减的量按各排污口的污染物量比进行加权分配,即某排污口应削减量为

$$(W_k)_i = W_k \frac{W_i}{W^*} \tag{4.80}$$

式中　W_i——某排污口每日排入河流的污染物量,kg/d;

$(W_k)_i$——该排污口应削减量,kg/d。

3. 污水排入河流后,各污染指标的变化计算

当污水排入河流后,排污口上游及排污口下游某断面,有机污染物浓度的变化可计算为

$$C_下 = C_上 \left(1 - 0.011\,6\,\frac{k_1 x}{u} + 0.011\,6\,\frac{W^*}{C_上 Q}\right) \alpha \tag{4.81}$$

式中　$C_上$——排污口上游河水中某有机污染指标的质量浓度,mg/L;

$C_下$——距排污口 x 处,该有机污染指标的质量浓度,mg/L;

W^*——该有机污染指标每日入河的负荷总量,kg/d;

k_1——耗氧系数,d^{-1};

α——稀释流量比,$\alpha = Q/(Q + q)$。

【例 4.4】　今有某城市的河流水体功能分段及水文资料,水质实测资料见表 4.8 及图 4.18。

表4.8 河流功能分段、水文资料及水质实测资料

河流节点编号	距离/km	功能	质量标准 BOD /(mg·L^{-1})	质量标准 DO /(mg·L^{-1})	流量/(m³·s^{-1}) 河水 $p=90\%$	流量/(m³·s^{-1}) 污水 q	稀释流量比 α	水质实测资料 BOD /(mg·L^{-1})	水质实测资料 BOD /(kg·d^{-1})	水质实测资料 DO /(mg·L^{-1})	水质实测资料 DO /(kg·d^{-1})
断面0-0	0	游览	≤4.5	≥6.5	4.0			2.5		7	
支流1	2.5				1.0	0.8		2.0	172.8	8	691.2
断面1-1	3.0										
排污点1	4.5	渔业水体	≤5.0	≥4.5		1.0	0.83	5.0	4 320	0	0
断面2-2	4.5										
断面3-3	6.0										
排污点2	7.5					0.5	0.92	2.0	86.4	0	0
支流2					1.5		0.81	2.0	259.2	7.5	972
断面4-4	8.0										
断面5-5	10.0										

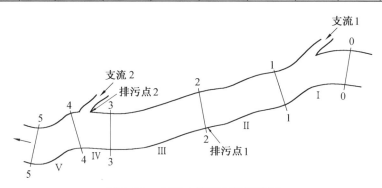

图4.18 河流水环境容量计算图

由表4.8实测资料及质量标准可知,断面1-1以上的河段,BOD和DO均能符合游览水环境质量标准。断面1-1以下河段,有两个排污口及支流2汇入,按渔业用水标准计算排放标准。

解 据各河段的流速、水文资料,选择各河段的耗氧系数k_1与复氧系数k_2值,见表4.9。求断面1-1的BOD值,用式(4.79)计算断面1-1处的BOD值。

表4.9 流河各河段的流速及k_1,k_2值(参照表4.6、表4.7选定)

河段编号	流速/(m·s^{-1})	耗氧系数k_1/d^{-1}	复氧系数k_2/d^{-1}	河段长度/km
Ⅰ	0.45	0.25	0.60	3.0
Ⅱ	0.40	0.30	0.55	1.5
Ⅲ	0.35	0.35	0.50	1.5
Ⅳ	0.30	0.32	0.30	2.0
Ⅴ	0.25	0.37	0.40	2.0

$$\mathrm{BOD}_{1-1}/(\mathrm{mg}\cdot\mathrm{L}^{-1}) = 2.5\times\left(1-0.011\,6\times\frac{0.35\times 3}{0.45}+0.011\,6\times\frac{172.8}{2.5\times 4}\right)\times 0.8 = 2.362$$

采用式(4.75)求第 Ⅱ 河段排污口 Ⅰ 前的 BOD 点容量为

$$W_{\text{点}}/(\mathrm{kg}\cdot\mathrm{d}^{-1}) = 86.4\left(\frac{5}{0.83}-2.362\right)\times 5 + 0.3\times\frac{0.45}{0.4}\times 2.362\times 5 = 1\,662$$

显然无法接纳排污口 1 排入的污染物量 4 320 kg/d(表4.8),故排污口 1 必须削减的排污量为 4 320 kg/d − 1 622 kg/d = 2 698 kg/d。

计算断面 3 − 3 处的 BOD 值。由于断面 2 − 2 至断面 3 − 3 没有新的污染源,所以污染负荷为 0,即 $W^{*}=0, \alpha=1$。第 Ⅲ 段的流速 $u = 0.35$ m/s,耗氧系数 $k_1 = 0.35$ d^{-1},长 $x = 1.5$ km,故

$$\mathrm{BOD}_{3-3}/(\mathrm{mg}\cdot\mathrm{L}^{-1}) = 5\times\left(1-0.011\,6\times\frac{0.35\times 1.5}{0.35}\right) = 4.91$$

求第 Ⅳ 河段各个点容量总和。

本段实际排污量 BOD 包括排污口 2 与支流 2,BOD = 86.4 kg/d + 259.2 kg/d = 345.6 kg/d。

本段各点容量总和用式(4.77)计算得

$$\sum W_{\text{点}} = 86.4(C_N-C_0)Q_0 + k_1\frac{\Delta x_0}{u_0}C_0Q_0 + 86.4C_N\sum_{i=1}^{n}q_i + C_N\sum_{i=1}^{n-1}\left(k_1\frac{\Delta x_i}{u_i}Q_i\right) =$$

$$86.4\times(5-4.91)\times 6 + 0.32\times\frac{1.5}{0.3}\times 4.91\times 6 +$$

$$86.4\times 5\times(0.5+1.5) + 0.32\times 5\times\left(\frac{6.6\times 0.5}{0.3}\right) =$$

$$975.13 > 345.6$$

可见实际排污量 BOD 并未超过该段的各点容量总和,因此所排入的 BOD 不会超过渔业水水质标准。

用式(4.76)计算排污口 2 的容量为

$$W_{\text{点2}}/(\mathrm{kg}\cdot\mathrm{d}^{-1}) = 86.4\times\left(\frac{5}{0.92}-4.91\right)\times 6 + 0.32\times\frac{1.5}{0.3}\times 4.91\times 6 = 319.15$$

因此处的实际排污量(BOD)为 86.4 kg/d + 259.2 kg/d = 345.6 kg/d(包括支流2),故排污口 2 需要削减量为

$$345.6 \text{ kg/d} - 319.15 \text{ kg/d} = 26.45 \text{ kg/d}$$

4.5.2 湖泊、水库水环境容量的推算

4.5.2.1 单点排污

湖泊水库只有一个污水排污口或者在一个排污口周围十分广阔的水域没有其他污染源的情况下,可按单点污染源废水稀释扩散法推算入湖污水允许排放量(即环境容量)。

计算前应确定:

(1)排污口附近水域的水环境标准(按水体主要功能和污水中的主要污染物确定);

(2)污水的入湖排放角度一般为60°;

(3) 与有关部门共同商定允许该排污口污水稀释的距离;

(4) 按一定保证率(90%~95%)的湖、库月平均水位先定出相应的设计完全容积,再推算相应污水稀释扩散区的平均水深 $H(m)$;

(5) 水体自净系数 K,可根据现场调查或室内实验确定之。

允许排放浓度 C,用式(4.71)计算。

允许排放量,即环境容量

$$W_{点} = C \times q \tag{4.82}$$

比较计算的环境容量 $W_{点}$ 与实际排放量 W^*,确定是否需要削减排放量。

4.5.2.2 多点排污

湖泊、水库周围常有多个排污口,在这种情况下,应先根据现场调查与水质监测资料,确定湖、库是属于完全混合型还是非完全混合型。非完全混合型比较复杂,需作专题探讨。一般湖、库多属于完全混合型,其环境容量推算方法如下。

1. 调查与搜集资料

(1) 按一定保证率(90%~95%)定出湖、库最枯月平均水位,相应的湖、库容积及平均深度;

(2) 枯水季的降水量与年降水量;

(3) 枯水季的入湖地表径流量及年地表径流量;

(4) 各排污口的排放量(m^3/d)及主要污染物种类和质量浓度;

(5) 湖、库水质监测点的布设与监测资料。

2. 进行湖、库水质现状评价

以该湖、库的主要功能的水环境质量作为评价的标准,并确定需要控制的污染物和可能的措施。

3. 根据湖、库用水水质要求

根据湖、库用水水质要求和湖、库水质模式,作某些污染物的允许负荷量(即环境容量)计算有

$$\sum W_{点} = C_0 \left(H \frac{Q}{V} + 10 \right) A \tag{4.83}$$

式中 $\sum W_{点}$ —— 该湖、库水体对某种污染物的允许负荷量,kg/年;

C_0 —— 湖、库水体对某种污染物的允许质量浓度,g/m^3;

Q —— 进入该湖、库的年水量(包括流入湖、库的地表径流,湖面降水与污水),$10^4\ m^3/$年;

V —— 90%~95%保证率时的最枯月平均水位相应的湖、库水容积,$10^4\ m^3$;

H —— 90%~95%保证率时的湖、库最枯月平均水位相应的平均水深,m;

A —— 90%~95%保证率时的湖、库最枯月平均水位相应的湖泊面积,$10^4\ m^2$。

将推算的环境容量 $\sum W_{点}$ 与实际排放量 W^* 相比较,判别是否需要削减排放量,如需要削减,则进行削减总量计算。

第5章 城市水环境质量评价

5.1 水质评价概述

5.1.1 水质评价的目的

水质是描述水体的物理、化学和生物学的特征和性质。水质评价是以水环境监测资料为基础,按照一定的评价标准和评价方法,对水质要素进行定性评价或定量评价,以准确反映水质现状,了解和掌握水体污染影响程度和发展趋势,为水环境保护和水资源规划管理提供科学依据。

水质评价是根据监测取得的大量资料,比照标准值,对水体的水质所作出的综合性定量评价。通过对水体的水质评价能够判明水体的状况和被污染的程度,为制定水资源的利用方案和水污染综合防治方案提供科学依据。

水质评价标准主要有水环境天然本底值和各类水环境质量标准两种。

5.1.2 水质的天然标准

天然标准以水环境本底值作为评价标准,即指未受人为活动的直接影响或未受污染的原始环境的基础值,主要用于评价地区水环境的变化。

在城乡地区,由于人类活动的干扰,所测定的水环境现状值往往不能反映水环境的客观实际,因而不是本底值。在缺乏受干扰前水质实测资料的条件下,可在其同类水体、同水系、同含水层岩系的源头、上游或接近开发区找到极少受人类活动改变或污染影响的相似地区作为对照点,测定其水环境的各种单项组分,从而获得该对照区的本底值,并把它作为同类地区、同种情况水环境背景值。

此外,本底值还反映了人体对水环境中各种元素适应的能力,对其不适应的情况,如与水源水质有关的氟中毒、地方性甲状腺肿大病等环境地方病区,它的水环境本底值反映了原生水质状况,而且是危害人类的一种异常情况,无疑应特别注意与正常情况下的本底值加以区别。这在环境地质学上称为第一环境,需要我们去探索改善水质和饮水条件的方法,以提高当地居民的饮水卫生水平。在这种情况下,对照区本底值不能作为评价区背景值用于水质评价。

水环境本底值可以采用下列的方法确定:根据水源水质监测本底调查资料、岩土化学组分分析结果所得各单项组分的实际含量,采用统计分析方法计算本底值(或背景值),如式(5.1),或本底值大致范围式,如式(5.2),即

$$\bar{C}_0 = \bar{C} + \sqrt{\frac{\sum_{i=1}^{n}(\bar{C}-C_i)^2}{n-1}} \tag{5.1}$$

$$\bar{C}_{1,2} = \bar{C} \pm \sqrt{\frac{\sum_{i=1}^{n}(\bar{C}-C_i)^2}{n-1}} \tag{5.2}$$

式中 $\bar{C}_0$——某单项组分的水环境本底值;

$\bar{C}_{1,2}$——本底值的上限值和下限值;

C_i——本底值调查或水质监测中某点(某样本)该单项组分的实际值;

$\bar{C}$——本底值调查中按样本总体(总点数)计算的该单项组分的实际平均值;

n——调查该单项组分的样本总数。

5.1.3 水环境质量标准

采用的主要标准为《地表水环境质量标准》及《地下水质量标准》。当为某种用水目的进行水质评价时,还可采用对应的水质标准。如按《渔业用水水质标准》评价水产养殖用水水源,按《农田灌溉水质标准》评价农田灌溉用水水源等。

5.2 地表水水质评价

城市中地表水由江、河流、湖泊、水库等组成,下面分别进行评价介绍。

5.2.1 河流水质评价

河流水质评价主要是评价河流的污染程度,划分污染等级,确定污染类型,以便确定河流污染程度及预测发展趋势,为水环境保护提供方向性、原则性的方案和依据。

河流水质评价的基本要求是了解河流主要污染物的运动变化规律。要求在时间上要掌握不同时期、不同季节污染物的动态变化规律;在空间上要掌握河流不同河段、上游与下游不同部位的环境变化规律以及质量变化的对比性。从而,使河流水质评价具有典型性和代表性,准确地反映不同河流水质的基本特征。

5.2.1.1 河流水质评价基本流程

河流水质评价首先要明确评价目的,然后根据评价目的和要求,选择合适的评价参数、评价标准和评价方法,通过调查和监测获得水质数据,对水体水质状况进行评价。河流水质评价大致可分为:确定评价目标、选择评价参数、收集整理数据、确定评价标准、选择评价方法、描述评价结果、确定评价结论等步骤。

1. 明确评价目标

水质评价的主要目标包括以下几项:对不同地区各个时期水质的变化趋势进行分析;分析对工、农业生产和生态系统的影响;分析对人体健康的影响;根据水资源利用目的,对水体水质的适用性进行分析。

2. 选择评价参数

在明确评价目的后,水质评价参数的选择应遵循以下原则:

(1)针对性原则,即评价参数能反映评价区域的重要水环境问题,满足水质评价目标要求。

(2) 适度原则,即以适量的评价参数参与水质评价获得可信的评价结果。

(3) 监测技术可行原则,即所设置的评价参数必须是利用现有技术手段可获取监测数据。

3. 收集与整理数据

根据评价目的,进行水质数据收集。水质监测是经统一取样得到水体物理、化学和生物学特征数据的过程,可分为常规水质监测和专门水质监测。常规水质监测一般对水体进行定点、定时监测,具有长期性和连续性;专门水质监测是为特定目的服务的水质监测,其监测项目与频率视服务对象而定。由于不同水质监测网络在采样方法、采样频率、监测时段、实验室分析方法、数据贮存方式等方面存在差异,源自不同水质监测网络的水质数据必须根据评价需要进行数据校勘与整编。

4. 确定评价标准

根据水质评价目标确定水质评价标准。水质评价标准必须以国家颁布的有关水质标准为基础。随着水环境保护事业的发展,我国相继制定颁布一系列水质标准,为水质评价工作的顺利开展提供较完备的标准体系。由于水环境问题的复杂性,现有评价标准体系中没有包括的水质项目也可能需要进行评价,在进行必要的科学分析对比前提下可参考国外有关水质标准进行。

5. 选择评价方法

水质评价方法很多,按选取评价项目的多少可分为单因子评价法和综合评价法。

单因子评价法又称单指标评价法。该方法规定,分参数取监测值的平均值与《地表水环境质量标准》的标准值比较,比值大于1表明该项水质参数超标,其使用功能不能保证。由于单因子评价法采取最差项目赋全权的做法,能确定水质问题,直接确定水质状况与评价标准之间的关系,有利于提出针对性的水环境治理措施。因此,单因子评价法是最普遍使用的评价方法。

由于单因子评价方法无法给出水环境质量的综合状况,为了克服该法的不足,目前可采用综合指标评价方法。综合指标评价方法就是基于数个水质参数计算出的表征水体水质综合状况的一个数值(或分值),这个数值(或分值)被称为水质指数。水质指数将复杂的水质数据转换成公众可以理解和使用的信息,已有的水质指数方法均是有目的地选择一些重要的水质指标,给出水体水质状况的简单概貌。

6. 描述评价结果

水质评价结果除列表表述外,还应该提供水质成果图。历次全国地表水水质评价均采用绘制着色水质图的方式表征评价结果。比如,2004年全国水资源综合规划地表水调查与评价中,各类水质的代表颜色分别是 I 类为蓝色、II 类为绿色、III 类为黄色、IV 类为粉红色、V 类为深红色、劣 V 类为黑色。

7. 确定评价结论

根据评价结果,提出评价结论。评价结论一般要求揭示地表水水质时空分布规律,指出水污染重点区域,识别污染项目,分析污染类型与污染程度,结合污染源调查评价,指出污染成因,提出水资源保护对策。

5.2.1.2 河流水质评价参数的选择

根据评价目的进行河流水质参数的选择,共有三种方法:

(1)根据河流水质评价要求确定水质评价参数;

(2)根据需要确定的污染源评价结论指定水质评价参数;

(3)根据实际试验条件确定水质评价参数。

河流水质评价参数包括河流水质、底质和水生生物。一般应选择在河流水体中起主要作用的,对环境、生物、人体及社会经济危害大的参数作为主要评价参数。水质参数的分类方法较多,根据水质物理、化学及生物学特征,可以将水质参数分为物理、化学和生物参数。根据评价方法的发展阶段的不同,评价方法可分为感官性参数、化学性参数和生物学参数。按污染物化学性质则又可以分成无机物、有机物和重金属等。

在我国地表水水质评价中,则按表5.1的方式将评价参数分成天然水化学综合指标类、耗氧有机物及氧平衡指标类、有毒及易积累物质类三类。

表5.1 历次全国地表水水质评价项目

全国地表水水质评价序号	评价项目数	分类评价参数		
		天然水化学综合指标类	耗氧有机物及氧平衡指标类	有毒及易积累物质类
1979~1981年	11	pH值、总硬度、氯化物	DO、COD和氨氮	酚、氰化物、砷、汞、铬(六价)
1986年	17	pH值、氯化物、总硬度、离子总量、铁	溶解氧、高锰酸盐指数、氨氮、亚硝酸盐氮、硝酸盐氮、总磷、挥发酚	氰化物、砷、汞、镉、铬(六价)
1993~1994年	10	总硬度	溶解氧、高锰酸盐指数、非离子氨	挥发酚、氰化物、砷、汞、镉、铬(六价)

在水环境地表水水质评价中,河流水质评价项目分必评、选评、参评3个级别。其中,必评项目包括溶解氧、高锰酸盐指数、化学需氧量、氨氮、挥发酚和砷6项;选评项目包括五日生化需氧量、氟化物、氰化物、汞、铜、铅、锌、砷、铬(六价)、总磷、石油类11项;参评项目包括pH值、水温和总硬度3项。每次评价时,还可根据水环境的实际特点选择相应的水质项目。

5.2.1.3 河流水质的单因子评价方法

目前,国内外水环境质量评价方法很多,各有特色。在我国水质评价工作中,尽管普遍采用单因子评价方法,但该方法因为只能进行定性评价,在所依托的评价标准不断修正的情况下,根据单因子方法获得的评价结果几乎很难进行比较。下面介绍单因子评价方法。

单因子评价法将各参数浓度代表值与评价标准逐项对比,以单项评价最差项目的类别作为水质类别。单因子评价法是目前使用最多的水质评价法,该法可直接了解水质状况与评价标准之间的关系,给出各评价因子的达标率、超标率和超标倍数等特征值。其主要有以下几种表达方式。

1. 标准指数法

标准指数法是指某一评价因子的实测浓度与选定标准值的比值,计算公式为

$$S_i = \frac{C_i}{C_{si}} \tag{5.3}$$

式中　S_i——评价因子 i 在取样点的标准指数;

　　　C_i——评价因子 i 在取样点的实测值,mg/L;

　　　C_{si}——评价因子 i 的标准值,mg/L。

当评价因子的标准指数小于 1 时,表明该水质因子满足选定的水质标准;标准指数大于 1 时,表明该水质因子超过选定的水质标准,已不能满足使用要求。

2. 污染超标倍数法

污染超标倍数法就是依据污染超标倍数判别水体污染程度的方法,污染超标倍数法计算评价指标 i 的超标倍数公式为

$$P_i = \frac{C_i - C_s}{C_s} = \frac{C_i}{C_s} - 1 \tag{5.4}$$

式中　P_i——评价指标 i 的超标倍数;

　　　C_i——评价指标 i 的实测质量浓度值,mg/L;

　　　C_s——评价指标 i 的最高允许标准值,mg/L。

由式(5.4)看出,标准指数和超标倍数相差 1。

5.2.1.4　河流水质的综合评价方法

由于单因子评价方法在水环境总体概念上存在局限性,因而派生了基于多个水质指标的综合评价法,该方法从定量角度期望建立不因水域变化和水质标准变化而破坏水质评价连续性的方法。但由于提出的指标体系与局部水域水质特点关系密切,而且评价结论不能像单因子方法一样确定水质问题,因此,水质综合评价的方法真正能推广应用的不多。下面介绍具有代表性的比较实用的水质综合评价方法。

综合评价方法主要特点是用各种污染物的相对污染指数进行数学上的归纳和统计,得出一个代表水体污染程度的数值。综合评价法能了解多个水质参数与相应标准之间的综合相对关系,但有时掩盖高浓度的影响,也可能掩盖急性毒理性指标的作用。常用的综合评价法的数学模式见表 5.2。

表 5.2　常用的综合评价法的数学模式

名　　称	表　达　式	符　号　解　释
幂指数法	$S_j = \prod_{i=1}^{m} I_{i,j}^{W_i} (0 < I_{i,j} \leq 1)$　$\sum_{i=1}^{m} W_i = 1$	$S_{i,j}$ 为 i 污染物在 j 点的评价指数 $I_{i,j}$ 为污染物 i 在 j 点的污染指数 W_i 为 i 污染物的权重值
加权平均法	$S_j = \sum_{i=1}^{m} W_i S_i$　$\sum_{i=1}^{m} W_i = 1$	
向量模法	$S_j = \left(\sum_{i=1}^{m} S_{i,j}^2 \right)^{\frac{1}{2}}$	
算术平均法	$S_j = \frac{1}{m} \sum_{i=1}^{m} S_{i,j}$	

下面介绍几种具有代表性的综合评价方法。

1. 简单综合污染指数法

简单综合污染指数实质上为各项评价因子标准指数加和的算术平均值,计算公式为

$$P = \frac{1}{n}\sum_{i=1}^{n} S_i, \quad S_i = \frac{C_i}{C_{oi}} \tag{5.5}$$

$$P = \frac{1}{n}\sum_{i=1}^{n} \frac{C_i}{C_{oi}} \tag{5.6}$$

式中　　P——综合污染指数;

S_i——第 i 种污染物的标准指数;

C_i——第 i 种污染物实测平均质量浓度,mg/L;

C_{oi}——第 i 种污染物评价标准值,mg/L。

如果选用与这一方法对应的水质污染程度分级见表5.3。

表5.3　水质污染程度分级

P	级　别	分　级　依　据
< 0.2	清洁	多数项目未检出,个别检出也在标准内
0.2 ~ 0.4	尚清洁	检出值均在标准内,个别接近标准
0.4 ~ 0.7	轻污染	个别项目检出值超过标准
0.7 ~ 1.0	中污染	有两次检出值超过标准
1.0 ~ 2.0	重污染	相当一部分项目超过标准
> 2.0	严重污染	相当一部分检出值超过标准数倍或几十倍

2. 综合污染指数

综合污染指数 K 表示水体中各种污染物质的综合污染程度,计算公式为

$$K = \sum_{i=1}^{N} \frac{C_k}{C_{o,i}} \cdot C_i \tag{5.7}$$

式中　　C_k——根据具体条件规定的地表水中污染物的统一最高标准,简称"统一标准";

$C_{o,i}$——污染物在地表水中的最高允许标准,mg/L;

C_i——i 污染物的质量浓度,mg/L;

N——评价指标项目数;

$\dfrac{C_k}{C_{o,i}}$——等标系数;

$\dfrac{C_k}{C_{o,i}} \cdot C_i$——等标污染指数。

由式(5.7)可将各污染物的污染指数化成统一标准,然后相加,即可得出各种污染物对水质的综合污染程度。

C_k 认值的大小根据具体条件来确定,一般取 $C_k = 0.1$。当 $K < 0.1$ 时为"一般水体"或"未受污染水体",此时水中各种污染物质质量浓度的总和不超过统一的地表水最高允许标准;当 $K > 0.1$ 时,表明水中各种污染物质量浓度的总和已超过地表水的统一最高标准,定

为"污染水体"。

3. 水质质量系数法

该指数基本形式与式(5.7)中的 K 相同,只是去掉了"统一标准" C_k,其计算公式为

$$P = \sum_{i=1}^{N} \frac{C_i}{C_{s,i}} \tag{5.8}$$

式中　C_i——i 污染物的实测值,mg/L;

　　　N——评级指标项目数;

　　　$C_{s,i}$——i 污染物在地表水中的最高允许标准,mg/L。

水质质量系数法根据河流的水质状况,将水质质量系数分为7个等级,见表5.4。

表5.4　水质质量系数分级

级　别	级　别	P
Ⅰ	清洁	< 0.2
Ⅱ	微清洁	0.2 ~ 0.5
Ⅲ	轻污染	0.5 ~ 1.0
Ⅳ	中度污染	1.0 ~ 5.0
Ⅴ	轻重污染	5.0 ~ 10
Ⅵ	严重污染	10 ~ 100
Ⅶ	极严重污染	> 100

4. 有机污染综合评价值

有机污染综合评价值 A 按下式计算,即

$$A = \frac{\text{BOD}_i}{\text{BOD}_o} + \frac{\text{COD}_i}{\text{COD}_o} + \frac{\text{NH}_3-\text{N}_i}{\text{NH}_3-\text{N}_o} - \frac{\text{DO}_i}{\text{DO}_o} \tag{5.9}$$

式中　$\text{BOD}_i, \text{COD}_i, \text{NH}_3-\text{N}_i, \text{DO}_i$——实测值,mg/L;

　　　$\text{BOD}_o, \text{COD}_o, \text{NH}_3-\text{N}_o, \text{DO}_o$——规定标准值,mg/L。

采用有机污染综合评价值作为评价水质的指数,可综合说明水质受有机污染的情况,适用于受有机物污染较严重的水体。

5. 罗斯水质指数法

英国人罗斯在对英国克鲁德河的干、支流进行水质评价研究中,提出一种水质指数计算方法。首先,选取 BOD、DO、氨氮、SS 4个评价因子,分别给予3,2,3,2的权重;其次,根据实际监测值,按照给定的评价因子分级值,给出4个评价因子的分级值;然后,计算水质指数。计算公式为

$$WQI = \frac{\sum_{i=1}^{4} A_i}{\sum_{i=1}^{4} W_i} \tag{5.10}$$

式中　A_i——评价因子 i 的分级值;

　　　WQI——水质指数,用整数表示,分成0 ~ 10共11个等级,数值越大水质越好。

罗斯水质指数与其他水质指数相比,剔除不必要的水质因子选项,直接具体地反映了水体污染状况。

5.2.1.5 河流水质的生物评价

生物所表现的症状是对环境条件综合影响的反映,生物在环境评价中有其特殊意义。生物所指示的是一段时间内的环境质量,是对污染状况的连续性、积累性的反映,与其他影响评价相比,生物评价更具有代表性和准确性。生物与非生物环境是相互关联的,非生物环境影响生物的分布与生长,非生物环境中任何一个因子的改变都会引起生物的变化;生物的一切变化,都可作为了解环境状况、评价环境质量的依据。生物评价不足之处是易受污染以外的其他各种因素的影响,不像物理、化学指标那样能提供准确的数量概念。

1. 一般描述对比法

根据调查水体水生生物区系的组成、种类、数量、生态分布、资源情况等描述,对比该水体或所在区域内同类水体的历史资料,对当前河流环境质量现状做出评价。此方法较为常用,但是由于资料的可比性较差,并且要求评价人员经验丰富,因而不易标准化。

2. 指示生物法

指示生物法是最经典的生物学水质评价方法。其原理是根据调查水体中对有机污染或某些特定污染物质具有敏感性或较高耐受力的生物种类的存在或缺失,指示河段中有机物或某种特定污染物的多寡或降解程度。

指示生物通常选择栖息地较固定、生命期较长的生物物种。静水一般选用底栖动物或浮游生物作指示生物,流水主要选用底栖生物或着生生物,鱼类也可作为指示生物。大型无脊椎动物由于移动力不强、体形较大、肉眼可见,较易采集和鉴定,是应用较多的指示生物。同一类不同属或种的生物,对某种污染的敏感或耐受程度虽然相似,但不完全相同,因此要精确地评价水质,最好将所用指示生物鉴定到种。

3. 生物指数法

(1) 生物指数法及其生态效应。生物指数法的原理是依据不利环境因素,如水中各种污染物对生物群落结构的影响,用数学形式表现群落结构,指示水质变化对生物群落的生态学效应。由污染引起的水质变化对生物群落的生态效应主要体现在六个方面:

① 某些对污染有指示价值的生物种类出现或消失,导致群落结构种类的组成发生变化;

② 群落中的生物种类数在水污染趋严重时减少,而在水质较好时增加,但过于清洁的水中,因食物缺乏,生物种类数也会减少;

③ 组成群落的个别种群变化(如种群数量变化等);

④ 群落中种类组成比例的变化;

⑤ 自养－异氧程度的变化;

⑥ 生产力的变化。

(2) 常用的生物指数法。

① Beck 指数。按底栖大型无脊椎动物对有机污染的耐性分成两类,Ⅰ类是不耐有机污染的种类,Ⅱ类是能耐中等程度污染但非完全缺氧条件的种类。将一个调查地点内Ⅰ类和Ⅱ类动物种类 $n_Ⅰ$ 和 $n_Ⅱ$,按 $I = 2n_Ⅰ + n_Ⅱ$ 公式计算生物指数,Beck 指数在净水中为 10 以上,中等污染时为 1~10,重污染时为 0。

② 硅藻类生物指数。用河流中硅藻的种类数计算生物指数,其计算公式为

$$I = \frac{2A + B - 2C}{A + B - C} \times 100 \tag{5.11}$$

式中 A——不耐有机污染种类数;
  　B——对有机污染物无特殊反映种类数;
  　C——有机污染地区能生存的种类数。

③藻类污染指数。Palmer对能耐受污染的20属藻类分别给予不同的污染指数值,见表5.5。根据水样中出现的藻类,计算总污染指数。总污染指数低于15为轻污染,15～19为中污染,大于20为重污染。

表5.5 藻类污染指数

属　　名	污染指数值	属　　名	污染指数值
组囊藻(Anacystis)	1	微芒藻(Micractimum)	1
纤维藻(Ankistrodesmus)	2	舟形藻(Navicula)	3
衣藻(Chlamydomonas)	4	菱形藻(Nitzschia)	3
小球藻(Chlorella)	3	颤藻(Osciliatoria)	5
新月藻(Closterium)	1	实球藻(Pandorian)	1
小环藻(Cyclotella)	1	席藻(Phormidium)	1
裸藻(Euglena)	5	扁裸藻(Phaeus)	2
异极藻(Comphonema)	1	栅藻(Scenedesmus)	4
磷孔藻(Lepocinclis)	1	毛枝藻(Stigeoclonium)	2
直链藻(Melosira)	1	针杆藻(Synedra)	2

4. 水质污染的微生物指标

微生物与区域环境相互作用、相互影响。不同区域环境中生存着不同微生物种群,形成具有相对的稳定性。当区域环境发生改变时,微生物种群也随之发生演变,以适应新的环境。因此,微生物的数量和种群组成可作为水体质量综合评价的指标。另外,微生物在水体中既是污染因子,又是净化因子,是水生生态系统中不可缺少的分解者。中国科学院南京地理所建立了一个评价分级表,见表5.6。

表5.6 按微生物划分水体受有机物污染程度与净化区段

区段(受有机污染程度)	细菌总数(平板稀释法)/(个·mL^{-1})	好氧性异氧菌的分布(按形态特征)	丝状真菌分布(按形态特征)	大肠菌群数(发酵法)/(个·L^{-1})
多菌区(重污染)	$10^6 \sim 10^7$	种类多而杂,捍菌数量较多,尤以肠道常见菌和腐生菌为优势,并出现兼性厌氧芽孢菌	较多 有地霉、青霉	$>5 \times 10^4$
α-次菌区(重污染)	$<10^6$	大量出现大、小捍菌与杆菌	较多 有地霉、毛霉、青霉	$(1 \times 10^4) \sim (5 \times 10^4)$
β-次菌区(轻污染)	$<10^5$	较大量是小捍菌型、G-菌,并出现好氧性芽孢菌	少量 有青霉、镰刀霉	$(1 \times 10^3) \sim (1 \times 10^4)$

5.2.2 湖、库水质评价

5.2.2.1 湖泊、水库特征与类型

1. 湖泊、水库特征

湖、库水质取样方案的制定必须建立在对湖、库特征系统分析和了解的基础上,湖、库取样和水质数据分析也会受到湖库用途、湖库存在的问题等方面因素的影响。

湖、库是由周围陆地包围的封闭水体,与海洋没有直接通道。有些湖可能没有入湖河流,有些湖、库则很难发现其直接出口。这些与周围隔绝的湖、库常因蒸发和地下水潜入而成为盐湖。因成因不同,湖、库出现在流域任何区域的可能性都存在。源头水湖、库没有主要入湖河流,但通过湖周围的小沟和小溪汇集降雨径流和地下水,这样的湖、库常常只具有一个出湖口。中下游的湖、库有一个主要入湖口和一个主要出湖口。湖、库有时也会通过河流连接,成串出现,或沿河流通道横向展宽。有时是河流或是湖、库,其界限比较模糊,这个时候只能借助水力滞留时间以及水流流态进行综合辨别。下游湖、库与海洋之间存在水力坡度或者通过河口系统衔接。湖、库具有各种各样的用途,包括生活、工业和农业供水、发电、航运、渔业、景观、娱乐和其他美学价值。

我国是一个多湖、库的国家。我国外流区以淡水湖分布为主,与各类河流有息息相关的联系,不少是河流作用的直接产物,湖、库成为水系的组成部分。我国内陆区以咸水湖或盐湖分布为主,湖、库几乎自成一个小流域,成为盆地水系的尾闾,在具备湖水封闭、不能外泄或在干旱气候条件下蒸发量超过补给量时,湖水不断萎缩,形成各种不同的盐类液体矿床,发展到晚期,成为干枯的盐湖。

2. 湖、库水质评价学分类

根据湖、库水质评价的需要,对湖、库分层和湖、库营养状态进行分类。

(1) 湖、库的物理分类。湖、库的物理分类指温度分层分类。湖水热量来自太阳辐射,并同时与周围环境发生热交换,因此湖水的温度随时间和空间发生变化,具有较大水深的湖、库由于水体中热量传递不均匀而出现季节性的温度分层现象,季节性水体分层是湖、库区别于河流强水动力环境的重要特征。

具有一定深度的湖库,由于受到气温和太阳辐射的影响,湖、库不同层位水体的热平衡会出现季节性的变化。在夏季,较强的太阳辐射使湖库水面持续加热,上层较为温暖的湖水产生足够的浮力,阻碍了湖水在垂直方向上的混合,在湖水表层增温和风的共同作用下,湖水垂直温度梯度和静力稳定度大为增加,形成稳定层,即"表层温跃层"。底部深层水温较低,密度较大,形成相对较静止的水体,即下层均温层。在上述两层水体之间的水温变化比较剧烈的水层,称为"变温层"或"斜温层"。典型的湖、库温度分层结构如图 5.1 所示。到秋冬季节,随气温下降,表层湖水温度下降,冷却湖水密度加大而下沉,上、下层湖水发生垂直交替,水温分层逐渐消失。

湖、库的水体温度分层现象,控制水环境中主要的物理、化学和生物作用。湖、库季节性温度分层的发生和作用强度主要与湖盆形状、大小、气候条件、风浪扰动、河流入流等有关。据 Wetzel(2003)的统计分析表明,在温带地区中等深度的湖、库(水深大于 10 m)就表现出显著的水体温度分层现象。但是许多热带、亚热带地区的湖、库,或是水动力扰动大的湖、

库,水库还可能受入库河流异重流的影响,水温分布不具有显著的典型水温分层结构(图5.1),表现为变化幅度较小的"非典型"弱温度分层结构,如图 5.2 所示,图中实线为许多湖、库分层时的水温分布线。

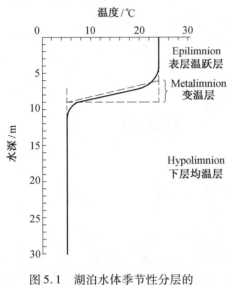

图 5.1　湖泊水体季节性分层的典型水温垂直剖面

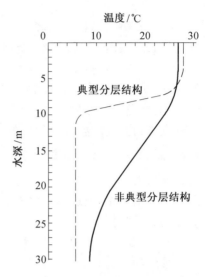

图 5.2　湖泊水体季节性分层的"非典型"水温垂直剖面

湖、库水体温度分层,意味上下层水团的水动力交换过程受到限制,结果可能使上下水团的物理化学性质和水生生物分布出现显著差异。湖、库的温度分层是由于太阳辐射引起的水体温差形成的,湖、库水体温度分层现象随季节变化交替发生。水体温度分层结构的交替发展,控制着湖、库中水体的交换过程,使水化学性质也出现相应的分布变化。如湖水分层期间,通常观察到水体中溶解氧表现出与温度一致的分层特点。湖、库中水体溶解氧的补充(复氧机制)除水—大气交换和河流补给外,浮游植物的光合作用是产生氧气的主要过程,而有机质代谢则是主要的耗氧过程。因此,夏季湖水分层期间,表层透光层因浮游植物(藻类)的光合作用放出氧气,可能使上层水体中溶解氧过饱和;相反,下层水体中,由于呼吸作用和有机质降解作用相对较强,水体中溶解氧被消耗。水体分层有效控制上、下水团的交换,逐渐形成水体溶解氧的分层结构。在初级生产力高的富营养化湖、库中,表层透光层强烈的光合作用和下层有机质的矿化分解,随水体温度结构的发展可形成非常显著的溶解氧深度跌落分布。而在寡营养湖、库中,由于生物作用较弱,即使水体温度显著分层,下层水体溶解氧也不会有明显跌落。

(2) 湖、库营养类型分类。营养状态概念是湖、库研究的主要问题,富营养化过程是影响湖、库管理的主要水质问题。

湖、库富营养过程主要原因是湖内初级生产者(具有光合作用的植物和藻类)利用湖内可利用的营养盐生产有机质。湖、库内的营养盐来自 3 个途径:湖库外部输入、湖库内部有机质循环和底泥释放。许多浅水湖库在发生富营养化时可能不出现浮游植物的过度繁殖,却会出现大型水生植物的超常生长。不论哪种情况,其对营养盐的有效利用均受到所谓的生长因子的制约,当然也会受到初级生产能力的更直接的影响。浮游动物(次级生产者)对浮游植物的觅食以及鱼类(三级消费者)对浮游动物的摄食,组成湖内的碳传递系统。

湖、库的富营养化结果将会大大降低湖、库水质状况,严重制约湖泊功能发挥。富营养湖、库从贫营养向重富营养化过渡,一般经历贫营养、中营养、富营养和重富营养。从贫营养到重富营养,湖、库营养盐浓度和与之相关联的生物生产量从低向高转变。

贫营养湖库:指营养盐 N 和 P 浓度较低、初级生产能力较弱且与之有关的生物量较少的湖、库。

中营养湖库:是贫营养和富营养的一种过渡形式。

富营养湖库:指营养盐浓度较高、透明度较低的湖库。

重富营养湖库:指营养盐浓度极高、处于极度富营养状态的湖库。

5.2.2.2 湖、库水质污染与富营养化问题

1. 水质污染问题

位于人口开发活动影响较大区域的湖、库常常受到未经处理或处理程度不高的污水的污染,使湖、库功能受到损害,用水人群健康受到威胁。

图 5.3 是我国 88 个主要湖、库高锰酸盐指数质量浓度的频率分布图。主要湖、库高锰酸盐指数质量浓度均值为 6.2 mg/L,中值为 4.4 mg/L。88 个湖、库中 28 个湖、库的高锰酸盐指数浓度超过 GB 3838—2002 的 III 类标准限值,4 个湖、库为劣 V 类,分别为黑龙港及运东平原的千顷洼,石嘴山至河口镇北岸的乌梁素海,内蒙古高原西部的黄旗海和岱海。

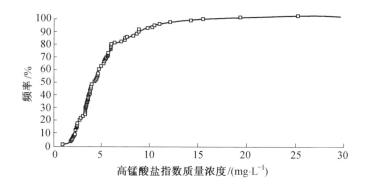

图 5.3 我国主要湖泊高锰酸盐指数质量浓度频率分布

评价的 111 个湖、库类水功能区中,湖、库面积 31 107.5 km^2,水质类别比例如图 5.4 所示。水质类别 I ~ 劣 V 类的面积比例分别为 1.5%,11.1%,35.3%,20.5%,14.2% 和 17.4%。评价湖、库水功能区达标个数比例为 45.5%,不达标个数比例为 54.5%,达标湖、库面积比例为 47.8%,不达标比例为 52.2%;也就是说,我国有超过一半的主要湖、库水污染严重,水质状况不满足功能要求。

湖、库类水功能区的主要超标污染物包括高锰酸盐指数、化学需氧量、氨氮、溶解氧、五日生化需氧量、铅、锡、砷、氟化物、挥发酚、汞和锌等项目。评价的 111 个湖、库类水功能区中,高锰酸盐指数、化学需氧量、氨氮的超标水功能区个数比例分别为 23.4%、18.9% 和 10.8%。

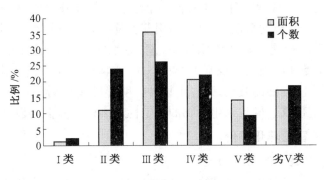

图 5.4 湖、库类水功能区水质类别比例

2. 水体富营养化问题

富营养化是对湖、库过量营养盐输入的生物响应,湖、库生物量的增加将会导致水体功能受损。一般认为湖、库富营养化是一个自然过程但往往被人类诱导而加快。流域营养盐的大量输入大大提高湖、库营养盐浓度,最终的生物量主要由生长季节期内植物生长营养盐的可获得性决定,在生命周期完成之前,主要营养盐,如氮和磷,一直是植物必需的,如果其中的某种营养盐消耗殆尽,则该类营养盐则成为湖、库系统的限制因子。Meybeck(1989)认为 N/P 比例大于 7~10,磷将是限制因子;如果 N/P 小于 7,则氮成为限制因子。

全国水资源综合规划评价成果表明,我国主要湖库富营养化程度总体极其严重。在全年评价的 84 个湖库中,有 44 个湖、库呈富营养状态,占评价湖库总数的 52.4%,占评价湖库面积的 32.3%;40 个湖、库为中营养,占评价湖库数量的 47.6%,占湖库面积的 67.7%,无贫营养湖库。

3. 富营养化对水质的影响

(1)感官影响。在富营养状态的水体中生长着很多藻类,其中有一些藻类能够散发出腥味异臭。这些散发腥味异臭的藻类,影响水体周围的空气,也影响水质。藻类散发出的这种腥臭,向湖、库四周的空气扩散,直接影响、干扰人们的正常生活,给人以不舒适的感觉;同时,这种腥臭味也使水味难闻,大大降低了水质质量。在富营养水体中,生长着以蓝藻、绿藻为优势种类的大量水藻。水藻浮在湖水表面形成一层"浮渣",使水质变得浑浊,透明度明显降低。水味腥臭和透明度下降,使得大量的城市和郊区湖、库水体在功能、用途方面大大降低。湖、库水体呈富营养状态,水味、水色和透明度等感官性的恶化,则丧失应有的美学价值,湖、库水体的旅游、观赏的美学价值受到严重影响。

(2)消耗水体的溶解氧。富营养湖、库的表层,藻类可以获得充足的阳光,从空气中获得足够的二氧化碳进行光合作用而放出氧气,因此表层水体有充足的溶解氧。但是,在富营养湖、库的深层,首先,由于表层有密集的藻类,因而使得阳光难以透射进入湖、库深层;而且,阳光在穿射水层的过程中被藻类吸收而衰减,所以深层水体的光合作用明显受到限制而减弱,因而溶解氧的来源也就随之减少。其次,湖、库藻类死亡后不断地向湖底沉积,不断地腐烂分解,也会消耗深层水体大量的溶解氧,严重时可能使深层水体的溶解氧消耗殆尽而呈厌氧状态,使得需氧生物难以生存。厌氧状态可以触发或者加速底泥积累的营养物质的释放,造成水体营养物质的高负荷,形成富营养水体的恶性循环。

(3)产生有毒物质。富营养对水质的另一个影响是某些藻类能够分泌、释放毒性物质,有毒物质进入水体后,若被牲畜饮入体内,可引起炎症。人若饮用也会损害人体健康。

(4)对水生生态的影响。在正常情况下,湖、库水体中各种生物都处于相对平衡的状态。但是,一旦水体受到污染而呈现富营养状态时,水体这种正常的生态平衡就会被扰乱,生物种群量就会显示出剧烈的波动,某些生物种类明显减少而另外一些生物种类则显著增加。这种生物种类演替就会导致水生生物的稳定性和多样性降低,破坏湖、库生态平衡。

5.2.2.3 湖、库富营养化评价

1. 氮和磷是湖、库植物生物量的控制因子

藻类生物量的主要控制因子是植物营养盐氮和磷。相对植物生长需求供应短缺的因素是植物生长的控制因素,因此,只有很小部分的因子将限制植物的生长,所以,绝大部分的湖、库富营养化评价方法都包括营养盐的评价。

湖、库富营养化评价的基础是确定合适评价项目的基准。湖、库植物生物量表现出以下特征:①随季节变化或变化的周期较长;②与流域土地利用状况有关;③随着区域的不同而不同,如果只提出某个营养盐的基准值,但该营养盐又不是评价湖、库的控制性营养盐,则根据该营养盐进行的评价就没有多少参考价值。因此,为了避免这种情况的出现,多数评价方法常常将营养盐和生物响应一并考虑。

2. 湖、库营养评价方法

湖、库营养状态分级开始时是一个连续的概念,但后来转变成为一个"类型"(非连续)分级概念。由于对主要营养状态可以做出简易表述,许多营养评价方法或评价指标均强调类型学的意义。所谓的主要营养状态见表5.7,如果湖、库符合表中所列特征,则可以评价湖、库的营养状态。当评价变量间的关联较弱时,湖、库的营养状态主要由个别变量决定,这种情况下,采用类型学意义的评价方法就难以得到比较合理的评价结果。

表5.7 典型的湖泊营养状态分类系统(Rast 和 Lee,1987)

变量	一般特征	
	贫营养	富营养
总水生生物生产量	低	高
藻类种类	多	少
藻类群特征	绿藻、硅藻	蓝绿藻
沉水植物	稀少	丰富
下温层 DO	保持	匮乏
特征鱼类	深水鱼、冷水鱼,如鲑鱼、鳟鱼等	浅水鱼、温水鱼,如梭子鱼、鲈鱼等;底栖鱼,如鲶鱼、鲤鱼
工业和城镇生活污水水质	好	差

湖、库营养状态类型学分级认为,富营养化湖、库是一种真实存在,所以湖、库可以分为几种类型。湖、库营养化过程是湖、库由一个状态向另一个状态的发展过程,处于某一状态的湖、库,则会表现出与之对应且可以辨识的特征,因此,这种类型评价方法可以简单地依据

类似表 5.8 所列的每个营养状态的表现特征进行分类评价。

表 5.8 OCED 营养指标变化范围

变　量		贫营养	中营养	富营养
总磷	平均	8	27	84
	范围(n)	3~18(21)	11~96(19)	16~390(71)
总氮	平均	660	750	1 900
	范围(n)	310~1 600(11)	360~1 400(8)	390~6 100(37)
叶绿素 a	平均	1.7	4.7	14
	范围(n)	0.3~4.5(22)	3~11(16)	2.7~78(70)
	平均	4.2	16	43
	范围(n)	1.2~11(6)	5~50(12)	10~280(46)
Secchi 深度	平均	9.9	4.2	2.4
	范围(n)	5.4~28(13)	1.5~8.1(20)	0.8~7.0(70)

注：Secchi 深度单位为 m，其他指标单位为 μg/L(mg/m³)；除叶绿素 a 峰值外，其他项目的平均值为年均监测值的几何平均值；括号内 n 为统计的样本数。

OCED 指标（Vollenweider and Kerekes, 1980）采用统计方法给出每个营养状态变量的变化范围（表 5.8）。OCED 指标是根据一组专家的意见获得的。集总数据可以对每个变量和每个类别形成钟形曲线，如图 5.5 所示。图 5.5 中 3 组曲线存在重叠部分，表明同样浓度可能对应不同的营养状态。

3. 湖、库营养评价标准

湖、库水体富营养化的进程，实际上是自养型浮游藻类吸收利用湖、库水体的营养物质充分增殖，并建立优势种类的过程。在湖、库营养

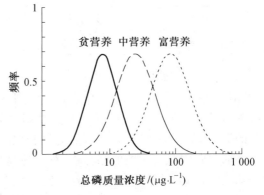

图 5.5　不同营养状态总磷频率分布曲线

状态划分和水质评价时，不仅要重视藻类生长代谢所需的营养物质浓度水平，而且要注意与藻类增殖密切相关的湖、库形态学、水文学以及水质和底泥特征的考察和研究。

(1) 吉村判定标准。日本湖沼学家吉村根据湖、库形态学以及水质理化指标、生物学特征和底泥特点，于 1937 年提出了贫营养湖和富营养湖的判定标准，见表 5.9。

表 5.9　吉村湖泊营养状态评价标准

项　目		贫　营　养　湖	富　营　养　湖
湖泊形态学特征		深水湖泊,湖面比较狭小	浅水湖泊,湖面较为开阔
		深层水体积大于表层水体积	深层水体积小于表层水体积
湖泊地理分布特点		多为山间湖泊	分布于平地的浅水湖泊
		北海道一带的平地深水湖泊	
水质的物理学性质		水色:蓝色或绿色	水色:绿色至黄色
		透明度:大于 5 m	透明度:小于 5 m
水化学特性	pH 值	接近中性	中性偏碱,夏季表层有时为碱性
	溶解氧	基本饱和	表层饱和或过饱和
	氮、磷质量浓度	总氮小于 0.2×10^{-6} mg/L	总氮大于 0.2×10^{-6} mg/L
		总磷小于 0.02×10^{-6} mg/L	总磷大于 0.02×10^{-6} mg/L
水生物学特性	生产力水平	生产力水平低,小于 200 mg 碳/$(m^3 \cdot d)$	生产力水平高,大于 200 mg 碳/$(m^3 \cdot d)$
	叶绿素含量	含量普遍低	含量普遍高
	浮游藻类	稀少,以金藻为主	丰富,夏季蓝藻尤盛,形成水华
	浮游动物	贫乏,以甲壳类为主	丰富,轮虫增生居多
	湖沿岸植物	少而深	多而浅
底泥沉积物性质		有机质少	有机质多,腐泥状

(2)沃伦威德(R. V. VollenWeider)负荷量标准。加拿大湖沼研究中心著名的湖、库富营养化研究专家沃伦威德博士根据多年对氮、磷营养物质与湖、库富营养化相互关系研究的成果,在国际经济合作和开发组织(OECD)关于湖、库环境问题研究报告中,提出了不同水深的湖、库单位面积氮、磷允许负荷量和危险负荷量的标准。允许负荷量是指水质从贫营养状态向中营养状态过渡的临界量,危险负荷量则是中营养状态向富营养状态过渡的临界量。表 5.10 所列为沃伦威德负荷量标准。

表 5.10　沃伦威德负荷量标准

湖泊平均水深/m	总氮负荷量/$[g \cdot (m^2 \cdot 年)^{-1}]$		总磷负荷量/$[g \cdot (m^2 \cdot 年)^{-1}]$	
	允许水平	危险水平	允许水平	危险水平
5	1.0	2.0	0.07	0.13
10	1.5	3.0	0.10	0.20
50	4.0	8.0	0.25	0.50
100	6.0	12.0	0.40	0.80
200	9.0	18.0	0.60	1.20

(3)捷尔吉森(S. JOrgensen)湖、库营养类型判定标准。丹麦水质富营养化专家捷吉尔森研究湖、库水生物学和水化学特征,从湖、库生态学的观点出发,1980 年划分湖、库水质营

养类型的判定标准,将湖、库水质营养类型细分为8种状态。

4.全国水资源综合规划湖、库营养状态评价方法

(1)确定评价标准。全国水资源综合规划湖、库营养状态评价标准,见表5.11(全国水资源规划技术工作组,2002)。

表5.11 湖泊(水库)营养状态评价标准　　　　　　　单位:mg/L

营养状态	指数	总磷	总氮	叶绿素a	高锰酸盐指数	透明度/m
贫	10	0.001	0.020	0.000 5	0.15	10
	20	0.004	0.050	0.001 0	0.4	5.0
中	30	0.010	0.10	0.002 0	1.0	3.0
	40	0.025	0.30	0.004 0	2.0	1.5
	50	0.050	0.50	0.010	4.0	1.0
富	60	0.10	1.0	0.026	8.0	0.5
	70	0.20	2.0	0.064	10	0.4
	80	0.60	6.0	0.16	25	0.3
	90	0.90	9.0	0.40	40	0.2
	100	1.3	16.0	1.0	60	0.12

(2)选择评价项目。总磷、总氮、叶绿素a、高锰酸盐指数和透明度共5项。

(3)确定评价方法。

①查评价标准表将参数浓度值转换为评分值,监测值处于表列值两者中间者可采用相邻点内插。

②几个评价项目评分值取平均值。

③用求得的平均值再查表得到营养状态等级。营养状态等级判别方法:$0 \leqslant$指数$\leqslant 20$,贫营养;$20<$指数$\leqslant 50$,中营养;$50<$指数$\leqslant 100$,富营养。

(4)提出评价结果。营养状态评价分为贫营养、中营养和富营养3个等级。

5.3 地下水水质评价

5.3.1 地下水水质标准

我国环境质量标准分为国家级和地区级两种。国家环境质量标准是国家确定的各类环境好坏程度的标准,是我国环境政策的目标,它明确规定了各类环境在一定时间和空间内应达到的环境分级限值。地区环境质量标准是根据国家环境质量标准的要求,结合地区的环境地理特点、气象条件、经济技术水平、工业布局、人口密度、政治文化要求诸因素,按照当地经济技术可能所划定的环境质量等级,以补充或修订国家质量标准中不包含或不符合本地区情况的某些项目的允许水平。我国地域辽阔,各地情况千差万别,地区环境质量标准作为国家环境质量标准的有益补充是可取的,是符合各地区实际情况的。

1993年12月30日国家技术监督局颁布了《中华人民共和国地下水质量标准》(GB/T 14848—93),于1994年10月1日实施。标准依据我国地下水水质现状、人体健康基准值及

地下水质量保护目标,并参照生活饮用水、工业用水、农业用水水质最高要求,将地下水质量划分为五类。

Ⅰ类:主要反映地下水化学组分的天然低背景含量,适用于各种用途。

Ⅱ类:主要反映地下水化学组分的天然背景含量,适用于各种用途。

Ⅲ类:以人体健康基准值为依据,主要适用于集中式生活饮用水水源及工、农业用水。

Ⅳ类:以农业和工业用水要求为依据,除适用于农业和部分工业用水外,适当处理后可做生活饮用水。

Ⅴ类:不宜饮用,其他用水可根据使用目的选用。

5.3.2 地下水水质评价方法

5.3.2.1 地下水水质单因子评价指数法

单项污染指数是污染物在地下水中的实测浓度与评价标准的允许值之比,其计算可分以下三种情况。

(1) 对于随着污染物浓度的增加,对环境的危害也增加,即环境质量标准具有上限值污染物,其分项污染指数计算公式为

$$I_i = C_i / C_{oi} \tag{5.12}$$

式中　I_i——单因子水质指数;

　　　C_i——地下水中某组分实测浓度;

　　　C_{oi}——某组分的污染起始值或有关标准。

当评价地下水是否受到污染时,宜用污染起始值作为C_{oi},$I_i \leqslant 1$说明地下水尚未受到污染,而$I_i > 1$说明地下水已经受到污染;当评价地下水是否适于某种用途时,宜用国家或地区标准作为C_{oi},$I_i \leqslant 1$说明该项水质指标仍未超标,$I_i > 1$说明其已经超标。

$$P_i = \frac{C_i}{C_{oi}} \tag{5.13}$$

式中　P_i——某污染物分项污染指数;

　　　C_i——某污染物实测浓度;

　　　C_{oi}——某污染物的评价标准。

(2) 对于随着污染浓度的增加,对地下水的危害程度减小,即有下限环境标准值,其分项污染指数计算公式为

$$P_i = \frac{C_{i,\max} - C_i}{C_{i,\max} - C_{oi}} \tag{5.14}$$

式中　$C_{i,\max}$——第i种污染物在地下水中的最大浓度;

　　　余者意义同式(5.14)。

(3) 对污染物的浓度只允许在一定范围内,过高或过低对环境都有危害,其分项污染指数的计算式为

$$P_i = \frac{C_{i,\max} - C_i}{C_{i,\max} - C_{oi}} \tag{5.15}$$

式中　$C_{i,\max}$——第i种污染物在地下水中的最大浓度;

余者意义同式(5.15)。

分项污染指数表征了单一污染物对地下水产生等效影响的程度，P 越大，说明该污染物污染程度越高。在受污染的地下水中常含有多种污染物质，因而用分项指数评价水质污染是不够全面的，对不同的污染地下水也很难对比。

水质单因子评价指数能直观地说明水质是否污染或超标，计算简便，但不能反映地下水质量的整体状况。为全面反映地下水的质量状况，还必须计算其综合评价指数。

5.3.2.2 地下水水质综合评价指数法

水质综合评价的指数或模式很多，进行评价时，应根据不同环境条件，选择最能客观反映该评价区地下水环境状况的模式。

1. 确定评价因子

在水质综合评价中，应先确定参与综合评价的因子，包括有氧平衡参数（DO、BOD、COD）、无机污染组分（悬浮物、硬度、矿化度等）、有机污染组分（酚、氰、三氮、Cl^-、PO_4^{3-} 等）、生物污染组分（细菌总数、大肠杆菌指数）、毒理组分（Hg、Cr^{6+}、As、Pb、Cd 等）、水的物理性质指标（温度、色、味、透明度）、放射性污染组分（铀、镭）等。选用哪些因子，应当根据评价区的历史状况、工农业布局、污染源类型等来确定。

2. 水质综合指数

下面将各种水质综合评价指数的计算式及适用条件列于表 5.12。

表 5.12 水质综合评价指数一览

名　称	计　算　式	适　用　条　件
均值模式	$PI = \dfrac{1}{n}\sum\limits_{i=1}^{n} I_i$	适用于地下水基本未污染、水质较好的地区
加权均值模式	$PI = \sum\limits_{i=1}^{n} W_i I_i,\ \sum\limits_{i=1}^{n} W_i = 1$	适用于城市地下水区划，但不能用 PI 值直接判断水质好坏
内梅罗模式	$PI = \sqrt{(I_{平均}^2 + I_{最大}^2)/2}$	适用于仅有一个分指数超标的情况，当有两个以上分指数超标时，分辨率不高
混合加权模式	$PI = \sum_1 W_{i1} I_i + \sum_2 W_{i2} I_i$ $W_{i1} = I_i / \sum_1 I_i (I_i > 1)$ $W_{i2} = I_i / \sum_2 I_i$ 式中，$\sum_1$ 是对诸 $I_i > 1$ 求和；$\sum_2$ 是对一切 I_i 求和	适用于水质变化较大的地区。此式分辨率高，当一个分指数超标时，$PI > 1$；当所有分指数均不超标时，$PI < 1$
双指数模式	$Q_i = \sum\limits_{i=1}^{n} W_i I_i,\ \sum\limits_{i=1}^{n} W_i = 1$ $\sigma_i^2 = \sum\limits_{i=1}^{n} W_i I_i^2 - Q_i^2$ （报警值 Q_i: 0.8; σ_i^2: 0.16）	适用于城市地下水区划，但分辨率不高

续表 5.12

名　称	计　算　式	适　用　条　件
半集均方差模式	$PI = I + S_h$ $S_h = \sqrt{\sum_{j=1}^{m}(I_i - I)^2 / m}$ 式中，I_i 为大于中位数半集的分指数（$j = 1, 2, \cdots, m$） $m = \begin{cases} \dfrac{n}{2}, & \text{当 } n \text{ 为偶数时} \\ \dfrac{(n-1)}{2}, & \text{当 } n \text{ 为奇数时} \end{cases}$ n 为全部分指数个数	适用于城市地下水区划，有较高分辨率，但不能直接判断水质好坏

3. 权值问题

表 5.12 的计算式，除混合加权模式外，其余式中权值均无计算公式。下面介绍几种权值的确定方法供参考。

（1）专家咨询法。美、日等发达国家在地面水水质评价中曾用过这种方法。其做法是：根据专家意见计算各项目"重要性评价"的平均数，以"1"代表相对重要性最高，"5"代表相对重要性最低，见表 5.13；计算加权值时，先将溶解氧的相对权值定为 1，再用各项目"重要性评价"平均数，得到各项目的相对权值；归一化计算，用相对权值总和除各项目相对权值，得到计算用均值。

表 5.13　9 个水质项目的重要性评价及权值计算

水质项目	"重要性评价"的平均数	相对权值	计算用权值
溶解氧	1.4	1	0.17
大肠杆菌指数	1.5	0.9	0.15
pH 值	2.1	0.7	2.12
BOD_5	2.3	0.6	0.1
硝酸盐	2.4	0.6	0.1
磷酸盐	2.4	0.6	0.1
温度	2.4	0.6	0.1
浑浊度	2.9	0.5	0.08
总固体	3.2	0.4	0.08
总计		5.9	1

（2）统计法。这是根据污染物浓度变化确定其权值的方法。其计算式为

$$W_i = \left| \frac{\sigma_i}{C_{oi} - \overline{C}_i} \right| \tag{5.16}$$

式中　C_{oi} —— 项目的国家标准值；

$\overline{C}_i$——项目的平均浓度;

σ_i——项目的标准差。

这个计算式的缺点是当污染物浓度普遍严重超标时,其权值反而小了;若用其倒数,则更能反映真实情况。

(3) 相对重要性法。地矿部水文地质工程地质研究所建议根据水质项目在国家标准中的重要性来确定其权值,理由是毒性越大的项目要求越严,其权值应越大。他们建议的权值计算式为

$$W_i = \lg \frac{\sum C_\mathrm{b}}{C_{\mathrm{b}i}} \tag{5.17}$$

式中　$\sum C_\mathrm{b}$——参加评价的所有项目的国家标准值总和;

$C_{\mathrm{b}i}$——第 i 项的国家标准值。

这一权值计算式曾成功地应用于沈阳市地下水环境质量评价中;其缺点是当有的项目的国家标准值相差几个数量级时,有个别项目的作用被扩大。

5.3.2.3　地下水水质的模糊综合评价法

1. 模糊综合评价法简介

由于水体环境本身存在大量不确定性因素,各个项目的级别划分、标准确定都具有模糊性,因此,模糊数学在水质综合评价中得到了广泛应用。模糊评价法的基本思路是由监测数据建立各因子指标对各级标准的隶属度集,形成隶属度矩阵,再把因子权重集与隶属度矩阵相乘,得到模糊积,获得一个综合评判集,表明评价水体水质对各级标准水质的隶属程度,反映综合水质级别的模糊性。

2. 模糊综合评价法的方法与步骤

设给定两个有限论域

$$U = \{u_1, u_2, \cdots, u_n\} \tag{5.18}$$
$$V = \{v_1, v_2, \cdots, v_n\} \tag{5.19}$$

式中　U——综合评判所涉及的因素集合,即参加水质评价所选定的因素;

V——最终评语所组成的集合。

取 U 上的模糊子集 A 和 V 上的模糊子集 B,通过模糊关系矩阵 R,则有如下模糊变换

$$B = AR \tag{5.20}$$

式中　A——各水质指标的权;

R——各水质指标实测值对于各级水的隶属度。

(1) 确定 R。将模糊数学应用于水质评价时,以隶属度来描述地下水水质的模糊界线,各污染物的单项指标(X_i)对各水质级别(C_i)的隶属度所构成的矩阵,即为模糊关系矩阵 R,隶属度可用隶属函数来表示。求函数的方法很多,例如中值法和按函数分布形态曲线求隶属函数法,本书采用按函数分布形态曲线求隶属函数法中较为成熟的降半梯形分布法来计算函数。

(2) 权重因子 A 的确定。在综合评价中,考虑到各单项指标高低差别,在总体污染中的作用大小是不一样的,不仅与实测数据大小有关,而且与某种用途水中各元素的允许浓度有

关,实测数据相同时允许浓度含量高而标准低的,对污染程度影响要小,因此要进行权重计算。一般采用污染物浓度超标加权法,公式为

$$w_{ki} = \frac{x_{ki}}{s_i} \tag{5.21}$$

式中　　$s_i = \frac{1}{n}(c_{i1} + c_{i2} + \cdots + c_{in})$;

　　　　x_{ki}——k 水样第 i 个因子的实测值;

　　　　s_i——第 i 个因子各级水标准值的平均值。

对 w_{ki} 做归一化处理

$$a_{ki} = w_{ki} / \sum_{i=1}^{n} w_{ki} \tag{5.22}$$

式中　　w_{ki}——权重因子;

　　　　a_{ki}——k 水样中第 i 个因子的权重值。

（3）模糊子集的计算。有两个矩阵 R（评判矩阵）和 A（权重矩阵）后,可得模糊子集 $B(B = AR)$,即可进行评判。

主因素决定型,其优点是突出主因素,但运算较粗,丢失信息较多;主因素突出型,效果与第一种算子相仿,但考虑非主要因素的作用,运算较细,故在主因素决定型失效时可用;加权求和型的优点是充分利用全部数据所提供的信息,虽然在一定程度上削弱主因素的作用,但在考虑总体因素时效果颇佳。

5.3.2.4　地下水水质的灰色综合评价法

1. 灰色综合评价法

灰色系统理论用颜色深浅来形容信息的多少,比如黑箱就表示系统内部结构、参数和特征等一无所知,只从系统的外部表象来研究这类系统,黑即表示信息缺乏。如果一个系统的内部特性全部确知,便称这个系统是明明白白的,白表示信息充足。介于白与黑之间,或者说部分信息已知,部分信息未知,这类系统便可命名为灰色系统,区别白色系统与灰色系统的重要标志是系统各因素之间是否具有确定性的关系。

在地下水水质综合评价中存在许多不确定因素,且现行地下水水质评价给出的都是区间值,所以适合用灰色系统理论进行水质评价。灰色系统理论注意到水质分级界限的模糊性,可以大大提高信息的利用率和计算精度,结论更接近于实际,具有一定的科学性。

2. 灰色聚类分析的方法与步骤

（1）记 $i = 1, 2, 3 \cdots, n$ 为聚类样本,即各个测点或断面;记 $j = 1, 2, \cdots, m$ 为聚类指标,即各项污染参数;记 $k = 1, 2, \cdots, p$ 为灰类别,即按某一标准的分级。

（2）给出聚类白化数 d_{ij},j 为各样品的水质监测值。

（3）根据选取分级标准,构造出白化函数。

（4）聚类权的确定为消除量纲的影响,对原始数据进行无量纲处理,即标准化处理。标准化处理的方法很多,可根据实际情况进行选择。将数据进行标准化处理后采用下式计算聚类权,即

$$\eta_{kj} = \frac{r_{kj}}{\sum_{j=1}^{m} r_{kj}} \tag{5.23}$$

式中　　η_{kj}——上一步确定的第 j 个污染指标第 k 个灰类的权重；

　　　　r_{jk}——灰类白化权函数的阈值。

（5）聚类系数的计算。聚类系数是通过灰数白化函数的生成而得到的，反映聚类样本对灰类的亲疏程度，其计算式为

$$\sigma_{kj} = \sum_{j=1}^{m} f_{kj}(d_{ij}) \eta_{kj} \tag{5.24}$$

式中　　σ_{kj}——第 i 个样本关于第 k 个灰类的聚类系数。

（6）构造聚类向量。

$$S_i = (S_{i1}, S_{i2}, \cdots, S_{in}) \tag{5.25}$$

（7）所属类别的判定。按最大隶属原则，若 $\sigma_{kj} = \max_{1 \leq k \leq \rho} \{\sigma_{kj}\}$，则 σ_{kj} 所对应的灰类即此样本所属类别。把各样本同属的灰类进行归纳，便是灰色聚类的结果。至此，就能将各监测点所属水质级别判断出来，同一水质级别的监测点归为一类。

5.3.2.5　神经网络综合评价法

1. 神经网络综合评价法

神经网络建立在自学习的数学模型基础上，对大量复杂的数据进行分析，并可以完成对人脑或其他计算机来说极为复杂的模式抽取及趋势分析。

神经网络系统由一系列类似于人脑神经元一样的处理单元组成，称之为节点（Node）。这些节点通过网络彼此互联，如果有数据输入，便可以进行确定数据模式的工作。神经网络由相互连接的输入层、中间层（或隐含层）、输出层组成，其中中间层由多个节点组成，完成大部分网络工作，输出层输出数据分析的执行结果。

在神经网络的研究领域中，有代表性的网络模型已达数十种，网络学习算法的类型更多。1986 年 Rumelhart，McClelland 等人提出多层网络的"逆推"（或称"反传"，Back propagation）学习算法，简称 BP 算法。该算法是网络在学习过程中按照输出层至输入层的方向，根据目标输出与网络输出的误差情况，逐层修正各层神经元之间的连接强度和阈值，减小误差。BP 算法属于有监督学习算法。采用该算法或其改进算法的 BP 神经网络是目前应用范围最广、最成熟的一种网络模型，它也是前向网络的核心，体现人工神经网络最精华的部分。典型的三层 BP 神经网络的结构如图 5.6 所示。

图 5.6 中每个节点○代表一个神经元。网络包括输入层、隐含层和输出层，各层神经元之间的信号沿箭头方向单向传输，且具有一定的连接强度。隐含层和输出层每个神经元都有一个阈值。神经元的输入信号按连接强度的加权和与阈值的差作为净输入。神经元的净输入和输出信号之间的关系用激励函数表示。输入信

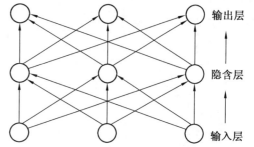

图5.6　典型三层 BP 神经网络结构

号经输入层进入网络,经隐含层和输出层形成输出信号,实现输入和输出之间的映射。通常隐含层采用非线性激励函数,因此,网络输入和输出之间是非线性映射关系。

2.神经网络综合评价的方法与步骤

BP模型的学习思路:当给定网络的一个输入模式时,由输入层单元传递到隐含层单元,逐层处理后,再送到输出层单元,由输出层单元处理后产生一个输出模式,这个过程称为前向传播。如果输出响应与期望输出模式有误差而不满足要求时,就转入误差后向传播,将误差值沿连接通路逐层传送并修正各层连接权值和阈值。这样不断重复前向传播和误差后向传播过程,直到各个训练模式都满足要求时,便结束BP网络的学习。这个完整过程称为训练式学习过程。

3.在地下水水质评价中应用的步骤

(1)划分污染等级并确定其对应的评价标准。结合评价区域的具体情况,根据研究内容及要求确定所用标准并划分其质量等级是进行BP神经网络法评价的依据。

(2)数据的极差化处理。因为不同参数数量级之间的差别较大,因此分别对学习样本和待评的水质监测资料进行数据极差规格化处理,使得各数据在[0,1]区间。

(3)建立计算模型。把水质评价指标作为因变量,用网络输入节点表达,水质评价级别则由网络输出节点表达。输出层一般用5个神经元表示5种水质类别,评价时选输出值最大者所在的输出作为综合类别。根据需要选取隐含层的个数,一般使用一个隐含层时精度较高,此层神经元数理论上由下面公式确定,即

$$隐含层神经元数目 = (输入层神经元数 \times 输出层神经元数)/2$$

从而建立起BP神经网络的水质评价模型。

(4)训练样本及网络参数的确立。将处理后的水质评价分级标准的数据作为BP网络模型的输入值,级别值作为BP网络模型的输出值;然后,设定间隔显示迭代次数,指定精度等参数,通过编程或者使用神经网络模块对BP网络进行训练,经过多次循环迭代之后,可以得到最佳的权值和阈值,由此也就确定了用于水质评价的人工神经网络模型。

(5)输入数据进行评价。将极差规格化处理后的待评价井孔的水质监测数据输入BP神经网络的水质评价模型,进行综合评价,判定水质级别。

第6章 城市点源污染处理技术

城市河、湖水环境质量是城市水生态系统建设最重要的组成部分,是系统维持正常循环的必要保障。污染处理首先针对污染成因进行源头控制,减少进入水体的污染物质总量;对已受污染的水体则根据污染状况,采取适合的物理、化学、生物处理技术及生态工程措施进行强化净化,达到改善水环境质量的目的,实现城市水生态系统良性循环。本章针对城市废水、城市垃圾等点污染源处理技术进行介绍。

6.1 影响城市水体的主要点污染源

点污染源是集中在一点或者可当做一点的小范围内排放污染物的污染源,它的特点是污染物排放地点固定,所排污染物的种类、特性、浓度和排放时间相对稳定,由于污染物集中在很小的范围内高强度排放,故对局部水域影响较大,是目前城市水体可以控制的主要污染源。

当前影响城市水体水质的主要点污染源有城市生活污水、工业废水、固体废物渗滤液、初期降水与融雪径流水体等。

1. 城市生活污水

城市生活污水是由城市居民的生活活动所产生的污水,主要被生活废料和人们的排泄物所污染。其数量、成分和污染物浓度与居民的生活水平、生活习惯和用水量有关。生活污水的特征是水质比较稳定,有机物和氮、磷等营养物含量较高,一般不含有毒物质。由于生活污水极适于各种微生物的繁殖,因此含有大量的细菌(包括病原菌)、病毒,也常含有寄生虫卵,生活污水中还含有大量的合成洗涤剂。生活污水排入水体,使水体水质恶化,水体污染严重时由于有机物的氧化分解,可导致水体中的溶解氧耗尽并腐败变黑发臭。此外,生活污水还能传播病菌、病毒和寄生虫卵,通过饮水、淘米、洗菜、游泳等途径引起水传染疾病(如伤寒、痢疾等)的发生和蔓延。

2. 工业废水

工业废水主要来自轻工业、冶金工业、炼油工业、化学工业和原子能工业,是目前水体的主要污染源,它的特征是水量大、含污染物质多、成分复杂,有些废水还含有毒有害物质。各种工业废水的水质相差很大,因此处理难度大。如乳品、制革、制药、肉类加工等废水,其 BOD_5 值可达到 1 000 mg/L 以上,有的每升甚至高达数万毫克,悬浮物含量也可达到每升数千毫克;有些工业废水的 BOD 和悬浮物质含量较低,如印染废水,但其色度却很高。工业废水成分复杂,一种废水往往含有多种成分,危害程度很大。

3. 固体废物渗滤液

随着社会经济的发展,科学技术的进步,现代工业得到迅猛发展,人类生活水平迅速提高。但随之而来也出现了诸多的环境问题,产生了日益增多的固体废物便是其中一个不可忽视的重大问题。这些固体废物中含有多种有毒有害物质,会造成环境污染。目前,对固体废物已大体形成了填埋、焚烧、堆肥、海洋投弃和隔离堆存等一系列的处理方法。其中,土地填埋是一种较简易、经济和应用最广泛的固体废物处置方法。采用填埋法处理固体废物时,废物或垃圾填埋场经雨水淋浸和冲刷后的渗出液和滤液会将固体废物中的有毒有害物质带出,造成河流、湖泊和地下水的污染。

4. 初期降水与融雪径流水

初期降水中的污染物浓度一般比后期降水的污染物浓度高出十几倍或者更多,这是由于初期降水时,雨和雪的淋洗和冲刷作用,将大气中的污染物质(降尘、飘尘、氮化物、二氧化硫等)、各种构筑物表面的腐蚀锈蚀物和附着物、地表残土、植物枝叶、工业固体废物及人类活动等造成的有机和无机污染物质带入其中所致。初期降水如果直接汇入受纳水体,将会使受纳水体的水质受到污染。因此,许多国家有把它收集起来进行处理后再排入受纳水体的打算,所以它也被归入点污染源的范围内。

初期降水具有发生的随机性大、时间性强、偶然因素多的特点。其主要污染物包括有机物、固体悬浮物、植物营养物质、重金属、放射性物质、油类、酚类、病原微生物及一些无机盐类。

6.2 城市污水生物处理工程技术

6.2.1 概述

根据微生物与氧的关系,污水生化处理可以分为好氧生物处理和厌氧生物处理两种方式。

好氧生物处理法主要有活性污泥法和生物膜法两大类。活性污泥法是水体自净的人工强化方法,是依靠在曝气池内呈悬浮、流动状态的微生物群体的凝聚、吸附、氧化分解等作用来去除污水中有机物的方法;生物膜法是土壤自净的人工强化方法,是通过使微生物群体附着于某些载体的表面上呈膜状,与污水接触,生物膜上的微生物摄取污水中的有机物作为营养并加以代谢,从而使污水得到净化的方法。

污水处理的活性污泥法于1914年首先在英国被应用,但由于受到当时技术水平和运行管理等条件的限制,其应用和推广工作进展缓慢。随着对生物反应和净化机理的深入研究,及其在生产应用技术上的不断改进和完善,活性污泥法得到迅速发展,相继出现了多种工艺,应用的范围逐渐扩大,处理效果不断提高,工艺设计和运行管理更加科学化。目前,活性污泥法已成为城市污水、有机工业废水的有效处理方法和污水生物处理的主流方法。多年来,人们对传统活性污泥法进行了许多工艺方面的改革和净化功能方面的研究:在污泥负荷率方面,出现了低负荷率法、常负荷率法和高负荷率法;按进水点位置分类,有多点进水和中间进水的阶段曝气法和生物吸附法;在曝气池混合特征方面,改革了传统的推流式,采用了完全混合法,随后,为了提高溶解氧的浓度、氧的利用率和节省空气量,又形成了渐减曝气法、纯氧曝气法和深井曝气法。近年来,研究者们又先后开发出两段活性污泥法、粉末炭-活性污泥法、加压曝气法等处理工艺,并开展了脱氮、除磷等方面的研究与实践;同时,在采用化学法与活性污泥法相结合的处理技术来净化含难降解有机物污水等方面也进行了深入研究,并取得了大量成果。

生物膜法是另一种重要的好氧生物处理技术。第一个生物膜法处理设施(生物滤池)是1893年在英国试验成功的,1900年后开始在污水处理中应用,并迅速在欧洲和北美得到广泛应用。早期出现的生物滤池(普通生物滤池)虽然处理污水效果较好,但因负荷低,占地面积大,易堵塞,其应用受到了限制。后来人们对其进行了改进,如将处理后的水回流等,从而提高了水力负荷和BOD负荷,这就是高负荷生物滤池。20世纪50年代,在德国建造了塔式生物滤池,这种滤池高度大,具有通风良好、净化效能高、占地面积小等优点,其水力负荷和有机物负荷比高负荷生物滤池分别高出2~10倍和2~3倍,是一种高效能的生物处理设备。生物转盘出现于20世纪60年代,由于它具有净化功能好、效果稳定、能耗低等优点,因而在国际上得到了广泛应用,在构造形式、计算理论等方面均得到了较大发展。近年来,人们开发了采用空气驱动的生物转盘、藻类转盘等,在工艺形式上,还进行了生物转盘与沉淀池或曝气池等优化组合的研究。20世纪70年代初期,一些国家将化工领域中的流化床技术应用于污水生物处理中,出现了生物流化床。生物流化床主要有两相流化床和三相流化床。多年来研究和运行结果表明,生物流化床具有BOD容积负荷大、处理效率高、占地面积小、投资省等特点,但在运行稳定性方面还不理想,而且操作较为困难。

生物接触氧化法、泥膜共生系统法,均是兼有活性污泥法和生物膜法特点的生物处理法,由于它们具有许多优点,因此也受到人们的重视。目前,该类方法在酿酒、皮革、屠宰、制药等行业废水处理中取得了良好效果。

从20世纪70年代起,污水厌氧处理由于节能和能源化等方面的优点,其理论研究和实际应用都取得了很大进展。在厌氧消化机理方面,新的甲烷菌不断被发现,多种代谢模式先后被提出,这些都对厌氧生物处理工艺的研究起到了指导作用。近年来,一些新的厌氧处理工艺或设备,如上流式厌氧污泥床、上流式厌氧滤池、厌氧接触法、厌氧流化床及两相厌氧消化工艺等相继出现,使厌氧生物处理法所具有的能耗小并可回收能源、剩余污泥量少、生成的污泥稳定、易处理、对高浓度有机污水处理效率高等优点,得到充分的体现。厌氧生物处理法经过多年的发展,现已成为污水处理的主要方法之一,不但可用于处理高浓度和中等浓度的有机污水及好氧处理过程中所产生的剩余污泥,还可以用于低浓度有机污水的处理。

传统的生化处理方法主要着眼于除去BOD、COD和SS,而对氮、磷等营养物质的去除率很低。由于水体富营养化问题加剧,1960年代以来,生物脱氮除磷工艺受到重视,先后开发了厌氧-好氧(A-O)和缺氧-好氧(A-O)组合工艺,在去除有机物的同时,前者可去除废水中的磷,后者可脱除废水中的氮。继而又将上述两工艺优化组合,构成可以同时脱氮除磷并处理有机物的A-A-O流程(或称A^2/O)。该组合工艺处理效率高,经简单预处理的废水,依次经过厌氧、缺氧和好氧三段处理,可达到良好的处理效果,对难生物降解的有机物也有较高的去除效果。而且,污泥沉淀性能好,电耗和药耗少,运行费用低。我国从1980年开始研究采用上述组合工艺,已在许多城市建成多个采用A^2/O工艺的废水处理厂,运行效果良好。

随着研究与应用的深入,与传统方法相比,污水生化处理的方法、设备和流程不断发展与革新,在适用的污染物种类、浓度、负荷、规模以及处理效果、费用和稳定性等方面都有了很大改善。包括基因工程在内的现代生物技术的发展及其新成果的应用,为污水生物处理的发展提供了新的契机。

6.2.2 污水生物处理技术基础

6.2.2.1 污水的可生化性判定

污水的可生化性是指废水中所含的污染物,在微生物的代谢作用下改变化学结构,从而改变化学和物理性能所能达到的生物降解程度,判断污水能否采用生物处理是设计污水生物处理工程的前提。污水可生化性的评价可以通过以下多种方法进行。

1. BOD_5/COD 值法

用 BOD_5/COD 值评价废水的可生化性是广泛采用的一种简易的方法。在一般情况下,BOD_5/COD 值愈大,说明废水可生物处理性愈好。BOD_5/COD 值大于 0.45 时,说明污水的可生化性好;如果 BOD_5/COD 值在 0.3~0.45 之间,污水的生化性也较好;当 BOD_5/COD 值为 0.2~0.3 时,则说明污水的可生化性较差;BOD_5/COD 值低于 0.2 的污水,其可生化性极差,不适合直接采用生物法进行处理。

2. BOD_5/TOD 值法

对于同一污水或同种化合物,COD 值一般总是小于或等于 TOD 值,不同化合物的 COD/TOD 值变化很大,因此,以 TOD 代表废水中的总有机物含量要比 COD 准确,即用 BOD_5/TOD 值来评价污水的可生化性能得到更好的相关性。一般而言,BOD_5/TOD 值大于 0.4 的污水具有好的可生化性;BOD_5/TOD 值为 0.2~0.4 的污水,其生化性较好;对于 BOD_5/TOD 值小于 0.2 的污水,因其可生化性极差而不采用或不直接采用生物处理法。

3. 耗氧速率法

在好氧生物处理过程中,微生物在代谢底物时需消耗氧。表示耗氧速度(或耗氧量)随时间而变化的曲线,称为耗氧曲线。在微生物的生化活性、温度、pH 值等条件确定的情况下,耗氧速度将随可生物降解有机物浓度的提高而提高,因此,可用耗氧速率来评价废水的可生化性。

4. 摇床试验与模型试验

(1)摇床试验。又称振荡培养法,是一种间歇投配连续运行的生物处理装置。摇床试验是在培养瓶中加入驯化活性污泥、待测物质及无机营养盐溶液,在摇床上振摇,培养瓶中的混合液在摇床振荡过程中不断更新液面,使大气中的氧不断溶解于混合液中,以供微生物代谢有机物之用,经过一定时间间隔后,对混合液进行过滤或离心分离,然后测定清液的 COD 或 BOD,以考察待测物质的去除效果。

(2)模型试验。是指采用生化处理的模型装置考察废水的可生化性。模型装置通常可分为间歇流和连续流反应器两种。间歇流反应器模型试验是在间歇投配驯化活性污泥和待测物质及无机营养盐溶液的条件下连续曝气充氧来完成的。在选定的时间间隔内取样分析 COD 或 BOD 等水质指标,从而确定待测物质或污水的去除速率。连续流反应器是指连续进水、出水,连续回流污泥和排除剩余污泥的反应器。用这种反应器研究废水的可生化性时,要求在一定时间内进水水质稳定,通过测定进、出水的 COD 等指标来确定废水中有机物的去除速率及去除率。

6.2.2.2 污水处理的微生物基础

污水生化处理是利用微生物的新陈代谢作用,对污水中的污染物质进行转化和降解,使之无害化的处理方法。微生物个体微小,一般用肉眼不能直接看到,须借助显微镜才能观察到。污水生物处理涉及的微生物种类很多,主要包括原核的细菌、放线菌及蓝藻,真核的酵母、霉菌、藻类、原生动物和一些后生动物以及无细胞结构的病毒等。

1. 微生物的新陈代谢

微生物在生命活动过程中,不断从外界环境中摄取营养物质,并通过复杂的酶催化反应将其加以转化利用,提供能量并合成新的生物体,同时又不断向外界环境排泄代谢产物。这种为了维持生命活动过程与繁殖后代而进行的各种化学变化称为微生物的新陈代谢,简称代谢。

根据能量的释放和吸取,可将代谢分为分解代谢(异化作用)和合成代谢(同化作用)两种。在分解代谢过程中,结构复杂的大分子有机物或高能化合物分解为简单的低分子物质或低能化合物,逐级释放出其固有的自由能,微生物将这些能量转变成三磷酸腺苷(ATP),以结合能的形式储存起来。在合成代谢中,微生物把从外界环境中摄取的营养物质,通过一系列生化反应合成新的细胞物质,生物体合成所需的能量从 ATP 的磷酸盐键能中获得。在微生物的生命活动过程中,合成代谢和分解代谢相互依赖,共同进行,分解代谢为合成代谢提供物质基础和能量来源,合成代谢又使生物体不断增加,两者的密切配合是一切生命活动的基础。

(1)分解代谢。高能化合物分解为低能化合物,物质由繁到简并逐级释放能量的过程叫分解代谢,或称异化作用。一切生物进行生命活动所需要的物质和能量都是通过分解代谢提供的,所以说分解代谢是新陈代谢的基础,根据分解代谢过程对氧的需求,又可分为好氧分解代谢和厌氧分解代谢。

好氧分解代谢是好氧微生物和兼性微生物在有氧条件下,将有机物彻底分解为 CO_2 和 H_2O,并释放能量的代谢过程。在有机物氧化过程中脱出的氢是以氧作为受氢体。例如葡萄糖($C_6H_{12}O_6$)在有氧情况下的完全氧化方程式为

$$C_6H_{12}O_6 + 6O_2 \longrightarrow 6CO_2 + 6H_2O + 2\,880 \text{ kJ} \tag{6.1}$$

厌氧分解代谢是厌氧微生物和兼性微生物在无氧条件下,将复杂的有机物分解成简单的有机物和无机物,如有机酸、醇、CO_2 等,再由专性厌氧的产甲烷菌进一步转化为甲烷和 CO_2 等,并释放出能量的代谢过程。厌氧代谢的受氢体可以是有机物,也可以是含氧化合物,如 SO_4^{2-}、NO_3^- 和 CO_2 等。例如葡萄糖的厌氧代谢,以含氧化合物为受氢体时,1 mol 葡萄糖释放的能量为 1 796 kJ;以有机物为受氢体时,1 mol 葡萄糖释放的能量为 226 kJ。这两种情况的反应方程式为

$$C_6H_{12}O_6 + 12KNO_3 \longrightarrow 6CO_2 + 6H_2O + 12KNO_2 + 1\,796 \text{ kJ} \tag{6.2}$$

$$C_6H_{12}O_6 \longrightarrow 2CH_3CH_2OH + 2CO_2 + 226 \text{ kJ} \tag{6.3}$$

好氧分解代谢过程中,有机物的分解比较彻底,最终产物是含能量低的 CO_2 和 H_2O,释放能量多,代谢速度快,代谢产物稳定。厌氧分解代谢中的有机物氧化不彻底,最终代谢产物中有的还可以燃烧,还含有相当多的能量,故释放的能量较少,代谢速度较慢。所以,在废水处理中,一般较少采用厌氧代谢的形式,仅是当处理高浓度有机废水和有机污泥时,用厌氧方式生产沼气,回收甲烷。

(2)合成代谢。微生物从外界获得能量,将低能化合物合成生物体的过程叫合成代谢,

或称同化作用。简言之，是微生物机体自身物质制造的过程。在此过程中，微生物体合成所需要的能量和物质可由分解代谢提供。

2. 微生物生长的营养及影响因素

营养物对微生物的作用是：①提供合成细胞物质时所需要的物质；②作为产能反应的反应物，为细胞增长的生物合成反应提供能源；③充当产能反应所释放电子的受氢体。所以微生物所需要的营养物质必须包括组成细胞的各种元素和产生能量的物质。在细菌细胞内，含有约80%的水，其余20%为干物质。在这些干物质中，有机物约占90%，无机物占10%左右。有机物中碳元素的质量分数约为53.1%，氧元素的质量分数约为28.3%，氮元素的质量分数约为12.4%，氢元素的质量分数约为6.2%，所以细菌细胞的有机部分化学式常可写为 $C_5H_7O_2N$，若考虑有机部分中的微量磷元素，化学式为 $C_{60}H_{87}O_{23}N_{12}P$。在无机物成分中，磷元素的质量分数约占50%，硫元素的质量分数约为15%，钠元素的质量分数约为11%，钙元素的质量分数约为9%，镁元素的质量分数约为8%，钾元素的质量分数约为6%，铁元素的质量分数约为1%。

根据碳源的形式，微生物分为：①自养型，即用 CO_2 或 CO_3^{2-} 作为唯一的碳源，并利用这些碳源构建它们的全部含碳生物分子的微生物；②异养型，即需要摄取存在于相对复杂的还原态有机化合物中的碳的微生物。

根据所需的能源，微生物分为：①光营养型，即利用光能作为能源的微生物；②化能营养型，即利用氧化-还原反应提供能源的微生物。

在废水生物处理工程中，为了让微生物很好地生长、繁殖，确保达到最佳的处理效果及经济效益，必须为生物处理过程提供良好的环境条件。影响微生物生长的因素最重要的是营养条件、温度、pH值、需氧量以及有毒物质等。

（1）微生物的营养。从微生物的细胞组成元素来看，碳和氮是构成菌体成分的重要元素，对无机营养元素，磷源是主要的，而且微生物对这些元素的需求有一定的比例。碳源以 BOD_5 值表示，N 以 NH_3-N 计，P 以 PO_4^{3-} 中的 P 计时，对好氧生物处理，$BOD_5:N:P=100:5:1$；对厌氧消化处理，C/N 比值在 $(10\sim20):1$ 的范围内时，消化效率最佳。

（2）影响因素。

①温度。温度对微生物具有广泛的影响，不同的环境温度下，微生物的种类及其生活习性是不同的。根据各类微生物所适应的温度范围，微生物可分为如表6.1所示的高温性（嗜热菌）、中温性、常温性和低温性（嗜冷菌）四类。

表6.1 各类微生物生长的温度范围

类别	最低温度/℃	最适温度/℃	最高温度/℃	类别	最低温度/℃	最适温度/℃	最高温度/℃
高温性	30	50~60	70~80	常温性	5	10~30	40
中温性	10	30~40	50	低温性	0	5~10	30

微生物的生长过程取决于生物化学反应，而反应速率均受温度的影响。在最低生长温度和最适温度范围内，温度每升高10℃，反应速率一般可提高1~2倍，污水处理效果相应提高。在污水好氧生物处理中，以中温性微生物为主，一般控制进水水温在20~35℃可获

得较好的处理效果。在厌氧生物处理中,微生物主要有产酸菌和产甲烷菌两大类群,产甲烷菌有中温性和高温性的,中温性甲烷菌最适温度范围为 25~40℃,高温值为 50~60℃。目前在厌氧生物反应器采用的反应温度,中温为 33~38℃,高温为 52~57℃。

②pH 值。微生物的生化反应是在酶的催化作用下进行的。酶的基本成分是蛋白质,是具有离解基团的两性电解质。pH 值对微生物生长繁殖的影响体现在酶的离解过程中,电离形式不同,催化性质也就不同,pH 值是影响酶的活性的最重要因素之一。

在生物处理过程中,一般细菌、真菌、藻类和原生动物的 pH 值适应范围在 4~10 之间。就大多数细菌来讲,在中性和弱碱性(pH 值为 6.5~7.5)范围内生长最好,但也有的细菌如氧化硫化杆菌,喜欢在酸性环境中生存,其最适 pH 值为 3,亦可在 pH 值 1.5 的环境中生存。酵母菌和霉菌要求酸性或偏酸性的环境,最适 pH 值为 3~6,适应范围的 pH 值为 1.5~10。一般好氧生化处理 pH 值可在 6.5~8.5 之间变化,厌氧生物处理要求较严格,pH 值在 6.7~7.4 之间。

③溶解氧。根据对氧的需求,可将微生物分为好氧微生物、厌氧微生物及兼性微生物。

好氧微生物在降解有机物的代谢过程中以分子氧作为受氢体,如果氧不足,降解过程就会因为缺乏受氢体而受到抑制,微生物的正常生长繁殖就会受到影响。在好氧生物处理的反应器中,一般将废水中的溶解氧质量浓度保持在 2~4 mg/L 左右为宜。厌氧微生物对氧气很敏感,当有分子氧存在时,它们将无法生存。

④有毒物质。在工业废水中,有时存在着对微生物具有抑制和毒性作用的化学物质。有毒物质对微生物的毒害作用,主要表现在使细菌细胞的正常结构遭到破坏以及使菌体内的酶变性并失去活性。污水生物处理中常见的有毒物质有:重金属离子,如铅、镉、铬、砷、铜、铁、锌等;有机物类,如酚、甲醛、甲醇、苯、氯苯等;无机物类,如硫化物、氰化钾、氯化钠、硫酸根、硝酸根等。

3. 微生物生长动力学

(1) 微生物的生长规律。污水的生物处理过程实际上是微生物的连续培养过程。在微生物学中,对纯菌种培养的生长规律已有大量研究,而在污水生物处理中,以活性污泥或生物膜形式存在的混合微生物群体,亦有其生长规律。

微生物的生长规律可用微生物的生长曲线来描述,此曲线是在间歇培养实验基础上作出的,反映了微生物在不同培养环境下的生长情况及微生物群体的生长过程。按微生物生长速度不同,生长曲线可划分为如下四个生长时期(图 6.1)。

①适应期(停滞期)。在这个时期,由于微生物刚接入新鲜培养液中,对新的环境还处于调整适应阶段,所以在此

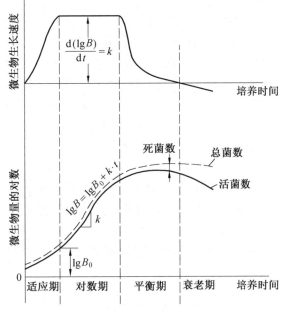

图 6.1 微生物的生长曲线

时期微生物的数量基本不增加,生长速度接近于零。

在污水生物处理过程中,这一时期一般在活性污泥的培养驯化时或处理水质突然发生变化后出现,能适应的微生物则能够生存,不能适应的微生物则被淘汰,此时微生物的数量有可能减少。

②对数期。微生物经历了适应期后,已适应了新的培养环境,在营养物质较丰富的条件下,微生物的生长繁殖不受底物的限制,开始大量生长繁殖,菌体数量以几何级数增加,菌体数量的对数值与培养时间成直线关系,因此,对数期也被称做指数增长期或等速生长期。增长速度的大小取决于微生物本身的世代时间及利用底物的能力,即取决于微生物自身的生理机能。

在这一时期微生物具有繁殖快、活性大、对底物分解速率快的特点。如果要维持微生物在对数期生长,必须提供充分的食料,使微生物处于食料过剩的环境中。在这种情况下,微生物体内能量高,絮凝和沉降性能较差,势必导致污水生物处理系统出水中的有机物浓度过高。也就是说,在污水生物处理过程中,如果控制微生物处于对数增长期,虽然反应速率快,但欲取得稳定的出水以及较高的处理效果是比较困难的。

③减速增长期。微生物经过对数期大量繁殖后,培养液中的底物逐渐被消耗,再加上代谢产物的不断积累,使环境条件变得不利于微生物的生长繁殖,致使微生物的增长速度逐渐减慢,死亡速度逐渐加快,微生物数量趋于稳定,所以减速增长期又称平衡期。

④内源呼吸期。在减速增长期后,培养液中的底物消耗殆尽,微生物只能利用体内贮存的物质或以死亡的菌体作为养料,进行内源呼吸,维持生命。在此时期,由内源代谢造成的菌体细胞死亡速率超过新细胞的增长速率,使微生物数量急剧减少,生长曲线呈现明显的下降趋势,故内源呼吸期亦称衰老期。在细菌形态方面,此时是退化型较多,有些细菌在这个时期也往往产生芽孢。

必须指出,上面所述的生长曲线并不是细菌细胞的基本性质,只是反映了微生物的生长与底物浓度之间的依赖关系,并且曲线的形状还受供氧情况、温度、pH 值、毒物浓度等环境条件的影响。在废水生物处理中,我们通过控制底物量(F)与微生物量(M)的比值 F/M(此值称为生物负荷率),使微生物处于不同的生长状况,从而控制微生物的活性和处理效果。一般在废水处理中常将 F/M 值控制在较低范围内,利用平衡期或内源代谢初期的微生物的生长活动,使废水中的有机物稳定化,以取得较好的处理效果。

(2) 微生物生长动力学。

①微生物的增长速度。微生物生长繁殖的一些比较重要的先决条件包括:碳源、能源、外部电子接受体以及适宜的物理化学环境等。

法国学者 Monod 在研究微生物生长的大量实验数据的基础上,提出在微生物的典型生长曲线的对数期和稳定期,微生物的增长速率不仅是微生物浓度的函数,而且是某些限制性营养物浓度的函数,限制性营养物与微生物比增长率之间的关系可以描述为

$$\mu = \mu_m \cdot \frac{S}{K_s + S} \tag{6.4}$$

式中　μ——微生物比增长速度,t^{-1};

　　　μ_m——微生物最大比增长速度,t^{-1};

S—— 溶液中限制生长的底物质量浓度,质量/容积;

K_s—— 饱和常数,即当 $\mu = \mu_m/2$ 时的底物质量浓度,故又称半速度常数,质量/容积。

式(6.5)表示的关系如图 6.2 所示。该图说明,微生物的比增长速度与限制增长的营养物浓度之间的关系,与酶促反应的米-门氏方程形式相同。在使用 Monad 关系式时,S 项必须是限制增长的营养物浓度,在废水生物处理过程中,一般认为碳源和能源是限制增长的营养物,以最终生化需氧量(BOD_u)、化学需氧量(COD)或总有机碳(TOC)计。

②微生物生长与底物利用速度。在微生物的代谢过程中,一部分底物被降解为低能化合物,微生物从中获得能量,一部分底物用于合成

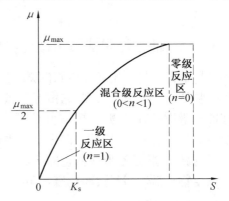

图 6.2 比增长速度与底物浓度的关系

新的细胞物质,使微生物体不断增加,因此微生物的增长是底物降解的结果。在微生物代谢过程中,不同性质的底物用于合成微生物体的比例不同,但对于某一特定的废水,微生物的增长速度与底物的降解速度之间的关系是一定的,即

$$\left(\frac{dx}{dt}\right)_T = Y \cdot \left(\frac{dS}{dt}\right)_u \quad (\text{或} \mu = Y \cdot q) \tag{6.5}$$

式中 Y—— 微生物产率系数;

$\left(\dfrac{dx}{dt}\right)_T$—— 微生物总增长速度;

$\left(\dfrac{dS}{dt}\right)_u$—— 底物利用速度;

q—— 比底物利用速度,$q = \dfrac{1}{x}\left(\dfrac{dS}{dt}\right)_u$。

定义 $q_{max} = \dfrac{\mu_{max}}{Y}$,可得

$$q = q_{max} \cdot \frac{S}{K_s + S} \tag{6.6}$$

式中 q_{max} 为最大比底物利用速度。

一般在废水生物处理中,为了获得较好的处理效果,通常控制微生物的生长处于稳定期或内源呼吸期初期,因此在新细胞合成的同时,部分微生物也存在内源呼吸而导致微生物体产量的减少。内源呼吸时微生物体的自身氧化速率与现阶段微生物的浓度成正比,即

$$\left(\frac{dx}{dt}\right)_E = K_d \cdot x \tag{6.7}$$

式中 K_d—— 微生物衰减系数,它表示单位时间单位微生物量由于内源呼吸而自身氧化的量,量纲为 t^{-1}。

这样,微生物体的净增长速率就可以通过下式计算得到,即

$$\left(\frac{dx}{dt}\right)_g = \left(\frac{dx}{dt}\right)_T - \left(\frac{dx}{dt}\right)_E \tag{6.8}$$

6.3 活性污泥法

6.3.1 活性污泥法污水净化机理

活性污泥法是利用悬浮生长的微生物絮体处理有机废水的一类好氧生物的处理方法。这种生物絮体叫做活性污泥,它由好氧微生物(包括细菌、真菌、原生动物和后生动物)及其代谢的和吸附的有机物、无机物组成,具有降解废水中有机污染物(含可部分利用无机物)的能力,显示生物化学活性。向生活污水连续通入空气,经过一段时间,由于污水中微生物的生长与繁殖,将逐渐形成褐色的污泥状絮凝体,即活性污泥。在显微镜下观察,可见到大量的微生物。活性污泥法净化废水包括下述作用和过程。

6.3.1.1 吸附

废水与活性污泥微生物充分接触,形成混合液,废水中的污染物被比表面积巨大且表面上含有多糖类黏性物质的微生物吸附和黏连。呈胶态的大分子有机物被吸附后,首先被水解酶作用,分解为小分子物质,然后这些小分子与溶解性有机物在透膜酶的作用下或在浓差推动下选择性渗入细胞体内。

初期吸附过程进行得十分迅速,在这一过程中,对于含悬浮状态和胶态有机物较多的废水,有机物的去除率是相当高的,往往在 10～40 min 内,BOD 可下降 80%～90%。此后,下降速度迅速减缓。

6.3.1.2 微生物的代谢

进入细胞体内的污染物通过微生物的代谢反应而被降解,或被彻底氧化为 CO_2 和 H_2O 等,或转化为新的有机体,使细胞增殖。一般来说,自然界中的有机物都可以被某些微生物所分解,多数合成有机物也可以被经过驯化的微生物分解。活性污泥法是多底物多菌种的混合培养系统,其中存在错综复杂的代谢方式和途径,它们相互联系,相互影响。因此,对其代谢过程的描述只能是宏观的。

6.3.1.3 凝聚与沉淀

絮凝体是活性污泥的基本结构,它能够防止微型动物对游离细菌的吞噬,并承受曝气等外界不利因素的影响,更有利于与处理水分离。水中能形成絮凝体的微生物很多,动胶菌属、埃希氏大肠杆菌、产碱杆菌属、假单胞菌属、芽孢杆菌属、黄杆菌属等,都具有凝聚性能,可形成大块菌胶团。凝聚的原因主要是微生物摄食过程释放的黏性物质促进凝聚。另外,在不同的条件下,细菌内部的能量不同,当外界营养不足时,细菌内部能量降低,表面电荷减少,细菌小颗粒间的结合力大于排斥力,形成颗粒,而当营养物充足时,细菌内部能量大,表面电荷增大,形成的颗粒重新分散。

沉淀是混合液中固相活性污泥颗粒同废水分离的过程。固液分离的好坏,直接影响出水水质。如果处理水挟带生物体,出水 BOD 和 SS 将增大。所以,活性污泥法的处理效率,同其他生物处理方法一样,应包括二次沉淀池的效率,即用曝气池及二沉池的总效率表示。除了重力沉淀外,也可用气浮法进行固液分离。

6.3.2 活性污泥法的基本流程

活性污泥法的发展与应用已有近百年的历史,先后出现了许多行之有效的运行方式和工艺流程,但其基本流程是一样的,如图6.3所示。

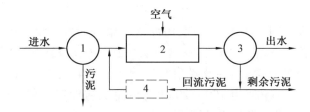

图 6.3 活性污泥法基本流程
1—初次沉淀池;2—曝气池;3—二次沉淀池;4—再生池

工艺流程中的主体构筑物是曝气池。废水经过适当预处理后,进入曝气池与活性污泥混合,并在池内充分曝气。曝气有两个作用,一方面使活性污泥处于悬浮状态,污水与活性污泥充分接触,另一方面,通过曝气,向活性污泥供氧,保证微生物正常生长与繁殖对氧气的需求。废水中有机物在曝气池内被活性污泥吸附、吸收和氧化分解后,混合液进入二次沉淀池,进行固液分离,净化的废水排出。二沉池的沉淀污泥回流入曝气池进口,与进入曝气池的废水混合。污泥回流的目的是使曝气池内保持足够数量的活性污泥。污泥回流后,净增殖的细胞物质将作为剩余污泥排入污泥处理系统。

6.3.3 活性污泥指标

活性污泥法处理的关键在于具有足够数量和性能良好的活性污泥,活性污泥的数量通常用污泥质量浓度表示。活性污泥的性能主要表现在絮凝性和沉淀性上,絮凝性良好的活性污泥具有较大的吸附表面,污水的处理效率较高;沉淀性能好的污泥能很好地进行固液分离,二沉池出水挟带的污泥量少,回流的污泥质量浓度较高。

评价活性污泥数量和性能的指标主要有以下几项:

1. 污泥沉降比(SV)

污泥沉降比指一定量的曝气池混合液静置 30 min 后,沉淀污泥与原混合液的体积比(用百分数表示),即

污泥沉降比(SV) = 混合液经 30 min 静置沉淀后的污泥体积/混合液体积

活性污泥混合液经 30 min 沉淀后,沉淀污泥可接近最大密度,因此,以 30 min 作为测定污泥沉淀性能的依据。通常,曝气池混合液的沉降比的正常范围为 15% ~ 30%。

2. 污泥质量浓度(MLSS,MLVSS)

污泥质量浓度指 1 L 混合液内所含的悬浮固体的质量,常表示为 MLSS,或 1 L 混合液内所含的挥发性悬浮固体的质量,常表示为 MLVSS,单位为 g/L 或 mg/L。污泥浓度的大小可间接地反映混合液中所含微生物的质量浓度。一般在活性污泥曝气池内常保持 MLSS 质量浓度在 2 ~ 6 g/L 之间,多为 3 ~ 4 g/L。

用悬浮固体质量浓度(MLSS)表示微生物量是不准确的,因为它包括了活性污泥吸附的

无机惰性物质,这部分物质没有生物活性。

3. 污泥容积指数(SVI)

指曝气池混合液经 30 min 沉淀后,1 g 干污泥所占有沉淀污泥容积的毫升数,单位为 mL/g,一般不标注。SVI 的表达式为

$$SVI = SV/MLSS$$

在一定的污泥量下,SVI 值反映了活性污泥的凝聚沉淀性。SVI 值较高,表示 SV 值较大,沉淀性较差;SVI 值较小,表示污泥颗粒密实,污泥无机化程度高,沉淀性好。但是,如 SVI 值过低,则污泥矿化程度高,活性及吸附性都较差。通常认为,SVI 值小于 100 时,污泥具有良好的沉降性能;当 SVI 值为 100~200 时,污泥沉淀性能一般;而当 SVI 值大于 200 时,则说明活性污泥的沉淀性能较差,污泥易膨胀。

一般常控制 SVI 在 50~150 之间为宜,但根据污水性质不同,这个指标也有差异。如污水中溶解性有机物含量高时,正常的 SVI 值可能较高;相反,污水中含无机性悬浮物较多时,正常的 SVI 值可能较低。

4. 生物相

活性污泥中出现的生物是普通的微生物,主要是细菌、放线菌、真菌、原生动物和少数其他微型后生动物。在正常情况下,细菌主要以菌胶团形式存在,游离细菌仅出现在未成熟的活性污泥中,也可能出现在污水处理条件变化,如毒物浓度升高、pH 值过高或过低时,使菌胶团解体,所以,游离细菌多是活性污泥处于不正常状态的特征。

除了菌胶团外,成熟的活性污泥中还常常存在丝状菌,其主要代表是球衣细菌、白硫细菌,它们同菌胶团相互交织在一起。正常时,其丝状体长度不大,活性污泥的密度略大于水。但如果丝状菌过量增殖,外延的丝状体将缠绕在一起并黏连污泥颗粒,使絮凝体松散,密度变小,沉淀性变差,SVI 值上升,造成污泥上浮和流失,这种现象称为污泥膨胀。

活性污泥中的原生动物种类很多,常见的有肉足类、鞭毛类和纤毛类等,尤其以固着型纤毛类,如钟虫、盖虫、累枝虫等占优势。在这些固着型纤毛虫中,钟虫的出现频率高、数量大,而且在生物演替中有着较为严密的规律性,因此,一般都以钟虫属作为活性污泥法的特征指示生物。

微型后生动物(主要指轮虫)在活性污泥系统中是不经常出现的,仅在处理水质优异的完全氧化型的活性污泥系统,如延时曝气活性污泥系统中出现,因此,轮虫出现是水质非常稳定的标志。

5. 污泥龄

污泥龄表示曝气池内活性污泥平均增长一倍所需的时间,一般用 θ_c 表示。

设计时采用的 θ_c 常为 3~10 天。为使溶解性有机物有最大的去除率,可选用较小的 θ_c 值;为使活性污泥具有较好的絮凝沉淀性,宜选用中等大小的 θ_c 值;为使微生物净增量很小,则应选用较长的 θ_c 值。

在活性污泥法设计中,既可采用污泥负荷,也可采用污泥龄作设计参数。在实际运行时,控制污泥负荷比较困难,需要测定有机物量和污泥量,而用污泥龄作为运转控制参数,只要求调节每日的排污量,过程控制简单得多。

6.3.4 活性污泥法工艺控制参数

在活性污泥法中,一般将有机底物与活性污泥的质量比值(F/M),也即单位质量活性污泥(kgMLSS)或单位体积曝气池(m^3)在单位时间(d)内所承受的有机物量(kgBOD)称为污泥负荷,常用 L 表示为

$$L = \frac{Q \cdot S_0}{V \cdot X} \tag{6.9}$$

式中　Q——废水流量;
　　　S_0——BOD 质量浓度;
　　　V——曝气池容积;
　　　X——混合液悬浮固体浓度。

有时,为了表示有机物的去除情况,也采用负荷 L_r,即单位质量活性污泥在单位时间所去除的有机物质量,计算公式为

$$L_r = \frac{Q(S_0 - S_e)}{V \cdot X} \tag{6.10}$$

式中　S_e——出水有机物浓度。

污泥负荷与废水处理效率、活性污泥特性、污泥生成量、氧的消耗量有很大关系,废水温度对污泥负荷的选择也有一定影响。

6.3.4.1 污泥负荷与处理效率的关系

实践表明,在一定的污泥负荷范围内,随着污泥负荷的升高,处理效率将下降,处理后水的剩余污染物浓度将升高。图 6.4 为几种有机工业废水处理过程中污泥负荷与 BOD 去除率间的关系实例。

由图 6.4 可见,随着 BOD 负荷的增大,BOD 的去除率呈现下降趋势。一般来说,BOD 负荷在 0.4 kg/(kg·d) 以下时,可得到 90% 以上的 BOD 去除率。对不同的底物,$L-\eta$ 关系有很大差别。粪便污水、浆粕废水、食品工业废水等所含底物是糖类、有机酸、蛋白质等一般性有机物,容易降解,即使污泥负荷升高,BOD 去除率下降的趋势也较缓慢;相反地,醛类、酚类的分解需要特种微生物,当污泥负荷超过某一值后,BOD 去除率显著下降。另外,对同一种废水,在不同的污泥负荷范围内,其 BOD 去除率变化速度也不同。

污泥负荷与底物去除率的关系也可

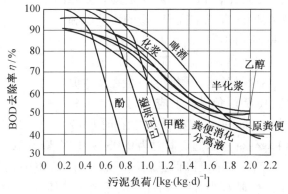

图 6.4　污泥负荷与 BOD 去除率的关系(各种有机废水)

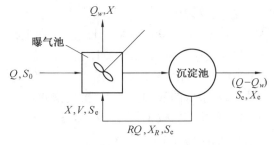

图 6.5　有污泥回流的连续流混合系统
X_R—污泥回流量;Q_W—剩余污泥量

用数学模型来描述。对图6.5所示的完全混合系统,在底物浓度较低时,底物降解速率为

$$\frac{-\mathrm{d}s}{X_v \mathrm{d}t} = \frac{Q(S_0 - S_e)}{X_v V} = KS_e \qquad (6.11)$$

式中　X_v——曝气池混合液挥发性悬浮固体(MLVSS)质量浓度,mg/L;

　　　K——底物(BOD)的降解速度常数。城市生活污水和性质与其类似的工业废水的 K 值为 0.000 7 ~ 0.001 17 L/mg·h。

结合污泥负荷的定义式和式(6.11),有

$$L = \frac{QS_0}{X_v V} = \frac{QS_0(S_0 - S_e)}{X_v V(S_0 - S_e)} = KS_e/\eta \qquad (6.12)$$

此式说明,污泥负荷与去除率和出水水质具有对应关系。这个关系也可用如下的经验公式表达,即

$$L = K_L S_e^n \qquad (6.13)$$

式中　K_L, n——经验常数。

6.3.4.2　污泥负荷对活性污泥特性的影响

采用不同的污泥负荷,微生物的营养状态不同,活性污泥絮凝沉淀性也就不同。实践表明,在一定的活性污泥法系统中,污泥的SVI值随着污泥负荷有复杂的变化。

Lesperance总结了城市污水处理时SVI值随污泥负荷变化的基本规律。由图6.6可见,SVI-L曲线是具有多峰的波形曲线,有三个低SVI值的负荷区和两个高SVI的负荷区。如果在运行时负荷波动进入高SVI值负荷区,污泥沉淀性变差,将会导致污泥膨胀。一般在高BOD污泥(MLSS)负荷时应选择在 1.5 ~ 2.0 kg/(kg·d) 的范围内,中负荷时为 0.2 ~ 0.4 kg/(kg·d),低负荷时为 0.03 ~ 0.05 kg/(kg·d)。

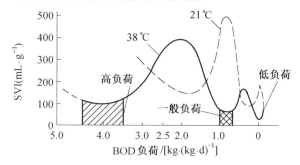

图6.6　BOD负荷及水温对污泥SVI值的影响

当污水浓度降低且超过一定值后(如BOD污泥(MLSS)负荷在0.1 kg/(kg·d)左右),由于 F/M 较小,活性污泥中的主要生物体——菌胶团和丝状微生物将出现营养竞争,丝状微生物的比表面积比菌胶团大,摄取食物的能力强,从而,菌胶团的生长受到抑制,丝状菌获得发育,甚至成为优势,使污泥沉淀性变差,SVI值升高。相反,如果废水浓度升高,BOD污泥(MLSS)负荷达1.0 kg/(kg·d)左右,微生物体内营养贮存增多,多糖类、聚β-羟基丁酸等一类黏性物质大量形成,菌胶团持水性特别好,沉淀性也变差;如果再进一步增大底物量,将会出现活性污泥生长期的变化,大量游离细菌出现,微生物处于分散状态,所测定的SV值减小;如果在很低的底物浓度下,微生物的营养缺乏,体内贮存物被利用作为能量,菌胶团解体,上清液变浊,SV减小,当系统供氧量不足时,丝状菌和菌胶团同样出现耗氧竞争,丝状菌形成优势,也使污泥SVI升高。

6.3.4.3 水温对污泥负荷的影响

温度对微生物的新陈代谢作用有很大影响。在一定的水温范围内,提高水温,可以提高 BOD 的去除速度和能力,而且还可以降低废水的黏性,从而有利于活性污泥絮体的形成和沉淀。水温变化时,污泥负荷的选定也有一定的变化,从 SVI 值角度看,水温较高时,可以选用较高的污泥负荷,不致使污泥膨胀。

水温对污泥负荷的影响可用 Arrhenius 公式描述,也可表示为

$$L_T = L_{20} \Gamma^{T-20} \tag{6.14}$$

式中　L_{20}, L_T —— 分别表示水温为 20 ℃ 和 T ℃ 时的污泥负荷;
　　　Γ —— 温度系数,对含酚废水,Γ 为 1.045。

在考虑采用升高水温以增大污泥负荷及提高处理效率时,也应注意温度变化带来的不利影响。水温过高,微生物的代谢会受到抑制。一般来说,水温在 35 ℃ 以上时,活性污泥中微型动物受到明显抑制,因此,水温宜控制在 20 ~ 35 ℃ 范围内。再者,水温的变化速率对污泥分离效果也有很大影响。实践表明,温度变化速度在 0.3 ℃/h 左右,即显示有影响,如达到 0.7 ℃/h 并持续 3 ~ 4 h,活性污泥结构变得松散,原生动物的形态发生改变。在二次沉淀池里,如果进水与池内水温相差 0.5 ℃,沉淀池的工作将受到干扰,相差 0.7 ℃ 时,污泥将会成块流失。

6.3.4.4 污泥负荷对污泥生成量的影响

活性污泥在混合液中的浓度净增长速度为

$$\frac{\mathrm{d}x}{\mathrm{d}t} = -Y \frac{\mathrm{d}S}{\mathrm{d}t} - K_\mathrm{d} X \tag{6.15}$$

式中　Y —— 微生物增长常数,即每消耗单位底物所形成的微生物量,一般为 0.35 ~ 0.8;
　　　K_d —— 微生物自身氧化率,d^{-1},一般为 0.05 ~ 0.1 d^{-1}。

在工程上常采用平均值计算,即

$$\Delta x = a \cdot V \cdot X \cdot L_\mathrm{r} - b \cdot V \cdot X \tag{6.16}$$

式中　Δx —— 每天污泥增加量,kg/d;
　　　a —— 污泥合成系数,即每去除 1 kg BOD 所形成的活性污泥的质量;
　　　b —— 污泥自身氧化系数,d^{-1}。

一般在活性污泥法中,$a = 0.30 ~ 0.72$,平均为 0.52,$b = 0.02 ~ 0.18$,平均为 0.07。

6.3.4.5 污泥负荷对需氧量的影响

由于污水中有机物的存在形式及运转条件不同,需氧量有所不同。污水中胶体和悬浮状态的有机物首先被污泥表面吸附、水解、再吸收和氧化,其降解途径和速度与溶解性底物不同。因此,当污泥负荷大时,底物在系统中的停留时间短,一些只被吸附而未经氧化的有机物可能随污泥排出处理系统,使去除单位 BOD 的需氧量减少。相反,在低负荷情况下,有机物能彻底氧化,甚至过量自身氧化,因此需氧量消耗大。

总需氧量包括有机物去除(用于分解和合成)的需氧量以及有机体自身氧化需氧量之和,在工程上,常表示为

$$O_2 = a' \cdot L_r \cdot V \cdot X + b' \cdot V \cdot X \tag{6.17}$$

式中 O_2——每日系统的需氧量,kg/d;
a'——有机物代谢的需氧系数;
b'——污泥自身氧化需氧系数。

在活性污泥法中,一般 $a' = 0.25 \sim 0.76$,平均为 0.47;$b' = 0.10 \sim 0.37$,平均为 0.17。
由式(6.17)得

$$\frac{O_2}{Q(S_0 - S_e)} = a' + \frac{b'}{L_r} \tag{6.18}$$

即去除每单位质量底物的需氧量随污泥负荷升高而减小。但是,系统供氧量无需随负荷按比例变化,因为曝气池和污泥有一定的调节能力。

6.3.4.6 污泥负荷对营养比要求的影响

采用不同污泥负荷时,需要将微生物控制在不同的生长阶段。在低负荷时,污泥自身氧化程度较大,在有机体氧化过程中释出氮、磷成分,所以氮、磷的需要量减小,如在延时曝气法中,BOD_5:N:P = 100:10:0.2 时即可使微生物正常生长。而在一般负荷下,则要求 BOD_5:N:P = 100:5:1。

6.3.5 活性污泥法分类

6.3.5.1 普通曝气法

上述曝气池是活性污泥法的原始工业形式,故亦称为传统曝气法。废水与回流污泥从长方形池的一端进入,另一端流出,全池呈推流型。废水在曝气池内停留时间常为 4~8 h,污泥回流比一般为 25%~50%,池内污泥质量浓度为 2~3 g/L,剩余污泥量为总污泥量的 10% 左右。在曝气池内,废水有机物浓度和需氧量沿池长逐步下降,而供氧量沿池长均匀分布,可能出现前段供氧不足,后段供氧过剩的现象,如图 6.7 所示。若要维持前段有足够的溶解氧,后段供氧量往往大大超过需氧量,因而造成动力浪费,无谓增加处理费用。

这种活性污泥法的优点在于因曝气时间长而处理效率高,一般 BOD 去除率为 90%~95%,特别适用于处理要求高而水质比较稳定的废水。但是,它存在着一些较为严重的缺陷:①由于有机物沿池长分布不均匀,进口处浓度高,因此它对水量、水质、浓度等变化的适应性较差,不能处理毒性较大或浓度很高的废水;②由于池后段的有机物浓度低,反应速率低,单位池容积的处理能力小,占地大,若人为提高池后段的容积负荷,将导致进口处负荷过高或缺氧;③为了保证回流污泥的活性,所有污泥(包括剩余污泥)都应在池内充分曝气再生,因而不必要地增大了池容积和动力消耗。

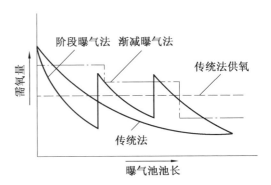

图 6.7 曝气池中需氧量示意图

在普通曝气池中,微生物的生长速率沿池长减小。在进口端,有机物浓度高,微生物生长较快,在末端有机物浓度较低,微生物生长缓慢,甚至进入内源代谢期。所以,全池的微生物生长处在生长曲线的不同阶段。

6.3.5.2 渐减曝气法

渐减曝气法(图6.8)是针对普通曝气法有机物浓度和需氧量沿池长减小的特点而改进的。通过合理布置曝气器,使供气量沿池长逐渐减小,与底物浓度变化相对应。这种曝气方式比均匀供气的曝气方式更为经济。

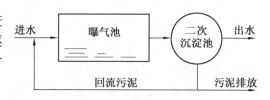

图6.8　渐减曝气法

6.3.5.3 阶段曝气法

这种方式是针对普通曝气法进口负荷过大而改进的。废水沿池长分多点进入(一般进口为3~4个),以均衡池内有机负荷,克服池前段供氧不足,后段供氧过剩的缺点,单位池容积的处理能力提高。同普通曝气法相比,当处理相同废水时,所需池容积可减小30%,BOD去除率一般可达90%。此外,由于分散进水,废水在池内稀释程度较高,污泥浓度也沿池长降低,从而有利于二次沉淀池的泥水分离。

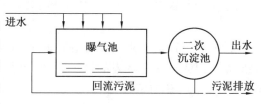

图6.9　阶段曝气法

阶段曝气法流程如图6.9所示。它特别适用于容积较大的池子。近年来,这一工艺也常设计成若干串联运行的完全混合曝气池。

6.3.5.4 吸附再生法

这种方式充分利用活性污泥的初期去除能力,在较短的时间里(10~40 min),通过吸附去除废水中悬浮的和胶态的有机物,再通过液固分离,废水即获得净化,BOD_5可去除85%~90%左右。吸附饱和的活性污泥中,需要回流的部分,引入再生池进一步氧化分解,恢复其活性;另一部分剩余污泥不经氧化分解即排入污泥处理系统。

该工艺的流程如图6.10所示,它将吸附与再生分开,分别在两池(吸附池和再生池)或在同一池的两段进行。由于两池中污泥浓度均较高,使需氧量比较均衡,池容积负荷高,因而曝气池的总容积比普通曝气法小(约50%左右),总空气用量并不增加。而且一旦吸附池受到负荷冲击,可迅速用再生池污泥补充或替换,因此它适应负荷冲击的能力强,还可省去初次沉淀池,节省了工程投资。

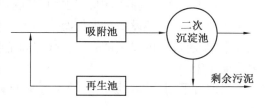

图6.10　吸附再生基本流程

吸附再生法的主要优点是可以大大节省基建投资,最适于处理含悬浮和胶体物质较多的废水,如制革废水、焦化废水等,工艺灵活。但由于吸附时间较短,处理效率不及传统法的高。

吸附再生系统的设计主要是确定吸附池、再生池的容积以及污泥回流比。

6.3.5.5 延时曝气法

延时曝气法也称完全氧化法。与普通法相比,由于采用的污泥负荷很低,约 $0.05\sim 0.2\ kg/(kg\cdot d)$,曝气时间长约 $24\sim 48\ h$,因而曝气池容积较大,处理单位废水所消耗的空气量较多,仅适用于废水流量较小的场合。

6.3.5.6 纯氧曝气法

该法用纯氧或富氧空气作氧源曝气,显著提高了氧在水中的溶解度和传递速度,从而可以使高浓度活性污泥处于好氧状态,在污泥有机负荷相同时,曝气池容积负荷可大大提高。随着氧浓度提高,加大了氧在污泥絮体颗粒内的渗透深度,使絮体中好氧微生物所占比例增大,污泥活性保持在较高水平上,因而净化功能良好;不会发生由于缺氧而引起的丝状菌污泥膨胀,泥粒较结实,SVI 值一般为 $30\sim50$;硝化菌的生长不会受到溶解氧不足的限制,因此有利于生物脱氮过程。此外,由于氧和污泥的浓度高,系统耐负荷冲击和工作稳定性都较好。

纯氧曝气法的缺点主要是装置复杂,运转管理较麻烦;密闭池子结构和施工要求高;如果原水中混入大量易挥发的烃类物,则可能引起爆炸;有机物代谢产生的 CO_2 重新溶入系统,使混合液 pH 值下降。

6.4 生物膜法

6.4.1 生物膜净化原理

生物膜法是依靠固着于载体表面的微生物膜来净化污水的生物处理方法。当有机废水或由活性污泥悬浮液培养而成的接种液流过载体时,水中的悬浮物及微生物被吸附于固相表面上,其中的微生物利用有机底物而生长繁殖,逐渐在载体表面形成一层黏液状的生物膜。这层生物膜具有生物化学活性,又进一步吸附、分解污水中呈悬浮、胶体和溶解状态的污染物。生物膜法工艺类型很多,按生物膜与废水的接触方式不同,可分为填充式和浸渍式两类。在填充式生物膜法中,废水和空气沿固定的填料或转动的盘片表面流过,与其上生长的生物膜接触,典型设备有生物滤池和生物转盘。在浸渍式生物膜法中,生物膜载体完全浸没在水中,通过鼓风曝气供氧。当载体固定时称为接触氧化法,当载体呈流化状态时则称为生物流化床。

目前所采用的生物膜法多数是好氧装置,少数是厌氧装置,如厌氧滤池和厌氧流化床等。

为了保持好氧生物膜的活性,除了提供污水营养物外,还应创造一个良好的好氧条件,亦即向生物膜供氧。在填充式生物膜法设备中常采用自然通风或强制自然通风供氧。氧透入生物膜的深度取决于它在膜中的扩散系数、固-液界面处氧的浓度和膜内微生物的氧利用率。对给定的污水流量和浓度,好氧层的厚度是一定的。增大废水浓度将减小好气层的厚度,而增大废水流量则将增大好气层的厚度。

生物膜中物质传递过程如图 6.11 所示。由于生物膜的吸附作用,在膜的表面存在一个很薄的附着水层。废水流过生物膜时,有机物经过附着水层向膜内扩散。膜内微生物在有氧的参加下对有机物进行分解和机体新陈代谢。代谢产物沿底物扩散相反的方向,从生物膜传递返回液相和空气中。随着废水处理过程的进行,微生物不断生长繁殖,生物膜厚度不断增大,废水底物及氧的传递阻力逐渐加大,在膜表层仍能保持足够的营养以及处于好氧状态,而在膜深处将会出现营养物或氧的不足,造成微生物内源代谢或出现厌氧层。此时,生物膜因与载体的附着力减小和水力冲刷作用而脱

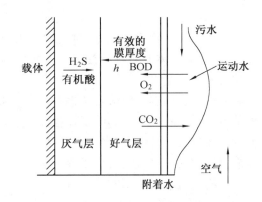

图 6.11　生物膜中的物质传递

落。老化的生物膜脱落后,载体表面又可重新吸附、生长、增厚生物膜直至重新脱落,完成一个生长周期。在正常运行情况下,整个反应器的生物膜各个部分总是交替脱落的,系统内活性生物膜数量相对稳定,膜厚 2~3 mm,净化效果良好。过厚的生物膜并不能增大底物利用速度,却可能造成堵塞,影响正常通风。因此,当废水浓度较大时,生物膜增长过快,水流的冲刷力也应加大,如依靠原废水不能保证其冲刷能力时,可以采用处理出水回流,以稀释进水和加大水力负荷,从而维持良好的生物膜活性和合适的膜厚度。

生物膜中的微生物主要有细菌(包括好氧、厌氧及兼氧细菌)、真菌、放线菌、原生动物(主要是纤毛虫)和较高等的微型后生动物,其中藻类、较高等微型后生生物比活性污泥法中多见。微生物沿水流方向在种属和数目上具有一定的分布。在塔式生物滤池中,这种分层现象更为明显。在填料上层以异养细菌和营养水平较低的鞭毛虫或肉足虫为主,在填料下层则可能出现世代期长的硝化菌和营养级较高的固着型纤毛虫。真菌在生物膜中普遍存在,在条件合适时,可能成为优势种。在填充式生物膜法装置中,当气温较高和负荷较低时,还容易孳生灰蝇。

生物相的组成随有机负荷、水力负荷、废水成分、pH 值、温度、通风情况及其他影响因素的变化而变化。

生物膜法具有以下特点:①固着于固体表面上的生物膜对废水水质、水量的变化有较强的适应性,操作稳定性好;②不会发生污泥膨胀,运行管理较方便;③由于微生物固着于固体表面,生物膜中的生物相丰富,即使增殖速度慢的微生物也能生长繁殖,且沿水流方向膜中生物种群呈现出适应性的有序分布;④因高营养级的微生物存在,有机物代谢时较多的转移为能量,合成新细胞即剩余污泥量较少;⑤采用自然通风供氧;⑥活性生物难以人为控制,因而在运行方面灵活性较差;⑦由于载体材料的比表面积小,故设备容积负荷有限,空间效率较低。

6.4.2　生物滤池

6.4.2.1　生物滤池构造

生物滤池结构一般采用钢筋混凝土或砖石,池平面有矩形、圆形或多边形,其中以圆形为多,主要组成部分是滤料、池壁、排水及通风系统和布水装置。

1. 滤料

滤料作为生物膜的载体,对生物滤池的工作影响较大。滤料表面积越大,生物膜数量越多。但是,单位体积滤料所具有的表面积越大,滤料粒径必然越小,滤料间孔隙就会增大,滤料比表面积将会减小。

滤料粒径的选择应综合考虑有机负荷和水力负荷等因素,当有机物浓度高时,应采用较大的粒径。滤料应有足够的机械强度,能承受一定的压力;其容重应小,以减少支承结构的荷载;滤料应既能抵抗废水、空气、微生物的侵蚀,又不含影响微生物生命活动的杂质;滤料应能就地取材,价格便宜,加工容易。

生物滤池过去常用的滤料有碎石、卵石、炉渣、焦炭等,而且颗粒比较均匀、粒径为 25~100 mm,滤层厚度为 0.9~2.5 m,平均 1.8~2.0 m。近年来,生物滤池多采用塑料滤料,主要由聚氯乙烯、聚乙烯、聚苯乙烯、聚酰胺等加工成波纹板、蜂窝管、环状及空圆柱等复合式滤料。这些滤料的特点是比表面积大(达 100~340 m^2/m^3),孔隙率高,可达 90% 以上,从而改善膜生长及通风条件,使处理能力大大提高。

2. 池壁

生物滤池池壁只起围挡滤料的作用,一些滤池的池壁上带有许多孔洞,用以促进滤层的内部通风。一般池壁顶应高出滤层表面 0.4~0.5 m,以免因风吹而影响废水在池表面上的均匀分布。

3. 排水及通风系统

排水及通风系统用以排除处理水,支承滤料及保证通风。排水系统通常分为两层,即包括滤料下的渗水装置和底板处的集水沟和排水沟。渗水装置的排水面积应不小于滤池表面积的 20%,它同池底之间的间距应不小于 0.3 m。滤池底部可用 0.01 的坡度坡向池底集水沟,废水经集水沟汇流入总排水沟,总排水沟的坡度应不小于 0.005。

4. 布水装置

布水装置设在填料层的上方,用以均匀喷洒废水。早期使用的布水装置是间歇喷淋式的,每两次喷淋的间隔时间为 20~30 min,让生物膜充分通风。后来发展为连续喷淋,使生物膜表面形成一层流动的水膜,这种布水装置布水均匀,能保证生物膜得到连续的冲刷。目前广泛采用的连续式布水装置是旋转布水器。

6.4.2.2 生物滤池分类

生物滤池根据设备形式不同分为普通生物滤池和塔式生物滤池,也可根据承受污水负荷大小分为普通生物滤池和高负荷生物滤池。

普通生物滤池承受的污水负荷低,占地面积大,水流的冲刷能力小,容易引起滤层堵塞,影响滤池通风,有些滤池还出现池面积水,生长滤蝇。但是,这种滤池的处理效率高,出水常常已进入硝化阶段,出水夹带的固体物量小,无机化程度高,沉降性好。目前,这类滤池鲜见应用。

高负荷生物滤池的构造基本上与低负荷生物滤池相同,但所采用的滤料粒径和厚度都较大。由于负荷较高,水力冲刷能力强,滤料表面所积累的生物膜量不大,不易形成堵塞,工作过程中老化生物膜连续排出,无机化程度较低。这种滤池由于负荷大,处理程度较低,池内不出现硝化。它占地面积较小,卫生条件较好,比较适宜于浓度和流量变化较大的废水处理。

采用出水回流的高负荷生物滤池，实际进入滤池的底物质量浓度为

$$S_i = \frac{S_0 + RS_e}{1 + R} \tag{6.19}$$

式中　S_i——实际进入滤池的废水质量浓度；
　　　S_0——原废水经初次沉淀后的质量浓度；
　　　S_e——二次沉淀池出水质量浓度；
　　　R——回流比。

当要求污水的处理程度较高时，可采用二级滤池串联流程。二级滤池串联时，出水浓度较低，处理效率可达90%以上。但是，由于第一级滤池接触的废水浓度高，生物膜生长较快，而第二级滤池情况刚好相反，因此，往往第一级滤池生物膜过剩时，第二级滤池还未充分发挥作用。为了克服这种现象，可将两个滤池定期交替工作。

塔式生物滤池是一种塔式结构的生物滤池，滤料采用孔隙率大的轻质塑料滤料，滤层厚度大，从而提高了进风能力和污水处理能力。塔式生物滤池进水负荷大，自动冲刷能力强，只要滤料填装合理，不会出现滤层堵塞现象。

塔式生物滤池负荷比高负荷生物滤池大好几倍，比普通生物滤池大几十倍，可承受较高浓度的废水，耐负荷冲击的能力也强，要求通风量较大，在最不利的水温条件下，往往需要实行机械通风。

塔式生物滤池的滤层厚，水力停留时间长，分解的有机物数量大，单位滤池面积处理能力高，占地面积小，管理方便，工作稳定性好，投资和运转费用低，还可采用密封塔结构，避免废水中挥发性物质形成二次污染，卫生条件好。但是，塔式生物滤池出水浓度较高，外观不清洁，常有游离细菌，所以，塔式生物滤池适宜于二级处理串联系统中作为第一级处理设备，也可以在污水处理程度要求不高时使用。

6.4.2.3　影响生物滤池性能的主要因素

1. 负荷

负荷是影响生物滤池性能的主要参数。通常分有机负荷和水力负荷两种。有机负荷（BOD_5 容积负荷）指每天供给单位体积滤料的有机物量，以 N 表示，单位是 $kg/(m^3 \cdot d)$。由于一定的滤料具有一定的比表面积，滤料体积可以间接表示生物膜面积和生物数量，所以有机负荷实质上表征了 F/M 值，普通生物滤池的有机负荷范围为 $0.15 \sim 0.3\ kg/(m^3 \cdot d)$，高负荷生物滤池在 $1.1\ kg/(m^3 \cdot d)$ 左右。水力负荷是指单位面积滤池或单位体积滤料每天流过的废水量（包括回流量）。前者以 $q_F(m^3/(m^2 \cdot d))$ 表示，后者以 $q_v(m^3/(m^3 \cdot d))$ 表示。水力负荷表征滤池的接触时间和水流的冲刷能力。一般地，普通生物滤池的水力负荷为 $1 \sim 4\ m^3/(m^2 \cdot d)$，高负荷生物滤池为 $5 \sim 28\ m^3/(m^2 \cdot d)$。

有机负荷、水力负荷和净化效率是全面衡量生物滤池工作性能的三个重要指标，它们之间的关系是

$$N = \frac{Q}{V}S_0 = q_v \frac{S_e}{1 - \eta} = \frac{q_F}{H} \frac{S_e}{1 - \eta} \tag{6.20}$$

由式(6.20)可见：

(1) 当进水浓度 S_0 和净化效率一定时,S_e 也一定,则 q_v 与 N 成正比;
(2) 当出水浓度 S_e 和水力负荷 q_v 一定时,V 越高意味着 N 也越高;
(3) 当负荷和出水浓度 S_e 一定时,随滤池深度 H 增加而提高。由于不同深度处的废水组成不同,膜中微生物种类和数量也不同,因而实际的有机物去除速率也是不同的。一般沿水流方向,有机物去除率递减。当滤池深度超过某一数值后,处理效率的提高不大。通常滤池的深度为 2.0~3.0 m。

2. 处理水回流

在高负荷生物滤池的运行中,多用处理水回流,其优点是:
(1) 增大水力负荷,促进生物膜的脱落,防止滤池堵塞;
(2) 稀释进水,降低有机负荷,防止浓度冲击;
(3) 可向生物滤池连续接种,促进生物膜生长;
(4) 增加进水的溶解氧,减少臭味;
(5) 防止滤池滋生蚊蝇。

其缺点是:
(1) 缩短废水在滤池中的停留时间;
(2) 降低进水浓度,将减慢生化反应速度;
(3) 回流水中难降解的物质会产生积累;
(4) 冬天使池中水温降低等。

回流对生物滤池性能的影响是多方面的,一般认为在以下情况考虑出水回流:
(1) 进水有机物浓度较高;
(2) 水量很小,无法维持水力负荷在最小经验值以上;
(3) 废水中某种污染物在高浓度时可能抑制微生物生长。

3. 滤池供氧

向生物滤池供给充足的氧是保证生物膜正常工作的必要条件,也有利于排除代谢产物。影响滤池自然通风的主要因素是滤池内外的气温差以及滤池的高度。温差愈大,滤池内的气流阻力愈小(亦即滤料粒径大、孔隙大),通风量也就愈大。

滤池内的气温和水温一般比较接近,如果废水温度比较稳定,池内气温的变化幅度也不大;但滤池外气温不但在一年内随季节的转换有很大的变化,而且在一日内也有较大变化;所以,生物滤池的通风量随时都在变化着。当池内温度大于池外温度时,池内气流由下向上流动,反之,气流由上向下流动。

供氧条件与有机负荷密切相关。当进水有机物浓度较低时,自然通风供氧是充足的。但当进水 COD 质量浓度大于 400~500 mg/L 时,则出现供氧不足,生物膜好氧层厚度较小。为此,应限制生物滤池进水 COD 质量浓度小于 400 mg/L。当进水浓度高于此值时,采用回流稀释或机械通风等措施,以保证滤池供氧充足。

6.4.3 生物转盘

6.4.3.1 生物转盘的构造与原理

生物转盘的净化机理和生物滤池相同,但其构造不同,如图 6.12 所示。生物转盘是由固定在一根轴上的许多间距很小的圆盘或多角形盘片组成的。盘片可用聚氯乙烯、聚乙烯、泡沫聚苯乙烯、玻璃钢、铝合金或其他材料制成。盘片可以是平板的形式,也可以是点波波纹板等形式,也可用平板和波纹板的组合。盘片有接近一半的面积浸没在半圆形、矩形或梯形的氧化槽内。在电机带动下,盘片组在水槽内缓慢转动,废水在槽内流过,水流方向与转轴垂直,槽底设有排泥管或放空管,以控制槽内废水中悬浮物浓度。

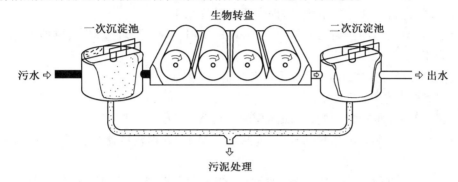

图 6.12　生物转盘工艺流程

盘片作为生物膜的载体,当生物膜处于浸没状态时,废水有机物被生物膜吸附,而当它处于水面以上时,大气的氧向生物膜传递,生物膜内所吸附的有机物氧化分解,生物膜恢复活性。这样,生物转盘每转动一圈即完成一个吸附-氧化的周期。由于转盘旋转及水滴挟带氧气,所以氧化槽也被充氧,起一定的污水复氧作用。增厚的生物膜在盘面转动时形成的剪切力作用下,从盘面剥落下来,悬浮在氧化槽的液相中,并随废水流入二次沉淀池进行分离。二次沉淀池排出的上清液即为处理后的废水,沉泥作为剩余污泥排入污泥处理系统。

与生物滤池相同,生物转盘也无污泥回流系统,为了稀释进水,可考虑出水回流,但是,生物膜的冲刷不依靠水力负荷的增大,而是通过控制一定的盘面转速来达到。

生物转盘在实际应用上有各种构造型式,最常见的是多级转盘串联,以延长处理时间,提高处理效果。但级数一般不超过四级,级数过多,处理效率提高不大。

根据圆盘数量及平面位置,可以采用单轴多级或多轴多级形式。

生物转盘的盘片直径一般为 1~3 m,最大的达到 4 m,过大时可能导致转盘边缘的剪切力过大。盘片间距(净距)一般为 20~30 mm,原水浓度高时,应取上限,以免生物膜堵塞。盘片厚度一般为 1~5 mm,视盘材而定。转盘转速通常为 0.8~3.0 r/min,边缘线速度为 10~20 m/min 为宜。每单根轴长一般不超过 7 m,以减少轴的挠度。

6.4.3.2　生物转盘的特点

生物转盘是一种较新型的生物膜法废水处理设备,国外使用比较普遍,国内主要用于工业废水处理。与活性污泥法相比,生物转盘在使用上具有以下优点:

(1)操作管理简便,无活性污泥膨胀现象,无污泥回流系统,生产上易于控制。

(2)剩余污泥数量小,污泥含水率低,沉淀速度大,易于沉淀分离和脱水干化。根据已有的生产运行资料,每千克 BOD_5(去除)转盘污泥形成量通常为 0.4~0.5 kg,污泥沉淀速度可达 4.6~7.6 m/h。沉淀伊始,底部污泥即开始压密。所以,一些生物转盘将氧化槽底部作为污泥沉淀与贮存用,从而省去二次沉淀池。

(3)设备构造简单,无通风、回流及曝气设备,运转费用低,耗电量低,一般每千克 BOD_5 耗电量为 $0.024 \sim 0.03$ kW·h。

(4)可采用多层布置,设备灵活性大,可节省占地面积。

(5)可处理高浓度的废水,承受 BOD_5 的质量浓度可达 1 000 mg/L,耐冲击能力强。根据所需的处理程度,可进行多级串联,扩建方便。国外还将生物转盘建成去除 BOD-硝化-厌氧脱氮-曝气充氧组合处理系统,以提高废水处理水平。

(6)废水在氧化槽内停留时间短,一般在 $1 \sim 1.5$ h 左右,处理效率高,BOD_5 去除率一般可达 90% 以上。

生物转盘与普通生物滤池相比,还具有其他一些优点:

(1)无堵塞现象发生。

(2)生物膜与废水接触均匀,盘面面积的利用率高,无短路现象。

(3)废水与生物膜的接触时间较长,而且易于控制,处理程度比高负荷滤池和塔式滤池高。

(4)同一般低负荷滤池相比,它占地较小,如采用多层布置,占地面积可同塔式生物滤池相媲美。

(5)系统的水头损失小,能耗省。

生物转盘的不足之处主要体现在如下三个方面:

(1)价格高,投资大。

(2)因为无通风设备,转盘的供氧依靠盘面的生物膜接触大气,废水中挥发性物质将会产生污染。采用从氧化槽的底部进水可以减少挥发物的散失,比从氧化槽表面进水好,但是,挥发物质污染依然存在。因此,生物转盘最好作为第二级生物处理装置。

(3)生物转盘的性能受环境气温及其它因素影响较大。在北方设置生物转盘时,一般置于室内,并采取一定的保温措施。建于室外的生物转盘都应加设雨棚,防止雨水淋洗使生物膜脱落。

6.4.4 生物接触氧化

生物接触氧化工艺融合了生物膜法和活性污泥法的优点,既有生物膜工作稳定和耐冲击、操作简单的特点,又有活性污泥悬浮生长、与废水接触良好的特点。这类生物膜法设备有淹没式好氧滤池、接触氧化池和生物流化床等。

生物接触氧化的早期形式为淹没式好氧滤池,即在曝气池中填充块状填料,经曝气的废水流经填料层,使填料颗粒表面长满生物膜,废水和生物膜相接触,在生物膜的作用下,废水得到净化。接触氧化池内用鼓风或机械方法充氧,填料大多为蜂窝型硬性填料或纤维型软性填料。

生物接触氧化池的形式很多,如图 6.13 所示。从水流状态分为分流式(池内循环式)和直流式。分流式的废水充氧和同生物膜接触是在不同的间格内进行的,废水充氧后在池内进行单向或双向循环。这种结构形式能使废水在池内反复充氧,废水同生物膜接触时间长,但是耗气量较大,水穿过填料层的速度较小,冲刷力弱,易于造成填料层堵塞,尤其在处理高浓度废水时,这种情况更值得重视。直流式接触氧化池是直接从填料底部充氧的,填料内的水力冲刷依靠水流速度和气泡在池内碰撞、破碎形成的冲击力,只要水流及空气分布均匀,填料不易堵塞。这种形式的接触氧化池耗氧量小,充氧效率高,同时,在上升气流的作用下,液体出现强烈的搅拌,促进氧的溶解和生物膜的更新,也可以防止填料堵塞。

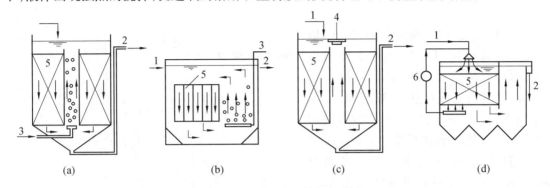

图 6.13 几种形式的接触氧化池
1—进水;2—出水管;3—进水管;4—提升叶轮;5—填料;6—泵

从供氧方式分,接触氧化法可分为鼓风式、机械曝气式和射流曝气式等几种。国内以鼓风式和射流曝气式为主。

接触氧化池填料的选择要求比表面积大,空隙率大,水力阻力小,性能稳定。垂直放置的塑料蜂窝管填料曾经广泛采用。这种填料比表面积较大,单位填料上生长的生物膜数量较大。据实测,微生物质量浓度高达 13 g/L,比一般活性污泥法的生物量大得多。但是这种填料各蜂窝管间互不相通,当负荷增大或布水均匀性较差时,则易出现堵塞,此时若加大曝气量,又会导致生物膜稳定性变差,周期性的大量剥离,净化功能不稳定。近年来国内外对填料做了许多研究工作,开发了塑料网状填料等多种新型填料。

一般废水在接触氧化池内停留时间为 0.5~1.5 h,填料负荷(BOD_5 容积负荷)为 3~6 kg/(m^3·d)。当采用蜂窝管时,管内水流速度在 1~3 m/h 左右,管长 3~5 m(分层设置)。由于氧化池内生物质量浓度高(折算成 MLSS 达 10 g/L 以上),故耗氧速度比活性污泥快,需要保持较高的溶解氧质量浓度,一般为 2.5~3.5 mg/L,空气与废水体积比为(10~15):1。

6.4.5 生物流化床

生物流化床是使废水通过流化的表面生长有生物膜的颗粒床,同流化床内分散十分均匀的生物膜相接触而得到净化。

在流化床中,支承生物膜的固相物是流化介质,为了获得足够的生物量和良好的接触条件,流化介质应具有较高的比表面积和较小的颗粒直径,通常流化介质采用砂粒、焦炭粒、无烟煤粒或活性炭粒等。一般颗粒直径为 0.6~1.0 mm,所提供的表面积很大。因此,在流化床能维持相当高的微生物浓度,可比一般的活性污泥法高 10~20 倍,废水底物的降解速度很快,停留时间很短,废水负荷相当高。

生物流化床内载有生物膜的流化介质能均匀分布在全床,同上升水流接触条件良好。因此,它兼备活性污泥法均匀接触条件所形成的高效率和生物膜法能承受负荷变动冲击的优点。

生物流化床综合了介质的流化机理、吸附机理和生物化学机理，过程比较复杂。由于兼有物理化学法和生物法的优点，又融入了活性污泥法和生物膜法的优点，所以这种方法颇受人们重视。

以氧气(或空气)为氧源的液固两相流化床的流程如图6.14所示。废水与回流水在充氧设备中与氧混合，使废水中的溶解氧质量浓度达到32～40 mg/L（氧气源）或9 mg/L（空气源），然后进入流化床进行生物氧化反应，再由床顶排出。随着床的操作，生物粒子直径逐渐增大，定期用脱膜器对载体机械脱膜，脱膜后的载体返回流化床，脱除的生物膜则作为剩余污泥排出。对于一般浓度的废水，一次充氧不足难以保证生物处理所需要的氧量，必须回流水循环充氧。

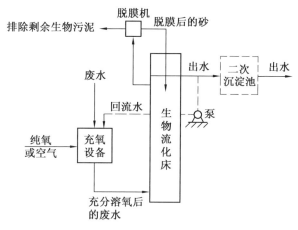

图6.14　固液两相生物流化床流程

生物流化床由床体、载体、布水装置、充氧装置和脱膜装置等部分组成。床体用钢板焊制或钢筋混凝土浇制，平面形状一般为圆形或方形，其有效高度按空床流速计算。床底布水装置是关键设备，要求既能使布水均匀，又能承托载体。常用多孔板、加砾石多孔板、圆锥底加喷嘴或泡罩布水。

6.5　污水的厌氧生物处理技术

污水厌氧生物处理多在高浓度、难降解有机废水的处理中使用。水力停留时间长、有机负荷低、出水水质难以达标等特点，限制了它在废水处理中的广泛应用。20世纪70年代以来，能产生能源的废水厌氧技术受到重视，研究与实践不断深入，开发了各种新型工艺和设备，大幅度地提高了厌氧反应器内活性污泥的持留量，使处理时间大大缩短，效率提高。目前，厌氧生化法不仅可用于处理有机污泥和高浓度有机废水，也应用于处理中、低浓度有机废水，包括城市污水。

6.5.1　厌氧生物处理的基本原理

污水厌氧生物处理是指在无分子氧条件下通过厌氧微生物（包括兼氧微生物）的作用，将废水中的各种复杂有机物分解转化成甲烷和二氧化碳等物质的过程，也称为厌氧消化。与好氧过程的根本区别在于不以分子态氧作为受氢体，而以化合态氧、碳、硫、氮等作为受氢体。

有机物（$C_nH_aO_bN_c$）厌氧消化过程的化学反应通式可表示为

$$C_nH_aO_bN_c + \left(2n+c-b-\frac{9s \cdot d}{20}-\frac{e \cdot d}{4}\right)H_2O \longrightarrow \frac{e \cdot d}{8}CH_4 + \left(n-c-\frac{s \cdot d}{5}-\frac{e \cdot d}{8}\right)CO_2 +$$

$$\frac{s\cdot d}{20}C_5H_7O_2N+\left(c-\frac{s\cdot d}{20}\right)NH_4^+ +\left(c-\frac{s\cdot d}{20}\right)HCO_3^- \tag{6.21}$$

式(6.21)中,括号内的符号和数值为反应的平衡系数,其中,$d=4n+a-2b-3c$。s 值代表转化成细胞的那部分有机物,e 值代表转化成沼气的那部分有机物。设

$$s+e=1 \tag{6.22}$$

s 值随有机物成分、厌氧反应器中污泥泥龄 θ_c(d) 和微生物细胞的自身氧化系数 K_d(1/d) 而变化,即

$$s=a_e\frac{(1+0.2K_d\cdot\theta_c)}{(1+K_d\cdot\theta_c)} \tag{6.23}$$

式(6.23)中,0.2 代表细胞不可降解的系数,a_e 为转化成微生物细胞的有机物的最大系数值。

厌氧生物处理是一个复杂的微生物化学过程,依靠三大主要类群的细菌,即水解产酸细菌、产氢产乙酸细菌和产甲烷细菌的联合作用完成。因而可将厌氧消化过程划分为三个连续的阶段,即水解酸化阶段、产氢产乙酸阶段和产甲烷阶段。

第一阶段为水解酸化阶段。复杂的大分子、不溶性有机物先在细胞外酶的作用下水解为小分子、溶解性有机物,然后转入细胞体内,分解产生挥发性有机酸、醇类、醛类等。这个阶段主要产生较高级脂肪酸。

碳水化合物、脂肪和蛋白质的水解酸化过程分别为:

由于简单碳水化合物的分解产酸作用,要比含氮有机物的分解产氨作用迅速,故蛋白质的分解在碳水化合物分解后产生。

含氮有机物分解产生的 NH_3 除了提供合成细胞物质的氮源外,在水中部分电离,形成 NH_4HCO_3,具有缓冲消化液 pH 值的作用,有时也把继碳水化合物分解后的蛋白质分解产氨过程称为酸性减退期,其反应为

$$NH_3\xrightarrow{H_2O}NH_4^+ +OH^-\xrightarrow{CO_2}NH_4HCO_3 \tag{6.24}$$

$$NH_4HCO_3+CH_3COOH\longrightarrow CH_3COONH_4+H_2O+CO_2 \tag{6.25}$$

第二阶段为产氢产乙酸阶段。在产氢产乙酸细菌的作用下,第一阶段产生的各种有机酸和醇类被分解转化成乙酸和 H_2,在降解奇数碳素有机酸时还形成 CO_2,如

$$CH_3CH_2CH_2CH_2COOH+2H_2O\longrightarrow CH_3CH_2COOH+CH_3COOH+2H_2 \tag{6.26}$$

$$\text{多糖(如纤维素)}\xrightarrow[\text{细胞外酶}]{\text{水解}}\text{单糖}\xrightarrow[\text{产酸细菌}]{\text{酸化}}\begin{array}{l}\text{脂肪酸、醇类}\\ CO_2,H_2\end{array} \tag{6.27}$$

$$\text{脂肪}\xrightarrow[\text{细胞外酶}]{\text{水解}}\text{长链脂肪酸、甘油}\xrightarrow[\text{产酸细菌}]{\text{酸化}}\begin{array}{l}\text{脂肪酸、醇类}\\ H_2O,CO_2\end{array} \tag{6.28}$$

$$\text{蛋白质}\xrightarrow[\text{细胞外酶}]{\text{水解}}\text{氨基酸}\xrightarrow[\text{产酸细菌}]{\text{酸化}}\begin{array}{l}\text{脂肪酸、醇类}\\ NH_3,H_2O,CO_2,H_2S\end{array} \tag{6.29}$$

(戊酸)　　　　　　(丙酸)　(乙酸)

$$CH_3CH_2COOH+2H_2O\longrightarrow CH_3COOH+3H_2+CO_2 \tag{6.30}$$

(丙酸)　　　　　　(乙酸)

第三阶段为产甲烷阶段。产甲烷细菌将乙酸(乙酸盐)、CO_2 和 H_2 等转化为甲烷。此

过程由两类生理功能截然不同的产甲烷菌完成,一类把 H_2 和 CO_2 转化成甲烷,另一类从乙酸或乙酸盐脱羧产生 CH_4,前者约占总量的 1/3,后者约占 2/3,其反应方程式分别为

$$4H_2+CO_2 \xrightarrow{产甲烷菌} CH_4+2H_2O \quad (占 1/3) \tag{6.31}$$

$$CH_3COOH \xrightarrow{产甲烷菌} 2CH_4+2CO_2 \tag{6.32}$$

$$CH_3COONH_4+H_2O \xrightarrow{产甲烷菌} CH_4+NH_4CO_3 \quad (占 2/3) \tag{6.33}$$

上述三个阶段的反应速度依废水性质而异,在含纤维素、半纤维素、果胶和脂类等污染物为主的废水中,水解作用易成为速度限制步骤;简单的糖类、淀粉、氨基酸和一般的蛋白质均能被微生物迅速分解,对含这类有机物为主废水,产甲烷反应易成为限速阶段。

虽然厌氧消化过程从理论上可分为以上三个阶段,但是在厌氧反应器中,这三个阶段是同时进行的,并保持某种程度的动态平衡,这种动态平衡一旦被 pH 值、温度、有机负荷等外加因素所破坏,则首先将使产甲烷阶段受到抑制,其结果会导致低级脂肪酸的积存和厌氧进程的异常变化,甚至会导致整个厌氧消化过程停滞。

废水的厌氧生物处理与好氧生物处理相比具有下列优点:

(1)应用范围广。好氧法因供氧限制一般只适用于中、低浓度有机废水的处理,而厌氧法既适用于高浓度有机废水,又适用于中、低浓度有机废水。有些有机物对好氧生物处理法来说是难降解的,但对厌氧生物处理是可降解的,如固体有机物、着色剂蒽醌和某些偶氮染料等。

(2)能耗低。好氧法需要消耗大量能量供氧,曝气费用随着有机物浓度的增加而增大,而厌氧法不需要充氧,而且产生的沼气可作为能源回收利用。废水有机物达一定浓度后,沼气能量可以抵偿污水处理系统自身的能量消耗。

(3)负荷高。通常好氧法的有机容积负荷(BOD 容积负荷)为 $2\sim4 \text{ kg}/(\text{m}^3 \cdot \text{d})$,而厌氧法的有机容积负荷(COD 容积负荷)为 $2\sim10 \text{ kg}/(\text{m}^3 \cdot \text{d})$,高的可达 $50 \text{ kg}/(\text{m}^3 \cdot \text{d})$。

(4)剩余污泥量少,其浓缩性、脱水性良好。

(5)氮、磷营养需要量较少。好氧法一般要求 BOD∶N∶P 为 100∶5∶1,而厌氧法的 BOD∶N∶P 为 100∶2.5∶0.5,对氮、磷缺乏的工业废水所需投加的营养盐量较少。

(6)厌氧处理过程可以杀死废水和污泥中的寄生虫卵、病毒等病原微生物。

(7)厌氧活性污泥可以长期贮存,厌氧反应器可以季节性或间歇性运转。

厌氧生物处理法存在的缺点有:

(1)厌氧微生物增殖缓慢,因而厌氧设备启动和处理时间比好氧设备长;

(2)出水往往达不到排放标准,需要进一步处理,故一般在厌氧处理后串联好氧处理;

(3)厌氧处理系统操作控制因素较为复杂等。

6.5.2　厌氧生物处理的影响因素

总的说来,厌氧微生物对环境条件的要求要比好氧微生物的严格。污水的厌氧消化过程是通过多种生理上不同的微生物类群联合作用完成的。以产酸发酵菌群为代表的非产甲烷菌对 pH 值、温度、氧化还原电位等外界环境因素的变化具有较强的适应性,且其增殖速度快。而产甲烷菌是一群非常特殊的、严格厌氧的细菌,它们对生长环境条件的要求比非产

甲烷菌更严格,而且其繁殖的世代期很长。因此,产甲烷细菌是决定厌氧消化效率和成败的主要微生物类群,产甲烷阶段是厌氧过程速率的限制步骤。下面以产甲烷菌的生理、生态特征来说明厌氧生物处理过程的影响因素。

6.5.2.1 温度

一般认为,产甲烷菌的温度范围为 5~60 ℃,在 35 ℃ 和 53 ℃ 上下可以分别获得较高的消化效率,温度为 40~45 ℃ 时,厌氧消化效率较低。

根据产甲烷菌适宜温度条件的不同,厌氧法可分为常温消化、中温消化和高温消化三种类型。常温厌氧消化指在自然气温或水温下进行废水厌氧处理的工艺,适宜温度范围 10~30 ℃;中温消化的适宜温度 35~38 ℃,若低于 32 ℃ 或者高于 40 ℃,厌氧消化的效率即明显地降低;高温厌氧消化的适宜温度为 50~55 ℃。高温消化比中温消化沼气产量约高一倍。温度的高低不仅影响沼气的产量,而且影响沼气中甲烷的含量和厌氧消化污泥的性质,对不同性质的底物影响程度不同。温度对反应速度的影响同样明显。一般地说,在其他工艺条件相同的情况下,温度每上升 10 ℃,反应速度就大约增加 1~2 倍。因此,高温消化期比中温消化期短。

温度的急剧变化和上下波动不利于厌氧消化作用。短时间内温度升降 5 ℃,沼气产量明显下降,波动的幅度过大时,甚至停止产气,尤其高温消化对温度变化更为敏感。因此在设计消化器时常采取一定的控温措施,尽可能使消化器在恒温下运行,温度变化幅度不超过 2~3 ℃/h。然而,温度的暂时性突然降低不会使厌氧消化系统遭受根本性的破坏,温度一经恢复到原来水平,处理效率和产气量也随之恢复,只是温度降低持续的时间较长时,恢复所需时间也相应延长。

6.5.2.2 pH 值

每种微生物可在一定的 pH 值范围内活动,产酸细菌对酸碱度不及甲烷细菌敏感,其适宜的 pH 值范围较广,在 4.5~8.0 之间。产甲烷菌要求环境介质 pH 值在中性附近,最适宜 pH 值为 7.0~7.2,pH 值处于 6.6~7.4 较为适宜。在厌氧法处理废水的应用中,由于产酸和产甲烷大多在同一构筑物内进行,故为了维持平衡,避免过多的有机酸积累,常保持反应器内的 pH 值在 6.5~7.5(最好在 6.8~7.2)的范围内。

pH 值条件失常首先使产氢产乙酸作用和产甲烷作用受到抑制,使产酸过程所形成的有机酸不能被正常地代谢降解,从而使整个消化过程的各阶段间的协调平衡丧失。若 pH 值降到 5 以下,将会对产甲烷菌产生严重的抑制作用,同时产酸作用本身也将受到抑制,整个厌氧消化过程即停滞。即使 pH 值恢复到 7.0 左右,厌氧装置的处理能力仍不易恢复;而在稍高 pH 值时,只要恢复中性,产甲烷菌就能较快地恢复活性。

在厌氧消化过程中,pH 值的升降变化除了外界因素的影响之外,还取决于有机物代谢过程中某些产物的增减。产酸作用产物有机酸的增加,会使 pH 值下降;含氮有机物分解产物氨的增加,会引起 pH 值升高。

在 pH 值为 6~8 范围内,控制消化液 pH 值的主要化学系统是二氧化碳-重碳酸盐缓冲系统。它们通过下列平衡式影响消化液的 pH 值,即

$$CO_2 + H_2O \rightleftharpoons H_2CO_3 \rightleftharpoons H^+ + HCO_3^- \qquad (6.34)$$

$$\mathrm{pH} = \mathrm{p}K_1 + \lg\frac{[\mathrm{HCO_3^-}]}{[\mathrm{H_2CO_3}]} = \mathrm{p}K_1 + \lg\frac{[\mathrm{HCO_3^-}]}{K_2[\mathrm{CO_2}]} \qquad (6.35)$$

式中 K_1——碳酸的上一级电离常数；

K_2——H_2CO_3 与 CO_2 的平衡常数。

在厌氧反应器中，pH 值、碳酸氢盐碱度及 CO_2 之间的关系如图 6.15 所示。从图中可以看出，在厌氧处理中，pH 值除受进水的 pH 值影响外，主要取决于代谢过程中自然建立的缓冲平衡，取决于挥发酸、碱度、CO_2、氨氮、氢之间的平衡。由于消化液中存在氢氧化铵、碳酸氢盐等缓冲物质，pH 值难以判断消化液中的挥发酸积累程度，一旦挥发酸的积累量足以引起消化液 pH 值的下降时，系统中碱度的缓冲能力已经丧失。所以在生产运转中常把挥发酸浓度及碱度作为管理指标。

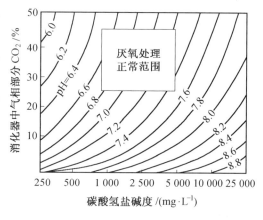

图 6.15 pH 值与碳酸氢盐碱度之间的关系

6.5.2.3 氧化还原电位

产甲烷菌对氧和氧化剂都非常敏感，无氧环境是严格厌氧的产甲烷菌繁殖的最基本条件之一。厌氧反应器介质中的氧浓度可根据浓度与电位的关系判断，即由氧化还原电位表达。

在厌氧消化全过程中，不产甲烷阶段可在兼氧条件下完成，氧化还原电位为 $+0.1 \sim -0.1$ V；而在产甲烷阶段，氧化还原电位须控制为 $-0.3 \sim -0.35$ V（中温消化）与 $-0.56 \sim 0.6$ V（高温消化），常温消化与中温相近。产甲烷阶段氧化还原电位的临界值为 -0.2 V。

氧是影响厌氧反应器中氧化还原电位条件的重要因素，但不是唯一因素。挥发性有机酸的增减，pH 值的升降以及铵离子浓度的高低等因素均影响系统的还原强度。如 pH 值低，氧化还原电位高；pH 值高，氧化还原电位低。

6.5.2.4 有机负荷

在厌氧工艺中，有机负荷通常指容积负荷，即消化器单位有效容积每天接受的有机物量（$kg/(m^3 \cdot d)$）。对悬浮生长工艺，也有用污泥负荷表达的，即单位时间每千克污泥所承担的有机物 COD 质量；在污泥消化中，有机负荷习惯上以投配率或进料率表达，即每天所投加的湿污泥体积占消化器有效容积的百分数。由于各种湿污泥的含水率、挥发组分不尽一致，投配率不能反映实际的有机负荷，为此，又引入反应器单位有效容积每天接受的挥发性固体质量这一参数，即 kg MLVSS/$(m^3 \cdot d)$。

有机负荷是影响厌氧消化效率的一个重要因素，直接影响产气量和处理效率。在一定范围内，随着有机负荷的提高，产气率即单位质量物料的产气量趋向下降，而消化器的容积产气量则增多，反之亦然。对于具体应用场合，进料的有机物浓度是一定的，有机负荷或投配率的提高意味着停留时间缩短，则有机物分解率将下降，势必使单位质量物料的产气量减少。但因反应器相对的处理量增多了，单位容积的产气量将提高。

厌氧处理系统正常运转取决于产酸与产甲烷反应速率的相对平衡。一般产酸速度大于产甲烷速度,若有机负荷过高,则产酸率将大于用酸(产甲烷)率,挥发酸将累积而使 pH 值下降,破坏产甲烷阶段的正常进行,严重时产甲烷作用停止,系统失败。此外,过高的水力负荷还会使消化系统中污泥的流失速率大于增长速率而降低消化效率。这种影响在常规厌氧消化工艺中更加突出。相反若有机负荷过低,物料产气率或有机物去除率虽可提高,但容积产气率降低,需要较大的反应器容积,使消化设备的利用效率降低,投资和运行费用提高。

有机负荷值因工艺类型、运行条件以及废水废物的种类及其浓度而异。在通常的情况下,常规厌氧消化工艺中温处理高浓度工业废水的有机负荷(COD 容积负荷)为 $2 \sim 3$ kg/($m^3 \cdot$ d),在高温下为 $4 \sim 6$ kg/($m^3 \cdot$ d)。上流式厌氧污泥床反应器、厌氧滤池、厌氧流化床等新型厌氧工艺的有机负荷在中温下为 $5 \sim 15$ kg/($m^3 \cdot$ d),最高可达 30 kg/($m^3 \cdot$ d)。在处理具体废水时,需要通过试验来确定其最适宜的有机负荷。

6.5.2.5 厌氧活性污泥

厌氧活性污泥主要由厌氧微生物及其代谢的和吸附的有机物、无机物组成。厌氧活性污泥的浓度和性状与消化的效能有密切的关系。性状良好的污泥是厌氧消化效率的基本保证。厌氧活性污泥的性质主要表现为它的作用效能与沉淀性能,前者主要取决于活微生物的比例及其对底物的适应性和活微生物中生长速率低的产甲烷菌的数量是否达到与不产甲烷菌数量相适应的水平。活性污泥的沉淀性能是指污泥混合液在静止状态下的沉降速度,它与污泥的凝聚性有关,与好氧处理一样,厌氧活性污泥的沉淀性能也以 SVI 衡量。

厌氧处理时,废水中的有机物主要靠活性污泥中的微生物分解去除,故在一定的范围内,活性污泥浓度愈高,厌氧消化的效率也愈高。但至一定程度后,效率的提高不再明显。这主要因为:

(1)厌氧污泥的生长率低、增长速度慢,积累时间过长后,污泥中无机成分比例增高,活性降低;

(2)污泥浓度过高有时易于引起堵塞而影响正常运行。

6.5.2.6 搅拌和混合

混合搅拌也是提高消化效率的工艺条件之一。没有搅拌的厌氧消化池,池内料液常有分层现象。通过搅拌可消除池内梯度,增加污水与微生物之间的接触,避免产生分层,促进沼气分离。

常用搅拌方法有机械搅拌器搅拌法、消化液循环搅拌法和沼气循环搅拌法等。其中沼气循环搅拌法还有利于使沼气中的 CO_2 作为产甲烷的底物被细菌利用,提高甲烷的产量。厌氧滤池和上流式厌氧污泥床等新型厌氧消化设备,虽没有专设搅拌装置,但以上流的方式连续投入料液,通过液流及其扩散作用,也起到一定程度的搅拌作用。

6.5.2.7 营养物质

厌氧微生物的生长繁殖需按一定的比例摄取碳、氮、磷以及其他微量元素。工程上主要控制进料的碳、氮、磷比例,因为其他营养元素不足的情况较少见。不同的微生物在不同的环境条件下所需的碳、氮、磷比例不完全一致。一般认为,厌氧法中 C∶N∶P 控制为(200~300)∶5∶1 为宜。此比值大于好氧法中 100∶5∶1,这与厌氧微生物对碳素养分的利用率较好氧微生物低有关。在碳、氮、磷比例中,碳氮比例对厌氧消化的影响更为重要,合适的 C/N 为 $(10\sim18):1$。

在厌氧处理时提供氮源,除满足合成菌体所需之外,还有利于提高反应器的缓冲能力。若氮源不足,即碳氮比太高,则不仅厌氧菌增殖缓慢,而且消化液的缓冲能力降低,pH 值容易下降。相反,若氮源过剩,即碳氮比太低,氮不能被充分利用,将导致系统中氨的过分积累,pH 值上升至 8.0 以上,产甲烷菌的生长繁殖受到抑制,使消化效率降低。

6.5.2.8 有毒物质

厌氧系统中的有毒物质会不同程度地对过程产生抑制作用,这些物质可能是进水中所含成分,或是厌氧菌代谢的副产物,通常包括有毒有机物、重金属离子和一些阴离子等。对有机物来说,带有醛基、双键、氯取代基、苯环等结构,往往具有抑制性。五氯苯酚和半纤维素衍生物,主要抑制产乙酸和产甲烷细菌的活动。重金属被认为是使反应器失效的最普通及最主要的因素,它通过与微生物酶中的巯基、氨基、羧基等相结合,使酶失活,或者通过金属氢氧化物凝聚作用使酶沉淀。研究表明,金属离子对产甲烷菌的影响按 Cr>Cu>Zn>Cd>Ni 的顺序减小。氨是厌氧过程中的营养物和缓冲剂,但高浓度时也产生抑制作用。资料显示,当 NH_3-N 质量浓度在 $1\,500\sim3\,000$ mg/L 时,在碱性 pH 值下有抑制作用,当质量浓度超过 3 000 mg/L 时,则不论 pH 值如何,铵离子都有毒。过量的硫化物存在也会对厌氧过程产生强烈的抑制。首先,由硫酸盐等还原为硫化物的反硫化过程与产甲烷过程争夺有机物氧化脱下来的氢。其次,当介质中可溶性硫化物积累后,会对细菌细胞的功能产生直接抑制,使产甲烷菌的种群减少。但当与重金属离子共存时,因将形成硫化物沉淀而使毒性减轻。据资料介绍,当硫质量浓度在 100 mg/L 时,对产甲烷过程有抑制,超过 200 mg/L,抑制作用十分明显。硫的其他形式化合物对厌氧过程也有抑制。

6.5.3 厌氧生物处理工艺

厌氧消化工艺有多种分类方法。按微生物生长状态分为厌氧活性污泥法和厌氧生物膜法;按投料、出料及运行方式分为分批式、连续式和半连续式;根据厌氧消化中物质转化反应的总过程是否在同一反应器中并在同一工艺条件下完成,又可分为一级厌氧消化与两级厌氧消化等。厌氧活性污泥法包括普通消化工艺、厌氧接触工艺、上流式厌氧污泥床反应工艺等。厌氧生物膜法包括厌氧生物滤池工艺、厌氧流化床工艺、厌氧生物转盘工艺等。

6.5.3.1 普通厌氧消化池

普通消化池又称传统或常规消化池。消化池常用密闭的圆柱形池,如图 6.16 所示。废水定期或连续进入池中,经消化的污泥和废水分别由消化池底和上部排出,所产的沼气从顶部排出。池径从几米至三四十米,柱体部分的高度约为直径的 1/2,池底呈圆锥形,以利于排泥。一般都有盖子,以保证良好的厌氧条件,收集沼气和保持池内温度,并减少池面的蒸发。为了使进料和厌氧污泥充分接触,使所产的沼气气泡及时逸出而设有搅拌装置,此外,进行中温和高温消化时,常需对消化液进行加热。常用搅拌方式有三种:①池内机械搅拌;②沼气搅拌,即用压缩机将沼气从池顶抽出,再从池底充入,循环沼气进行搅拌;③循环消化液搅拌,即池内设有射流器,由池外水泵压送的循环消化液经射流器喷射,在喉管处造成真空,吸进一部分池中的消化液,形成较强烈的搅拌。一般情况下每隔 2~4 h 搅拌一次。在排放消化液时,通常停止搅拌,经沉淀分离后排出上清液。

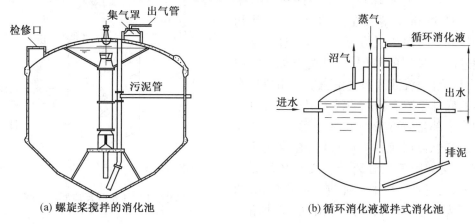

图 6.16　普通厌氧消化池

普通消化池一般的负荷(COD 容积负荷),中温为 2~3 kg/(m^3·d),高温为 5~6 kg/(m^3·d)。

普通消化池的特点是:可以直接处理悬浮固体含量较高或颗粒较大的料液。厌氧消化反应与固液分离在同一个池内实现,结构较简单。但缺乏持留或补充厌氧活性污泥的特殊装置,消化器中难以保持高的生物量;对无搅拌的消化器,还存在料液的分层现象严重、微生物不能与料液均匀接触、温度不均匀、消化效率低等缺点。

6.5.3.2　厌氧接触法

为了克服普通消化池不能持留或补充厌氧活性污泥的缺点,在消化池后设沉淀池,将沉淀污泥回流至消化池,形成了厌氧接触法。该系统既能控制污泥不流失、出水水质稳定,又可提高消化池内污泥浓度,从而提高设备的有机负荷和处理效率。

然而,从消化池排出的混合液在沉淀池中进行固液分离有一定的困难,其主要原因有:①由于混合液中污泥上附着大量的微小沼气泡,易于引起污泥上浮;②由于混合液中的污泥仍具有产甲烷活性,在沉淀过程中仍能继续产气,从而妨碍污泥颗粒的沉降和压缩。为了提高沉淀池中混合液的固液分离效果,目前采用真空脱气、热交换器急冷、絮凝沉淀和用超滤器代替沉淀池等方法脱气,以改善固液分离效果。此外,为保证沉淀池分离效果,在设计时,沉淀池内表面负荷应比一般废水沉淀池表面负荷小,一般不大于 1 m/h,混合液在沉淀池内停留时间比一般废水沉淀时间要长,可采用 4 h。

厌氧接触法的特点:①通过污泥回流,可使消化池内保持较高的污泥浓度,一般为 10~15 g/L,耐冲击能力强;②消化池的容积负荷较普通消化池高,中温消化时,COD 容积负荷一般为 2~10 kg/(m^3·d),水力停留时间比普通消化池大大缩短,如常温下,普通消化池为 15~30 d,而接触法则小于 10 d;③可以直接处理悬浮固体含量较高或颗粒较大的料液,不存在堵塞问题;④混合液经沉淀后,出水水质好,但需增加沉淀池、污泥回流和脱气等设备。另外,厌氧接触法还存在混合液难于在沉淀池中进行固液分离的缺点。

6.5.3.3 上流式厌氧污泥床反应器

上流式厌氧污泥床反应器简称 UASB,是由荷兰的 G. Lettinga 等人在 20 世纪 70 年代初研制开发的。污泥床反应器内没有载体,是一种污泥悬浮生长型的消化器,其构造如图6.17所示,由反应区、沉淀区和气室三部分组成。在反应器的底部是浓度较高的污泥层,称污泥床,在污泥床上部是浓度较低的悬浮污泥层,通常把污泥层和悬浮层统称为反应区,在反应区上部设有气-液-固三相分离器。废水从污泥床底部进入,与污泥床中的污泥进行混合接触,微生物分解废水中的有机物产生沼气,微小沼气泡在上升过程中,不断合并逐渐形成较大的气泡。由于气泡上升产生较强烈的搅动,在污泥床上部形成悬浮污泥层。气、水、泥的混合液上升至三相分离器内,沼气气泡碰到分离器下部的反射板时,折向气室而被有效地分离排出;污泥和水则经孔道进入三相分离器的沉淀区,在重力作用下,水和泥分离,上清液从沉淀区上部排出,沉淀区下部的污泥沿着斜壁返回到反应区内。在一定的水力负荷下,绝大部分污泥颗粒能保留在反应区内,使反应区具有足够的污泥量。

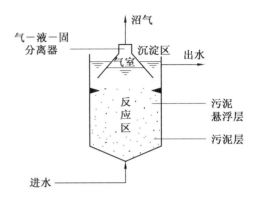

图 6.17 UASB 反应器示意图

反应区中污泥层高度约为反应区总高度的 1/3,但其污泥量却约占全部污泥量的 2/3 以上。由于污泥层中的污泥量比悬浮层大,底物浓度高,酶的活性也高,有机物的代谢速度较快,因此,大部分有机物在污泥层被去除。研究结果表明,废水通过污泥层已有 80% 以上的有机物被转化,余下的再通过污泥悬浮层处理,有机物总去除率达 90% 以上。虽然悬浮层去除的有机物量不大,但是其高度对混合程度、产气量和过程稳定性至关重要。因此,应保证适当悬浮层乃至反应区高度。

上流式厌氧污泥床高度一般为 3~8 m,其中污泥床高 1~2 m,污泥悬浮层高 2~4 m,多用钢结构或钢筋混凝土结构,三相分离器可由多个单元组合而成。

设置气-液-固三相分离器是上流式厌氧污泥床的重要结构特性,它对污泥床的正常运行和获得良好的出水水质起十分重要的作用。

上流式厌氧污泥床反应器的特点是:①反应器内污泥浓度高,一般平均污泥质量浓度为 30~40 g/L,其中底部污泥床污泥质量浓度为 60~80 g/L,污泥悬浮层污泥质量浓度为 5~7 g/L。②有机负荷高,水力停留时间短,中温消化,COD 容积负荷一般为 10~20 kg/($m^3 \cdot d$)。③反应器内设三相分离器,被沉淀区分离的污泥能自动回流到反应区,一般无污泥回流设备。④无混合搅拌设备,运行正常后,利用本身产生的沼气和进水来搅动。⑤污泥床内不填载体,节省造价,避免堵塞问题,但反应器内有短流现象,影响处理能力;进水中的悬浮物应比普通消化池低得多,特别是难消化的有机物固体不宜太高,以免对污泥颗粒化不利或减少反应区的有效容积,甚至引起堵塞;运行启动时间长,对水质和负荷突然变化比较敏感。

6.5.3.4 厌氧滤池

厌氧滤池又称厌氧固定膜反应器,是 20 世纪 60 年代末开发的新型高效厌氧处理装置。

滤池呈圆柱形,池内装放填料,池底和池顶密封。厌氧微生物附着于填料的表面生长,当废水通过填料层时,在填料表面的厌氧生物膜作用下,废水中的有机物被降解,并产生沼气,沼气从池顶部排出。滤池中的生物膜不断地进行新陈代谢,脱落的生物膜随出水流出池外。如果废水从池底进入,从池上部排出,称升流式厌氧滤池;废水从池上部进入,以降流的形式流过填料层,从池底部排出,则称降流式厌氧滤池。

厌氧生物滤池填料的比表面积和孔隙率对设备处理能力有较大影响。填料比表面积越大,可以承受的有机物负荷越高,孔隙率越大,消化池的容积利用系数越高,堵塞越少。对填料的要求为:比表面积大,填充后孔隙率高,生物膜易附着,对微生物细胞无抑制和毒害作用,有一定强度,且质轻、价廉、来源广。对于粒状滤料,填料层高度以不超过 1.2 m 为宜,对于塑料填料,填料层高度以 1~6 m 为宜。

进水系统需考虑易于维修而又使布水均匀,且有一定的水力冲刷强度。对直径较小的厌氧滤池常用短管布水,对直径较大的厌氧滤池多用可拆卸的多孔管布水。

厌氧生物滤池的特点是:①由于填料为微生物附着生长提供了较大的表面积,滤池中的微生物含量较高,又因生物膜停留时间长(平均停留时间长达 100 d 左右),因而可承受的有机容积负荷高,COD 容积负荷为 2~16 kg/($m^3 \cdot d$),且耐冲击负荷能力强;②废水与生物膜两相接触面大,强化了传质过程,因而有机物去除速度快;③微生物固着生长为主,不易流失,因此不需污泥顺流和搅拌设备;④启动或停止运行后再启动,比前述厌氧工艺法时间短。但该工艺也存在一些问题:处理含悬浮物浓度高的有机废水时易发生堵塞,尤以进水部位堵塞更严重。滤池的清洗也还没有简单有效的方法。

6.5.3.5 厌氧流化床

厌氧流化床工艺是借鉴好氧流态化处理技术的一种生物反应装置,它以小粒径载体为流化粒料,废水作为流化介质,当废水以升流式通过床体时,与床中附着于载体上的厌氧微生物膜不断接触反应,达到厌氧生物降解的目的,产生沼气,于床顶部排出。厌氧流化床内填充细小固体颗粒载体,废水以一定流速从池底部流入,使填料层处于流化状态,每个颗粒可在床层中自由运动,而床层上部保持一个清晰的泥水界面。为使填料层流态化,一般需用循环泵将部分出水回流,以提高床内水流的上升速度。为降低回流循环的动力能耗,宜取质轻、粒细的载体,常用的填充载体有石英砂、无烟煤、活性炭、聚氯乙烯颗粒、陶粒和沸石等,粒径一般为 0.2~1 mm,大多在 300~500 μm 之间。

厌氧流化床的特点是:①载体颗粒细,比表面积大(可高达 2 000~3 000 m^2/m^3 左右),使床内具有很高的微生物浓度,因此有机物容积负荷大,COD 容积负荷一般为 10~40 kg/($m^3 \cdot d$),水力停留时间短,具有较强的耐冲击负荷能力,运行稳定;②载体处于流化状态,无床层堵塞现象,对高、中、低浓度废水均表现出较好的效能;③载体流化时,废水与微生物之间接触面大,同时两者相对运动速度快,强化了传质过程,从而具有较高的有机物净化速度;④床内生物膜停留时间较长,剩余污泥量少;⑤结构紧凑、占地少以及基建投资省等。但载体流化耗能较大,且对系统的管理技术要求较高。

6.5.3.6 厌氧转盘和挡板反应器

厌氧生物转盘的构造与好氧生物转盘相似,不同之处在于盘片大部分(70%以上)或全部浸没在废水中,为保证厌氧条件和收集沼气,整个生物转盘设在一个密闭的容器内。厌氧生物转盘由盘片、密封的反应槽、转轴及驱动装置等组成,其构造如图 6.18 所示。对废水的净化靠盘片表面的生物膜和悬浮在反应槽中的厌氧菌完成,产生的沼气从反应槽顶排出。由于盘片的转动,作用在生物膜上的剪力可将老化的生物膜剥落,在水中呈悬浮状态,随水流出槽外。

厌氧挡板反应器是从研究厌氧生物转盘发展而来的,生物转盘不转动即变成厌氧挡板反应器。挡板反应器与生物转盘相比,可减少盘的片数和省去转动装置,其工艺流程如图 6.19 所示。在反应器内垂直于水流方向设多块挡板来维持较高的污泥浓度。挡板把反应器分为若干上向流和下向流室,上向流室比下向流室宽,便于污泥的聚集。通往上向流的挡板下部边缘处加 50°的导流板,便于将水送至上向流室的中心,使泥水充分混合。因而,无需混合搅拌装置,避免了厌氧滤池和厌氧流化床的堵塞问题和能耗较大的缺点,启动期比上流式厌氧污泥床短。

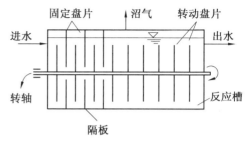

图 6.18 厌氧生物转盘构造图

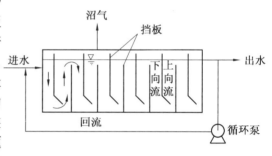

图 6.19 厌氧挡板反应器工艺流程图

6.5.3.7 两级厌氧法和复合厌氧法

两级厌氧消化法是一种由上述厌氧反应器组合而成的工艺系统。厌氧消化反应分别在两个独立的反应器中进行,每一反应器完成一个阶段的反应。第一级反应为产酸阶段,第二级反应为产甲烷阶段,故又称两段式厌氧消化法。按照所处理的废水水质情况,两步可以采用相同类型或不同类型的消化反应器。如对悬浮固体含量多的高浓度有机废水,第一级反应器可采用不易堵塞、效率稍低的反应装置,经水解产酸阶段后的上清液中悬浮固体浓度降低,第二级反应器可采用新型高效消化器。根据不产甲烷菌与产甲烷菌代谢特性及适应环境条件的不同,第一级反应器可采用简易非密闭装置,在常温、较宽 pH 值范围条件下运行;第二级反应器则要求严格密封、严格控制温度和 pH 值范围。因此,两级厌氧法具有如下特点:①耐冲击负荷能力强,运行稳定,避免了单级反应器不耐高有机酸浓度的缺陷;②两阶段反应不在同一反应器中进行,互相影响小,可更好地控制工艺条件;③消化效率高,尤其适于处理含悬浮固体多、难消化降解的高浓度有机废水。但两级厌氧法设备较多,流程和操作复杂。

复合厌氧法是在一个反应器内由两种厌氧法组合而成。如上流式厌氧污泥床与厌氧滤池组成的复合厌氧法,设备的上部为厌氧滤池,下部为上流式厌氧污泥床,可以集两者优点于一体,反应器下部即进水部位,由于不装填料,可以减少堵塞,上部装设固定填料,充分发挥滤层填料的有效截留污泥的能力,提高反应器内的生物量,对水质和负荷突然变化和短流现象起缓冲和调节作用,使反应器具有良好的工作特性。

6.6 氧化沟污水生物处理技术

6.6.1 氧化沟技术的沿革

氧化沟(OD)是活性污泥法的一种改型,其曝气池呈封闭的沟渠型,污水和活性污泥的混合液在其中进行不断的循环流动,因此又被称为"环形曝气池"、"无终端的曝气系统"。氧化沟通常在延时曝气条件下进行,水力停留时间长(10~40 h),有机负荷 BOD_5 污泥(VSS)负荷低(0.05~0.15 kg/(kg·d)),它将曝气、沉淀和污泥稳定等处理过程集于一体,间歇或连续运行,BOD 去除率高达97%,管理方便,运行稳定。经过30多年的实践和发展,氧化沟技术被认为是出水水质好、基建投资费用和运转费用低的污水生物处理方法,特别是其封闭循环式的池型适用于污水的脱氮除磷。

最初,氧化沟的充氧、推进和搅动是由 Kessenser 转刷这种曝气设备来保证的。受其限制,氧化沟设计的有效水深一般在1.5 m 以下。随着氧化沟技术的应用,池深过浅使氧化沟占地面积大的缺点越来越突出。1967年,研究人员提出将水下曝气和推动系统用于氧化沟,从而发明了射流曝气氧化沟(JAC),沟深可达7~8 m。1968年,DHV 有限公司的荷兰工程师们将立式低速表曝机应用于氧化沟。将设备安装在中心挡板的末端,利用表曝机产生的径流为动力,这一工艺被称为 Carrousel(卡鲁塞尔)氧化沟,其沟深加大到4.5 m 以上。1970年,在南非开发 Orbal 氧化沟,并使用转盘曝气机。20世纪60年代以来,氧化沟技术在欧洲、北美、南非、大洋洲等地得到迅速推广和应用。氧化沟技术的发展不仅体现在数量上,也体现在处理规模的扩大和处理对象的不断增加。目前,氧化沟既能用于生活污水的处理,也用于工业废水和城市污水的处理。

我国从20世纪80年代以来也较多地开展了对氧化沟工艺的研究,并设计建造了一批氧化沟污水处理厂。早期的氧化沟是间歇运行的,无二次沉淀池。到了20世纪60年代,氧化沟采用了连续流运行方式,并单独建造二次沉淀池。近年来,随着控制仪表的发展以及生物脱氮工艺的需要,转刷型氧化沟又发展成双沟和三沟交替式运行方式,可以不用单独设置二沉池。氧化沟由于水力停留时间长、占地面积大,在土地资源日趋紧张的情况下,表现出一定的局限性。因而,对于处理量大的城市污水处理厂来说,开发深沟型的氧化沟已成为一种必然的趋势,但由于一般表曝器的有效水深只有4.5 m 左右,因此为保证深沟条件下氧化沟内有足够大的流速将成为今后工作的重点。在 Carrousel 氧化沟的廊道中安装水下推进器可以克服这一缺点,水下推进器的设置有利于产生足够大的流速,并促进池中混合及在曝气器暂时关闭时的反硝化。对于较小流量的城市或工业废水,一体化氧化沟的出现,正弥补了传统氧化沟存在的缺点,也代表了污水处理工艺集约化、一体化的发展趋势。一体化氧化沟集曝气、沉淀及固液分离于一体,连续运行,减少了占地面积,同时保持了氧化沟的优点,其优良的特性将会使这一工艺得到迅速地推广。目前,已运行的氧化沟工艺中,有代表性的是"船"形沟内澄清池氧化沟系统,这种工艺占地小,投资费用及能耗均比传统的氧化沟工艺低。

6.6.2 氧化沟的工艺特点

(1)工艺流程简单,构筑物少,运行管理方便。氧化沟处理工艺简化了预处理过程和剩余污泥的后处理工艺。由于活性污泥在系统中的停留时间很长,排出的剩余污泥已得到高度稳定,因此只需进行浓缩和脱水处理,而不需要进行厌氧硝化处理,从而省去了污泥消化池。

通过采用一定形式的氧化沟系统,还可将二沉池与曝气池合建,省去了二沉池和污泥回流系统,从而使处理流程更为简单。

(2)基建投资省、运行费用低。

(3)由于氧化沟所采用的污泥龄一般长达 20~30 d,污泥在沟内得到了好氧稳定,污泥生产量也较少,因此使污泥后处理大大简化,节省处理厂运行费用,且便于管理。

(4)能承受水量、水质冲击负荷,对高浓度工业废水有很大的稀释能力。氧化沟因其水力停留时间和污泥龄较长,沟中水流不断循环等特点,对进水水量、水质的变化有较大的适应性,能承受冲击负荷而不致影响处理性能。当处理高浓度工业废水时,进水能受到很大的稀释,能减弱对活性污泥细菌的抑制作用。

6.6.3 几种典型的氧化沟

6.6.3.1 Carrousel 氧化沟

Carrousel(卡鲁塞尔)氧化沟是 20 世纪 60 年代末由荷兰 DHV 公司研制成功的,当时开发这一工艺的主要目的是寻求一种渠道更深、效率更高和机械性能更好的系统设备,从而改善和弥补当时流行的转刷式氧化沟的技术弱点。

Carrousel 氧化沟的构造如图 6.20 所示,它是一个多沟串联的系统,进水与活性污泥混合后沿箭头方向在沟内作不停的循环流动。Carrousel 氧化沟采用垂直安装的低速表面曝气器,每组沟渠安装一个,且均安装在同一端,因此形成了靠近曝气器下游的富氧区和曝气器上游以及外环的缺氧区。这不仅有利于生物凝聚,还使活性污泥易于沉淀。BOD_5 去除率可达 95%~99%,脱氮效率约为 90%,除磷效率约为 50%。

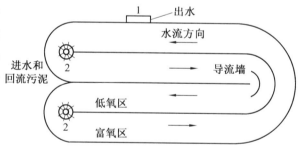

图 6.20 Carrousel 氧化沟
1—出水堰;2—曝气器

Carrousel 氧化沟的表面曝气机单机功率大,其水深可达 5 m 以上,使氧化沟占地面积减少,土建费用降低。由于曝气机周围的局部地区能量强度比传统活性污泥曝气池中的强度高得多,使得氧的转移效率大大提高,平均传氧效率达到至少 2.1 kg/(kW·h)。因此,Carrousel 氧化沟具有极强的混合搅拌耐冲击能力。当有机负荷较低时,可以停止某些曝气器的运行,在保证水流搅拌混合循环流动的前提下,节约能量消耗。

6.6.3.2 交替式氧化沟

交替式氧化沟是由丹麦 Kruger 公司创建的,有二池和三池交替工作的两种情况。二池交替工作的氧化沟又可分为 V-R 型、D 型,如图 6.21、6.22 所示。

V-R 型氧化沟是将曝气沟渠分为 A,B 两部分,其间有单向活扳门相连。利用定时改变曝气转刷的旋转方向,以改变沟渠中的水流方向,使 A,B 两部分交替地作为曝气区和沉淀区,因此不需另设二沉池。当沉淀区改变为曝气区运行时,已沉淀的污泥会自动与水相混合。因此,不需设置污泥回流装置。这种系统简化了流程,节省了基建费用和运行费用,管理也很方便。

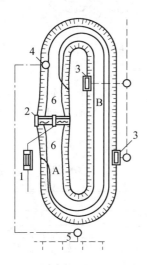

图 6.21 交替工作的氧化沟(V-R)型
1—沉砂池;2—曝气转刷;3—出水堰;4—排泥管;5—污泥井;6—氧化沟

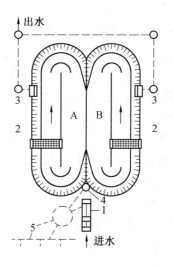

图 6.22 二池交替工作的氧化沟(D 型)
1—沉砂池;2—曝气转刷;3—出水堰;4—排泥管;5—污泥井

D 型氧化沟由容积相同的 A,B 两池组成。串联运行,交替地作为曝气池和沉淀池,一般以 8 h 为一个运行周期。该系统可得到十分优质的出水和稳定的污泥,同样不需设污泥回流装置。缺点是:曝气转刷的利用率仅为 37.5%。

为了克服 D 型氧化沟的缺点,Kruger 公司又开发了三沟式(T 型)氧化沟,从而将设备利用率提高到了 58%,而后发展的动态顺序沉淀(DSS)氧化沟的设备利用率达到了 70%,如图 6.23 所示。

交替式氧化沟主要是为了去除 BOD,如果要同时除磷脱氮,对于双沟式氧化沟就需在氧化沟前后分别增设厌氧池和沉淀池。而三沟式氧化沟除磷脱氮可在同一反应器中完成。该系统由三个相同的氧化沟组建在一起作为一个系统运行,三个氧化沟之间相互双双连通。在运行时,两侧的 A、C 两池交替地用作曝气池和沉淀池,中间的 B 池一直维持曝气,进水交替地引入 A 池或 C 池,出水相应地从 C 池或 A 池引出。这样做提高了曝气转刷的利用率,还有利于生物脱氮。三沟式氧化沟中每个池都配有可供污水和环流(混合)的转刷,每池的进口均与经格栅和沉砂池处理的出水通过并相连接。进水的分配和出水调节堰完全靠自控装置控制。三沟式氧化沟的脱氮是通过新开发的双速电机来实现的,曝气转刷能起到混合器和曝气器的双重功能。当处于反硝化阶段时,转刷低速运转,仅仅保持池中污泥悬浮,而池内处于缺氧状态。好氧和缺氧阶段完全可由转刷转速的改变进行自动控制。三沟式氧化沟是一个 A/O(兼氧/好氧)活性污泥系统,可以完成有机物的降解和硝化反硝化过程,取得良好的 BOD 去除效果和脱氮效果。依靠三池工作状态的转换,可以免除污泥回流和混合液回流,运行费用可大大节省。

6.6.3.3 Orbal 氧化沟

Orbal 氧化沟是一种多渠道的氧化沟系统,沟中有若干多孔曝气圆盘的水平旋转装置,用以进行传氧和混合。Orbal 氧化沟由多个同心的沟渠组成,如图 6.24 所示,沟渠呈圆形或椭圆形,进水先引入最外的沟渠,在其中不断循环的同时,依次引入下一个沟渠,最后从中心沟渠排出,这相当于一系列完全混合反应池串联在一起。但是若干个串联的完全反应池与单个渠的动力学是不同的,Orbal 系统中每一圆形沟渠均表现出单个反应器的特性。例如,对氧的吸收率进水渠最高,出水渠最低,相应溶解氧浓度从外沟到内沟依次增高,渠与渠之间有相当大的变化。Orbal 系统具有接近推流反应器的特性,可以达到快速去除有机物和氨氮的效果。Orbal 这种串联形式,可以兼有完全混合式与推流式的优点。

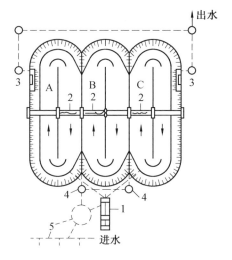

图 6.23 三池交替工作氧化沟系统(T 型)
1—沉砂池;2—曝气转刷;3—出水溢流堰;4—排泥井;5—污泥井

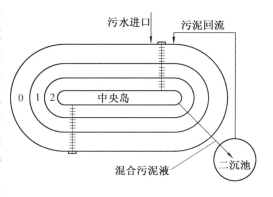

图 6.24 Orbal 氧化沟

常用的 Orbal 氧化沟分为三条沟渠,第一渠道的容积约为总容积的 60%～70%,第二沟渠的容积约为总容积的 20%～30%,第三沟渠的容积则仅占总容积的 10%。在运行时,应保持第一、第二及第三沟渠的溶解氧分别为 0 mg/L、1 mg/L、2 mg/L,即为三沟 DO 的 0-1-2 梯度分布。第一沟渠中氧的吸收率很高,通常高于供氧速率,供给的大部分溶解氧立即被消耗掉。因此,即使该段提供 90% 的需氧量,仍可将溶解氧的含量保持在 0 左右。在第二、第三沟渠中,氧的吸收率比较低,尽管反应池中供氧量比较低,溶解氧的量却可以保持较高的水平。为了保持 Orbal 氧化沟中这种浓度梯度,可简单地通过增减曝气盘的数量来达到调节溶解氧的目的。在氧化沟中保持 0—1—2 的浓度梯度,可达到以下目的:

(1)在第一沟渠内仅提供将 BOD 物质氧化稳定所需的氧,保持溶解氧为 0 或接近 0,既可节约供氧的能耗,又可为反硝化创造条件;

(2)在第一沟渠缺氧条件下,微生物可进行磷的释放,以便它们在好氧环境下吸收磷,达到除磷效果。

根据硝化和反硝化原理,脱氮过程需先将氨氮在有氧条件下转化成硝态氮,然后在无分子态氧存在的条件下把硝态氮还原成氮气,这就要求创造一个好氧和缺氧环境。Orbal 氧化沟特有的三沟溶解氧呈 0 mg/L,1 mg/L,2 mg/L 的分布正创造了一个极好的脱氮条件,其独特之处是有大部分硝化反应发生在第一沟渠。在第一沟渠内可同时发生硝化和反硝化。在整个第一沟渠内存在缺氧与曝气区域,在曝气转盘上游 1 m 至下游 3 m 的沟长范围内一般 DO>0.5 mg/L,部分区域甚至可达 2~3 mg/L,可将此看作曝气区域,其他区域则为缺氧区域。生物处理系统为多种微生物群体共生的系统,污水在经过曝气区域时可发生硝化反应,在缺氧区域则进行氮的脱除,加上污水是先进入外沟,为反硝化反应提供了充足的碳源。使得在第一沟渠内,氮得到了很好的去除。

6.6.3.4 一体化氧化沟

一体化氧化沟又称合建式氧化沟,集曝气、沉淀、泥水分离和污泥回流功能于一体,无需建造单独的二沉池。最早的 Pasveer 氧化沟也是一体化氧化沟,因为它是间歇运行,曝气和沉淀是在同一沟中完成的。而近年来由丹麦引进的三沟(T 型及 DSS 型)氧化沟属于序批式操作方式,也属于此范畴。这里所说的一体化氧化沟是指曝气、净化与固液分离操作同在一个构筑物中完成,污泥自动回流,连续运行,设备利用率为 100%。工艺的主要特点是:①工艺流程短,构筑物和设备少,不设初沉池、调节池和单独的二沉池,污泥自动回流,投资少、能耗低、占地少、管理简便;②处理效果稳定可靠,其 BOD_5 和 SS 去除率均在 90%~95% 或更高,COD 的去除率也在 85% 以上,并且硝化、脱氮作用明显;③产生的剩余污泥量少,污泥不需硝化,污泥性质稳定,易脱水,不会带来二次污染;④固液分离效果比一般二沉池高,能使整个系统在较大的流量浓度范围内稳定运行;⑤污泥回流及时,减少了污泥膨胀的可能。

固液分离器是一体化氧化沟的关键技术设备,可分为内置式和外置式两种。内置式则是利用竖流沉淀池和斜板沉淀池的工作原理,如船式分离器(图 6.25)和 BMTS 沟内分离器;外置式固液分离器是利用平流沉淀池的分离原理,如中心岛(图 6.26)及侧沟内式固液分离器。

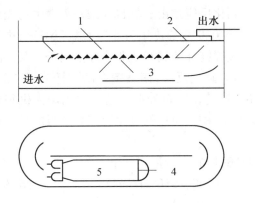

图 6.25 船式一体化氧化沟
1—污泥斗;2,4—溢流堰;3—回流孔;5—船式分离器

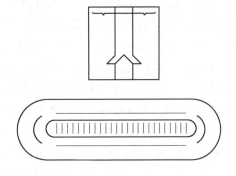

图 6.26 中心岛式一体化氧化沟

6.7 废水生物脱氮除磷技术

含有大量植物性营养元素氮、磷的污水排入环境,引发浮游生物的过度繁殖,造成了水体的富营养化,其危害性是相当严重的。如藻类的过量繁殖及继而引起的水质恶化以致湖泊退化;其次是氨氮的耗氧特性会使水体的溶解氧降低,从而导致鱼类死亡和水体黑臭;此外,当水体的 pH 值较高时,氨对鱼类等水生生物也具有毒性等。水环境污染和水质富营养化问题的尖锐化迫使越来越多的国家和地区制定严格的氨、氮排放标准。因此,有效地降低废水中氮、磷的含量已成为现代废水处理技术的一项新课题。

污水除磷脱氮技术发展的重大成就是生物除磷脱氮技术的发展,以及生物处理和化学处理的有机结合。因为,从除磷脱氮的技术来说,某些化学的或物理化学的方法可以有效地去除废水中的氮和磷,但是一般来说化学法或物理化学法运行操作复杂,费用高,无法利用原有的废水处理构筑物来改建污水处理系统。因此,废水生物脱氮除磷技术由于其优越性取得了飞速的发展,并能与化学处理进行有机的结合在生产实践中得以应用。

6.7.1 废水生物脱氮技术

污水中氮主要以氨氮和有机氮形式存在,还含有少量亚硝酸盐和硝酸盐形态的氮,在未经处理的污水中,氮有可溶性的,也有非溶性的。可溶性有机氮主要以尿素和氨基酸的形式存在。一部分非溶性有机氮在初沉池中可以去除。在生物处理过程中,大部分的非溶性有机氮转化成氨氮和其他无机氮,却不能有效地去除氮。废水生物脱氮的基本原理就在于,在有机氮转化为氨氮的基础上,通过硝化反应将氨氮转化为亚硝态氮和硝态氮,再通过反硝化反应将硝态氮转化为氮气从水中逸出,从而达到脱氮的目的。

6.7.1.1 生物硝化反应及其影响因素

1. 生物硝化反应

硝化反应是将氨氮转化为硝酸盐氮的过程。硝化反应是由一群自养型好氧微生物完成的,它包括两个基本反应步骤,第一阶段是由亚硝酸菌将氨氮转化为亚硝酸盐(NO_2^-),称为亚硝化反应,亚硝酸菌中有亚硝酸单胞菌属、亚硝酸螺旋杆菌属和亚硝化球菌属等。第二阶段则由硝酸菌将亚硝酸盐进一步氧化为硝酸盐,称为硝化反应,硝酸菌有硝酸杆菌属、螺菌属和球菌属等。亚硝酸菌和硝酸菌统称为硝化菌,均是化能自养菌。这类菌利用无机碳化合物(如 CO_2,CO_3^{2-},HCO_3^- 等)作为碳源,通过与 NH_3,NH_4^+,NO_2^- 的氧化反应来获得能量。亚硝酸菌和硝酸菌的特性可见表 6.2。

氨氮被氧化为亚硝酸盐,亚硝酸盐被氧化为硝酸盐的表示形式如下

$$NH_4^+ + 1.5O_2 \longrightarrow NO_2^- + 2H^+ + H_2O + (240 \sim 350 \text{ kJ/mol}) \tag{6.36}$$

$$NO_2^- + 0.5O_2 \longrightarrow NO_3^- + (65 \sim 90 \text{ kJ/mol}) \tag{6.37}$$

第一阶段反应放出能量多,该能量供给亚硝酸菌将 NH_4^+ 合成 NO_2^-,维持反应的持续进行,第二阶段反应放出能量较小,到目前为止未发现中间产物。由于亚硝酸菌的酶系统十分复杂,氨氮氧化为亚硝态氮经历了 3 个步骤、6 个电子变化,而硝化反应只经历了 1 个步骤

和 2 个电子变化,相对简单些。因此,有人认为亚硝酸菌比硝酸菌更易受到抑制。从能量角度来看,第一阶段反应放能远大于第二阶段,而能量是用于细胞合成的,所以亚硝酸菌的产量大于硝酸菌的产量,这一点从污泥产率系数的大小也可以看出。

表 6.2 硝化菌的特征

项 目	亚硝酸菌	硝酸菌
形状	椭球或棒状	椭球或棒状
细胞大小/μm	1×1.5	0.5×1.5
革兰氏染色	阴性	阴性
世代时间/h	8～36	12～59
自养性	专性	兼性
需氧性	严格好氧	严格好氧
最大比增长速率/($\mu m \cdot h^{-1}$)	0.04～0.08	0.02～0.06
产率系数 Y	0.04～0.013	0.02～0.07
饱和常数 K/(mg·L^{-1})	0.6～3.6	0.3～1.7

氧化(代谢)不是单独进行的,合成也在同时进行,这就导致了微生物的增长。合成的表示形式为

$$15CO_2 + 13NH_4^+ \longrightarrow 10NO_2^- + 3C_5H_7NO_2 + 23H^+ + 4H_2O \quad (亚硝酸菌) \quad (6.38)$$

$$5CO_2 + NH_4^+ + 10NO_2^- + 2H_2O \longrightarrow 10NO_3^- + C_5H_7NO_2 + H^+ \quad (硝酸菌) \quad (6.39)$$

硝化过程总反应如下

$$NH_4^+ + 1.83O_2 + 1.98HCO_3^- \longrightarrow 0.021C_5H_7NO_2 + 1.041H_2O + 1.88H_2CO_3 + 0.98NO_3^- \quad (6.40)$$

该式包括了第一、二阶段的合成及氧化,是以上公式的综合体现。由反应式(3.51)可知,反应物中的 N 大部分被硝化为 NO_3^-,只有 2.1% 合成为生物体,硝化菌的产量很低,且主要在第一阶段产生(占 1/55)。若不考虑分子态以外的氧合成细胞本身,光从分子态氧来计量,只有 1.1% 的分子态氧进入细胞体内,因此细胞的合成几乎不需要分子态的氧。

经计算可知,每氧化 1 g 氨氮需消耗重碳酸盐碱度(以 $CaCO_3$ 计)7.14 g。

2. 影响硝化反应的因素

(1)温度。温度不但影响硝化菌的比增长速率,而且影响硝化菌的活性。硝化反应的适宜温度范围是 30～35 ℃,在温度为 10 ℃、20 ℃、30 ℃时,亚硝酸菌的最大比增长速率 $\mu_N(d^{-1})$ 值分别为 0.3、0.65 和 1.2,可见,值与温度的关系服从 Arrhenius 方程,即温度每升高 10 ℃,μ_N 值增加一倍。在 5～35 ℃的温度范围内,硝化反应速率随温度的升高而加快。但到 30 ℃时增加幅度减少,这是因为当温度超过 30 ℃时,蛋白质的变性降低了硝化菌的活性。当温度低于 5 ℃时,硝化细菌的生命活动几乎停止。对于同时去除有机物和进行硝化反应的系统,温度低于 15 ℃即发现硝化速率迅速降低。低温对硝酸菌的抑制作用更为强烈,因此在低温 12～14 ℃时常出现亚硝酸盐的积累。

(2)溶解氧。如前所述,硝化反应必须在好氧条件下进行,所以溶解氧浓度也会影响硝

化反应速率。一般应维持混合液的溶解氧浓度为 2~3 mg/L,溶解氧浓度为 0.5~0.7 mg/L 是硝化菌可以忍受的极限。有资料表明,当 DO<2 mg/L,氮有可能完全硝化,但需要过长的污泥停留时间,因此,设计时通常使沟内好氧区的溶解氧浓度不小于 2 mg/L。

对于同时去除有机物和进行硝化反硝化的工艺中,硝化菌约占活性污泥的 5% 左右,大部分硝化菌将处于生物絮体的内部。在这种情况下,溶解氧浓度的增加将会提高溶解氧对生物絮体的穿透力,从而提高硝化反应速率。因此,在低泥龄条件下,由于含碳有机物氧化速率的增加使耗氧速率增加,减少了溶解氧对生物絮体的穿透力,进而降低了硝化反应速率。相反,在长泥龄条件下,耗氧速率较低,即使溶解氧浓度不高,也可保证溶解氧对生物絮体的穿透作用,从而维持较高的硝化反应速率。因此,当泥龄降低时,为维持较高的硝化速率,应相应地提高溶解氧浓度。

(3)pH 值。硝化反应的最佳 pH 值范围为 7.5~8.5,当 pH 值低于 7 时,硝化速率明显降低,低于 6 和高于 9.6 时,硝化反应将停止进行。一般污水对于硝化反应来说,碱度往往是不够的,因此应投加必要的碱量以维持适宜的 pH 值,保证硝化反应的正常进行。

(4)有毒物质。过高浓度的 NH_3-N、重金属、有毒物质及有机物对硝化反应有抑制作用。对硝化反应的抑制作用主要有两个方面:一是干扰细胞的新陈代谢,这种影响需长时间才能显示出来;二是破坏细菌最初的氧化能力,这在短时间里即会显示出来。一般来说,同样毒物对亚硝酸菌的影响较对硝酸菌的影响强烈。

(5)污泥龄。为保证连续流反应器中存活并维持一定数量和性能稳定的硝化菌,微生物在反应器的停留时间即污泥龄应大于硝化菌的最小世代期,硝化菌的最小世代期即其最大比增长速率的倒数。实际运行中,一般应控制污泥龄为硝化菌最小世代期的两倍以上,并不得小于 3~5 d,为保证一年四季都有充分的硝化反应,污泥龄应大于 10 d。较长的泥龄可增强硝化反应的能力,并可减轻有毒物质的抑制作用。

(6)C/N 比。在活性污泥系统中,硝化菌只占活性污泥微生物的 5% 左右,这是因为与异养型细菌相比,硝化菌的产率低、比增长速率小。而 BOD_5/TKN 值的不同,将会影响到活性污泥系统中异养菌与硝化菌竞争底物和溶解氧,从而影响脱氮效果。一般认为处理系统的 BOD 污泥(MLSS)负荷低于 0.15 kg/(kg·d) 时,处理系统的硝化反应才能正常进行。

6.7.1.2 生物反硝化反应及其影响因素

1. 生物反硝化反应

反硝化反应是由一群异养性微生物完成的生物化学过程。它的主要作用是在缺氧(无分子态氧)的条件下,将硝化过程中产生的亚硝酸盐和硝酸盐还原成气态氮(N_2)或 N_2O,NO。

参与反应的反硝化菌在环境中很普遍,在污水处理系统中常见的反硝化细菌包括假单胞菌属、反硝化杆菌属、螺旋菌属和无色杆菌属等。它们多数是兼性细菌,有分子态氧存在时,反硝化菌氧化分解有机物,利用分子氧作为最终电子受体。在无分子态氧条件下,反硝化菌利用硝酸盐和亚硝酸盐中的 N^{5+} 和 N^{3+} 作为电子受体,O^{2-} 作为受氢体生成 H_2O 和 OH^- 碱度,有机物则作为碳源及电子供体提供能量并得到氧化稳定。

反硝化过程中亚硝酸盐和硝酸盐的转化是通过反硝化细菌的同化作用和异化作用来完

成的。异化作用就是将 NO_2^- 和 NO_3^- 还原为 NO，N_2O，N_2 等气体物质，主要是 N_2。而同化作用是反硝化菌将 NO_2^- 和 NO_3^- 还原成 NH_3-N 供新细胞合成之用，氮成为细胞质的成分，此过程可称为同化反硝化。

生物反硝化过程可简单地用下式表示为

$$NO_3^- + 3H(电子供体有机物) \rightarrow 1/2N_2 + H_2O + OH^- \tag{6.41}$$

$$NO_2^- + 6H(电子供体有机物) \rightarrow 1/2N_2 + H_2O + OH^- \tag{6.42}$$

硝化反应每氧化 1 g NH_4^+-N 耗氧 4.57 g，消耗碱度 7.14 g，表现为 pH 值下降；在反硝化过程中，去除 NO_3^--N 的同时去除碳源，这部分碳源折合 DO 为 2.6 g，另外，反硝化过程中补偿碱度为 3.57 g。当废水中碳源有机物不足时，应补充投加易于生物降解的碳源有机物，如甲醇等。

2. 反硝化影响因素

影响反硝化速率的因素多种多样，说明如下。

(1) 温度。反硝化反应的最佳温度范围为 35～45 ℃，反硝化速率（NO_3^-/VSS）与温度的关系遵守阿累尼乌斯方程，可用下式表示为

$$q_{D,T} = q_{D,20} \cdot \theta^{(T-20)} \tag{6.43}$$

式中　$q_{D,T}$——温度为 T ℃时反硝化速率，g/(g·d)；

　　　$q_{D,20}$——20 ℃时反硝化速率，g/(g·d)；

　　　θ——温度系数，1.03～1.15，设计时可取 $\theta = 1.09$。

温度对反硝化反应的影响与反硝化设备的类型（微生物悬浮生长型与附着生长型）及硝酸盐负荷有关。研究表明，温度对生物流化床反硝化的影响比生物转盘和悬浮活性污泥要小得多。当温度从 20 ℃降到 5 ℃时，为达到相同的反硝化效果，生物流化床的水力停留时间提高到了原来的 2.1 倍，而生物转盘和活性污泥法则分别为 4.6 和 2.3。

(2) pH 值。反硝化过程最适宜的 pH 值范围为 6.5～7.5，不适宜的 pH 值会影响反硝化菌的生长速率和反硝化酶的活性。当 pH 值低于 6.0 或高于 8.0 时，反硝化反应将受到强烈抑制。如前所述，反硝化反应会产生碱度，这有助于将 pH 值保持在所需范围内，并补充在硝化过程中消耗的一部分碱度。

(3) 溶解氧。反硝化菌是兼性菌，既能进行有氧呼吸，也能进行无氧呼吸。热力学研究表明，含碳有机物好氧生物氧化时所产生的能量高于厌氧硝化时所产生的能量，这表明当同时存在分子态氧和硝酸盐时优先进行有氧呼吸，反硝化菌降解含碳有机物而抑制了硝酸盐的还原。所以，为了保证反硝化过程的顺利进行，必须保持严格的缺氧状态。微生物从有氧呼吸转变为无氧呼吸的关键是合成无氧呼吸的酶，而分子态氧的存在会抑制这类酶的合成及其活性。由于这两方面的原因，溶解氧对反硝化过程有很大的抑制作用。一般认为，系统中溶解氧应保持在 0.5 mg/L 以下，反硝化反应才能正常进行。但在附着生长系统中，由于生物膜对氧传递的阻力较大，可以容许较高的溶解氧浓度。

(4) 碳源有机物。反硝化过程需要提供充足的碳源，碳源物质不同，反硝化速率也将不同。

6.7.2　废水生物除磷技术

城市污水中所含的磷主要来源于各种洗涤剂、工业原料、农业化肥的生产及人体排泄

物。废水中磷的存在形态取决于废水的类型,最常见的是磷酸盐($H_2PO_4^-$,HPO_4^{2-},PO_4^{3-})、聚磷酸盐和有机磷。生活污水的含磷量一般在 10~15 mg/L 左右,其中 70% 是可溶性的。常规二级生物处理的出水中,90% 左右的磷以磷酸盐的形式存在。在传统的活性污泥法中,磷作为微生物正常生长所必需的元素用于微生物菌体的合成,并以生物污泥的形式排出,从而使废水中的磷得以去除。在常规活性污泥系统中,微生物正常生长时通过活性污泥的排放仅能获得 10%~30% 的除磷效果。但在污水处理厂的运行中,常常会观察到更高的去除率,即微生物吸收的磷量超过了微生物正常生长所需要的磷量,这就是活性污泥的生物超量吸磷现象。污水生物除磷技术的发展正是源于生物超量吸磷现象的发现。

6.7.2.1 废水生物除磷的机理

对微生物超量吸收磷这一现象的解释有两种:一是生物诱导的化学沉淀作用,二是生物积磷作用。一般倾向于认为废水中磷的去除是一种生物作用过程。大量的试验研究资料证实,经过厌氧状态释放磷的活性污泥在好氧状态下有很强的磷吸收能力,这就是磷得以除去的原因所在。生物除磷的机理可具体表述如下:

1. 厌氧区

在没有溶解氧和硝态氮存在的厌氧条件下,兼性细菌通过发酵作用将溶解性 BOD 转化为醇类和低级脂肪酸(VFAs)。聚磷菌从污水中吸收这些 VFAs,并将其转运到细胞内,同化成胞内碳能源储存物,如聚 - β - 羟基丁酸(PHB)和聚 - β - 羟基戊酸(PHV)。所需的能量来源于聚磷的降解以及细胞内糖的酵解,并导致磷酸盐的释放。

2. 好氧区

在厌氧环境释放过磷的聚磷菌,进入好氧区后活力得到恢复,并以聚磷的形式存储超出生长需要的磷量,通过 PHB/PHV 的氧化代谢产生能量,用于磷的吸收和聚磷的合成,能量以聚磷酸高能键的形式存储,磷酸盐从液相去除。产生的富磷污泥(重新吸收富集了大量磷的菌细胞),将在后续的操作单元中通过剩余污泥的形式得到排放,从而将磷从系统中去除。从能量角度来看,聚磷菌在厌氧状态下释放磷获取能量以吸收废水中溶解性有机物,在好氧状态下降解吸收的溶解性有机物获取能量以吸收磷,在整个生物除磷过程中表现为 PHB 的合成和分解。乙酸盐和其他发酵产物来源于厌氧区内兼性微生物的正常发酵作用,一般认为这些发酵产物产生于进水中的溶解性 BOD(快速生物降解有机物)。

除磷系统的关键所在就是厌氧区的设置,可以说厌氧区是聚磷菌的生物选择器。由于聚磷菌能在这种短暂性的厌氧条件下优先于非聚磷菌吸收低分子基质(发酵终产物)并快速同化和储存这些发酵产物,厌氧区为聚磷菌提供了竞争优势。同化和储存发酵产物的能源来自聚磷的水解以及细胞内糖的酵解,储存的聚磷为基质的主动运输、乙酰乙酸盐(PHB 合成前体)的形成提供能量。这样一来,能吸收大量磷的聚磷菌群体就能在处理系统中得到选择性增殖,并可通过排除高含磷量的剩余污泥达到除磷的目的。这种选择性增殖的另一个好处就是抑制了丝状菌的增殖,避免了产生沉淀性能差的污泥,也就是说,厌氧/好氧生物除磷工艺的应用可使曝气池混合液的 SVI 值保持在相当低的水平。

聚磷菌在生物除磷过程中的作用机理如图 6.27 所示。由生物除磷的机理可知,PHB 的合成和降解,作为一种能量的储存和释放过程,在聚磷菌的摄磷和放磷过程中起着十分重要的作用,即聚磷菌对 PHB 的合成能力的大小将直接影响其摄磷能力的高低。应当指出,正是因为聚磷菌在厌氧/好氧交替运行的系统中有释磷和摄磷的作用,才使得它在与其他微生物的竞争中取得优势,从而使除磷作用向正反馈的方向发展。

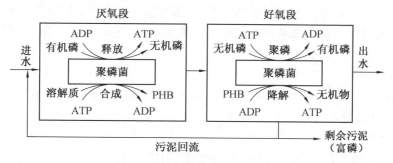

图 6.27　聚磷菌的作用机理

对于废水生物除磷工艺中的聚磷菌,早期的研究认为主要是不动杆菌,而目前有的研究则认为假单胞菌属和气单胞菌属才是生物除磷起主要作用的聚磷菌。Brodisch 等人通过研究认为,假单胞菌属和气单胞菌属可占聚磷菌数量的 15% ~ 20%,而不动杆菌仅占聚磷菌数量的 1% ~ 10%,但更多的研究证明,虽然不动杆菌并非唯一的聚磷菌,但在生产性生物处理系统中不动杆菌储存聚磷的能力最强,在生物除磷系统中分离出的细菌中不动杆菌数量居多。目前,有关聚磷菌中哪种或几种菌群占主要地位的问题,尚需进一步研究。Osborn 等人在硝酸盐异化还原过程中观测到了磷的快速吸收现象,这表明某些反硝化菌也能超量吸收磷。由于许多生物除磷系统同时包含了硝化作用和反硝化作用,聚磷菌的反硝化能力也十分重要,所以目前对于厌氧区的设置与否并无定论。另外,在生物除磷过程中起重要作用的还有发酵产酸菌,它和聚磷菌在除磷方面的作用是密不可分的。只有发酵产酸菌将废水中的大分子物质降解为低分子脂肪酸类有机基质,聚磷菌才能加以利用以合成 PHB,或通过 PHB 的分解来过量地摄取磷。因而,当发酵产酸菌的作用受到抑制时(如有 NO_3^- 存在),系统的除磷效果将大受影响。

6.7.2.2　生物除磷的影响因素

1. 溶解氧

由于 DO 的存在,溶解氧的影响包括两方面:一方面 DO 将作为最终电子受体而抑制厌氧菌的发酵产酸作用,妨碍磷的释放;另一方面会减少聚磷菌所需的脂肪酸产生量,造成生物除磷效果差。所以,必须在厌氧区中严格控制厌氧条件,这直接关系到聚磷菌的生长状况、释磷能力及利用有机基质合成 PHB 的能力。再者,在好氧区中要供给足够的溶解氧,以满足聚磷菌对其储存的 PHB 进行降解,释放足够的能量供其过量摄磷之需,有效地吸收废水中的磷。一般厌氧段的 DO 应严格控制在 0.2 mg/L 以下,而好氧段的溶解氧控制在 2.0 mg/L 左右。

2. 厌氧区硝态氮

硝酸盐氮与亚硝酸盐氮的存在和还原,也会消耗有机基质而抑制聚磷菌对磷的释放,从而影响在好氧条件下聚磷菌对磷的吸收。而且,硝态氮的存在会被部分生物聚磷菌(如气单胞菌)利用作为电子受体进行反硝化,从而影响其以发酵中间产物作为电子受体进行发酵产酸,进而抑制聚磷菌的释磷和摄磷能力及 PHB 的合成能力。

3. 温度

温度对除磷效果的影响不如对生物脱氮过程的影响那么明显,因为在高温、中温、低温条件下,有不同的菌群都具有生物除磷的能力,但低温运行时厌氧区的停留时间需要更长一些,以保证发酵作用的完成及基质的吸收。试验表明在 5~30 ℃ 的范围内,都可以得到很好的除磷效果。

4. pH 值

试验证明 pH 值在 6~8 的范围内时,磷的厌氧释放比较稳定。pH 值低于 6.5 时生物除磷的效果会大大下降。

5. BOD 负荷

废水生物除磷工艺中,厌氧段有机基质的种类、含量及其与微生物营养物质的比值(BOD_5/TP)是影响除磷效果的重要因素。不同的有机物为基质时,磷的厌氧释放和好氧摄取是不同的。根据生物除磷原理,分子量较小的易降解的有机物(如低级脂肪酸类物质)易于被聚磷菌利用,将其体内储存的多聚磷酸盐分解释放出磷,诱导磷释放的能力较强,而高分子难降解的有机物诱导释磷的能力较弱。厌氧阶段磷的释放越充分,好氧阶段磷的摄取量就越大。另一方面,聚磷菌在厌氧段释放磷所产生的能量,主要用于其吸收进水中低分子有机基质合成 PHB 储存在体内,以作为其在厌氧条件压抑环境下生存的基础。因此,进水中是否含有足够的有机基质提供给聚磷菌合成 PHB,是关系到聚磷菌在厌氧条件下能否顺利生存的重要因素。一般认为,进水中 BOD_5/TP 要大于 15,才能保证聚磷菌有着足够的基质需求而获得良好的除磷效果。

6. 污泥龄

由于生物脱磷系统主要是通过排除剩余污泥去除磷的,因此剩余污泥量的多少将决定系统的除磷效果。而泥龄的长短对污泥的摄磷作用及剩余污泥的排放量有着直接的影响。一般来说,泥龄越短,污泥含磷量越高,排放的剩余污泥量也越多,越可以取得较好的除磷效果。短的泥龄还有利于好氧段控制硝化作用的发生而利于厌氧段的充分释磷,因此,仅以除磷为目的的污水处理系统中,一般宜采用较短的泥龄。但过短的泥龄会影响出水的 BOD_5 和 COD,若泥龄过短可能会使出水的 BOD_5 和 COD 达不到要求。资料表明,以除磷为目的的生物处理工艺污泥龄一般控制在 3.5~7 d。

6.8 膜生物反应器技术

膜生物技术是近些年在污水处理领域最为活跃的研究课题。膜生物反应器(MBR)在污水处理中的研究和应用涉及到生物学、水力学、材料学、经济学和工程学等众多学科,MBR 的发展需要每个学科的进一步探索和各个学科间的相互渗透。国内外许多学者也对膜生物反应器技术进行了大量的研究,并取得了丰硕的成果。尽管膜污染和高能耗问题尚未得到彻底解决,但由于该技术具有传统工艺无法比拟的优势,特别是近 20 年来有机高分子材料科学的快速发展,使得膜生物反应器工艺在城市污水和工业废水处理领域中得到了更多的应用。膜技术在各个相关学科的交叉带动下,必将成为今后人们控制水污染和解决污水回用问题的重要手段之一。膜生物反应器未来急需解决的研究重点如下:膜污染的机理及防治;膜生物反应器工艺流程形式及运行条件的优化;研究 MBR 的污泥产率与运行条件的关系,以合理减少污泥产量,降低污泥处理费用;MBR 经济性研究;目前国内外膜生物反应器的工艺设计尚未见有较成熟、系统的方法,建立一套合理的设计方法和标准也是急需解决的课题之一。

6.8.1 膜技术基础

6.8.1.1 膜的定义与分类

1. 膜的定义

膜具有选择透过性,膜从广义上可以定义为两相之间的一个具有选择透过性的薄层屏障。膜分离是指在某种推动力的作用下,利用膜的透过性能,达到分离混合物中离子、分子以及某些微粒的过程。与传统过滤器的最大不同是,膜可以在离子或分子范围内进行分离,并且该过程是一种物理过程,不需发生相的变化和添加助剂。膜的厚度一般以微米度量。

2. 膜的分类

膜可以用许多不同的材料制备,还可以是液相、固相甚至是气相的,目前使用的分离膜绝大多数是固相膜。依据其孔径的不同,可将膜分为微滤膜、超滤膜、纳滤膜和反渗透膜;依据材料的不同,可分为无机膜和有机膜,无机膜主要是微滤级别的膜。膜可以是均质或非均质的,也可以是荷电的或电中性的。膜传递过程可以是主动运输,也可以是被动传递。根据不同的目的可以将膜按不同的标准进行分类。广泛用于废水处理的膜主要是由有机高分子材料做成的,如聚烯烃类、聚乙烯类、芳香族聚酰胺、聚醚砜、聚氟聚合物等。

膜从形态上可以分为均质膜和非对称膜两种类型。均质膜是指各向同性的致密膜或多孔膜。这类膜的通量一般较小,主要用于电渗析和气体分离。非对称膜一般由两层组成,表面一层非常薄,从几十纳米到几十微米,下面一层较厚,约 $100~\mu m$。表面一层起分离作用,可以是致密的,也可以是多孔的。下面一层起支撑作用,是多孔的。非对称膜是使用最广泛的一种分离膜,其皮层对分离膜的性能起决定性的影响。

纤维素是自然界广泛存在的天然资源,纤维素及其衍生物作为膜材料已有相当长的历史,在膜工业中起着举足轻重的作用。近几年,各种高性能、功能化纤维素膜是纤维素科学研究开发中的一个热点。最常见的就是纤维素及其衍生物如纤维素酯,包括醋酸纤维素、三醋酸纤维素、三丙酸纤维素、乙基纤维素、硝酸纤维素以及混合酯,如醋酸-丁酸纤维素。纤维素主要用作透析膜材料,醋酸纤维素和硝酸纤维素主要用于微滤和超滤,而三醋酸纤维素则用作脱盐过程中的反渗透膜。可以说纤维素是最重要的一类膜材料。纤维素类膜对水有良好的透过性,纤维素是天然高分子材料,对人体基本上是安全的,目前其最广泛、最重要的应用是血液透析。膜的分类可以如图 6.28 所示。

在应用上,膜技术除用于微滤(MF)、超滤(UF)、纳滤(NF)、反渗透(RO)、电渗析(ED)、膜电解(ME)、扩散渗析(DD)及透析等分离外,还可用于气体分离(GS)、蒸汽渗透(VP)、全蒸发(PV)、膜蒸馏(MD)、膜接触器(MC)和载体介导传递。

6.8.1.2 膜的性能

1. 膜通量和膜的过滤方式

膜通量是单位时间单位膜面积上通过的物质的量。在水处理中膜通量的单位是

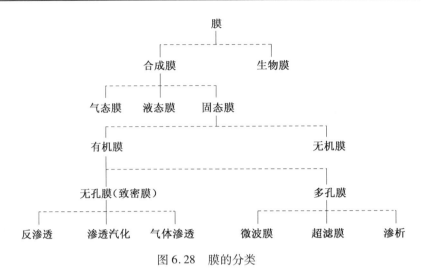

图 6.28 膜的分类

$m^3/(m^2 \cdot s)$ 或者 $L/(m^2 \cdot h)$。在膜分离过程中,影响膜通量的主要因素有:膜的阻力,单位膜面积上的驱动压力,膜表面的水动力学状况,膜污染和其清洗情况等。

膜过滤有两种基本操作方式:全程过滤和错流过滤,如图 6.29 所示。全程过滤是指在膜两边压力差的驱动下,溶质和溶剂垂直于分离膜方向运动,溶质被膜截留,溶剂通过膜而被分离。全程过滤也叫死端过滤,随着操作时间的增加,膜污染会越来越严重,过滤阻力越来越大,膜的渗透速率将下降,必须周期性地停下来清洗膜表面或者更换膜,所以全程过滤是间歇式的。错流过滤指主体料液与膜表面相切而流动,料液中的溶质被膜截留,透过液垂直于膜面而通过膜流出,因此错流过滤也被称为切向流过滤。在错流过滤过程中,料液流经膜表面时产生的剪切力会把膜面上滞留的颗粒带走,使污染层保持在一个较薄的水平上,能有效地控制浓差极化和滤饼堆积,所以长时间操作仍可保持较高的膜通量。

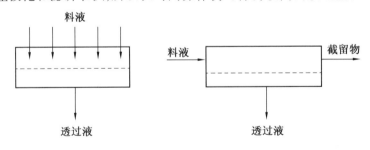

图 6.29 全程过滤和错流过滤示意图

在膜分离过程中推动力和膜本身的特性是决定膜通量和膜的选择性的基本因素。尤其是膜本身孔径的大小决定了膜可能分离的粒子的大小范围,从小颗粒到不同大小的分子。

2. 膜工艺中的物质传递

膜分离必须通过力的作用才能发生。膜分离的推动力可以是膜两侧的压力差、电位差或浓度差。力可以是自然力,也可以是加载上去的。在膜生物反应器工艺中最重要的传质现象是对流和扩散。

对流是由料液运动引起的,其流动方式或流态取决于运动速度。流速高时呈紊流状态,流速低时呈层流状态。一般来讲,流动速度越快膜通量越大,因此通常希望增加膜高压侧的紊流程度。

扩散是由料液中的离子、原子或分子的热运动产生的,通常称为布朗扩散。扩散的基本原理是 Fick 第一扩散定律,即扩散速率正比于浓度梯度与布朗扩散系数的积。颗粒越小,扩散速率越大。

3. 浓差极化与膜污染

膜分离过程是一个压力驱动膜过程,膜的性能因膜污染随时间会有很大变化。通常膜通量随时间的延长而减小。在膜分离过程中,料液中的溶剂在压力驱动下透过膜,溶质(离子或不同分子量的溶质与颗粒物)被截留,由于水的通量不断把溶质带到滤膜表面,使溶质在滤膜表面处的浓度高于溶质在水溶液主体中的浓度,在浓度梯度的作用下,溶质由膜面向本体溶液扩散,形成边界层,使流体阻力与局部渗透压增大,导致膜通量下降。当溶剂向膜面流动,溶质向膜面流动的速度与浓度梯度使溶质向本体溶液扩散的速度达到动态平衡时,在膜面形成一个稳定的浓差极化边界层,这个现象称为浓差极化。

膜污染是指在膜过滤过程中,污水中的微粒、胶体粒子或溶质分子与膜发生物理化学相互作用,或因为浓差极化使某些溶质在膜表面超过其溶解度及机械作用引起的在膜表面或膜孔内吸附、沉积,造成膜孔径变小或堵塞,使膜产生透过流量与分离特性发生变化的现象。膜污染中有些可以通过一定的方法消除或减轻,而某些则使膜发生了永久性改变,无法消除。

在膜生物反应器中,膜处于由有机物、无机物及微生物等组成的复杂的混合液中,特别是生物细胞具有活性,有着比物理过程、化学反应更为复杂的生物化学反应。因此,膜污染是一个很复杂的过程。从污染物的位置来划分,膜污染分为膜附着层污染和膜堵塞。在附着层中,发现有悬浮物、胶体物质及微生物形成的滤饼层,溶解性有机物浓缩后黏附的凝胶层,溶解性无机物形成的水垢层,而特定反应器中膜面附着的污染物随试验条件和试验水质不同而不同。膜堵塞是由于上述料液中的溶质浓缩、结晶及沉淀致使膜孔产生不同程度的堵塞。

宏观上来讲,膜污染的形成主要受膜的性质、料液的性质和操作条件的影响,这三方面相互影响、相互制约。目前机理研究的主要方向是膜表面生物污染机理,该机理的研究对抗生物污染材料的开发有重要意义。此外,膜的有机和生物污染模型有待开发,以避免时间长、费用高的试验研究和测试。膜组件的结构、运行方式和组合工艺需要创新性的改进,清洗手段和频率也有待于进一步的试验和探讨。

4. 膜组件和膜工艺

膜工艺中通常将膜以某种形式组装在一个基本单元设备内,在一定的驱动力的作用下,完成混合液中各组分的分离,这类装置称为膜组件。工业上常用的膜组件形式主要有五种:板框式、螺旋卷式、圆管式、毛细管式和中空纤维式。前两者使用平板膜,后三者均使用管式膜。后三种膜组件的差别主要在于所使用的管式膜的规格不同。其大致直径范围为:圆管式大于 10 mm;毛细管式为 0.5~10.0 mm;中空纤维式小于 0.5 mm。

板框式是膜分离中最早出现的一种膜组件形式,外形类似于普通的板框式压滤机。它是按隔板、膜、支撑板、膜的顺序多层交替重叠压紧,组装在一起制成的。螺旋卷式膜组件是用平板膜密封成信封状膜袋,在两个膜袋之间衬以网状间隔材料,然后紧密的卷绕在一根管上而形成膜卷,再装入圆柱状压力容器中,构成膜组件料液从一端进入组件,沿轴向流动,在驱动力的作用下,透过物沿径向渗透通过膜到中心管导出。管式膜组件是由圆管式的膜和膜的支撑体构成。管式膜组件有内压型和外压型两种运行方式。实际中多采用内压型,即进水从管内流入,透过液从管外流出。管式膜直径在 6~24 mm 之间。毛细管式膜组件是由直径为 0.5~6 mm 的膜管构成的,具有一定的承压性能,所以不用支撑管。膜管一般平行排列并在端头用环氧树脂等材料封装起来。毛细管式膜组件的运行方式有两种:①料液流经管外,透过液从毛细管内流出;②料液流经毛细管内,透过液从管外排走。中空纤维膜组件和毛细管式膜组件的形式相同,只是中空纤维的外径较细,为 40~250 μm,内径为 25~42 μm。其耐压强度很高,在高压下不发生形变。

膜组件的选用首先是考虑其成本,同时还应该综合考虑装填密度、应用场合、系统流程、膜污染、膜清洗、膜的维护和更换等多种因素,具体情况具体分析,全面权衡,优化选定。

在有两套或多套膜组件应用时,还应决定它们之间以何种方式工作,如串联、并联或者是更复杂的方式。

6.8.2 膜生物反应器的特点和分类

6.8.2.1 膜生物反应器的特点

由于膜和生物反应器结合工艺比传统生物污水处理系统有许多突出的优点,所以该技术已被较广泛地使用。其中工艺紧凑、出水水质高是最为明显的优点。膜的渗透液中不含固体和大分子胶体物质,一般出水 SS<5 mg/L,浊度<1 NTU,可以完全截留悬浮物质,包括细菌和病毒。

膜生物反应器工艺使泥龄和水力停留时间(HRT)完全分开,消除了一些公认的活性污泥法的操作限制。因此,MBR 可以在低 HRT 和长的泥龄下操作,而不会引起活性污泥法中通常的污泥流失问题。膜使得污泥丝状菌膨胀和污泥产气问题得以解决,并通过控制微生物停留时间来优化反应器的控制。

活性污泥法的最大缺点是:沉淀部分对可能达到的最大生物浓度的限制。而膜的截留作用可使之提高一个数量级。在城市污水处理中,可以轻易获得高达 25 000 mg/L 的混合液浓度。在一些工业污水处理中可以高达 80 000 mg/L。这一高浓度可以直接使反应器体积减小,占地面积下降。

高的污泥浓度和完全的固体截留可以使系统在低有机负荷率下运行。资料报道 F/M 值低至 $0.05 \sim 0.15 \ d^{-1}$ 是很常见的。MBR 中特殊微生物如硝化菌类的生长,提高了含氮化合物和难降解有机物的去除率。低的污泥负荷率还使剩余污泥产量降低至通常的活性污泥法污泥产量的一半以下。在极限情况下已经得到零污泥产量的结果,这时所有进水中的有机物都被用来维持细胞生命而不是用于细胞增殖。

虽然存在上述优点,但是一些缺点却限制了 MBR 技术的广泛应用,其中最突出的是膜本身的价格高。膜组件的价格基本上与污水厂规模成正比,而常规污水厂则是规模越大越经济。这表明 MBR 污水厂存在一个最大的经济处理规模。

MBR 在操作中也存在一些问题,最常见的是所有膜系统都不可避免地存在膜污染问题。这就限制了可以得到的最大膜通量并且总是要求清洗膜。再者,高的微生物浓度只是工艺的一方面,它也会带来曝气问题。大部分的供气被用来维持细胞的生命而不是用来进行好氧降解。在浸没式系统中,曝气还被用来对膜表面进行冲刷。当污泥浓度超过25 000 mg/L时,污泥的黏度就会变得相当大,这时曝气和混合就变成工艺的限制因素。

尽管 MBR 的设计和运行可以把生物工艺和膜过滤单元分别作为其构成部分来考虑,但是涉及 MBR 特性时,这种观点却行不通。这时两种工艺相互结合,增加了其复杂性,而不仅仅是简单相加,独立存在。特别是剪切力的增加和不存在沉淀池,使其表现大大不同。

膜生物反应器技术具有许多其他生物处理工艺无法比拟的明显优势,总结起来主要有以下几点:

(1) 能够高效地进行固液分离,分离效果远好于传统的沉淀池,出水水质良好,出水悬浮物和浊度接近于零,可直接回用,实现了污水资源化。

(2) 膜的高效截留作用,使微生物完全截留在反应器内,实现了反应器水力停留时间(HRT)和污泥龄(STR)的完全分离,使运行控制更加灵活稳定。

(3) 反应器内的微生物浓度高、耐冲击负荷。

(4) 有利于增殖缓慢的硝化细菌的截留、生长和繁殖,系统硝化效率得以提高。通过运行方式的改变亦可有脱氮和除磷功能。

(5) 泥龄长。膜分离使污水中的大分子难降解成分,在体积有限的生物反应器内有足够的停留时间,大大提高了难降解有机物的降解效率。反应器在高容积负荷、低污泥负荷、长泥龄下运行,可以实现基本无剩余污泥排放。

(6) 系统采用 PLC 控制,可实现全程自动化控制。

(7) 占地面积小,工艺设备集中。

6.8.2.2 膜生物反应器的分类

膜生物反应器包括膜-曝气生物反应器(MABR)、萃取膜生物反应器(EMBR)和膜分离生物反应器(MBR)三类。

1. 膜-曝气生物反应器

无泡曝气膜生物反应器(图 6.30)采用透气性致密膜(如硅橡胶膜)或微孔膜(如疏水性聚合膜),以板式或中空纤维式组件,在保持气体分压低于泡点的情况下,实现向生物反

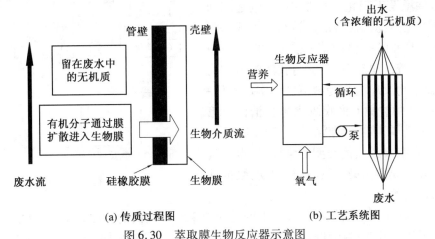

图 6.30 萃取膜生物反应器示意图

应器的无泡曝气。由于传递的气体含在膜系统中,因此提高了接触时间,极大地提高了传氧效率。同时由于气液两相被膜分开,有利于曝气工艺的更好控制,有效地将曝气和混合功能分开。因为供氧面积一定,所以该工艺不受传统曝气系统中气泡大小及其停留时间等因素的影响。英国的学者对此进行了更多的研究,如在序批式生物膜法中采用螺旋硅橡胶膜管进行无泡曝气,取得了高效曝气效果。

2. 萃取膜生物反应器

萃取膜生物反应器是结合膜萃取和生物降解,利用膜将有毒工业废水中有毒的、溶解性差的污染物优先从废水中萃取出来,然后用专性菌对其进行单独的生化降解,从而使专性菌不受废水中离子强度和pH值的影响,生物反应器的功能得到优化。

3. 膜分离生物反应器

膜分离生物反应器中的膜组件相当于传统生物处理系统中的二沉池,利用膜组件进行固液分离,截留的污泥回流至生物反应器中,透过水外排。

按膜组件和生物反应器的相对位置,膜分离生物反应器又可以分为一体式膜生物反应器、分置式膜生物反应器、复合式膜生物反应器三种。

在分置式 MBR(图 6.31)中,生物反应器的混合液由泵增压后进入膜组件,在压力作用下膜过滤液成为系统处理出水,活性污泥、大分子物质等则被膜截留,并回流到生物反应器内。

分置式 MBR 通过料液循环错流运行,其特点是:运行稳定可靠,操作管理容易,易于膜的清洗、更换及增设。但为了减少污染物在膜面的沉积,由循环泵提供的料液流速很高,为此动力消耗较高。

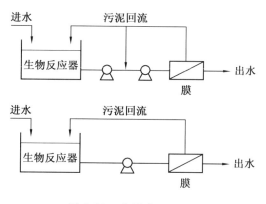

图 6.31 分置式 MBR

一体式 MBR(图 6.32)根据生物处理的工艺要求,可分为两种组成形式:第一种有两个生物反应器,其中一个为硝化池,另一个为反硝化池。膜组件浸没于硝化反应器中,两池之间通过泵来更新要过滤的混合液。该组合方式基于以下原因:①可以提供配套(整装)的膜和设备,便于旧系统的更新改造;②将膜浸没池作为好氧区,而生物反应池作为缺氧区以实现硝化-反硝化的目的;③便于将膜隔离进行清洗。第二种组合最简单,直接将膜组件置于生物反应器内,通过真空泵或其他类型的泵抽吸,得到过滤液。为减少膜面污染,延长运行周期,泵的抽吸是间断运行的。

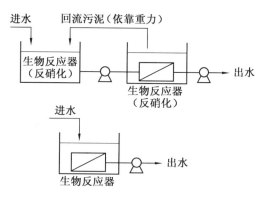

图 6.32 一体式 MBR

一体式 MBR 利用曝气时气液向上的剪切力来实现膜面的错流效果,也有采用在一体式膜组件附近进行叶轮搅拌和膜组件自身的旋转(如转盘式膜组件)来实现膜面错流效应的。

与分置式 MBR 相比,一体式 MBR 的最大特点是运行能耗低。

4. 复合膜生物反应器

能在工程上应用的复合式膜生物反应器在形式上也属于一体式膜生物反应器(图 6.33),所不同的是在生物反应器内加装填料,从而形成复合式膜生物反应器,改变了膜生物反应器的某些性状。

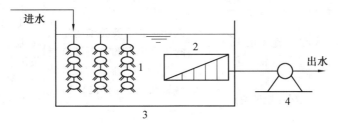

图 6.33 复合式膜生物反应器工艺流程
1—填料;2—膜组件;3—生物反应器;4—抽吸泵

6.9 污水处理的稳定塘处理技术

稳定塘是一种具有围堤和防渗层的废水处理设施,是经人工构筑的天然净化系统。废水在塘内经较长时间的停留、贮存,通过微生物的代谢活动以及相伴随的物理的、化学的、物理化学的过程,使废水中的有机污染物、营养素和其他污染物质进行多级转换、降解和去除,从而实现废水的无害化、资源化与再利用的目的。

稳定塘既可作为二级处理,也可作为二级生物处理出水的深度处理工艺。实践证明,设计合理、运行正常的稳定塘系统,其出水水质常常优于二级生物处理厂的出水。当然,在不理想的气候条件下,出水水质也会比生物法的出水差。不同类型、不同功能的稳定塘可以串接起来分别作预处理或后处理。

稳定塘除处理城市污水外,也用来处理工业废水,具有处理效果稳定、基建投资省、管理简单、运行可靠、节能等优点。

6.9.1 稳定塘的分类

稳定塘可分为好氧塘、兼性塘、厌氧塘、曝气塘、深度处理塘和控制出水塘等。稳定塘的分类及特点归纳在表 6.3 中。

1. 好氧塘

好氧塘的深度较浅,一般小于 1 m(约 0.5 m 左右),阳光可以透射至塘底。有机负荷承载能力低。塘内存在着藻-菌共生生态系统。在阳光照射时,塘内生长的藻类由于光合作用而释放出氧,塘表面由于风力搅动而自然复氧,使塘内能保持着良好的好氧状态。好氧异养性微生物通过生化代谢作用对有机污染物进行生物降解,其代谢产物 CO_2 作为藻类光合作用的碳源,藻类吸收光能,从 CO_2、H_2O、无机盐合成其细胞质(大多数藻类需要 CO_2 形式的无机碳)。白天,塘水中 CO_2 被利用的速度大于产生速度,pH 值升高,氧就释出;夜间,藻

菌共同呼吸而释出 CO_2，pH 值下降。这种昼夜周期性变化极为重要，它影响着生物活性。图 6.34 列出了塘内藻菌的共生关系。好氧塘对废水 BOD_5 的去除率一般可达 80% 以上。废水在塘内停留时间为 2～6 d。塘出水中往往含有大量的藻类和细菌，大都不能满足出水对悬浮固体的要求，因此，需要进行补充的除藻处理。

表 6.3 稳定塘的分类、特点与应用

稳定塘系统的类型	名　称	特　点	应　用
氧化塘 （塘内水深:0.15～0.45 m）	①高速氧化塘 ②低速氧化塘 ③精制塘 （深度处理塘）	设计应满足藻类细胞组织的优化生产和获得高产蛋白质，通过控制塘深以维持好氧状态，但有机负荷很小。	脱氮、溶解性有机污染物的转化与去除；处理溶解性有机污染物及二级处理出水；对二级处理出水进行深度处理，以进一步改善出水的水质。
好氧-厌氧生物塘 ①氧源：藻类 ②氧源：表面曝气	①兼性生物塘 ②具有机械表面曝气的兼性生物塘	塘比高速生物塘深，藻类光合作用及表面复氧对上层废水提供氧源；下层呈兼性；底层固体污染物进行厌氧消化。设有小型机械曝气，以提供好氧层所需的氧	用于处理经初级或一级处理的城市污水或工业废水
厌氧生物塘	厌氧生物塘或厌氧预处理塘	厌氧塘后常设好氧生物塘或兼性生物塘	用以处理生活污水及工业废水
厌氧塘+兼性塘+好氧塘系统（设有出水回流）	稳定塘系统	用于达到专门的净化目标	用于城市污水和工业废水的完全处理
厌氧塘+好氧塘+厌氧塘+好氧塘系统（好氧塘出水向厌氧塘回流）	稳定塘系统	用于达到专门的净化目标	用于城市污水和工业废水的完全处理，细菌去除率高

2. 兼性塘

兼性塘通常深为 1.0～2.0 m，塘内存在三个区域（图 6.35）：塘的最上层，阳光能透入，为好氧层，该层藻类光合作用旺盛，有光照时释出氧多，故此层塘水中溶解氧充足，好氧微生物活跃，对有机物进行代谢与生物降解；塘的中层，阳光不能透入，溶解氧不充足，兼性微生物占优势；塘的底部，厌氧微生物占优势，对沉淀于塘底的底泥进行厌氧发酵——酸性发酵与甲烷发酵。兼性塘内的生化反应过程如图 6.36 所示。

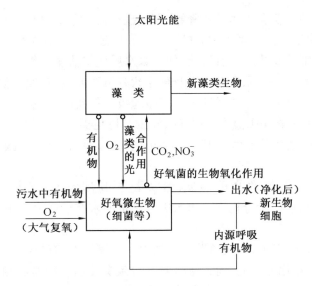

图 6.34　好氧塘内藻菌共生关系

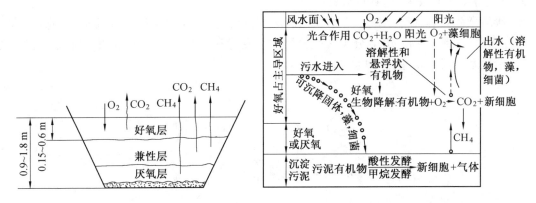

图 6.35　兼性塘内的三个区域　　　　图 6.36　兼性生物塘内的生化反应

兼性塘内存在着两类兼性菌：一类为兼性好氧菌，一类为兼性厌氧菌。兼性好氧菌能专门利用塘水中的溶解氧，也能在缺氧及厌氧状况下从 NO_3^- 或 CO_3^{2-} 中摄取氧。由于塘内同时兼存好氧区与厌氧区，这为兼性微生物提供适宜生存的环境。

兼性塘内的生物种类众多，包括细菌、真菌、原生动物、藻类及较高级的浮游动植物群落等。在兼性塘内藻类藉光合作用产生的氧量超过藻类群体与其他好氧微生物的呼吸耗氧量。通常 1 kg 藻类能产生 1.6 kg 氧，常使塘水呈氧饱和状态。运动型藻类比非运动型藻类具有的优点在于：它们能迁移、运动至某个水平以获得最适宜的光密度。在兼性塘内某些硫还原菌能还原硫酸盐（SO_4^{2-}）并释出 S^{2-}，当其浓度大于 7 mg/L 时会对藻类的生长产生抑制作用。兼性塘内在厌氧条件下，梭菌能将简单的氮化合物降解成 NH_3；而在好氧条件下，变形杆菌属和微球菌属能将简单的氮化合物降解为 NH_3，而亚硝化单胞菌、亚硝化叶菌、亚硝化刺菌、亚硝化球菌、链霉菌以及诺卡氏菌等能将 NH_3 氧化为 NO_2^-，而硝化杆菌、硝化球菌以及硝化刺菌等能将 NO_2^- 转化为 NO_3^-。

兼性塘内的真菌能使有机污染物降解,有一些种属能氧化 NH_4^+ 成 NO_3^- 与 NO_2^-,如曲霉属、青霉属以及头孢菌属。许多霉菌和酵母菌生存的适宜 pH 值为 5~6。在兼性塘内,原生动物能吞食过多的细菌及溶解性有机物,使出水水质变得清澈。轮虫、水蚤及桡足类甲壳水生动物也能吞食藻类、细菌、原生动物以及悬浮状有机物或残渣,使水质得到进一步的净化,它们同时又是鱼类的饵类。水蚤对塘水的清净起极其重要的作用,使阳光透射加强,使藻类向更深处生长。当塘水的 pH 值为 7~8 时,轮虫与桡足类水生动物生长旺盛,较高的 pH 值对塘水中水蚤及幼虾的生长有利。其他一些小型水生动物,如线虫、颤蚓等也能吞食有机残渣。

兼性塘的出水水质,通常 BOD 较低,然以藻类细胞形式的 SS 却较高。若出水 BOD ≤ 10 mg/L,可认为出水水质十分稳定。出水中含藻量通常在清晨为最小,而中午达最大。

3. 厌氧塘

厌氧塘深在 2.0 m 以上,有机负荷高。塘内呈厌氧状态,有机物在厌氧微生物的代谢作用下缓慢分解,最后转化为 CH_4,同时释出 H_2S 等致臭物质。废水在塘内停留时间很长,适合处理有机物浓度高的废水,一般能有效去除 70%~80% 的 BOD_5,出水再经好氧生物处理,可获得良好的效果,达到排放标准。

厌氧微生物在无分子氧条件下,将大分子有机物代谢成为小分子有机物,并进而分解为 CH_4、CO_2 等最终产物。厌氧分解一般分为酸性发酵和碱性或甲烷发酵两个阶段,后来提出了三阶段及四类群等理论,如图 6.37 所示。

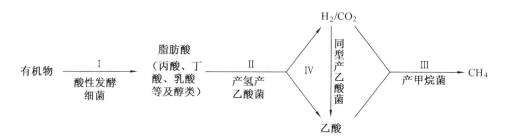

图 6.37 有机物厌氧分解分阶段模式

厌氧菌和兼性菌能从 NO_3^- 及 NO_2^- 中获取氧,并释出 N_2,SO_4^{2-} 及 CO_3^{2-} 也是供氧者。在厌氧环境下除释出 H_2S 外,还能产生其他产臭物质,如乙硫醇、硫甘醇酸或 2-羟基乙硫醇酸、粪臭素或 3-甲基吲哚、腐胺或 1,4-丁二胺等,都是 S 及 N 的有机化合物。厌氧塘特别适宜用于处理高温高强度废水。塘深通常是 2.5~5.0 m,也有深达 8.0 m 者,停留时间为 20~30 d。将厌氧塘用作预处理时,可大大减轻后续处理过程的负荷及容积。

4. 曝气塘

通过人工曝气设备向塘中废水供氧的稳定塘称为曝气稳定塘,是人工强化与天然净化相结合的一种形式,其工作原理如图 6.38 所示。塘深一般在 2.0 m 以上,废水停留时间在 4~5 d。BOD_5 负荷为 0.03~0.06 kg/(m³·d)。BOD_5 的去除率为 50%~90%。机械表面曝气或扩散器曝气可使塘内废水中所含全部可沉固体保持在悬浮状态,即为完全混合好氧曝气塘;也可使部分可沉固体处于悬浮状态,即部分混合兼性曝气塘。因此,曝气具有搅拌

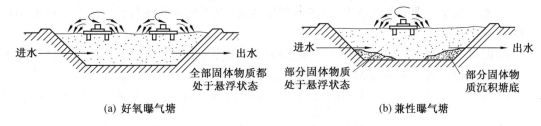

图 6.38 好氧曝气塘与兼性曝气塘

和充氧的双重功能。在许多情况下,需要搅拌来控制动力水平,当废水在塘内的停留时间较短,则需氧量是控制动力的限制因素。当废水在塘内停留的时间长时,则搅拌与混合的需要成为控制动力水平的限制因素。

在好氧曝气塘中,曝气设备的比功率一般≥5~6 W/m³,从而使塘水中的悬浮固体处于悬浮状态,且可向塘水提供充足的氧。好氧曝气塘内废水分布均匀,易于操作管理,废水停留时间短,负荷高,污泥龄短,属高速率系统,其溶解性有机物转化为微生物细胞质所需动力功率高于兼性曝气塘,出水中 SS 含量高,出水必须进行固液分离才能达到预期要求。兼性曝气塘采用的污泥龄较长,属低速率系统,其用途比高速率系统更为普遍。它的出水水质好,输入动力低,故节能,塘内 BOD 的去除和固液分离同时进行,效率较高。

5. 深度处理塘

用来改善从生物处理构筑物或其他类型塘的出水水质的塘,使二级处理出水中的 BOD_5、SS、氮、磷、细菌、病毒等的含量进一步降低。通常由大气复氧和藻类光合作用供氧。深度处理塘的水深一般为 1.0~1.5 m,HRT 一般为 3~15 d,若采用多塘串接形式运行,净化效率更高,出水水质更好。

6. 控制出水塘

控制出水塘的出水由人工控制,在一年中相当长时间内只进水不出水,实质起蓄贮作用。这种类型的塘适宜应用的条件为:①一年中结冰期长,冰封期蓄水,于非冰封期或水体径流量大、纳污容量大时,方可排放;②干旱缺水,需季节性地利用塘出水;③受纳水体容量小,不能接受季节性水量大、水质不佳的出水;④当水体径流量大时,即丰水期,才有容量受纳出水。控制出水塘可采用厌氧塘或兼性塘及好氧塘等型塘。

在我国北方地区,控制出水塘设计参数选用:BOD_5 负荷为 20~40 kg/(10^4 m²·d),HRT≥180 d,最低水位时水深为 0.5 m。对于串联塘,第一级水深小于等于 2.0 m,后续塘小于等于 2.5 m,塘数大于等于 3 座。

此外,还有不排水的贮存塘,蒸发和渗透减少塘内废水量,使减少的量与进塘废水量和渗水量之和相等。塘内水深一般不超过 3.0 m。

6.9.2 稳定塘影响因素

1. 氧的转移

在好氧塘中,氧的转输情况,取决于以下因素:

(1)塘面积与容积之比。氧经塘表面的扩散量与塘面积和容积的比值成正比,表面积越大,气-液界面越大,氧的传输越强。

(2)流动状态。塘表面因波浪、漪涟而产生紊动,促使更多液体与空气接触。故紊动越剧烈,复氧效果越好。

(3)温度。废水温度越低,液体内氧的溶解度越大,其扩散率也越大。但当温度下降到 12~13 ℃时,则处理效果将急剧下降,因此,需控制适宜的水温。

(4)细菌的吸氧速率。微生物消耗氧的速率越快,则氧的补充速率也就越大;反之,则小。

2. 光照

透过塘表面的阳光的光强与光谱构成,对塘内微生物活性的影响很大。光合活性与光合作用速率与光强成正比,与氧的产量成正比。

3. 温度

气温与进入塘内废水的温度,对稳定塘承受负荷的能力、净化效果以及塘内生态系统的演变、优势种群的更迭都有重要影响。好氧菌生存最佳温度为 30~40 ℃,藻类生存最佳温度为 30~35 ℃,微生物代谢活性速率随温升而加速,每升温 10 ℃,加速一倍,温度降低,则代谢速率下降。

4. 营养物

为了确保稳定塘内生化代谢过程的顺利进行,必须给微生物供应并维持必要的营养物,就 BOD_5∶N∶P∶K 而言,一般以 100∶5∶1∶1 为宜。

5. 有害物质

在厌氧塘和兼性塘中,产酸菌能将水中的硫酸盐还原成 H_2S,产生臭气。因此,必须控制进塘废水中的硫酸盐浓度。当废水中硫酸盐浓度小于 100 mg/L 时,臭味不大。控制硫酸盐浓度可以采取投加硝酸盐的措施,由于 NH_3 的产生及其化学反应,可缓和 H_2S 臭气产生,但增加了 NH_3 的臭味,因而不是解决问题的根本办法。最重要的办法是严格控制进塘废水中的硫酸盐含量,使之不超过 100 mg/L。

由于产酸菌能将有机物降解成有机酸(如醋酸、丙酸、丁酸等),可导致水体的 pH 值下降。当挥发酸浓度超过 2 000 mg/L 时,说明有机酸积累过量。为维持正常的生物代谢,需对 pH 值进行调节。pH 值的下降会对甲烷菌产生抑制作用,其忍受水平还取决于氨的浓度及其他阳离子浓度。因此,必须保持碱度在 2 000 mg/L 左右(以 $CaCO_3$ 计),可使过程正常进行。

6.10 剩余污泥的厌氧消化处理

污水生化处理中会产生大量的剩余污泥,剩余污泥的处理和处置是污水处理过程的一个重要环节,是污水处理厂的主要任务之一。剩余污泥以不溶性悬浮有机物为主,固体浓度约 0.2%~0.4%,其中有机物(VSS)约占 60%~70%,需要做稳定处理。常采用厌氧消化法进行处理。

用于处理污泥的土建投资约占污水处理厂总投资的 5%~50%,处理污泥的运行费用约占污水处理厂总运行费用的 5%~18% 以上。污泥经过厌氧消化处理,可使其中所含的有机物无机化,使污泥容易脱水减小体积,并产生甲烷作为能源回收利用。在厌氧消化过程中,部分有机物成为溶解态,提高了消化上清液的有机物及氨氮、总磷浓度,故需对消化上清液作进一步处理。

污泥厌氧消化处理的主要优点有:①可回收大量能源气体甲烷,除可满足厌氧消化加温所需热能外,还有剩余能源可作利用;②污泥经厌氧消化后,可生物降解有机物的35%~45%被降解,使污泥的重量减少并容易脱水,简化了后续处理;③厌氧消化,特别是高温厌氧消化可部分地杀灭病原体、寄生虫卵,污泥卫生条件改善;④污泥中植物营养物及其所含有机物可作为肥料与土壤改良剂。

污泥消化的主要缺是:水力停留时间长,一次性投资大,运行管理比较复杂;上清液水质差,需加以处理,因而将增加污水处理构筑物负荷。

目前,污泥厌氧消化的常见工艺有:传统厌氧消化法,两级厌氧消化法,两相厌氧消化法与厌氧接触法等。如果将厌氧消化反应器的温度控制为30~35 ℃,即为中温厌氧消化;如果人工控制温度为50~55 ℃,则为高温厌氧消化。这几种工艺也可应用于处理高浓度有机废水。

传统厌氧消化法的反应器称为污泥消化池,具有人工加温与搅拌设备,全池温度均匀,处于完全混合状态,故厌氧微生物与污泥接触充分,产生的沼气能迅速排出,有机物降解较快,水力停留时间较短。

6.10.1 传统厌氧消化法

传统厌氧消化池的基本池型有圆柱形与蛋形两种,如图6.39所示。

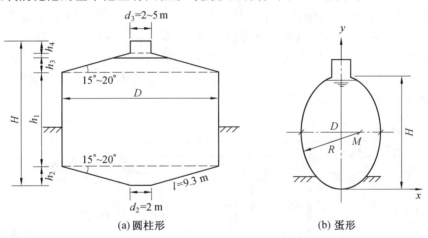

图 6.39 消化池池型

根据结构或工艺要求,圆柱形消化池的$\frac{D}{h_1}$约等于1,D一般采用6~35 m,池底与池盖倾角取15°~20°,集气罩直径d_3为2~5 m,高(h_4)取1~3 m,圆柱形消化池的顶盖可用弓形、活动盖型等。蛋形的短轴直径D与长轴直径H之比可在1.4~2.0之间变化。

蛋形消化池在工艺与结构方面,具有如下优点:

(1)搅拌充分、均匀、无死角,池底部与顶部的截面积较小,所以不易产生沉积与浮渣层;

(2)与圆柱形容积相等的条件下,表面积比(池壳表面积/池总容积)最小,故壳表面散

热量少,易保温;

(3)结构与受力条件最好,只承受轴向与径向压力与张力,如采用钢筋混凝土结构,可节省钢材与混凝土,节省土建费用。

(4)防渗水性能好,聚集沼气效果也好。

6.10.2 二级厌氧消化法

从厌氧消化产气率与消化时间的关系(图6.40)可知,在中温(30 ℃)消化条件下,消化时间约 8~9 d 时,产气率达最高产气量的 80%,其余 20% 需耗时间约 20 d。所以,可以将计算所得的消化池的容积分配给串联的两座反应器,第一座消化池有加温、搅拌与收集沼气的装置,第二座消化池构造与第一座一样,但无加温与搅拌设备,利用来自第一座消化池污泥的余热继续消化过程,主要功能是浓缩与排除上清液,这就是污泥的二级消化法。

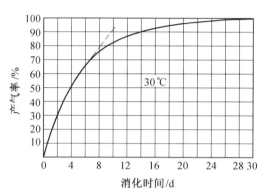

图 6.40 消化时间与产气率关系

二级消化工艺流程如图 6.41 所示。第一级消化池与第二级消化池的容积比可采用 1∶1,2∶1 或 3∶2 等。由于第二级消化池不需加温与搅拌,所以耗热量与搅拌功率比传统消化池少。此外,第一级消化池排出的熟污泥(消化污泥)温度以 35 ℃计,若生污泥温度为 10.5 ℃,1 m³ 加温热量为 $(35-10.5) \times 4\ 186.8 = 102\ 576.6\ (kJ/m^3)$。在传统消化池工艺中,此热量将随熟污泥的排出而散失,而在二级消化法中,则可在第二级消化池被充分利用。第二级消化池由于排除上清液,使含水率降低,污泥体积减少,便于后续处理。

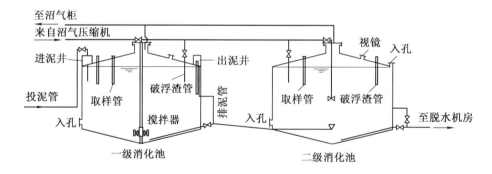

图 6.41 二级消化工艺流程图

6.10.3 两相消化法

厌氧消化过程的水解酸化阶段,起作用的主要是兼性产酸菌,它们对生活环境(如 pH 值、温度等)的适应性较强,生化反应速度快,所需时间短;而在产甲烷阶段起作用的主要是专性厌氧菌,对环境的要求严格,世代时间也长,需 1~2 d,甚至 10~20 d,是消化过程的限速阶段。将这两个阶段设计在前后串联的两个反应器中进行,即成为两相厌氧消化法,前一个反应器称为产酸相反应器,后一个反应器称为产甲烷相消化池。生物相的分离,使不同的微生物类群,可以在各自最佳的环境中完成反应,从而提高反应速率,缩短反应时间,减小消化池体积。

两相厌氧消化工艺常用于处理污泥,因污泥所含有机物以悬浮固体为主,第一阶段为水解阶段,进程较慢,在中温条件下,约需 2~3 d。用于处理高浓度有机废水,为了使产酸相反应器内具有一定的兼性产酸菌浓度,故设沉淀池并回流沉淀污泥,产甲烷相消化池一般采用 UASB 上流式厌氧污泥床,因溶解性有机物的水解较快,故产酸相反应器较小。

目前两相厌氧消化法不仅用于污水处理厂剩余污泥的处理,在有机废水处理中也得到了越来越多的应用,如应用于制糖废水、酿酒废水、食品加工废水、造纸废水以及饮料加工废水的处理等。从原理分析,两相厌氧消化是很理想的工艺。对于水质稳定的有机废水,较为合适。但水质多变的废水(主要指所含有机物的性质),运行相当困难。因为产酸相、产甲烷相容积一定后,如有机物以溶解性为主时,容易水解,水解速率快,产甲烷相反应速率跟不上,有机酸可能积累而破坏甲烷消化的正常运行;反之,如以悬浮性为主时,水解慢,产酸相反应器容积不足,不能满足产甲烷相反应的需要。

6.11 有机固体废弃物的生物处理技术

固体废弃物是指人们在社会生产、流通和消费等一系列活动中产生的通常不再具有进一步使用的价值,而被丢弃的以固态或泥状形式存在的物质,一般可以分为有机固体废弃物和无机固体废弃物。随着社会经济的高速发展和城市化进程的不断加快,城市固体废弃物产生量急剧增加。

自然界的许多微生物具有氧化、分解固体有机废弃物的能力。利用微生物的这种能力,处理有机废物,达到无害化和资源化,这是固体有机废弃物处理利用的一条重要途径。经过生物处理的固体有机废弃物,体积减小、形成稳定的腐殖质和无机物等,在形态上也发生了重大变化,因而便于运输、贮存、利用和处置。

6.11.1 城市固体废物介绍

6.11.1.1 城市固体废物

城市垃圾产生量随着城市化率的提高增加很快,但垃圾的管理手段和处置技术还比较落后,造成城市垃圾遍地、渗滤液横流,严重污染地表水体环境,固体废物已经成为地表和地下水环境质量的主要污染源之一。因此,在城市规划和建设中,必须切实加强对固体废弃物的处理、处置和资源化的工作,加强对固体废弃物的管理和控制。

对城市固体废物的控制一方面要制定相关的法律法规,加强管理,尤其严禁向河道、湖库水体中倾倒垃圾等废物,直接污染水体环境;另一方面还要从其他技术角度进行控制,推广清洁生产、减少垃圾产生量。如推行精、净菜进城,减少生活垃圾量;减少包装物,加强包装材料的回收重复利用;推广塑料再生利用工艺,减少城市白色污染;进行垃圾分类,促进垃圾资源化,提高垃圾中废品的回收率,充分利用资源;加强剩余垃圾的处理,尤其是有害废物的处置;改进垃圾的卫生填埋技术,防止渗滤液向地下水渗漏和向地表水体排放,污染城市水环境;引进和开发垃圾焚烧设备,加强有害固废的无害化处理。

6.11.1.2　城市固体废物的分类及特点

城市固体废物通常是指生产、生活活动中丢弃的固体和泥状物质,从废水、废气中分离出来的固体颗粒物。它们主要来源于城市人口的生产和消费活动。

1. 城市固体废物的分类

城市固体废物有多种分类方法,如按其来源可分为矿业固体废物、工业固体废物、建筑废物、城市垃圾、城市郊区农业废物和放射性固体废物;也可根据固体废物的理化性质将其分为城市生活垃圾、工业固体废物和有毒有害固体废物等。

2. 城市固体废物的特点

在工业生产和生活过程中会产生各种各样的废物,其中固体废物是最难处理的,城市固体废物具有以下特点。

(1) 固体废物种类繁多、成分复杂。特别是在工业生产中因产品、工序的不同而产生出性质、形态迥然不同的固体废物。从物理状态方面讲,固体废物可能是块状的,也可能是细碎颗粒甚至是载体物质;可能是流动的(如污水处理厂产生的污泥),也可能是不流动的。在固体废物中,有一类是对人体及环境危害较大的。需要引起特别注意的是,有害固体废物的处理和处段问题。许多污染物质最终集结在污泥中,因此从某种程度上可以说固体废物是多种污染物的聚集,如果不加处理,直接抛弃至环境中,其后果将十分严重。

(2) 固体废物需要最终处段。从全部废物来说,经过直接或间接的途径排入大气,一部分残留在废水中进入水体,另一部分则留在固体废物中,为避免二次污染就必须进行安全处理。这是控制环境污染的最后的重要环节。

(3) 固体废物的形态及来源决定了固体废物处理及管理方法的整体性。固体废物的处理可用下述过程描述:不同产地的收集包装(集中)中转站处理场(预处理),最终处置。固体废物从生产到最终处置的许多环节中都可能造成对水体、大气、土壤及人体、生物的危害,因此需要严格的管理。固体废物的管理包括以下几个方面:①产生、分类、标识;②运输;③加上处理;④资源回收;⑤无害化处理;⑥储存及安全处置;⑦渗滤液及气体等方面的监测管理。

(4) 固体废物有二重性。固体废物中有有害成分,固态的有害废物有呆滞性和不可稀释性,一旦造成环境污染,常很难补救。其中污染成分的迁移转化,如渗滤液在土壤中的转移是一个十分缓慢的过程,其危害可能在数年或数十年之后才发生,应该充分地重视此种潜在的危害。另外,固体废物还含有可回收利用的成分或其本身就可作为其他资源。如许多科技人员从电镀污泥中回收铁及铬等物质,或采用垃圾焚烧法获得热能,用固体废物进行堆肥等。

6.11.1.3　城市固体废物对水体的污染

固体废物是一种被废弃的宝贵资源,但若处理不当则会造成环境污染,固体废物对环境的污染是多方面的。在对水体的污染方面主要有以下几点:

(1) 从城市收集来的固体废物一般先堆放在城郊的垃圾场等待分选、处理。在这段时间内,一些城市有机垃圾经日光暴晒及雨水浸淋,就开始发酵腐烂,产生浸出液,并随地表径流进入附近水体,污染地表水。

(2) 由于固体废物的堆积和填埋不当,会导致污染物下渗,造成地下水污染,其中危害最大的是垃圾渗滤液,它含有重金属离子、可生物降解的有机物、难生物降解有机物(多数为致癌物质)、氨氮和大量微生物,尤其结合重金属的有机物毒性往往高于重金属本身几千倍,地下水一经污染则很难恢复。

(3) 受风的影响,一些质轻的固体废物被风直接吹入附近水体。

(4) 人为地将固体废物直接抛入地面水体,使金属离子、酸、碱和有害成分进入水体,造成水体污染。

6.11.1.4 城市固体废物污染控制的原则

城市固体废物的处理手段随着固体废物的与日俱增以及人们对其属性、污染性、资源性和社会性认识的不断深入,其观念已由被动的注重末端治理向积极重视源头控制和再生利用的方向转变。处理手段的方法也由单纯从卫生角度进行简单的集中堆存、传统的填埋和堆肥,转变到从保护环境的角度,以再生利用为目的而进行的开发处理系列化和综合利用多元化的发展过程。目前,大多数国家对固体废物的控制多以减量化、资源化、无害化为基本原则。

1. 减量化原则

减量化,既从源头控制,是通过改善生产工艺和设备设计以及加强管理,来降低原料、能源的消耗量;通过改变消费和生活方式,减少产品的过度包装和一次性制品的大量使用,最大限度地减少固体废物的产生量。

2. 资源化原则

资源化,即固体废物的综合利用,城市固体废物有其造成环境污染有害的一面,但也有其可利用的一面。所谓"固体废物",只是相对于某一生产过程而言,某一部门产生的"废物",对另一生产部门而言就有可能是有用之物,即将固体废物视为"放错了地方的自然资源",或是"尚未找到利用技术的新材料"。通过综合利用,使有利用价值的固体废物变废为宝,实现资源的再循环利用。

3. 无害化原则

无害化,即安全处置,是对有利用价值的固体废物的最终处置,包括焚烧、填埋、生物处理等,应在严格控制的管理控制下,按照特定要求进行,实现无害于环境的安全处置。

6.11.2 有机废弃物稳定化的生物学原理

在人工控制条件下,利用自然界广泛分布的细菌、放线菌和真菌等微生物,使来源于生物的有机废弃物发生生物稳定化作用的过程称为堆肥化。有机废弃物的堆肥化是一种既古老而又现代的固体有机废弃物的生物处理技术。早在1 000多年以前,中国和印度等东方国家的农民已经用这种方法来处理作物秸秆和人、畜粪便,其产品称之为农家肥。从20世纪中期以来,人们发现它的作用原理也可适合城市生活垃圾的稳定无害化处理,因而科技工作者在做了大量的应用研究和过程开发工作后,利用现代工业技术使之操作机械化和自动化,达到了现代工业标准,把堆肥处理工艺推向了现代化。

有机废弃物堆肥化系统分类方法有多种,按堆制方式可分为间歇堆积法和连续堆积法;按原料发酵所处状态可分为静态发酵法和动态发酵法;按堆制过程的需要可分为好氧堆肥法和厌氧堆肥法。

现代化堆肥工艺,特别是城市生活垃圾堆肥工艺,基本上都是好氧堆肥,这实际上是有机质的微生物发酵过程。好氧堆肥系统温度一般为50~65 ℃,最高可达80~90 ℃,堆制周期短,故也称为高温快速堆肥。

厌氧堆肥系统,空气与发酵原料隔绝,堆制温度低,工艺比较简单,成品堆肥中氮素保留比较多,但堆制周期长,约需3~12个月,异味浓烈,分解不够充分。

6.11.2.1 好氧堆肥的生物学原理

好氧堆肥是在有氧的条件下,利用好氧微生物(主要是好氧细菌)的作用来进行的。在堆肥过程中,有机废物中的可溶性有机质透过微生物的细胞壁和细胞膜而为微生物所吸收;固体的和胶体的有机物先附着在微生物体外,由微生物分泌的细胞外酶分解为可溶性物质,再渗入细胞。微生物通过自身的生命活动——氧化还原和生物合成过程,把一部分被吸收的有机物氧化成简单的无机物,并释放出微生物生长、活动所需要的能量,把另一部分有机物转化合成新的细胞物质,使微生物生长繁殖,产生更多的生物体。这个过程可由图6.42简单地加以说明。

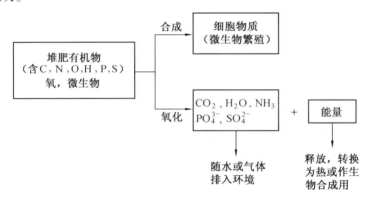

图6.42 有机物的好氧堆肥分解过程

堆肥化是在微生物的作用下,把有机废弃物转化成腐殖质的过程,可用下列反应方程式分别表示堆肥中有机物的分解和合成。

1. 有机物的氧化

不含氮有机物($C_xH_yO_z$)的氧化为

$$C_xH_yO_z + (x + \frac{1}{2}y - \frac{1}{2}z) \longrightarrow CO_2 + \frac{1}{2}yH_2O + 能量 \tag{6.44}$$

含氮有机物($C_sH_tN_uO_v \cdot aH_2O$)的氧化为

$$C_sH_tN_uO_v \cdot aH_2O + bO_2 \longrightarrow$$
$$C_wH_xN_yO_z \cdot cH_2O(堆肥) + dH_2O(气态) + eH_2O(液态) + fCO_2 + gNH_3 + 能量 \tag{6.45}$$

2. 细胞质的合成

包括有机质的氧化,并以 NH_3 作为氮源,即

$$n(C_xH_yO_z)+NH_3+(nx+ny/4-nz/2-5x)O_2 \longrightarrow$$
$$C_5H_7NO_2(细胞质)+(nx-5)CO_2+(ny-4)/2H_2O+能量 \quad (6.46)$$

3. 细胞质的氧化

$$C_5H_7NO_2(细胞质)+5O_2 \longrightarrow 5CO_2+2H_2O+NH_3+能量 \quad (6.47)$$

在堆肥过程中,有机质生物降解产生热量,如果这部分热量大于堆肥向环境的散热,堆肥物料的温度则会上升。此时,热敏感的微生物就会死亡,耐高温的细菌就会快速地生长,并大量地繁殖。根据堆肥的升温过程,可将其分为三个阶段,即起始阶段、高温阶段和熟化阶段。

在起始阶段,随着有机物中易降解的葡萄糖、脂肪和碳水化合物等被嗜温细菌、放线菌、酵母菌和真菌等微生物消化,堆肥物料开始分解,分解时所产生的热量促使堆肥温度不断上升。当温度升到 45~50 ℃时,则进入堆肥过程的第二个阶段——高温阶段。此时,堆肥起始阶段的微生物就会死亡,取而代之的一系列嗜热菌生长,所产生的热量又进一步使堆肥温度继续上升到 70 ℃。此时,参与堆肥过程中分解有机物的嗜热菌有嗜热脂肪芽孢杆菌、高温单胞菌、嗜热放线菌、热纤梭菌和嗜热真菌等。除前一阶段残留的和新形成的可溶性有机物继续分解转化外,半纤维素、纤维素、木质素、果胶、蛋白质等复杂的有机物也开始迅速地降解,从而使固体有机废物稳定化。在温度为 60~70 ℃的堆肥中,除一些孢子外,所有的病原微生物都会在几小时内死亡。当有机物基本降解完时,嗜热菌就会由于缺乏适当的养料而停止生长,进入休眠状态,产热也随之停止,而堆肥温度就会由于散热而逐渐下降。这时堆肥过程就进入第三个阶段——熟化阶段。在冷却后的堆肥中,一系列新的微生物(主要是真菌和放线菌),将借助于残余有机物(包括死掉的细菌残体)而生长,堆肥物料逐步进入稳定状态,最终完成堆肥过程。因此,可以认为堆肥过程就是微生物生长、死亡的过程,也是堆肥物料温度上升或下降的动态过程。适合嗜温菌与嗜热菌活动的温度范围见表 6.4。

表 6.4 嗜温菌与嗜热菌活动的温度范围　　　　　　　　　单位:℃

细 菌	最 低	适 宜	最 高
嗜温菌	15~25	25~40	43
嗜热菌	25~40	40~50	85

根据堆肥温度的变化情况,可将堆肥过程划分为如前所述的三个阶段,即起始温度阶段(温度由环境温度到 40~50 ℃,时间为堆肥后 40 h 左右)、高温阶段(温度在 50~70 ℃,时间为堆肥后的 40~80 h)、熟化阶段(或冷却阶段,时间在堆肥 80 h 以后)。

6.11.2.2 厌氧堆肥的生物学原理

厌氧堆肥是有机废弃物在厌氧条件下通过微生物的代谢活动而被稳定化,同时伴有 CH_4 和 CO_2 等气体产生的厌氧发酵过程。

厌氧发酵一般可依次分为液化、产酸、产甲烷三个阶段,如图 6.43 所示,在每一阶段都有其独特的微生物类群起作用。液化阶段起作用的细菌称为发酵细菌,包括纤维素分解菌、

蛋白质水解菌等。产酸阶段起作用的细菌是产氢、产乙酸菌,在这两个阶段起作用的细菌统称为不产甲烷菌。产甲烷阶段起作用的细菌是产甲烷菌。

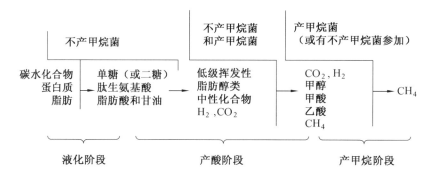

图 6.43 有机物的沼气发酵过程

在液化阶段,发酵细菌对复杂有机物(纤维素、蛋白质、脂肪等)进行体外酶解,使固体物质变成可溶于水的物质,然后细菌再吸收可溶于水的物质,并将其酵解成为简单脂肪酸、醇等不同的产物。

在产酸阶段,产氢、产乙酸细菌把前一阶段产生的中间产物(如丙酸、丁酸、乳酸、长链脂肪酸、醇类等)吸收到菌体内,并在胞内酶的催化作用下进一步分解成乙酸和氢等。

在产甲烷阶段,由于产甲烷所需的基质已经很多,并为产甲烷细菌提供了适宜的条件,促使产甲烷菌迅速生长繁殖,将乙酸、甲酸、甲醇、H_2、CO_2、甲胺等转化为甲烷。其中主要基质是乙酸、H_2 和 CO_2,甲烷的生成主要来自 H_2 还原 CO_2 和乙酸的分解,根据对主要中间产物转化成甲烷的过程所作的研究,以 COD 计约 72% 的甲烷来自乙酸盐,有 13% 来自丙酸盐,还有 15% 来自其他中间产物。因此,乙酸是厌氧发酵的最重要的中间产物。

产甲烷菌的营养物质与产甲烷基质来源于各类分解菌对有机物分解时产生的代谢产物。分解菌不断地提供这些物质,产甲烷菌则利用这些物质进行代谢活动产生甲烷,从而使产甲烷菌和不产甲烷菌的生长以及产甲烷和产酸都达到平衡。

通常,在厌氧发酵的初期,分解菌和产酸菌生长旺盛,是占优势的菌群;当产氨细菌大量产氨后,pH 值和氧化还原电位都有利于产甲烷菌的生长与繁殖。产氨菌的活动对产酸菌有抑制作用,而对产甲烷菌有促进作用,因此,使得从产酸到产甲烷的发酵过程中微生物的消化和生化反应均能达到平衡。

也有人将厌氧发酵过程分为两个阶段,并用图 6.44 简单地说明有机物的厌氧分解过程。从图 6.44 中可以看出,当有机物进行厌氧分解时,主要经历了两个阶段,即酸性发酵阶段和碱性发酵阶段。分解初期,微生物活动中的分解产物是有机酸、醇、CO_2、氨、H_2S 等;在这一阶段中,有机酸大量积累,pH 值随着下降,所以叫做酸性发酵阶段,参与的细菌统称为产酸细菌。在分解后期,由于所产生的氨的中和作用,pH 值逐渐上升;同时,另一群统称为甲烷细菌的微生物开始分解有机酸和醇,产物主要是 CH_4 和 CO_2。随着甲烷细菌的繁殖,有机酸迅速分解,pH 值迅速上升,这一阶段的分解叫做碱性发酵阶段。

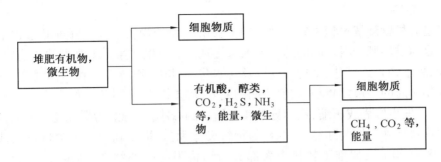

图 6.44　有机物的厌氧堆肥分解过程

6.12　城市固体废弃物的堆肥技术

6.12.1　好氧堆肥

6.12.1.1　好氧堆肥过程的影响因素

好氧堆肥过程是堆肥物料在通风的条件下，微生物对物料中有机物进行生物降解的过程。影响好氧堆肥过程的主要因素有以下几个方面。

1. 有机物的含量

堆肥物料适宜的有机物含量为 20%～80%，有机物含量过低，不能提供足够的热能，影响嗜热菌增殖，难以维持高温发酵过程。有机物含量大于 80% 时，堆制过程要求大量供氧，实践中常因供氧不足而发生部分厌氧过程。一般地说，堆肥物料中有机物含量越高，堆肥质量越好。因此，当堆肥物料中有机物含量过低时，需进行调整。方法之一是发酵前在堆肥物料中掺入一定比例的稀粪、城市污水污泥、牲畜粪便等，二是掺入一部分振动筛首筛出的炉灰渣，以改变堆肥物料中的有机物含量。

2. 含水量

在堆肥过程中需要有水分，以便为微生物分解有机废物提供适当的湿度。含水量的最大值取决于堆肥物料的空隙容积。据研究，对于含纸多的城市生活垃圾堆肥，允许其含水量上限值为 55%～60%；如城市垃圾中木屑、谷壳、稻草、树叶及其他同类物比例高，则其堆肥中含水量可达 85%。物料含水量的最低值取决于微生物活性。如果物料中含水量太低，堆肥中微生物的活性就会受到抑制。当含水量为 40%～50% 时，生物活性就开始下降，堆肥温度也随之下降，有机物分解速率降低。根据国外研究结果，在进行有机物与污泥混合堆肥时，仍能保持堆肥过程顺利进行的最低含水量是 40%。因此，堆肥正常进行的含水量下限为 40%～50%。当含水量低于 20% 以下时，生物活性基本停止。

可以通过多种形式调节堆肥物料的含水量，以保证堆肥过程顺利进行。当原生垃圾含水量较低时，可以添加污水、湿污水污泥、人畜尿等。如生活垃圾中水分过高，在场地和时间允许的情况下，可将物料摊开进行搅拌以促进水分蒸发，即翻堆；或在物料中添加松散的吸水物质，以吸收水分，增加空隙容积。常用的松散物有稻草、谷壳、干叶、木屑和堆肥产品等。

3. 供氧量

氧气是有机物降解过程中好氧微生物生长所必须的物质。在实际堆肥过程中,由于氧气的供应是通过堆肥物料之间的缝隙渗入来实现的,因此,供氧的好坏取决于物料之间的孔隙率,即取决于物料的尺寸、结构强度以及含水量。其中,物料尺寸和结构强度对孔隙率的影响是互相矛盾的。尺寸越小,物料之间的缝隙就越多,但物料的结构强度也会减小,再受压下,物料易发生倾塌或压缩,从而导致实际缝隙的减小。因此,为保证充分供氧,就必须选择合适的物料尺寸。按实际经验,推荐的物料尺寸为:如堆肥物料中纸含量较大,则推荐的尺寸为 3.8~5.0 cm;如堆肥物料中大部分为结构强度好的物料,则推荐的尺寸为 0.5~1.0 cm。当处理含有大量蔬菜的原生垃圾时,需特别予以注意,如果此时的物料尺寸太小,就会产生一些难于处理的浆状物质,物料中的水分不仅会占据供氧通道,而且会降低物料的结构强度,导致物料倾塌,这些都会影响对堆肥的供氧。

4. pH 值

理论上,pH 值对城市垃圾堆肥过程没有影响,而且 pH 值随堆肥过程波动,本身就是物料降解的结果。好氧堆肥初期,由于产酸细菌的作用,pH 值降到 5.5~6.0,使堆肥物料呈酸性;此后随着堆肥过程的继续,由于以酸性物为养料的细菌生长和繁殖,酸将被中和,导致 pH 值上升,制成的堆肥 pH 值将大于 7,一般在 8.5~9.0 之间。

5. 碳氮比(C/N)

在堆肥过程中,微生物的生长速度与堆肥物料的 C/N 值有关。微生物自身的 C/N 值为 4~30,因此作为营养基的有机物的 C/N 值也最好在该范围内。C/N 值为 10~25 时,有机物的降解速度最大。如果垃圾中 C/N 值偏离正常范围,可以通过添加含 N 高或含 C 高的物料加以调整。各种堆肥物料的 C/N 值见表 6.5。

表 6.5 各种可堆肥物料的 C/N 值

名称	C/N 值	名称	C/N 值
落叶	41	牛粪	8~26
锯末屑	300~1 000	猪粪	5~7
秸秆	70~100	鸡粪	5~10
垃圾	50~80	活性污泥	5~8
人粪	6~10	下水道生污泥	5~15

堆肥微生物以碳作为能源,并构成细胞膜,随后以 CO_2 形式释放出来,氮则用于合成细胞原生质。因此,发酵后物料的 C/N 值将会减少,一般为 6%~14%,最高可达 27% 以上。在成品堆肥施用时,如果 C/N 值过高,易引起氮饥饿,因此要求成品堆肥 C/N 值为 10~20。据此推算出,城市垃圾堆肥的最佳 C/N 值应为 20~35。

6. 碳磷比(C/P)

除碳和氮外,磷对微生物的生长也有很大的影响。有时,在城市垃圾中添加污泥进行混合堆肥,就是利用污泥中丰富的磷来调整堆肥物料的 C/P 值。堆肥原料适宜的 C/P 值为 75~150。

7. 腐熟度

堆肥的腐熟度是指通过微生物作用,堆肥产品要达到稳定化、无害化,亦即不对环境产生有害的影响,而且堆肥产品的使用不影响作物的生长和土壤耕作能力。

堆肥腐熟的大致标准是不再进行激烈分解,成品的温度低,呈茶褐色,不产生恶臭。但堆肥产品的性能和堆肥质量评价,尚需要更科学的定量判定标准。腐熟度评价方法如下:

(1)直观经验法。成品堆肥显棕色或暗灰色,具有霉臭的土壤气味,无明显的纤维。采用此法评定堆肥质量比较"粗糙",且因人的感觉而异,缺乏统一尺度。

(2)淀粉测试法。淀粉测试法的理论依据是在正常的发酵过程中,堆肥的淀粉量随时间增加而减少,一般当发酵达到4~5周时,淀粉绝大部分分解,在最终成品堆肥中,淀粉应全部消失。测定方法是将堆肥样品加入高氯酸溶液,搅拌、过滤,用碘液检验滤液,如变黄、略有沉淀物,表明堆肥已经稳定,如果呈蓝色,表明堆肥未腐熟。此法简单,适于现场检测用。但由于堆肥原料中淀粉含量不多,生活垃圾中只有2%~6%,被检定的也仅是物料中可腐部分中的一部分,不足以充分反映堆肥的腐熟程度。

(3)好氧速率法。测定方法:将堆层中的气体抽吸到 O_2/CO_2 测定仪,通过仪器自动显示堆层 O_2 或 CO_2 浓度在单位时间内的变化值,以评定堆肥发酵程度和腐熟情况。用好氧速率作为堆肥腐熟程度的评定依据,符合卫生学原理,具有良好的稳定性、专一性和可靠性,不受原料组分的影响,易于在工程上应用。

6.12.1.2 堆肥方法与装置

堆肥技术发展至今,已形成了很多类型,因此方法分类亦多种多样。例如,按堆肥物料运动形式可分为静态堆肥和动态堆肥;按堆肥堆制方式可分为间歇式堆肥和连续式堆肥;按堆肥微生物对氧的要求,可分为好氧堆肥和厌氧堆肥。

1. 间歇堆积法

间歇堆肥法又叫露天堆积法。这是我国长期以来沿用的一种方法。间歇堆肥法是把新收集的垃圾、粪便、污泥等废物混合堆积。一批废物堆积之后不再添加新料,让微生物参与生物化学反应,使废物转变成为腐殖土样的产物,然后外运。前期一次发酵大约需要五周,一周要翻动一次,然后再经过6~10周熟化稳定二次发酵。全部过程需要30~90 d,这种方法要求有一个坚实的不渗水的场地,其面积需能满足处理所在城市废弃物排量的需要。

露天堆肥法,首先要求对堆肥原料进行前处理,然后根据含水率和C/N值,确定原料配比。国外利用城市固体废物生产堆肥的配料方法有三种,即纯堆肥垃圾、垃圾-粪便混合(7:3)堆肥、垃圾-污泥混合(7:3)堆肥。我国露天堆肥法一般是采用70%~80%垃圾与20%~30%稀粪配比。

2. 连续堆制法

连续堆制法工艺采用机械化连续进料和连续出料方式发酵,原料在一个专设的发酵装置内完成中温和高温发酵过程。这种系统装置除具有发酵时间短,能杀灭病原微生物外,还能防止异味,成品质量比较高,已在美国、日本和欧洲广为采用。

连续发酵装置类型有多种,主要类型有卧式堆肥发酵滚筒、立式堆肥发酵塔和堆肥发酵筒仓等。

卧式堆肥发酵滚筒又称达诺(Dano)法,该方法由英国的 Kai Petersen 与 Christopher Muller 合伙创办的达诺工程公司发明,并于1933年取得了专利。在Dano法的滚筒发酵装置中,预先被破碎的废物靠与筒体表面的摩擦沿旋转方向提升,同时借助自重落下。通过如此反复升落,物料被均匀地翻倒而与供入的空气接触,并借助微生物作用进行发酵。此外,由于筒体斜置,当沿旋转方向提升的废物下落时,逐渐向筒体出口方向移动,这样,系统装置可自动稳定地供应、传送和排出堆肥物。装置简图如图 6.45 所示。

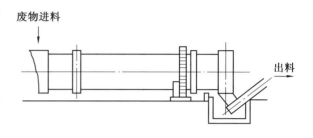

图 6.45 卧式堆肥发酵滚筒(Dano 发酵器)

立式堆肥发酵塔通常由 5～8 层组成。堆肥物料由塔顶进入塔内,在塔内堆肥物料通过不同形式的机械运动,由塔顶一层层地向塔底移动。一般经过 5～8 d 的好氧发酵,堆肥物即由塔顶移动至塔底完成一次发酵。立式堆肥发酵塔通常为密闭结构,塔内温度分布为从上层至下层逐渐升高,即最下层温度最高。

立式堆肥发酵法的种类通常包括立式多层圆筒式、立式多层板闭合门式、立式多层浆叶刮板式、立式多层移动床式等。各种形式的立式发酵塔如图 6.46～6.49 所示。

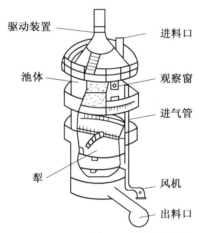

图 6.46 立式多层圆筒式发酵塔

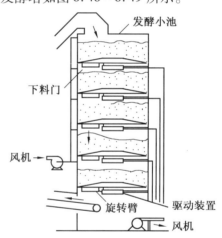

图 6.47 立式多层板闭合式发酵塔

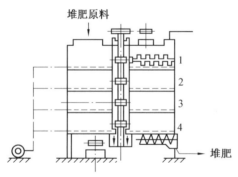

图 6.48 立式多层浆叶刮板式发酵塔
1—浆叶刮板;2,3,4—发酵泡

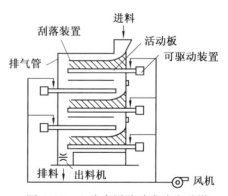

图 6.49 立式多层移动床式发酵塔

筒仓式堆肥发酵仓为单层圆筒状(或矩形),发酵仓深度一般为 4~5 m。大多采用钢筋混凝土筑成。发酵仓内均采用高压离心风机强制供气,以维持仓内堆肥好氧发酵。空气一般由仓底进入,堆肥原料由仓顶进入。经过 6~12 d 的好氧发酵,得到初步腐熟的堆肥由仓底通过出料机出料。

根据堆肥在发酵仓内的运动形式,筒仓式发酵仓可分为静态和动态两种。堆肥物料由仓顶经布料机进入仓内,经过 10~12 d 的好氧发酵后,由仓底的螺杆出料机出料。由于静态发酵仓结构简单,在我国得到了广泛应用。

经预处理工序分选破碎的废物被输送机送至池顶中部,然后由部料机均匀地向仓内布料,位于旋转层的螺旋体以公转和自转来搅拌废物,防止形成沟槽,并且螺旋体的形状和排列能经常保持空气的均匀分布。废物在仓内依靠重力从上部向下部跌落。既公转又自转的旋转切割螺杆装置安装在仓底,无论上部的旋转层是否旋转,产品均可从仓底排出。好氧发酵所需的空气从仓底的部气板强制通入。

6.12.2 厌氧堆肥

6.12.2.1 厌氧堆肥过程的影响因素

1. 原料的碳氮比(C/N)

如同好氧微生物一样,厌氧微生物对原料 C/N 值也有一定的要求。配料时,应控制适宜的 C/N 值。一些常用的厌氧堆肥原料的 C/N 值列于表 6.6。由表 6.6 可以看出,不同的原料 C/N 值差异很大。C/N 值大的,称为贫氮原料,如农作物的秸秆等;C/N 值小的,称为富氮原料,如人、畜粪尿等。为了满足厌氧发酵时微生物对碳素和氮素的营养要求,需将贫氮原料和富氮原料配合成具有适宜 C/N 值的混合原料,才能获得较高的产气量。厌氧发酵原料的 C/N 值以 20~30∶1 为宜,C/N 值为 35∶1 时产气量明显下降。

表 6.6 常用厌氧发酵原料的碳氮比(C/N)

原料	碳素占原料重量百分数/%	氮素占原料重量百分数/%	碳氮比(C/N)
干麦秸	46	0.53	87∶1
干稻草	42	0.63	67∶1
玉米秆	40	0.75	53∶1
落叶	41	1.00	41∶1
大豆茎	41	1.30	32∶1
野草	14	0.54	26∶1
花生茎	11	0.59	19∶1
鲜羊粪	16	0.55	29∶1
鲜牛粪	7.3	0.29	25∶1
鲜马粪	10	0.42	24∶1
鲜猪粪	7.8	0.60	13∶1
鲜人粪	2.5	0.85	3∶1
鲜人尿	0.4	0.93	0.43∶1

2. pH 值和酸碱度

在堆肥的厌氧发酵过程中,产甲烷菌对 pH 值的适应范围为 6.8~7.5。pH 值低,将使 CO_2 增加,大量水溶性有机酸和 H_2S 产生,硫化物含量增加,因而抑制甲烷菌生长。

为使厌氧发酵池内的 pH 值保持在最佳范围内,可加石灰调节,也可通过调整原料碳氮比进行调节。

3. 温度

温度是影响厌氧发酵产气量的主要因素。在一定温度范围内,温度越高,产气量越高,因为温度高时原料中的细菌活跃,有机物分解速度快,使得产气量增加。表 6.7 列出了不同温度对产气量的影响状况。

表 6.7 我国农村沼气池不同温度的产气量

原料	温度/℃	产气量/($m^3 \cdot (m^{-3} \cdot d^{-1})$)
稻草+猪粪+青草	29~31	0.55
稻草+猪粪+青草	24~26	0.21
稻草+猪粪+青草	16~20	0.10
稻草+猪粪+青草	12~15	0.07
稻草+猪粪+青草	8 以下	微量

4. 搅拌

搅拌的方式有机械搅拌、充气搅拌和充液搅拌三种。目的是使池内各处温度均匀,进入的原料与池内熟料完全混合,底质与微生物密切接触,防止底部物料出现酸积累,并且使反应产物(H_2S、NH_3、CH_4 等)迅速排除。

6.12.2.2 堆肥厌氧发酵工艺

堆肥厌氧发酵工艺类型较多,按发酵温度、发酵方式和发酵级差的不同可分成多种类型。使用较多的是按发酵温度划分厌氧发酵工艺类型。

1. 高温厌氧发酵工艺

高温厌氧发酵工艺非常适于城市生活垃圾、粪便和有机污泥的处理。高温发酵的最佳温度是 47~55 ℃,有机物分解旺盛,发酵快,物料在厌氧池内停留时间短。其工艺流程如下:

(1)高温发酵菌的培养。高温发酵菌种的来源比较广泛,一般是采集污水池或下水道有气泡产生的中性偏碱的污泥,将其加到备好的培养基上,进行逐级扩大培养,直到发酵稳定后即可作为接种用的菌种。

(2)高温的维持。通常是在厌氧发酵池内布设盘管,通入蒸汽加热料浆来维持发酵所需的温度。我国有的城市利用余热和废热作为高温发酵的热源,是一种十分经济的办法。

(3)原料投入和排出。在高温发酵过程中,由于原料消化速度快,需要连续投入新料和排出发酵液。其操作有两种方法,一种是用机械加料机出料,另一种是采用自流进料和出料。

(4)发酵物料的搅拌。高温厌氧发酵过程要求对物料进行搅拌,以迅速消除邻近蒸汽管道区域的高温状态和保持全池温度的均一。

2. 自然温度半批量厌氧发酵工艺

自然温度半批量厌氧发酵是指在自然界温度影响下发酵温度发生变化,采用半批量投料方式的厌氧发酵。目前我国农村都采用这种发酵类型,其工艺流程如图 6.50 所示。

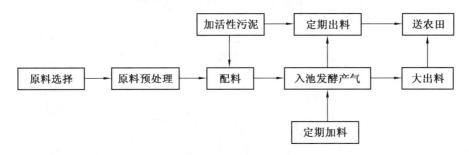

图 6.50　自然温度半批量投料沼气发酵工艺流程

这种工艺的发酵池结构简单、成本低廉、施工容易、便于推广。采用自然温度发酵,其发酵周期需视季节和地区的不同加以控制。

6.12.2.3　厌氧发酵装置的结构和工作原理

我国厌氧发酵池的类型较多,按发酵池的结构形式,分为圆形和长方形发酵池;按贮气方式,分为气袋式、水压式和浮罩式。其中,水压式沼气池是在农村推广应用的主要类型,被誉为"中国式沼气池",深受发展中国家欢迎。

水压式沼气池的结构和工作原理如图 6.51 所示。这是一种埋设于地下的立式圆桶形发酵池,主要结构包括加料管、发酵间、出料管、水压间、导气管几个部分。

图 6.51(a)是启动前状态。发酵间的液面为 O-O 水平,发酵间内尚存的空间(V_0)为死气箱容积。

图 6.51(b)是启动后状态。发酵池内开始发酵产气,发酵间的气压随产气量增大而增大,结果水压间液面高于发酵间液面。当发酵间内贮气量达到最大值($V_{贮}$)时,发酵间的液面下降到最低位置 A-A 水平,水压间的液面上升到最高位置 B-B 水平;这时达到了极限工作状态。极限工作状态时两液面的高差最大,称为极限沼气压强,其值可表示为

$$\Delta H = H_1 + H_2 \tag{6.48}$$

式中　H_1——发酵间液面最大下降值;
　　　H_2——水压间液面最大上升值;
　　　ΔH——沼气池最大液面差。

图 6.51(c)表示使用沼气时发酵间压力减小,水压间液体被压回发酵间。这样,不断产气和不断用气,发酵间和水压间液面总是在初始状态和极限状态之间不断上下升降。

6.12.3　城市粪便的厌氧发酵处理

粪便厌氧发酵的目的是实现无害化。根据人口聚居状况,城镇粪便有两种厌氧发酵处理工艺,即化粪池处理和厌氧发酵池处理。

6.12.3.1　化粪池

化粪池也叫腐化池,是 19 世纪末发展起来的粪便发酵处理系统。由于粪便发酵产生难

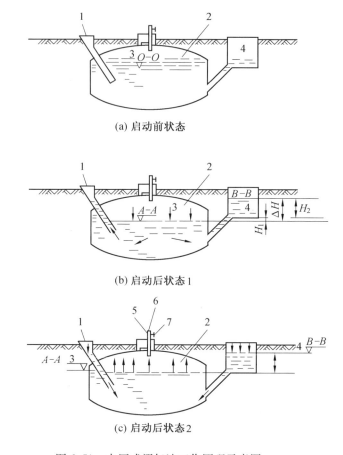

图 6.51 水压式沼气池工作原理示意图

1—加料管;2—发酵间(贮气部分);3—池内液面($O-O,A-A$);3—出料间液面($B-B$);5—导气管;
6—沼气输气管;7—输气阀

闻的臭气,故只在农村孤立的建筑中使用。化粪池管理方便,不需要能源消耗;所以,近年来又受到城镇的关注,用来处理粪便和废水。

1. 化粪池工作原理

化粪池兼有污水沉淀和污泥发酵双重作用,其工作原理如图 6.52 所示。粪水流入化粪池后,速度减慢。在一个标准化粪池中,粪水停留时间为 12 ~ 24 h,比重大的悬浮固体下沉到池底。化粪池可将大约 70% 的悬浮固体抑留下来。被抑留的悬浮固体在厌氧菌的分解作用下,产生气体上浮,将分解后的疏松物质牵引到液面,形成一层浮渣皮。浮渣中

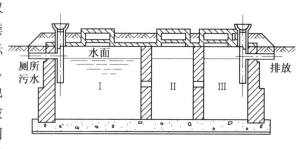

图 6.52 化粪池

的气体逸散后,悬浮固体再次下沉成为污泥。如此反复分解、消化,浮渣和污泥逐渐液化,最终,容积只有原悬浮固体的 1%。

冲厕污水和生活污水经化粪池沉淀和厌氧分解，排出的污水中悬浮物一般可降到140~150 mg/L，细菌约为12 000个/mL，BOD可下降60%左右，有的可下降80%~90%，pH值偏碱，可直接排入下水道。

2. 化粪池容积及其计算公式

化粪池容积按其接纳的粪便污水量和污水在池内的停留时间计算确定。其容积(V)可根据下式计算，即

$$V = E\left(Q \cdot T_q + S \cdot T_s \cdot C \cdot \frac{100\% - P_w}{100\% - P_{w'}}\right) \tag{6.49}$$

式中　E——服务人口，人；

　　　Q——每人每天污水量，L；

　　　T_q——污水在池内停留时间，一般取12~24 h；

　　　S——每人每天污泥量，一般取0.8~1.0 L；

　　　T_s——清泥周期，一般按100~360 d；

　　　C——污泥消化体积减小系数，一般为0.7；

　　　P_w——污泥含水率，一般为95%；

　　　$P_{w'}$——池内污泥含水率，平均取95%。

3. 化粪池结构的改进

早期化粪池不分格，后来随容积增大产生了二格、三格化粪池，进出水用挡板阻隔。1966年，美国在原三格化粪池的第二格安装了搅拌器，第一格起分离沉淀、厌氧发酵作用，第二格采用充气搅拌发生好氧发酵，溢流液迅速液化和汽化，进入第三格后再次沉淀，上清液排入下水道。这种厌氧好氧结合的结构处理效果更好。

6.12.3.2　粪便厌氧发酵池

粪便厌氧发酵池的池型结构和容积计算与下水污泥厌氧发酵相同，发酵工艺一般分为常温发酵、中温发酵和高温发酵。

1. 常温发酵

在不加新料的情况下，需经35 d才能使大肠杆菌达到卫生标准。

2. 中温发酵

中温发酵温度为30~38 ℃，一般需要8~23 d。若一次加料不再加新料，持续发酵2个月，可达到无害化卫生标准。若每日加新料，则达不到无害化卫生标准，排出料仍需进行无害化处理。但采用连续发酵工艺，可以回收沼气用于系统本身。

3. 高温发酵

高温发酵温度为50~55 ℃，可以达到无害化卫生标准。青岛市1979年建成了三处高温厌氧发酵池，其发酵总容积为4 040 m³，加入的粪便含水率为93%，投配率7%，发酵温度为53±2 ℃。每立方米粪便产气量22.6~29.4 m³。

6.13　城市生活垃圾的卫生土地填埋

填埋技术是从传统的堆放和填地处置发展起来的，是在陆地上选择合适的天然场所或

人工改造出来的合适场所,把固体废弃物用土层覆盖起来的一项处置技术。其原理与堆肥相同,主要是利用好氧微生物、兼性厌氧微生物和专性厌氧微生物对有机质进行分解转化,使其最终达到稳定化。土地填埋处置还可以有效地隔离污染物保护环境,并能对填埋后的固体废物进行有效的管理,此法在国内外得到了广泛的应用。

土地填埋的优点是:工艺简单、成本低,适于处置多种类型的固体废弃物。存在的主要问题是场地处理和防渗施工难于达到要求。土地填埋的种类很多,其中卫生土地填埋是处置一般固体废物,而不会对公众健康及环境安全造成危害的一种方法,主要用来处理城市生活垃圾。

卫生土地填埋一般分为厌氧、好氧和准好氧三种类型。其中厌氧填埋是国内外采用最多的一种形式,因为厌氧填埋结构简单、操作方便、施工费用低,同时还可收回甲烷气体等。好氧填埋类似于高温堆肥,能够减少填埋过程中由于垃圾降解所产生的水分,还可以部分减少由于垃圾渗滤液积聚过多所造成的地下水污染;由于好氧填埋分解速度快,并能产生高温(可达60 ℃),对消灭大肠杆菌和部分致病菌是十分有效的。但是,好氧填埋工程结构复杂、施工难度大、造价高、难于推广应用。准好氧填埋介于厌氧和好氧之间,也存在类似于好氧的问题,不宜推广应用。

卫生填埋法始于20世纪60年代,以往依靠下层土壤过滤来净化填埋垃圾的渗出液,但是,天长日久或地质构造环境变化的影响,地下水和周围环境难免受到渗滤液造成的污染。因此,卫生填埋现已发展为底部密封型结构,或底部和四周都密封的结构,从而有效地防止了渗滤液流出和地下水的流入,便于渗滤液集中收集处理,保证了周围环境的安全。

6.13.1 填埋场地的选择

场地的选择是卫生填埋处置工程设计的第一步,通常要遵循两项基本原则才能做到合理地选择场地。一是能满足环境保护的要求;二是经济可行。因此,选择填埋场地应十分谨慎,需要反复论证,主要分预选、初选和定点三个步骤来完成。

选择一个合适的卫生填埋场地,一般应考虑以下几个主要因素。

1. 土质条件和地形特点

场地的底层土壤要求有较强的抗渗能力,防止渗滤液污染地下水。垃圾填埋完毕后,应及时覆盖,为减少运土费用,最好利用填埋区的土壤作覆土材料,同时也增加了填埋场的容量。覆土材料应易于压实,防渗能力要强。

场地应便于施工操作,泄水能力要强,天然沟壑、溶槽等低洼地不宜选作填埋场地。

垃圾中的废纸等易于被风扬起飘向天空,污染周围环境。因此,填埋场地应躲开风口,尽量选择在背风的地点,让风朝着填埋作业的方向吹。

2. 气候条件

气候会影响填埋处置效果和道路交通,通常应选择蒸发量大于降水量的环境,避开高寒地区。

3. 水文地质条件

了解填埋场地的水文地质条件,可以避免或减少场地附近地下水源的污染。通常要求地下水位尽量低,距最下层填埋物至少有1.5 m。

4. 环境条件

垃圾运输和填埋操作过程中会产生噪声、臭味和飞扬物,这些都会对环境造成一定的污染。为避免污染的影响,填埋场地应避开居民区,适当远离城市,并尽量选建在城市的下风向。

5. 运输距离

运输距离的远近对于处置系统的整体运营有着决定性的意义。一般应在保证其他条件不受影响的前提下,尽可能缩短运输距离,以减少运营成本,同时公路交通应方便,能够在各种气候条件下进行运输。

6. 迹地的开发利用

迹地是指完成填埋作业后的地盘。填埋场地被填满以后,应有一定面积的土地可以利用作为他用,所以选地设计时要考虑以后迹地的用途,充分利用迹地获取回报。

7. 填埋面积

填埋场地应有足够的面积,至少要满足 10 年以上服务区内垃圾的填埋量,否则,填埋场投入的设施、人员管理和运输投资就没有效益和回报,必将增加固体废物的单位处置成本。

6.13.2 场地的设计

卫生填埋场地的设计内容包括场地面积和场地容量的确定、防渗措施、地下水保护和逸出气体的控制等。

6.13.2.1 场地面积和容量

场地面积和容量的大小与城市的人口数量、垃圾的产率、填埋高度、垃圾与覆盖材料的比值以及压实密度有关。常用的设计参数如下:覆土和填埋垃圾之比为 1∶4 或 1∶3;垃圾的压实密度为 500~700 kg/m³;场地的容量至少供使用 20 年。

每年需要卫生填埋的垃圾体积可按下式计算

$$V = 365\frac{WP}{D} + C \tag{6.50}$$

式中　V——每年需要填埋的垃圾体积,m³;

　　　W——垃圾的产率,kg/(人·d);

　　　P——服务区的人口数,人;

　　　D——填埋后垃圾的压实密度,kg/m³;

　　　C——覆土体积,m³。

如已知填埋高度为 H,可利用式(6.51)求出 V,则每年所需的场地面积为

$$A = \frac{V}{H} \tag{6.51}$$

6.13.2.2 地下水保护系统设计

为了防止卫生填埋渗滤液污染地下水,需要在填埋场内设计保护系统,防止渗滤液可能发生的污染。

1. 渗滤液的生成分析

由于微生物的分解和地表水的影响,垃圾填埋后会产生一定数量的渗滤液。其中,大气

降水和填埋场地表径流渗入是垃圾渗滤液的主要来源,垃圾本身所含水分和有机物的含量的多少也会影响渗滤液的数量和性质;另外,填埋场蒸发散失水量大,会使渗滤液减少,而表面蒸发与土壤的种类、温度、湿度、风速、大气压强等因素有关,蒸发量还受季节、日照量等条件的影响。

确切计算垃圾渗滤液的产生量是比较困难的,一般采用下面的经验公式进行粗略估算

$$Q = \frac{1}{1\,000} \cdot C \cdot I \cdot A \tag{6.52}$$

式中　Q——日平均渗滤液量,m^3/d;

　　　C——流出系数,一般取 $0.2 \sim 0.8$;

　　　I——平均降雨量,mm/d;

　　　A——填埋场集水面积,m^2。

2. 渗滤液性质

渗滤液的性质与垃圾的种类、性质及填埋方式等许多因素有关。一般来讲,在填埋初期,渗滤液中有机酸浓度较高,挥发性有机酸约占1%;随着时间的推移,挥发性有机酸的比例将增加,有机物的总体浓度降低。

卫生填埋渗滤液含高浓度有机物质和无机盐类,外观呈深褐色乃至黑色,有强烈的恶臭味。其主要的污染参数特征是:色度为 $2\,000 \sim 4\,000$;pH 值由弱酸变弱碱($6 \sim 8$);BOD_5 呈逐渐增高趋势,一般填埋 $6 \sim 30$ 个月后,BOD_5 达到峰值,随后又下降;COD 一般呈缓慢下降;TOC 的浓度变化为 $265 \sim 2\,800$ mg/L;溶解性总固体在填埋 $6 \sim 24$ 个月达到峰值,此后随时间逐渐降低;SS 一般多在 300 mg/L 以下。此外,渗滤液中还含有氮、磷、重金属等组分。

国内外部分城市垃圾填埋场渗滤液水质指标见表6.8。由于垃圾渗滤液的产生和性质受多种因素的影响,因此不同城市、不同国家的垃圾渗滤液的性质也不完全一样。但是,总的看来,渗滤液是一种高浓度有机废水,如任其排放,不加以控制,将会对环境形成严重的污染。

表6.8　国内外部分城市垃圾卫生填埋渗滤液水质指标

项　目	上　海	杭　州	广　州	深　圳	美国某市
COD/($mg \cdot L^{-1}$)	$1\,500 \sim 8\,000$	$1\,000 \sim 5\,000$	$1\,400 \sim 10\,000$	$3\,000 \sim 60\,000$	$3\,000 \sim 45\,000$
BOD/($mg \cdot L^{-1}$)	$200 \sim 4\,000$	$400 \sim 6\,000$	$400 \sim 2\,500$	$1\,000 \sim 36\,000$	$2\,000 \sim 30\,000$
TN/($mg \cdot L^{-1}$)	$100 \sim 700$	$80 \sim 800$	$150 \sim 900$	—	$10 \sim 800$
NH_3-N/($mg \cdot L^{-1}$)	$60 \sim 450$	$50 \sim 500$	$130 \sim 600$	$450 \sim 1\,500$	$10 \sim 800$
SS/($mg \cdot L^{-1}$)	$30 \sim 500$	$60 \sim 650$	$200 \sim 600$	$100 \sim 6\,000$	$200 \sim 1\,000$
pH 值	$5 \sim 6.5$	$6 \sim 6.5$	$6.5 \sim 7.8$	$6.2 \sim 8.0$	$5.3 \sim 8.5$

3. 地下水保护系统设计

填埋场地下水的保护方法很多,除合理选址外,还可从设计、施工和填埋方法上采取必要的措施来加以实现。

(1)设置防渗衬里。在填埋的垃圾与场地土体之间设置的防渗层称为防渗衬里。衬里

分为天然和人造两大类,天然衬里主要采用黏土,人造衬里则采用沥青、橡胶和塑料等材料。用黏土作衬里时,黏土的渗透系数应小于 10^{-7} cm/s,厚度至少为 1 m。设置防渗衬里后,填埋场内积聚的渗滤液还要及时排出处理。

(2)设置导流渠或导流坝。在填埋场的上坡方向挖掘导流渠或导流坝,积聚排出正常条件下的地表径流水,防止进入场内,从而减少渗滤液的产生量。

(3)选择合适的覆盖材料。覆盖材料选得合适,可以防止雨水进入填埋的垃圾。国内的卫生填埋场一般是就地取用黏土作为覆盖材料,并分层压实。国外常采用先在垃圾上铺塑料布,然后再覆盖黏土,以便更有效地起到防渗的作用。以上列举的方法都能起到防止地下水污染的作用。在填埋场内,通常是几种方法综合使用,以收到更好的防护效果。多种防护方法的综合使用关系如图 6.53 所示,可以在实际工程中参考应用。

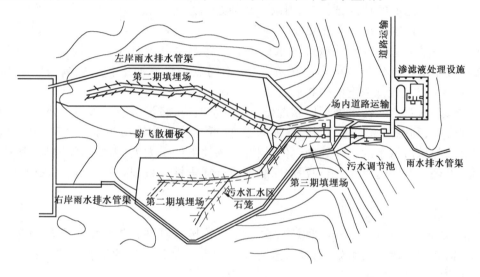

(a) 平面防水导流系统

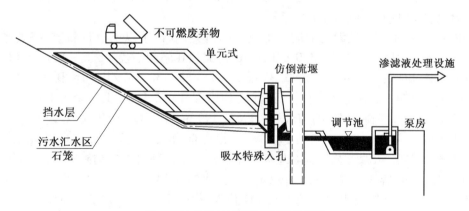

(b) 剖面上防渗衬里及渗滤液收集系统

图 6.53　垃圾卫生填埋场地下水防护系统示意图

6.13.3 渗滤液的处理方法

垃圾渗滤液是一种高浓度有机废水,其水质和水量随垃圾成分、当地气候、大气降水、水文、填埋时间及填埋工艺等因素的影响而显著变化。由于垃圾的来源不同,渗滤液中还可能含有 Cr,Cd,Pb,Hg,Cu 等重金属离子。因此,垃圾渗滤液必须严格管理,经处理达到要求后才能排放。

在小于 5 年的新填埋场里,由于挥发性酸的存在,渗滤液的 pH 值低,BOD_5 和 COD 浓度高。BOD_5/COD 值一般为 0.5~0.7,可生化性良好。5 年以上的老填埋场,其渗滤液 pH 值一般为中性,而 NH_3-N 浓度较高,BOD_5 和 COD 浓度较低,BOD_5/COD 值也较低。10 年以来 BOD_5/COD 值将降至 0.1。

根据垃圾渗滤液的特性,通常选用以下几种处理方法。

1. 利用城市污水厂进行合并处理

垃圾渗滤液与适当规模的城市污水处理厂的污水合并处理是最为简单的一种处理方式。渗滤液中所含成分与城市污水相近,主要不同点是渗滤液中含有较高浓度的 COD_{Cr},BOD_5,NH_3-N 以及较低浓度的磷物质含量。

当城市污水管道或污水处理厂靠近垃圾填埋场时,可将渗滤液送入污水处理厂,与城市污水一起合并,利用污水处理厂对渗滤液的缓冲、稀释作用和城市污水中的磷等营养物质,实现渗滤液与城市污水的合并处理。但是,如果渗滤液的量太大,需要加以控制,否则,易造成对污水处理厂的冲击负荷,出现污泥膨胀及重金属毒性等系列问题,影响污水处理厂的正常运行。

2. 渗滤液单独处理

目前,很多垃圾填埋场都远离城市,没有完备的排水管网将渗滤液送至城市污水处理厂,因此,需要建立现场污水处理设施,进行单独处理。单独处理的工艺方法包括常规的生物处理法,如活性污泥法、氧化沟、氧化塘和生物膜法等。

活性污泥法对垃圾渗滤液有良好的处理效果。由于废水中有机磷含量过低,需要添加含磷化合物,如 KH_2PO_4 或 Na_2HPO_4 等。

国内对 A/O 工艺处理渗滤液进行了较多的研究,取得了以下运行参数:缺氧池 DO 为 0.2~0.5 mg/L,MLSS 为 2.5~3.0 g/L,COD 污泥(MLSS)负荷为 3.5~4.5 kg/(kg·d);A/O 池中 A 段 DO 为 0.2~0.5 mg/L,O 段 DO 为 2.5~3.0 mg/L,回流比为 1.5,水温为 25 ℃,$HRT_总$ 为 24 h。在上述条件下,渗滤液 COD 从 1 693.9 mg/L 下降为 100 mg/L 以下,NH_3-N 从 170 mg/L 下降为 10 mg/L 以下,TN 从 190 mg/L 下降至 50 mg/L 以下。

由于渗滤液含 NH_3-N 较高,在进入 A/O 设施前宜设吹脱装置,使 C/N 比值更合理。国内采用图 6.54 所示的工艺流程对垃圾渗滤液进行了处理研究。结果表明,复合厌氧反应器 HRT=2 d,COD 容积负荷为 9.5 kg/(m^3·d),水温为 34 ℃,COD 去除率为 81.6%,BOD_5 去除率为 88%;当厌氧出水采用石灰调 pH 值至 9.1 时,再经吹脱 5 h,NH_3-N 去除率为 67.8%,COD 去除率为 38.4%,吹脱塔出水 C/N 值为 7 左右;当 A/O 池混合液回流比为 300%,缺氧池和好氧池 HRT 分别为 6.5 h 和 15.6 h 时,出水 COD 平均为 662 mg/L,去除率为 74.3%,BOD_5 为 221 mg/L,去除率为 84.7%,NH_3-N 为 20 mg/L,去除率为 80.4%。采用 PAC 处理二沉池出水,投药 400 mg/L,沉淀 0.5 h,COD 去除率为 39.5%。

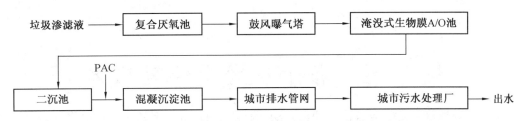

图 6.54　垃圾卫生填埋场渗滤液处理工艺流程图

由于渗滤液中难降解有机物所占比例高,存在的重金属抑制污泥活性,因此可在生化处理单元前设置澄清池,进行澄清处理,工艺流程如图 6.55 所示。澄清池 HRT 为 1.7 h,吹脱池 HRT 为 1.7 h,曝气池 HRT 为 6.6 h。对于 BOD_5 为 1 500 mg/L,SS 为 300 mg/L,有机氮为 100 mg/L,Cl^- 为 800 mg/L,硬度为 800 mg/L,总铁为 600 mg/L,SO_4^{2-} 为 300 mg/L 的某渗滤液,经处理后 BOD_5,NH_3,Fe 的去除率分别达到 99%、90% 和 92%。

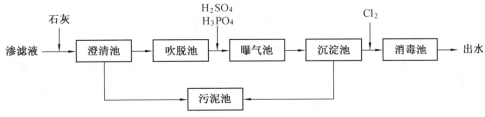

图 6.55　物化-生化复合处理工艺流程图

3. 填埋场内循环喷洒处理

循环喷洒是将渗滤液收集并通过回灌配水系统使其回到填埋场,通过垃圾层循环的一种处理方法。

渗滤液的循环喷洒处理法的研究已有多年,但其实际应用则是近十几年的事。目前,美国已有 200 多座垃圾填埋场采用了此技术。该方法除具有加速垃圾的稳定化、减少渗滤液的场外处理量、降低渗滤液污染物浓度的优点外,还比其他处理方法更为节省资金。渗滤液回灌喷洒处理不但可以缩短填埋场的稳定化进程和沼气的产生时间,而且也能增添填埋场的有效库容量,促进垃圾中有机化合物的降解。

通过循环喷洒可提高垃圾层的含水率(由 20% ~25% 提高到 60% ~70%),增加垃圾的湿度,增强垃圾中微生物的活性,加速产甲烷的速率、垃圾中污染物的溶出和有机物的分解。其次,通过回灌,不但可以降低渗滤液中的污染物浓度,而且还会因喷洒过程中的挥发等作用而减少渗滤液的产生量,对水量和水质起稳定化的作用,有利于废水处理系统的运行,节省运行费用。通过回喷循环,渗滤液的 BOD_5 和 COD 可分别降到 30 ~350 mg/L 和 70 ~500 mg/L,金属离子浓度也会大幅度下降。

虽然,渗滤液的场内循环喷洒处理法有上述诸多优点,但也存在如下问题:①不能完全消除渗滤液,由于喷洒或回灌的渗滤液量受填埋场特性的限制,因而仍有大部分渗滤液需外排处理;②通过喷洒循环后的渗滤液仍需进行处理才能排放,尤其是由于渗滤液在垃圾层中的循环,会导致 NH_3-N 不断积累,甚至最终浓度远高于其在非循环渗滤液中的浓度。

渗滤液场内循环喷洒处理方法在我国的应用并不多见,除了上述两个原因和我国还处于垃圾填埋技术应用的初级阶段外,尚有在回喷过程中所带来的环境卫生问题、安全和设计技术问题,回喷后所排出的中低浓度的渗滤液仍需经进一步处理后才能排放。

第7章 城市水环境修复技术

城市水环境修复是针对我国城市河湖功能日益萎缩,水生态系统日益退化,已经直接影响社会经济可持续发展的条件下提出的。水环境修复就是通过一系列的工程和非工程措施来改善被破坏的城市水环境系统,使河湖的生态功能得以恢复。本章对城市水生态系统的城市水面恢复、河流水系修复、湖泊修复、水库和湿地修复、地下水修复、土壤生物修复、其他水域修复、生态河床构建技术、生态型护岸建设技术等进行系统的介绍和分析研究,为城市水生态系统修复提供技术支持。

7.1 城市水面恢复

城市水环境在城市水良性循环及城市社会经济发展中发挥着重要作用。但是随着城市化进程的加快,城市人口的不断增加,导致城市水资源日益减小,水生态系统日益退化。为了实现城市社会经济可持续发展和水的良性循环,恢复城市水面面积十分重要。

7.1.1 城市水面恢复的基本原则

科学合理地确定城市水面面积十分重要。城市水面是城市品位和人居环境与经济利益和土地利用的关系问题:水面太大将影响城市的居住空间、交通体系和经济用地等,水面太小将影响城市防洪排涝、水环境质量、水景观建设和城市的品位,甚至会影响人居环境、房地产开发等经济利益。城市水面恢复必须以城市生态学原理和生态修复理论为基础,遵从生态、地理、历史和自然等基本原则,具体如下:

1. 尊重历史水面的原则

城市是在流域水系的基础上发展起来的人工生态系统单元。人类在征服自然的过程中,为了城市的发展,侵占了大量的自然水面,填平了很多河道,围垦了大片湖面,破坏了流域生态平衡。因此,修复城市水环境、恢复城市水面必须尊重历史水面状况,符合流域自然生态系统特征。

2. 符合地形地貌条件的原则

城市水面恢复必须因地制宜,根据城市的自然地形地貌条件,确定水面恢复的位置和空间形态。一般来说,人工湖建设应选择在城市的低洼处,河道应选择在城市相同等高线或相近等高线上,不应布置在地形起伏很大的地段,如有可能应尽量选择在原河道位置处。

3. 符合水资源可供量的原则

城市水面恢复建设必须符合水资源可供量的要求。当水资源一定时,水面越大,枯水期河湖有效水深越小;水面越小,枯水期河湖有效水深越大。在水资源短缺地区,城市水面确定必须考虑河湖生态环境用水的来源。

4. 符合城市总体规划和景观环境的原则

城市水面恢复必须以城市总体规划的功能定位和空间布置格局为依据,确定河道走向和人工湖位置。由于水面及周边是景观环境建设的亮点,河道应选择在城市总体规划确定的绿色植被的廊道中,人工湖应选择在城市总体规划确定的绿色斑块中,这样有利于与城市景观环境格局相一致。

5. 可能性和可行性原则

城市水面恢复方案必须切实可行,通过城市建设的改造或扩建能够实现规划的水面,特别是当规划扩建河道通过老城区时,必须认真调研,同时考虑技术、经济、施工问题。

7.1.2 城市水面恢复类型

城市水面恢复类型决定水面大小,就我国城市来说,水面恢复类型主要包括:河道拓宽、河道开挖、自然湖泊的湖面恢复、人工湖建设、城市水塘和水坑、各类景观水域等。在这些水面中,河道拓宽恢复、自然湖面退地还湖恢复、人工湖开挖建设为水面恢复的主体,城市开发园区、居住小区、景观公园和生态园区等内部的景观水面为城市辅助水面。

7.1.3 城市水面恢复方式

城市水面恢复的主要方式有征地、开挖、疏浚、整治、种植、美化等。征地主要是指在城市水面规划的地域办理征用土地手续,按照国家有关法律要求,办理河道拓宽、人工湖建设、退地还湖的手续,对有建筑物拆迁的要处理好安置工作,正确处理好水面恢复与城市建设的关系;开挖主要是指在办理手续的水面规划位置进行河道或湖泊开挖;疏浚主要是指对规划的水域进行断面疏通、底泥清理,一般来说,城市河道每年都要进行疏浚,湖泊根据淤积情况确定清理时间,南方城市约4年全面清淤一次;整治主要是指对河湖进行常规整治,特别是在每年汛期结束后,都要进行堤坝、边坡和建筑物的整治或修补,维持水面的良好状态;种植主要是指对开挖或整治后的河湖边坡进行植被修复,确保地表的绿化和水土保持,对疏治或清淤河湖底部进行河床微生态系统修复;美化是指对水面恢复后的景观美化工程建设,真正实现景观生态的良性循环和正常运行。

7.2 城市河流水系修复

河流与人类有着密不可分的关系。人类的文明大多起源于河流江畔,水给人类带来巨大的物质财富和精神财富。但随着城市的快速发展,人口的迅速增加,城市河流水系日益萎缩,水污染程度日趋严重,水生态系统不断退化。为了实现城市河流水系持续地为人类服务,确保水生态系统良性循环,对受损的城市河流生态系统进行修复,已是当前社会发展和生态环境建设的迫切需要。

7.2.1 城市河流修复的基本原则

城市河流的修复是指将受损的河流生态系统的结构和功能恢复到原来没有受干扰的状态,或者修复到某种最适合的状态。在城市河流的实际修复中应遵循的基本原则如下:

1. 生态学原则

河流修复的生态学原则包括生态演替原则、食物链原则和食物网原则、生态学原则等，生态学原则要求以河流生态系统自然演化为主，同时进行人为引导，加速自然演替过程，遏制生态系统的进一步退化。

2. 地域性原则

由于不同地区的河流具有不同的生态环境背景，如气候条件、水文地质条件等，地域的差异性和特殊性要求在修复受损河流生态系统时，要因地制宜，具体问题具体分析。

3. 系统性原则

系统性原则是指在对河流进行生态修复时，要进行系统规划，从全局出发，兼顾河流上下游、干支流、沿岸自然环境和社会发展等各个方面。同时还要将河流修复与城市防洪、航运、城市用水、城市景观等结合起来，优化突出整体利益。

4. 经济效益最大化原则

生态系统修复往往是高成本投入的工程。在对河流进行修复前要综合考虑当前经济的承受能力和生态修复后所能带来的经济效益，这是生态修复工作中的重要问题。在获得生态效益的同时，实现经济效益的最大化已成为恢复生态学研究的重点课题。

5. 科学监测和管理的原则

对河流的修复需要进行长期的科学监测，以便及时掌握河流生态系统的动态变化过程和趋势，同时也要制定科学的管理措施，以保证修复的效果。

7.2.2 城市河流的生态修复

河流生态系统的生态修复技术根据实施方式大体可分为三大类：第一类是河流形态、河道纵横断面、河床和边坡结构形式、水动力条件等河道特性的修复，通过修复能使河道为生态系统的自循环提供良好条件；第二类是河道岸边保护的植物种植、水生植物（包括挺水、浮水和沉水植物）、水生动物和微生物的恢复性投放，以恢复水生生态系统的功能，提高生态系统的自我调节能力，逐渐达到未破坏的状态；第三类是借助于人类工程手段，如清淤、生物处理、曝气等方法，加速污染水域的水质改善，提高水生态系统的净化恢复能力，该方法对受污染水体的净化效应较明显，但相应的投资也较高。

7.2.2.1 河流形态及河道特性修复技术

城市河流形态和河道特性修复是河流生态修复的重要组成部分，也是工程实施量最大、影响面最宽的部分。城市河流形态主要是指将人工化的顺直河道形态恢复到自然弯曲的河道形态，自然弯曲河道具有人工顺直河道无法比拟的生态适宜条件。自然弯曲河道有浅滩和深乱，有利于浅水区或深水区的水生动物生长和栖息，同样自然弯曲河道的不同水动力条件有利于多种水生动物生长、栖息和繁殖；人工顺直河道不适于多种水生动物的生存和生长，特别是水生动物的栖息和产卵繁殖场所有限，导致多种物种消亡。有条件的城市应当保持或恢复河道的自然弯曲形态，城市的防洪排涝安全必须得到保障。

河道特性包括纵坡比、横断面、边坡、水动力学条件等，城市河道纵坡比主要受地形条件影响，一般比较平缓，容易淤积，因此河道纵坡比修复的主要技术是疏浚和清淤，通过疏浚和清淤可以恢复河道原来的纵坡比。城市河道横断面形式和边坡防护变化较大，较早时期，城市河道横断面主要是自然形土坡,两岸边坡没有专门的护砌,有利于水生植物生长和水生动物栖息。近几十年来,随着城市人口的不断增加和土地面积的不足,城市河道横断面由自然形土坡逐渐演化为以人工开挖的矩形、梯形为主,这样有效地增加了土地面,但严重地破坏了城市河道的水生植物系统和水景观环境,特别是混凝土和浆砌块石边坡的衬砌严重地破坏了水生态系统。近年来,随着人们生态环保意识的不断提高,在人水相亲理念的指导下,城市河道横断面形式和边坡又重新向自然形恢复,断面形式主要为复合梯形、复合矩形、梯形与矩形组合、自然土坡形等,组合形断面能够较好地实现人水相亲的目标,有利于绿色景观建设,但占地面积较大。边坡防护也由混凝土或浆砌石材料变换为生态型材料,这些防护材料有利于绿色植物生长、水生动物栖息和微生物附着,对生态修复和净化水质十分有利。河流水动力条件主要是指河道水体流速、流量、水位等,河道流速一般控制在不冲不淤之间,但是由于水利工程的建设,洪水期闸坝的调控加快了水体流速,流态不利于水生动物栖息,枯水期闸坝控制减缓了水体流动,甚至使水体长时间处于静止状态,水体交换能力消失,净污能力减弱,加速了水质恶化。河道流量对污染物的稀释容量影响很大,流量越小,水环境容量越小,反之则越大,在水资源开发利用程度越来越高的今天,河道流量越来越小,如何恢复河道必要的流量是生态环境学者研究的重要内容之一,河流适宜生态需水流量研究近年来有所发展,但没有本质的突破。河道水位是实现人水相亲和满足生态用水的重要指标,河道水位越低,人们活动离水越远,水生动物活动水域范围越小,我国很多城市河道枯水期水位很低,甚至干涸,河底暴露,水生动物灭绝,严重破坏水生态系统,如果水位长期很高,不仅增大水量蒸发,需要水资源量大,而且影响城市排水,因此确定城市河道适宜生态环境水位十分必要。一般来说,改善河道水动力条件的主要技术手段还是依靠水利工程的闸坝调节,如水位控制的橡胶坝、水量排放的节制闸等。

7.2.2.2 生态河床构建技术

河床是水生态系统的重要载体,是各种水生生物生存和繁衍的主要空间。由于人类活动破坏河体,致使自然河床消失,水域生态系统严重退化,水资源的使用功能被弱化,因此,应采取生态工程技术根据河道的断面形式,重新构建和修复被损坏的河床。常用的手段主要有恢复蛇形河槽,设置浅滩和深沟,设置人工落差以及设置粗柴沉床等。

1. 河道断面的基本形式

常见的河道断面形式主要有U形断面、梯形断面、矩形断面和复式断面四大类。

(1)U形断面。U形断面是最原始的断面形式,也称为自然形河道断面,它是由水流常年冲刷自然形成的。一般常见于农村和乡镇的中、小河道,或城市未受人为干扰的河道;

(2)梯形断面。梯形断面是在城市和乡村都比较常见的一种人工开挖的断面形式。特点是:占地面积少、结构简单;

(3)矩形断面。矩形断面是城市河道中最常见的一种人工建设的断面形式。特点是:占地面少、结构简单;

(4)复式断面。复式断面是城市河道中较为理想的断面形式,它不仅充分考虑了洪水期过流断面大的要求,而且又能适应枯水期流量较小的特点。枯水期水流归槽于主河道,河滩处作为休闲景观平台。特点是:占地面积和工程投资大,景观效果好。

2. 生态河床构建和修复的技术

(1) 恢复蛇形河槽。蛇形河槽是水流冲刷和冲蚀的结果,是自然河流的基本特征之一。但在城市范围内,由于用地紧张以及景观和防洪的需要,往往被"裁弯取直",结果一方面导致过水能力增强,入海路径被人为缩短,减少了周围地区可利用的水资源的量;另一方面,河槽被裁弯取直后,水体中原有的不同流速带消失,导致部分水生生物灭绝。此外,河床的人为缩短,也使附养在其上的微生物的数量减少,大大减弱了水体的自净能力。因此,应尽可能地恢复蛇形河槽,恢复水体流动的多样性,以保持水域生态系统的生物多样性,增强水体的环境容量。

(2) 设置浅滩和深沟。自然河流中深沟和浅滩是交互存在的。它们的存在对水生生物来说是非常重要的,尤其是鱼类。浅滩上水生昆虫种类繁多,还有各种各样的藻类,这就为鱼类提供了良好的觅食之处。同时,它也是鱼类产卵的最佳场所。深沟则是鱼类休憩的好去处,也是洪水期间,鱼类避难的主要场所。浅滩和深沟的存在,会在水体中形成不同的流速带,以满足不同鱼类对流速的要求。此外,浅滩和深沟的形成,可极大增加河床的比表面积,使附着在河床上的微生物的数量大大增加,有利于水体自净能力的增强。

(3) 设置人工落差。在河床存在较大比降的情况下,可人工设计落差。落差的设计一方面可增加水体的复氧能力,从而增强水体中溶解氧的含量;另一方面也具有一定的景观效果。但在设计落差时,最大设计落差不得超过 1.5 m。落差过大,会影响鱼类的上溯。对比降过大的河段可设计成多段落差,形成阶梯状。这样,一方面有助于鱼的上溯;另一方面也有利于水流和河相形成多种变化,不仅有利于保持生物的多样性,而且抬高部分河段水位,减少河床袒露,改善景观环境。

(4) 粗柴沉床。粗柴沉床是为保护河床免受水流侵蚀作用,以及保持水体中水生生物多样性的又一重要的生态工程技术。粗柴沉床是以长度大约 3 m、直径为 2~3 cm 的野生树木的嫩枝粗柴为主要材料,将其扎成捆,再组合成格子,格子间内敷上卵石或砾石,进一步加固河床,防止水流对河床的侵蚀。

7.2.2.3 生态型护岸建设技术

护岸工程的发展过程大致可分为四个阶段,即从自然岸坡→自然型护岸→硬质型护岸(混凝土和浆砌石护岸)→生态型护岸。

自然岸坡是由水流和泥沙运动自然形成的,大多为土质岸坡,抗冲刷和淘蚀能力弱,易被冲垮或发生滑塌现象,给人类带来灾害。自然型护岸是采用天然材料(主要是石材和木材)来保护岸坡的。为了达到高强度和耐久性的要求,人类又发明混凝土、浆砌块石等坚固耐用的人造材料,并将其用在岸坡的保护上,即为当前人们常提到的硬质型护岸,也称为钢性护岸;生态型护岸是结合现代水利工程学、生物科学、环境学、生态学、景观学于一体的新型护岸技术,它强调安全性、稳定性、景观性、生态性、自然性和亲水性的完美结合。

1. 生态型护岸的含义及特点

生态型护岸技术所使用的材料是结合各种材料的优点,复合而成的复合型生态护岸。是通过使用植物或植物与土木工程和非生命植物材料的结合,减轻坡面及坡脚的不稳定性和侵蚀,同时实现多种生物的共存。

生态型护岸的主要特点是:在水陆生态系统之间跨起了一道桥梁,对两系统间的物流、能流、生物流发挥着廊道、过滤器和天然屏障的功能。在治理水土污染、控制水土流失、加固堤岸、增加动植物种类、提高生态系统生产力、调节微气候和美化环境等方面都有着巨大的作用。生态型护岸可以进一步加固防堤,滞洪补枯。生态型护岸所采用其他的自然材料和人工合成材料有加固堤坝、增强堤坝安全性和稳定性的作用。生态型护岸可以修复水域生态系统,以再生多种生物为目的的生态型护岸技术从整个水陆交错带的生态结构入手,充分应用生态工程学的基本原理,力求修复退化了的水域生态系统。生态型护岸美化城市景观。

2. 生态型护岸设计原则

(1)水文及水动力学原则。不同类型的河流具有不同的水文及水动力学特征,因此要根据不同的水文及水动力学特征来设计生态型护岸。

(2)稳定性原则。岸坡的稳定性设计需要对水力参数和土工技术参数进行评估,找出引起不稳定的主要因素,然后根据实际情况选用护岸形式,以保证岸坡的稳定性和安全性。

(3)生态性原则。生态型护岸与硬质型护岸最大的区别就在于生态型护岸将生态学理论纳入护岸设计当中。生态型护岸工程设计的基础是生态系统的合理运行,生物种群是生态系统的核心,生物的生存与繁衍不可避免地受到当地自然环境条件的制约。因此,在设计生态型护岸时要因地制宜,充分考虑当地的素材,使生态型护岸与当地的自然条件相协调。生态型护岸的构建要注意保存与增加生物的多样性和食物链网的复杂性,积极为水生生物和两栖动物创造栖息、繁衍的环境。

(4)景观性原则。水景观是城市、乡村景观的重要组成部分,沿河的视角对人们精神状态有重要影响。因此,对护岸的景观要求不容忽视。

3. 生态护岸的形式

新型生态型护岸有许多种形式,根据使用的主要护岸材料可分为植物护岸、木材护岸、石材护岸和石笼护岸四种类型;根据河道的断面形式可分为梯形护岸、矩形护岸、复合形护岸和双层护岸;根据护岸的功能可分为亲水护岸、景观护岸、动物护岸;根据护岸的不同部位可分为生态护坡和生态护脚等类型。目前使用最多的分类方式是根据生态型护岸所使用的主要护岸材料进行分类的。

(1)植物型护岸。植物型护岸是江河湖海生态型护岸中比较重要的一种形式,它充分利用护岸植物的发达根系、茂密的枝叶及水生护岸植物的净化能力,既可以达到固土保沙、防止水土流失的目的,又可以增强水体的自净能力。

在选择护岸植物上,一般要求要有较好的抗旱、抗热、抗寒、耐淹、耐贫瘠土壤以及自我繁殖能力的特点。选择植物可参考以下主要指标:①根据植物根系的护岸性能选择植物。植物护岸的主要目的是防止降水的侵蚀和风浪的淘蚀,增加岸坡的固土能力,保障堤坝的稳定和安全。因此,在选择护岸植物时,要根据植物的护岸性能进行选择。②根据坡面不同区域的水动力学特征选择植物。植物护坡的坡面划分为三个区域,即死水区、水位变化区和无水区。死水区护坡是指坡脚至死水位之间的区域,这段区域常年泡在水中,因此可选择一些耐水性的、对水质有一定净化作用的水生植物,如芦竹、水葱、野茭白等。水位变化区护坡是指死水位与设计高水位之间的区域,受丰水期与枯水期交替作用,是水位变化最大的区域,也是受风浪淘蚀最严重的区域,因此宜选择深根类且耐淹的灌木或半灌木植物,如灌木柳、沙棘等。无水区是指洪水位到坡顶之间的区域。该区域植被的主要作用是减少降雨对坡面的冲刷、防止水土流失及美化环境等,因此可与景观规划结合起来,选择一些观赏性强,同时又耐旱、耐碱性的植物,如百喜草、狗牙根、苜蓿等。③根据不同气候条件选择植物。不同地域的气候条件相差很大,有的地区炎热,有的地区寒冷,因此适宜生长的植物种类也不近相同。植物的选择要适合不同的气候特点和地域条件,否则会造成植物难以生长甚至大量死亡,从而达不到固土护坡的目的。④根据坡面的土壤类型选择植物。土壤是植物生长的基体,在选择护坡植物时,也应根据不同的土壤质地、盐碱类型选择不同的植物。⑤根据景观要求选择草种。在选择植物时应考虑人的视觉享受,将不同着色、不同生长期、不同高矮、不同功能的植物搭配种植,以形成一定的景观效果。

(2)植被型生态护岸。植被型生态护岸有以下几种:①柳树护岸。柳树因具有耐水强,并可通过截枝进行繁殖的优点,所以成为生态型护岸结构中使用最多的天然材料之一。②水生植物的复合型护岸。随着人类生态意识的不断增长,水生植物在护岸构建中的应用也变得越来越广泛了。以芦苇、香蒲、灯心草等为代表的水生植物可通过其根、茎、叶对水流的消能作用和对岸坡的保护作用使其沿岸边水线形成一个保护性的岸边带,促进泥沙的沉淀,从而减少水流中的挟沙量。水生植物还可直接吸收水体中的有机物和氮、磷等营养物质,以满足自身的生长需要,即在保护岸坡的基础上又能防止水体的有机污染和富营养化。③草皮护坡。草是生态型护岸工程技术中最常用的材料,或是直接在土坡上种植,或是以其为主体,兼用土工织物加固。虽然草实际上只用在正常水位之上的坡面保护,但其改善生态环境、防止水土流失的功能效果好。

(3)木材护岸。木材护岸是采用木材和木质材料为主要护岸材料。木材可根据需要制成各种形状,一般是与石材搭配,以增强岸坡的稳定性。此外,木材粗糙表面可附着大量的微生物,起到净化水质的作用。木材护岸包括栅栏护岸、生态坝护岸等。

(4)石材护岸。石材是大自然中存在最多的天然材料,有条状的、立方体状、不规则形状的,在护岸保护中具有成本低廉、来源广泛、抗冲刷能力强、经久耐用的特点,石头粗糙的表面还为微生物提供生活场所,石头之间也成为水生植物和鱼儿等水生动物活动的空间。石材护岸包括石积护岸、石张护岸等。

(5)石笼护岸。石笼护岸是用镀锌、喷塑铁丝网笼或用竹子编的竹笼装碎石(有的装碎石、肥料和适于植物生长的土壤)垒成台阶状护岸或做成砌体的挡土墙,并结合植物、碎石以增强其稳定性和生态性。石笼尤其适用于碎石或沙子来源广泛而缺少大块石头的地区。石笼的网眼大小一般为 60 ~ 80 mm,也可根据填充材料的尺寸大小进行调整。其表面可覆盖土层,种植植物。石笼护岸比较适合于流速大的河道断面,具有抗冲刷能力强、整体性好、应用比较灵活、能随地基变形而变化的特点。石笼护岸包括石笼生态挡土墙、石笼净水复合护岸等。

(6)其他分类方式的护岸形式。①梯形护岸。梯形断面占地较少,结构简单实用,是城市、乡村中小河流常见的断面形式。在该种断面形式上的岸坡保护可选择的材料范围较广,可根据坡度、水文及水动力学特征及景观要求设计。②矩形护岸。矩形护岸多见于用地紧张的大城市。该类型的护岸一般采用墙式护岸结构,材料以生态植草砖系列为主,以达到既加固堤防又满足生态要求的目的。③复合型护岸。复合型生态护岸一般适用于河滩开阔的山溪性河流。该类河流枯水期流量小,水流一般归槽于主河道,洪水期流量大,水位抬高,进入河滩带。④双层护岸。双层护岸一般适用了既有抗洪、排涝的功能,又要满足生态性、景观性、亲水性要求的城市内河。

7.3 城市湖泊、水库水体修复

由于城市的迅速扩张和人类经济活动的迅速发展,加速了湖泊的淤积、富营养化和湖面缩减的进程,严重影响了湖泊和水库水体的结构和功能,破坏了其生态平衡,加速了湖泊和水库的老化和消亡。因此,对城市湖泊和水库进行生态修复已成为城市建设的又一重要内容。

湖泊是陆地上低洼的地方,终年积蓄大量水体。湖泊可分为天然湖泊和人造湖泊或者池塘。湖泊是地球水圈的重要组成部分,分布极其广泛。水库则一般是在河流水系基础上人为设计和建造的,可分为湖泊型水库和河床型水库。湖泊和水库既有区别又有相似之处,其区别在于湖泊水深一般比较浅,而水库由于是水坝拦截形成的,所以水深度较大,此外,水库通常具有更大的流域面积和比较大的水面面积。同时,湖泊和水库又有许多相似之处,如其生物过程和一些物理过程是类似的,都具有相同的动物群落和植物群落,都有分层现象的存在,都易出现富营养化问题等。因此,在选择生态修复技术时,要充分考虑它们的不同点和相同点,不可生搬硬套。

湖泊和水库的生态修复要采用系统规划的原则,做到内外兼治。具体包括以下修复技术。

7.3.1 污水截留技术

在湖泊、水库等城市水体沿岸埋设污水管道,把污水引入城市总排污管,截留点源、面源污水,利用环湖或库沿岸的绿化带也能起到很好的截污作用。湖泊和水库周边埋设截污管道工程投资大,一般应根据点源和面源汇入情况分段埋设,在城市范围的岸边埋设管道,管径大小根据截污区域和截污水量来计算;在湖泊或水库非城市范围的农田、丘陵或山区,一般可不埋设管道,通过开挖截留沟来汇集雨水和区域排水,以减小工程投资。地表面源截留是十分复杂的工程,考虑到雨洪初期污染物浓度很高,是截留的主要时期,因此,工程设计时考虑截留初期雨水,而将中、后期雨水入湖泊、水库。初期雨洪截留后应送到固定的污水处理系统进行水质处理,处理达标后的水体再排入湖泊、水库。

7.3.2 湿地生态工程技术

7.3.2.1 湿地的定义

湿地,目前湿地有50种以上的定义。在我国被广泛接受的湿地定义有两个:《湿地公约》中的定义和国际生物学计划(IBP)中的定义,这两个定义也分别被称为广义的湿地定义和狭义的湿地定义。

1.《湿地公约》对湿地的定义——广义定义

《湿地公约》对湿地的定义是:湿地是指不论其为天然或人工、长久或暂时之沼泽地、湿原、泥炭地或水域地带,带有或静止或流动、或为淡水、半咸水或咸水水体者,包括低潮时水深不超过6 m的水域；同时还包括邻接湿地的河湖沿岸、沿海区域以及位于湿地范围内的岛屿或低潮时水深不超过6 m的海水水体。按照定义，湿地包括湖泊、河流、沼泽（森林沼泽和草本沼泽）、滩地（河滩、湖滩和沿海滩涂）、盐湖、盐沼以及海岸带区域的珊瑚滩、海草区、红树林和河口等类型。

2. 国际生物学计划对湿地的定义——狭义定义

国际生物学计划中对湿地定义是：陆地和水域之间的过渡区域或生态交错带，由于土壤浸泡在水中，所以湿地特征植物得以生长。该定义特指生长有挺水植物的区域。该定义是一个狭义的概念，将紧密联系的开阔水体和湿地分割开来，对于湿地的管理和保护有所不便，但为湿地生态系统结构、组成等方面的研究提供了一些便利。

3. 我国湿地管理部门对湿地的定义

湿地系指不论其为天然或人工、长久或暂时之沼泽地、湿原、泥炭地或水域地带，带有或静止或流动、或为淡水、半咸水或咸水水体者，包括低潮时水深不超过6 m的海域。全国湿地调查的范围是面积100 hm² 及以上的湖泊、沼泽、近海或海岸湿地、库塘；河长（枯水河槽）宽为10 m，面积大约100 hm² 的合理以及其他具有特殊意义的湿地。

7.3.2.2　湿地的功能

湿地与森林、海洋并称为全球三大生态系统，湿地是自然界最富生物多样性的和生态功能最高的生态系统。湿地为人类的生产、生活与休闲提供多种资源，是人类最重要的生存环境；湿地在抵御和调节洪水、控制污染与降解污染物等方面具有不可替代的作用；湿地是重要的国土资源和自然资源。

因为湿地处于水陆过渡带，既有来自水陆两相的营养物质而具有较高肥力，又有与陆地相似的阳光、温度和气体交换条件，因而湿地具有较高的生物生产力。

湿地中生存有高等植物、低等植物，高等动物、低等动物等物种数以千计，具有丰富的生物多样性。

湿地储水量大，具有调节大气水分的功能，其蒸发量的大小，往往可以影响区域降水状况，具有调节气候，蓄洪防旱、保护堤岸的作用。

泥炭地具有较强的离子交换性能和吸附性是湿地廉价的净化材料，对防止污染可以发挥很大的作用，湿地具有净化环境，降解污染物的功能。

7.3.2.3　城市湿地系统的修复

湿地生态系统的修复就是指根据生态学原理，通过生态技术或生态工程人为改变和消除限制湿地生态系统发展的不利因素，再现干扰前的结构和功能，以及相关的物理、化学和生物学特性，使其健康地发展。

目前湿地生态系统修复的主要措施有：提高地下水位来养护沼泽，改善水禽栖息地；恢复湿地原有的容量，增加鱼的产量，增强调蓄功能；减少营养沉积物以及有毒物质以净化水质；恢复泛滥平原的结构和功能以利于蓄纳洪水，提供野生生物栖息地以及户外娱乐区等。具体应用时，应根据不同的需要，采取相应的措施，具体可参照表7.1。

表 7.1 湿地修复的主要措施

基本用途	技术措施	主要应用范围
减少进入湿地的污染物量	物理、化学及生物处理技术 土地处理技术 氧化塘技术 非点源控制技术	城市污水、地表径流
修复受损湿地系统	植栽技术 生物调控技术 先锋物种引入技术 沉积物清除技术 特有生物相的保护技术	湿地受损区 湿地开发区
增加湿地系统	建设人工湿地 修建水塘 开挖人工河（湖）	湿地萎缩区

7.3.3 引水稀释净污技术

引水稀释净污是通过水利工程调水对污染的水体进行稀释，使水体达到相应的水质标准。

7.3.3.1 引水稀释的基本原理

污染物在进入天然水体后，通过物理、化学、生物因素的共同作用，使污染物的总量减少或浓度降低，受污染水体部分或完全恢复现状，这种现象即为水体自净。水体自净分为：

(1) 物理净化。污染物通过稀释、混合、扩散、对流、沉降、挥发等作用，使浓度降低；

(2) 化学净化。通过水体的氧化还原、化合和分解、吸附、凝聚、交换、络合等作用，使污染物质的存在形态发生变化和浓度降低；

(3) 生物净化。通过水体中的水生生物、微生物的生命活动，使污染物质的存在状态发生变化，污染物总量及浓度降低，最主要是微生物对有机污染物的氧化分解作用，以及对有毒污染物的转化。

7.3.3.2 引水稀释的作用

污染水体的综合治理措施主要包括控源、截污、整治河道、生物净化、加强管理等。要想达到标本兼治的目的，就需要从治理水污染的根本机理出发。但如果水体已遭到严重污染后，要想恢复到原来的水质状态，仅仅依靠控源，所需时间会很长。在治污过程中，如有条件同时结合引水稀释的方式进行治理，会有很好的效果。引水稀释的作用主要表现在以下几个方面：

(1) 采用引水稀释的方法对改善水质有立竿见影的效果，尤其是在水质严重污染的地区，引水稀释能缓解水资源紧张的局势。

(2) 引水稀释的作用是以水治水，不仅是增加水量，稀释污水，更能使水体的自净系数增大，从而使水体的自净能力增强。

（3）引水稀释，能在一定程度上改变水体的污染现状，使水体逐渐恢复生态功能、景观功能和娱乐功能，达到人水相亲、和谐共处的状态。

引水稀释对污染水体的恢复效果显著，但它也会对引水水源区和引入水域带来一定的不利影响，比如：引水后，由于流速和流量的增加引起水体的扰动，污染物质沉淀的速度受到抑制，而且不易沉淀的污染物质和再次悬浮的溶出物质，会导致水体的二次污染；对引水水源区，调出水后引水区水量减少，会使引水区水体的自净能力下降，甚至会导致自身水生态系统的崩溃；在不同流域引水，受纳水体将会受到引水中生物群落的冲击和影响，严重时可能会导致生物入侵。因此，利用该方法应因地制宜。引水首先应从水功能区的角度来考虑是否有必要引水，然后在此基础上，对于能采用引水稀释的水域，要充分调查分析该地区的具体污染物类型和水域特征，最终决定引水稀释的可行性。对于不同的水功能区，原则上要求每一功能区都应该保留一定的自净需水，一定的自净需水是保证河流持续发展的物质基础。

7.3.3.3 引水流量的计算

以河流为例，其河段水环境 COD 容量计算公式为

$$W = 0.001Q(C_N - C_0) + KXC_NQ/U \tag{7.1}$$

式中　　W——水环境 COD 容量，kg/d；

　　　　K——COD 综合自净系数，L/d；

　　　　X——河段长度，km；

　　　　U——河段流速，m/d；

　　　　C_N——COD 水质目标，mg/L；

　　　　C_0——河段起点 COD 值，mg/L；

　　　　Q——河段流量，m³/d。

设排入河段的 COD 为 W，则最小引水流量 Q_{min} 为

$$Q_{min} = 0.0116 \frac{W - KB(H - H_0)C_NX}{C_N - C_0} \tag{7.2}$$

式中　　B——河段宽度，m；

　　　　H——水位，m；

　　　　H_0——河床高程，m。

7.3.4　清淤和河床生态系统修复技术

7.3.4.1　底泥污染的危害

城市河湖不但水体污染严重，而且底泥也受到严重污染。污染河流的河床以及湖泊的底泥中含有许多有机物、氮磷营养盐和重金属，它们在一定条件下会从底泥中溶出使水质恶化，同时散发出恶臭。城市水体的底泥污染问题，目前已成为世界范围内的一个主要的环境问题。底泥中沉积了大量重金属、有机质分解物和动植物腐烂物等，因此即使其他水污染源得到控制，底泥仍会使河水受到二次污染，所以疏浚河床、去除底泥中污染物是城市河流污染治理的重要手段。

底泥污染的加剧主要是人为因素造成的,经济高速发展过程中排放的大量难降解污染物相当一部分积聚在水体底泥中,对水生态系统构成长期威胁。在污染源控制达到一定程度后,底泥则成为水体污染的主要来源。因此,污染底泥的治理已刻不容缓,势在必行。

7.3.4.2 清淤的主要方法

清淤是改善水体环境最简单和直接的方法之一。这种方法虽然不能从根本上改善水生态系统结构,但可以快速清除水体的内源污染物,减少河道水体中污染物的含量。目前,江河湖泊、水库的清淤疏浚主要包括机械疏浚、水力疏浚和爆破等三种形式,共有挖、推、吸、拖、冲和爆六种施工方式。

7.3.4.3 疏浚底泥的最终处置

疏浚污泥以其量大、污染物成分复杂、含水率高而处理困难,对疏浚污泥进行最终处置,常用的方法主要有两大类:固化填埋和资源化利用。

1. 固化填埋

对疏浚后的淤泥进行填埋是淤泥最简单的处置方式,但在填埋前必须要考虑到其对地下水和土壤的二次污染问题,因此在填埋前应进行必要的处理。对污染较重的疏浚污泥,必须采取物化、生物方法进行处理。常用的有颗粒分离、生物降解、化学提取等。由于重金属和有机物性质上的差异,常采用调整 pH 值或还原的方法,能将底泥中的重金属固定,有效防止疏浚污泥中重金属的迁移。

2. 资源化利用

淤泥中所含的大量黏土质成分和有机物仍是一种资源性物质,如能有效降解超量重金属和有毒组分及病原微生物,并据其不同理化性质给予化学成分和物质结构、构造的改组,则存在向无污染、有价值资源转化的可能。淤泥可制作复合肥料或制作建材。

7.3.4.4 河床微生物生态系统的修复

尽管清淤能够将沉积于底泥的污染物质带出水体,对水质有明显的改善作用,但底泥疏浚使许多微生物的生存环境消失,大部分吸附在底泥表层的对水中污染物有降解能力的菌种也被清走,河床生态系统遭到严重破坏。目前,清淤后河床微生态系统的修复成为环境学家研究的热点问题。

河床生态系统的修复可以从恢复其结构入手,只有恢复河床微生态系统的结构,其功能才能得到了恢复,从而水体的自净能力也能得到恢复。

1. 恢复河床微生物生存的空间

要使河床微生物重新聚集清淤后的河床表面,首先就要为微生物创造适合其生存的空间。主要方法包括设置深沟和浅滩:河床清淤后河床表面被整平后,其表面的浅滩和深沟可通过挖掘和垫高的方式来实现,也可以采用植石和浮石带形成浅滩和深沟。铺设卵石底面:在平整的河床上铺设卵石,是根据河床生物膜净化河水的原理设计的,通过在河床上人工填充卵石,可使水与生物膜的接触面积增大数十倍,甚至上百倍。设置人工落差:落差的设置可增加水体的复氧能力,增强水体中溶解氧的含量,从而为河床微生态系统提供充足的氧量,有利于微生物的生存、藻类光合作用。

2. 恢复微生物群体

通过资料收集与实地调查,确定河床生态系统所具有的物种,结合当地原有物种,恢复河床微生态系统。具体可采用接种藻类、投菌、投放底栖动物等方法。

7.3.5 河湖水质强化净化工程

近年来国内外为解决水域污染,把人工强化净化技术作为水环境修复的重要技术。目前,国内外使用最多的生物净化技术是投菌技术、生物接触氧化技术、曝气技术、水生植物植栽技术等。我国强化净化技术的突出特点是:充分发挥现有水利工程的作用,综合利用水域内外的湿地、滩涂、城市水塘、堤坡等自然资源及人工合成材料,对天然水域自恢复能力和自净能力进行强化。

7.3.5.1 微生物投加技术

微生物投加技术是直接向污染水体中接入外源的污染降解菌,然后利用投加的微生物唤醒或激活水体中原本存在的可以自净的,但被抑制而不能发挥其功效的微生物,通过它们的迅速增殖,强有力地钳制有害微生物的生长和活动,从而消除水域中的有机污染及水体的富营养化,消除水体的黑臭,而且还能对底泥起到一定的硝化作用。

7.3.5.2 生物接触氧化技术

生物接触氧化法净化河流实质是对河流自净能力的一种强化。它根据天然河床的生物膜的净化作用及过滤作用,人工填充滤料及载体,利用滤料载体比表面积,附着微生物种类多、数量大的特点,从而使河流的自净能力成倍增长,生物接触氧化降解污染物质的过程可分为四个阶段:①污染物质向生物膜表面扩散;②污染物在生物膜内扩散;③微生物分泌的酵素与催化剂发生化学反应;④代谢生成物排出生物膜。生物膜由于固着在滤料或载体上,因此能在其中生长一世代时间较长的微生物,如硝化菌等,再加上生物膜上还可生长丝状菌、轮虫、线虫等,使生物膜净化能力增强并具备脱氮除磷的效用,这对受有机物及氨氮污染的河流有显著的净化效果,因此生物接触氧化技术非常适合城市中小河流及湖泊的直接净化。

7.3.6 河湖水体的水生植物净化技术

水生植物植栽净化技术是以水生植物(沉水植物、悬浮水植物和挺水植物)忍耐和超量积存某种或某些化学物质的理论为基础,利用植物及其共生生物体系清除水体中污染物的环境污染治理技术,该技术是目前各国研究的重点,它对于控制水域富营养化问题有着非常重要的作用。在具体实施上需注意针对污染程度、污染物性质、水体特点等采用不同的生态植物,并且避免造成二次污染。

7.3.6.1 水生植物功能特征与净污机理

水生植物是一个生态学范畴的类群,是不同分类群植物通过长期适应水环境而形成的趋同性适应类型,包括两大类:水生维管束植物和高等藻类。目前,应用于污染水体净化的主要就是水生维管束植物,包括三种类型,即挺水植物、浮水植物和沉水植物。

在污染河道及湖泊、水库的水滨带种植水生植物是近年来国内外采取较多的净化水体环境质量、恢复区域水生态的净化技术。水生植物对污染物的净化机理主要包括：

(1) 吸收作用。水生植物在生长过程中，需要吸收大量的营养元素，如氮、磷等，利用水生植物对污染物质的吸收能力，截留水体中的富营养化元素，最后通过植物的收割，将污染物带离水体。

(2) 降解作用。水生植物群落的存在，为微生物和微型生物提供了附着基质和栖息场所，这些生物能加速截留在植物根系周围的有机胶体和悬浮物的分解化。

(3) 吸附、过滤。水生植物根系发达，与水体接触面积大，形成密集过滤层，水流经过的时候，不溶性胶体吸附、沉降截留下来。

(4) 消除"水华"的发生。水生植物与浮游藻类竞争营养物质和光能，某些水生植物的根系还能分泌出克藻物质，从而拟制藻类的生长。

7.3.6.2 水生植物处理技术

水生植物处理技术是以水生植物为主体，应用物种间共生关系和充分利用水体空间生态位与营养生态位的原则，建立高效的人工生态系统，以降解水体中的污染负荷，改善系统内的水质。其植物包括：

(1) 挺水植物。沿岸种植挺水植物已成为水体净污的重要方法。挺水植物可通过对水流的阻尼作用和减小风浪扰动使悬移物质沉降，并通过与其共生的生物群落有净化水质的作用。它还通过其庞大的根系从深层底泥中吸取营养元素，降低底泥中营养元素的含量。挺水植物一般具有很广的适应性和很强的抗逆性，生长快，产量高，还能带来一定的经济效益。

(2) 沉水植物。沉水植物是健康水域的指示性植物，它对水体具有很强的净化作用，而且四季常绿，是水体净化最理想的水生植物。

(3) 植物浮岛。河、湖中的天然岛屿是许多水生生物的主要栖息场所，在天然岛屿上形成了植物→微生物→动物共生体，它们对水体的净化起着非常重要的作用。

(4) 植物浮床。植物浮床是充分模拟植物生存所需要的土壤环境而采用特殊材料制成的，能使植物生长并能浮在水中的床体。目前，多采用沉水植物浮床和陆生植物浮床。

7.3.7 藻类控制技术

7.3.7.1 直接除藻技术

直接去除藻类的方法有许多种，用化学药品(如硫酸铜等)控制藻类是传统的方法。化学药品可快速杀死藻类，但死亡藻类所产生的二次污染及化学药品的生物富集和生物放大对整个生态系统的负面影响较大，而且长期使用低浓度的化学药物会使藻类产生抗药性。因此，该方法一般作为应急措施。用机械方法收获湖水中的藻类，可在短期内快速有效地去除湖水中的藻类及藻华，该法需要耗费大量的劳力和能量，而且随着藻类的生长，需要不断地收获。在某些特定的环境，利用自然动力收获藻类也能有效地减轻富营养化的危害。

7.3.7.2 生物调控技术

生物调控技术是通过重建湖泊和水库生物群落以减少藻类生物量，保持水质清澈并提高生物多样性。目前常用的技术有放养以浮游植物和有机碎屑为食物的鱼类，让它们大量摄食藻类及有机营养物质，把水生浮游生物量控制在较合理的水平内，以及用水生高等植物控制水体营养盐及浮游植物的生物调控等技术。

7.3.8 直接曝气技术

直接曝气技术是充分利用天然河道和河道已有建筑就地处理河流污水的一种方法。它是根据河流受到污染后缺氧的特点，人工向河道中充入空气（或氧气），加速水体复氧过程，以提高水体的溶氧水平，恢复水体中好氧微生物的活力，使水体的自净能力增强，从而改善河流的水质状况。该方法是曝气氧化塘和氧化沟的有机结合，综合推流和完全混合工艺的特点，有利于克服短流和提高缓冲能力，同时也有利于氧的传递和污泥絮凝，能有效改善河流的污染现象。

7.4 湖泊、水库水体污染的生物修复

湖泊、水库生物修复是目前研究的热点，也是修复的重要手段，因此，本书中对湖泊、水库水体修复单列一节给予阐述。本节中对生物修复技术的产生与发展、生物修复技术的内涵、优点和局限性、污染环境生物修复的基本原理、生物修复的可行性研究、富营养化的微生物修复技术、富营养化的底泥疏浚修复等问题进行介绍。

7.4.1 污染环境的生物修复技术

修复是工程上的一个名词，是指借助于外界的作用力，使某个受到损害的特定对象部分或者全部地恢复到原初状态的工程过程。在这一过程中包含恢复、重建、改建等三个方面。其中恢复是指使部分受损的对象向原初状态发生改变；重建是指使完全丧失原有功能的对象恢复到原初水平的过程；改建是指使部分受损的对象进行改善，增加部分"人造"特点，并减少人类不希望的自然特点。图7.1为生物修复三个过程的示意图。

生物修复技术是利用生物，特别是微生物的催化降解作用，修复或消除有机物或受有机物等污染的环境，是一个受控的或自发的过程。生物修复的目的是去除环境中的污染物，使其浓度降至环境标准规定的安全浓度之下。

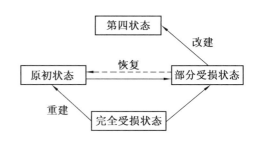

图7.1 修复三个过程的示意图

目前为止，生物修复技术已成功地应用于清除或减少土壤、地下水、废水、污泥、工业废物及气体的化学物质。能够用各类生物修复技术分解的化合物种类很多，其中石油及石油制品、多环芳烃(PAHs)、氯代烷烃(如三氯乙烯(TCE)和四氯乙烯(PCE))、氯代芳香烃等受到了较多关注。它们广泛存在并对健康和生态环境具有明显的危害作用，对微生物的降解也比较敏感，金属尽管不能生物降解，但由于其可以通过微生物的转化作用而降低毒性，关于金属污染修复技术也得到了较多关注。

应用生物修复技术的主要原因是：因为价格上的考虑，尽管任何一项污染物去除或降解

技术都是较昂贵的,但生物处理相对较便宜。生物修复技术也常与其他修复方法联合使用,以便更有效地分解和去除污染物质。

7.4.1.1 生物修复技术的产生与发展

生物修复起源于有机污染物的治理,最初的生物修复是从微生物利用开始。人类利用微生物制作发酵食品已经有几千年的历史,利用好氧或厌氧微生物处理污水已有100多年的历史,但是利用微生物修复技术处理现场有机污染物只有30年的历史。首次记录实际使用生物修复是在1972年,于美国宾夕法尼亚洲的Ambler清除管线泄漏的汽油。最初,生物修复的应用范围仅限于试验阶段,直到1989年美国阿拉斯加海域受到大面积石油污染以后,才首次大规模应用生物修复技术,并获得了极大的成功。

1989年3月,超级油轮Exxon Valdez号的4.2×10^4 m^3的原油在5 h内被泄漏到美国最原始、最敏感的阿拉斯加海岸,原油的影响遍及1 450 km的海岸。由于常规的净化方法已不起作用,Exxon公司和环保局随后就开始了著名的"阿拉斯加研究计划",主要采用生物修复技术来消除溢油的污染。在此修复工程中,对一些受污染的海滩有控制性地使用了两种亲油性微生物肥料,然后进行采样评价。实践表明,加入肥料后,海滩沉积物表面和次表面的异养菌和石油降解菌的数量增加了1～2个数量级,石油污染物的降解速率提高了2～3倍,使净化过程加快了近两个月。这个项目表明在原油泄漏后不久,就出现生物降解的迹象,营养素的加入仅仅是在初期进行微生物的富集培养,并未造成污染海滩附近海洋环境的富营养化现象。至此,生物修复技术成为一种可被人们接受的原油泄漏治理方法。阿拉斯加海滩污染后生物修复的成功最终得到了政府环保部门的认可,所以可以认为阿拉斯加海滩溢油的生物修复是修复史上的里程碑。

美国从1991年开始实施庞大的土壤、地下水、海滩等环境危险污染物的治理项目,称为超基金项目。欧洲的生物修复技术可与美国并驾齐驱,其中法国、荷兰等位居这项工作的前列,整个欧洲从事生物修复工程技术的研究机构和商业公司大约有近百个。

生物修复是指利用生物的代谢活动减少环境(包括土壤、地表及地下水或海洋)中有毒有害化合物的工程技术系统,主要是利用生物,并通过工程措施为生物的生长和繁殖提供必要的条件,从而加速污染物的降解和去除。生物修复有时又称为生物恢复。

生物修复技术主要用于土壤、水体、海滩的污染治理和生态恢复以及各种固体废物和污染物的处理。污染物包括石油、氯代烃类、杀虫剂、木材防腐剂、洗涤剂、溶剂、三氯乙烯、四氯乙烯、二氯乙烯、四氯化碳、多环芳烃、苯、甲苯、乙苯、二甲苯、杂酚油等有毒有害的化学物质。自然环境中到处都存在着天然微生物降解和转化有毒和有害污染物的过程,只是由于环境条件的限制,这些净化过程速度缓慢,因此需要采取各种措施来强化这一过程。这些措施包括提供生物生长繁殖所需的各种营养条件(如提供氧气和其他电子受体,添加氮、磷等营养元素等)以及接种各种经驯化培养的高效降解微生物等,以便迅速有效地降解和转化各种环境污染物,这就是生物修复的基本思路。就本质而言,生物修复和生物处理是一致的,但目前生物修复主要是指已被污染的土壤、地下水和海洋中有毒有害污染物的原位生物处理,以恢复这些地方的生态环境,而相对而言,生物处理的含义则较为广泛。

目前,普遍认为生物修复是一项很有希望、很有前途的环境污染治理技术,但是生物修复技术也具有其局限性,例如微生物不能降解所有进入环境的污染物,需要对污染环境进行详细和周密的调查研究、修复时间较长、费用较高、微生物的活性受温度和其他环境条件的影响较大等,另外在有些场合有时甚至不能采用生物修复技术。生物修复技术应用前景广阔,虽然具有一定的缺陷,但如果和其他的物理和化学方法有机地结合起来,这种方法一定能有效地发挥作用,消除环境的污染物的毒害作用。

7.4.1.2 生物修复的内涵、优点和局限性

随着近年来生物修复技术的飞速发展,生物修复的内涵不断丰富。除了传统的生物修复外,还发展了真菌修复、植物修复以及生态修复。生物修复的产生尽管只有30多年的历史,但其发展势头是其他修复技术无可比拟的。与传统或现代的物理、化学修复方法相比,生物修复技术具有以下优点:

(1)生物修复可以现场进行,节省了很多治理费用。其费用只是传统物理、化学方法的30%~50%。20世纪80年代采用生物修复技术处理土壤只需100~250元/m^3,而采用焚烧或填埋处理则需要250~1 000元/m^3。

(2)环境影响小。生物修复只是一个自然过程的强化,其最终产物是二氧化碳、水和脂肪酸等,不会形成二次污染或导致污染的转移,可以永久性地消除污染物的长期隐患。

(3)最大限度地降低污染物的浓度。生物修复技术可以将污染物的残留浓度降到最低。如某一污染的土壤经生物修复技术处理后,BTX(苯、甲苯、二甲苯等)总浓度降为0.05~0.1 mg/L,甚至低于检测限。

(4)在其他技术难以使用的场地,如受污染土壤位于建筑物或公路下面不能挖掘搬出时,可以采用就地生物修复技术,因而生物修复技术的应用范围有其独到的优势。

(5)生物修复技术可以同时处理受污染的土壤和地下水。此外,生物修复技术与其他处理技术结合使用,可以处理复合污染。

当然,和所有处理技术一样,生物修复技术也有其局限性,主要表现在以下的几个方面:

(1)耗时长。生物修复的机理在于生命体的新陈代谢,生物特别是高等动植物的生长繁殖需要经过一定的生命周期才能完成其代谢活动,因此需要花费较长的时间。

(2)条件苛刻。生物修复是一种科技含量较高的处理方法,其运作必须符合污染场地的特殊条件,生物的代谢活动容易受环境条件变化的影响。

(3)并非所有进入环境的污染物都能被生物利用。污染物的低生物有效性、难利用性及难降解性等常常使微生物修复不能进行。

表7.2概括了主要的污染物种类及其对生物降解的相对敏感性。污染物的不溶解性及其在土壤中与腐殖质和黏粒结合,使生物修复很难进行。

(4)特定的生物只能吸收、利用、降解、转化特定类型的化学物质,状态稍有变化的化合物就可能不会被同一种生物酶破坏。

(5)有些化学产品经微生物降解后其产物的毒性和移动性比母体化合物反而增加。例如三氯乙烯在厌氧条件下可以进行一系列的还原脱卤反应,产物之一的氯乙烯是致癌物。因此,如果不对微生物降解过程有全面的了解,有时情况会比原来更糟。

(6)生物修复是一种科技含量较高的处理方法,它的运作必须符合污染地的特殊条件。因此,最初用在修复地点进行生物可处理性研究和处理方案可行性评价的费用要高于常规技术的费用。

表 7.2 主要污染物的生物降解性

污染物种类	举例	生物降解性
芳香烃	苯、甲苯	好氧和厌氧
酮和酯	丙酮	好氧和厌氧
石油烃	燃料油	好氧
氯代溶剂	三氯乙烯	好氧(甲烷营养)和厌氧(还原脱氮)
多环芳烃	蒽、苯并芘、杂酚油	好氧
腈	—	好氧
重金属	镉	不能降解
放射性材料	铀	不能降解

7.4.1.3 污染环境生物修复的基本原理

生物修复的受体是污染了的环境,而修复的主体则是生物,它包括微生物、植物、动物以及由它们构成的生态系统。在实际修复过程中,有时以其中一类生物为主,有时则由其复合生物系统进行,因此,根据参与修复的主体,一般将生物修复机理划分为微生物修复、植物修复和生态修复等三类。

1. 生物修复的主要方法

生物修复技术的重点研究方向是:

(1)通过各种工程手段增强自然界中已有但速度缓慢的生物降解过程;

(2)通过应用各类生物反应器,增加污染物与微生物的接触机会,创造最佳生物代谢反应条件,促进污染物快速转化。

随着近年的研究及实践,已经开发了许多新的或改进的生物修复技术。目前已经及正在应用的生物修复技术种类很多,可以将它们大致分为两类:①原位生物修复;②异位生物修复。这种分类方法有时并不严格。原位生物处理中污染土壤不需移动,污染地下水不需用泵抽至地面,其优点是:处理费用低,但处理过程控制比较难。异位生物处理需要通过某种方法将污染介质转移到污染现场附近或之外,再进行处理。通常污染物搬动费用较大,但处理过程容易控制。

原位生物修复的主要技术手段是:①添加营养物质,满足微生物生存的必需;②增加溶解氧,以提高微生物的活性;③添加微生物或/和酶,以强化污染物分解速率;④添加表面活性剂,以促进污染物质与微生物的充分接触;⑤补充碳源及能源,以保证微生物共代谢的进行,分解共代谢化合物。根据被处理对象(如土壤、地下水、污泥等)的性质、污染物种类、环境条件等区别,营养物质的添加方式也不同。

在异位生物修复中较多地应用了各类生物反应器。与原位生物处理一样,根据处理对象、处理工艺的要求,处理过程中常需要添加各种辅助有机物分解的物质。除前已述及的异位生物修复中污染物质搬动费用较高外,反应器的加工制造、控制系统的设置等也会增加异位生物修复的费用。但对一些难以处理,尤其是一些有毒化合物、挥发性污染物或浓度较高的污染物的处理,异位生物处理是不可替代的选择。

2. 应用生物修复技术的前提条件

用于解决实际污染处理问题,生物修复技术必须具备下列各项条件:

(1) 必须存在具有代谢活性的微生物;

(2) 这些微生物必须能以相当速率降解污染物,并使其浓度降低至环境要求的范围内;

(3) 降解过程不产生有毒副产物;

(4) 污染场地中的污染物对微生物无害或其浓度对微生物的生长不构成抑制,或可以对污染物进行稀释;

(5) 目标化合物必须能被生物利用;

(6) 污染场地或生物处理反应器的环境必须利于微生物生长或微生物活性保持,如提供适当的无机营养、充足的溶解氧或其他电子受体、适宜的温度及湿度,如果污染物被共代谢则还需提供碳源及能源;

(7) 处理费用应较低,至少要低于其他处理技术。

7.4.1.4 影响生物修复的环境因素

影响微生物生长、活性及存在的因素很多,包括物理、化学及生物因素。这些因素影响微生物对污染物的转化速率,也影响生物降解产物的特征及持久性。在讨论影响生物修复的环境因素时特别要强调,污染现场环境条件的多样性对生物降解的影响是巨大的。如从目前获得的资料看,在43个水及土壤样品中,只有1个样品所含的TCE能够被土著微生物降解。2,4-二氯苯氧乙酸(2,4-D)在富营养化湖中(无机营养丰富)可以矿化,但在贫营养湖中却不能矿化。类似的例子还很多。

在纯培养、高基质浓度下,细菌及真菌活性的研究资料已有很多,这为认识微生物的营养水平、遗传特性及代谢潜力提供了基础。但自然环境中细菌及真菌的生长环境千变万化,如污染场地可能没有充足的无机营养,缺乏重要的生长因子,温度及pH值超出微生物的忍受范围,出现有毒物质等,这些均会减缓微生物的生长甚至导致它们的死亡。微生物可能受益于其他种类微生物的作用,也可能被其他微生物捕食。因此,实验室获得的资料往往不能简单地推广至实地应用。还必须研究自然环境下影响生物降解发生、速率及产物的因素。

1. 非生物因素

影响有机物生物降解性(生物可给性)的最重要因素有温度、pH值、湿度(对土壤而言)、盐度、有毒物质、静水压力(对土壤深层或深海沉积物)。

2. 营养物质

异养微生物及真菌的生长除需要有机物提供的碳源及能源之外,还需要一系列营养物质及电子受体。最常见的无机营养物质是氮及磷,在多数生物修复过程中需要添加氮及磷以促进生物代谢的进行。许多细菌及真菌还需要一些低浓度的生长因子,包括氨基酸、B族维生素、脂溶性维生素及其他有机分子。

3. 电子受体

对好氧微生物而言,电子受体是O_2。厌氧微生物也可以利用硝酸盐、CO_2、硫酸盐、三价铁等作为电子受体分解有机物。

4. 复合基质

污染环境中常存在多种污染物,这些污染物可能是合成有机物、天然物质碎片、土壤或沉积物中的腐殖酸等。在这样多种污染物与多种微生物共存条件下的生物降解过程与实验室进行的单一微生物分解单一化合物的情况有很大区别。对一种化合物而言,另一种化合物的出现可能产生不同的效应:①促进其降解,如水杨酸酯可以促进土壤中萘的矿化,芴可以促进地下水中咔唑的矿化;②抑制其降解,如五氯酚的降解速率在有酚或三氯酚存在的情况下降低;③不产生影响,如葡萄糖的降解不受同时进行的乙酸降解的影响。

5. 微生物的协同作用

自然界存在为数众多的微生物种群,多数生物降解过程需要两种或更多种类微生物的协同作用。描述这种协同作用的主要机理有:①一种或多种微生物为其他微生物提供 B 族维生素、氨基酸及其他生长因素;②一种微生物将目标化合物分解成一种或几种中间有机物,第二种微生物继续分解中间产物;③一种微生物共代谢目标化合物,形成的中间产物不能被其彻底分解,第二种微生物分解中间产物;④一种微生物分解目标化合物形成有毒中间产物,使分解速率下降,第二种微生物以有毒中间产物为碳源将其分解,这与机理②相似,也可能与不同种属微生物间氢的转移有关。

6. 捕食作用

环境中细菌或真菌浓度较高时,常存在一些捕食或寄生类微生物。寄生微生物的有些种类可能引起细菌或真菌分解。这种捕食、寄生及分解作用可能影响细菌或真菌对污染物的生物降解过程。这种影响经常是破坏性的,但也有有利的情况。

7. 种植植物

近年来,植物根际微生物的分解过程受到了较多关注,多数情况下植物的种植有利于生物修复的进行。

7.4.1.5 微生物对有机污染物的修复

1. 可用于生物修复的微生物的种类

用于生物修复的微生物有以下三种类型:土著微生物、外来微生物和基因工程菌。

(1) 土著微生物。微生物能够降解和转化环境污染物,这是生物修复的基础。在自然环境中,存在着各种各样的微生物,在环境遭受有毒有害物质污染后,实际上就面临着一个对微生物的驯化过程,有些微生物不适应新的生长环境,逐渐死亡;而另一些微生物逐渐适应了这新的生长环境,它们在污染物的诱导下,产生可以分解污染物的酶系,进而将污染物降解转化为新的物质,有时可以将污染物彻底矿化。

目前,在大多数生物修复工程中实际应用的都是土著微生物,主要原因是由于土著微生物降解污染物的潜力巨大,另一方面是因为接种的微生物在环境中难以长期保持较高的活性,并且工程菌的利用在许多国家受到立法上的限制,如欧洲,引进外来微生物和工程菌必须考虑这些微生物对当地土著微生物的影响。

环境中同时存在多种污染物时,单一微生物的降解能力是不够的。试验表明,很少有单一微生物具有降解所有污染物的能力,污染物的降解通常是分步进行的,在这个过程中需要多种酶系和多种微生物的协同作用,一种微生物的代谢产物可以称为另一种微生物的底物。因此,在实际的处理过程中,必须考虑多种微生物的相互作用。土著微生物具有多样性,群落中的优势菌种会随着污染物的种类、环境温度等条件发生相应的变化。

(2) 外来微生物。土著微生物生长速度缓慢,代谢活性低,或者由于污染物的影响,会造成土著微生物的数量急剧下降,在这种情况下,往往需要一些外来的降解污染物的高效菌。采用外来微生物接种时,都会受到土著微生物的竞争,因此外来微生物的投加量必须足够多,使之成为优势菌种,这样才能迅速降解污染物。这些接种在环境中用来启动生物修复的微生物称为先锋生物,它们所起的作用是催化生物修复的限制过程。

现在国内外的研究者正在努力扩展生物修复的应用范围。一方面,他们在积极寻找具有广谱降解特性、活性较高的天然微生物;另一方面,研究在极端环境下生长的微生物,试图将其用于生物修复过程。这些微生物包括两极端温度、耐强酸或强碱、耐有机溶剂等。这类微生物若用于生物修复工程,将会使生物修复技术提高到一个新的水平。

目前用于生物修复的高效降解菌大多是多种微生物混合而成的复合菌群,其中不少已被制成商业化产品。如光合细菌 PSB(Photosynthetic bacteria),这是一大类在厌氧光照下进行不产氧光合作用的原核微生物的总称。目前广泛使用的 PSB 菌剂多为红螺菌科(Rhodospirillaceae)光合细菌的复合菌群,它们在厌氧光照及好氧黑暗条件下都能以小分子有机物为基质,进行代谢和生长,因此对有机物具有很强的降解转化能力,同时对硫、氮素也起了很大的作用。目前国内许多高校科研院所和微生物技术公司都将 PSB 菌液、浓缩液、粉剂及复合菌剂出售,应用于水产养殖水体及天然有机物污染河道,并取得了一定的效果。美国 CBS 公司开发的复合菌剂,内含光合细菌、酵母菌、乳酸菌、放线菌、硝化菌等多种生物,经对成都府南河、重庆桃花溪等严重有机污染河道的试验,对水体的 COD,BOD,NH_3-N,TP 及底泥的有机质菌有一定的降解转化效果。美国的 Polybac 公司推出的 20 多种复合微生物制剂,可分别用于不同种类有机物的降解、氨氮转化等。日本 Anew 公司研制的 EM 生物制剂,由光合细菌、乳酸菌、酵母菌、放线菌等共约 10 个属 30 多种微生物组成,已被用于污染河道的生物修复。其他用于生物修复的微生物制剂尚有 DBC 及美国的 LLMO 生物制液,后者含芽孢杆菌、假单胞菌、气杆菌、红色假单胞菌等 7 种细菌。

(3)基因工程菌。目前,许多国家的科学工作者对基因工程菌的研究非常重视,现代生物技术为基因工程菌的构建打下了坚实的基础,通过采用遗传工程的手段将降解多种污染物的降解基因转入到一种微生物细胞中,使其具有广谱降解能力;或者增加细胞内降解基因的拷贝数来增加降解酶的数量,以提高其降解污染物的能力。Chapracarty 等人为消除海上石油污染,将假单胞菌中的不同菌株 CAM,OCT,Sal,NAH 四种降解性质粒结合转移至一个菌之中,构建出一株能同时降解芳香烃、多环芳烃、萜烃和脂肪烃的"超级细菌"。该细菌能将浮油在数小时内消除,而使用天然菌要花费一年以上的时间。该菌已取得美国专利,这在污染降解工程菌的构建历史上是第一座里程碑。

R. J. Klenc 等人从自然环境中分离到一株能在 5~10 ℃水温中生长的嗜冷菌——恶臭假单胞菌 Pseudomonas putida Q5,将嗜温菌 Pseudomonas putida pawl 所含的降解质粒 TOL 转入该菌株中,形成新的工程菌株 Q5T,该菌在温度低至 10 ℃时仍可利用浓度为 1 000 mg/L 的甲苯为异氧碳源正常生长,在实际的应用中价值很高。

瑞士的 Kulla 分离到两株分别含有两种可降解偶氮染料的假单胞菌,应用质粒转移技术获得了含有两种质粒,可同时降解两种染料的脱色工程菌。

尽管在利用遗传工程提高微生物降解能力方面有了很大的提高,但是在欧美和日本等国家对工程菌的利用,正面临着严格的立法控制,而在亚洲,许多国家也对此表示了极大的兴趣。

2. 有机污染物进入微生物细胞的过程

当前已知的环境污染物达数十万种,其中大部分是有机化合物,微生物能够降解、转化这些物质,降低其毒性或使其完全无害化。微生物降解有机物有两种作用方式:①通过微生物分泌的胞外酶降解;②污染物被微生物吸收到微生物细胞内后,由胞内酶降解。

微生物从胞外环境中吸收摄取物质的方式主要有主动运输、被动扩散、促进扩散、基团转位、胞饮作用等。

(1) 主动运输。微生物生长过程中所需要的各种营养物质主要以主动运输的方式进入细胞内部。主动运输需要消耗能量,因而可以逆物质浓度梯度进行。它需要载体蛋白的参与,因而对被运输的物质有高度的立体专一性。被运输物质与相应的载体蛋白之间存在着亲和力,并且这种亲和力在膜内外大小不同,在膜外表面亲和力大,在膜内表面亲和力小,因而通过亲和力大小的改变使它们之间能发生可逆的结合和分离,从而完成物质的运输。

在主动运输中,载体蛋白的构型变化需要能量。能量通过两条途径影响到污染物的运输。第一,直接效应,通过能量的消耗,直接影响载体蛋白的构型变化,进而影响运输;第二,间接效应,即能量引起膜的激化过程,再影响以载体蛋白的构型变化。主动运输所消耗的能量因微生物的不同而有不同的来源,在好氧微生物中,能量来自呼吸能;在厌氧微生物中,能量来自化学能 ATP;而在光合微生物中,能量来自光能。这些能量的消耗都可以使胞内质子向胞外排出,从而建立细胞膜内外的质子浓度差,使膜处于激化状态,即在膜上储备了能量,然后在质子浓度差消失的过程中(即去激化)伴随物质的运输。

不动杆菌 HO1-N 具有一个复杂的系统用来聚集进入细胞的烷烃,并将未修饰的烷烃贮存在与膜结合的包含体内。研究表明,不动杆菌 HO1-N 对十六烷的摄取类似于蛋白质介质的主动运移过程,此过程对代谢抑制剂、解偶联剂、琉基试剂以及链霉蛋白酶处理等比较敏感,其最佳 pH 值为 7.8,最佳温度为 37 ℃。游离烷烃的摄取是一个可诱导的过程,非烷烃培养的细胞和氯霉素处理过的细胞不能聚集十六烷。在该研究中,十六烷未经外源的乳化或增溶,而是以游离形式加入。经计算,细胞内烷烃的浓度是 240 mmol/L,这比外部提供的十六烷浓度(3.44 mmol/L)高 69 倍,十六烷在不动杆菌 HO1-N 中的含量占细胞干重的 8%。所以不动杆菌 HO1-N 是沿着与浓度梯度相反的方向在细胞内浓缩烷烃,表明这是一个需要代谢能量的摄取过程。

(2) 被动扩散。被动扩散是微生物吸收营养物的各种方式中最为简单的一种。不规则运动的营养物质分子通过细胞膜中的含水小孔,由高浓度的胞外向低浓度的胞内扩散,尽管细胞膜上含水小孔的大小和性状对被动扩散的营养物分子大小有一定的选择性,但这种扩散是非特异性的,物质在扩散运输的过程中既不与膜上的分子发生反应,本身的分子结构又没有任何变化。扩散的速度取决于细胞膜两边该物质的浓度差,浓度差大则速度大,浓度差小则速度小,当细胞膜内外的物质浓度相同时,该物质运输的速度降低到零,达到动态平衡。因为扩散不消耗能量,所以通过被动扩散而运输的物质不能进行逆浓度梯度的运输。

细胞膜的存在是物质扩散的前提。膜主要由双层磷脂和蛋白质组成,并且膜上分布有含水膜孔,膜内外表面为极性表面,中间有一层疏水层。因此,影响扩散的因素有被吸收的物质的相对分子质量、溶解性(脂溶性或水溶性)、极性、pH 值、离子强度与温度等。一般情况下,相对分子质量小、脂溶性小、极性小和温度高时物质容易吸收,反之则不容易吸收。

扩散不是微生物吸收物质的主要方式,以这种方式吸收的主要是水、某些气体、甘油和某些离子等少数物质。在水中溶解的有机物能否扩散穿过细胞壁,是由分子的大小和溶解度所决定的。目前认为低于 12 个碳原子的分子一般可以通过细胞壁和细胞膜进入细胞。例如,用丙烷培养牡牛分枝杆菌时,在 5~7 h 内细胞中的类胞组成就会增加 50%,12~15 h 后细胞开始生长,说明类脂物质对脂溶性、相对疏水的丙烷分子的摄取是必不可少的。

热带假丝酵母摄取烷烃是非专一性的和非酶促的过程,该过程不受酸碱度和温度的影响。当酵母细胞暴露于烷烃中 30 s 后,其表面就被烷烃饱和。细胞表面与烷烃结合有关的是一种多糖-脂肪酸复合物。如果用链霉蛋白酶处理全细胞以除去该复合物,结果是使细胞丧失与烷烃结合的亲和力。这种复合物仅存在于细胞表面,在烷烃培养的细胞的冰冻蚀刻电镜图中,细胞具有放射状表面凸出物,这就是甘露聚糖-脂肪酸复合物。烷烃培养的假丝酵母中也见到类似的复合物。在烷烃的传输中,多糖-脂肪酸复合物的作用是增强细胞疏水性,使得烷烃能够被动地结合到细胞表面,这是热带假丝酵母摄取烷烃的第一步,热带假丝酵母摄取烷烃的第二步称为烷烃的转移或烷烃的摄取,也就是烷烃穿过细胞膜到达细胞内的烷烃氧化部位。为了测定十六烷的转移,将预饱和的烷烃培养的热带假丝酵母与 ^{14}C-十六烷保温不同时间,然后过滤并用溶剂洗涤,以除去细胞表面的那些"分配的"烷烃,最后测定与细胞结合的放射性;试验表明,这种微生物能够在很宽的 pH 值和温度范围内很好地摄取烷烃,因此烷烃穿过细胞膜的转移很可能不借助于载体,而是一种被动扩散过程。

(3)促进扩散。与被动扩散类似,促进扩散在运输过程中不需要消耗能量,物质本身在分子结构上也不会发生变化,不能进行逆浓度运输,运输速度取决于细胞膜两边的物质浓度差。但促进扩散需要借助于位于细胞膜上的一种载体蛋白参与物质的运输,并且每种载体蛋白只运输相应的物质,这是该方式与被动扩散方式的重要区别,即促进扩散的第一个特点。促进扩散的第二个特点是对被运输物质有高度的立体结构专一性。载体蛋白与被运输物质间存在一种亲和力,并且这种亲和力在细胞膜的内外表面随物质浓度的不同而有所不同,在物质浓度高的细胞膜一边亲和力大,在物质浓度低的细胞膜一边亲和力小。通过这种亲和力大小的变化,载体蛋白与被运输物质之间发生可逆的结合与分离,导致物质穿过细胞膜。载体蛋白能够加快物质的运输,而其本身在此过程中又不发生变化,因而它类似于酶的作用特性,所以有人将此类载体蛋白称为透过酶。微生物细胞膜上通常存在各种不同的透过酶,这些酶大都是一些诱导酶,只有在环境中存在需要运输的物质时,运输这些物质的透过酶才合成。促进扩散方式多见于真核微生物中,例如通常在厌氧的酵母菌中,某些物质的吸收和代谢产物的分泌是通过这种方式完成的。

(4)基团转位。基团转位是另一种类型的主动运输。在物质运输过程中,除了物质分子发生化学变化外,其他特点都与主动运输相同。目前的研究表明,基团转位主要存在于厌氧微生物对单糖、双糖及其衍生物,以及核苷酸和脂肪酸的运输吸收过程中,在好氧微生物中还未发现有这种方式。

(5)胞饮作用。假丝酵母摄取烷烃的途径是胞饮作用,其可能机制包括:第一,通过疏水表面突出物的作用把烷烃吸附到细胞表面,如多糖-脂肪酸复合物;第二,烷烃通过孔和沟穿透坚硬的酵母细胞壁,而聚集在细胞质表面;第三,通过未修饰烷烃的胞饮作用把烷烃转移到细胞内的烷烃氧化部位,如内质网、微体及线粒体。用十六烷培养的解脂假丝酵母和十四烷培养的热带假丝酵母,烷烃可能贮存于细胞质内烃类包含体中,这种烃类包含体是烷烃培养的细菌的典型特征。

在热带假丝酵母细胞的外周细胞质中存在许多透电子的与细胞质膜的胞饮泡,这说明热带假丝酵母可能是通过胞饮机制将十四烷贮存在细胞质内的,用十六烷培养的解脂假丝酵母有类似的烷烃摄取机制。

7.4.1.6 生物修复的可行性研究

在生物修复项目实施以前,必须对工程的可行性进行研究。工程可行性分析,包括对处理场所的分析,如污染物的浓度与分布、微生物的活动、土壤水环境特性以及水文地质特性等,以比较、选择生物修复方案。除考虑处理的效果、处理的经费等问题以外,还需要考虑健康和安全性、风险、监测、社区关系、残留物管理等方面。

根据美国的经验,生物修复的可行性研究大致可以分以下四个步骤:

(1)数据收集。应收集的数据资料有:①污染物的种类和化学性质,在环境中的浓度及其分布,受污染的时间长短;②当地正常情况下受污染后微生物种类的变化、数量、活性以及在土壤中的分布,分离鉴定微生物的属种,检测微生物的代谢活性,从而确定该地是否存在适于完成生物修复的微生物种群。具体的方法包括镜检(染色和切片)、生物化学法测生物量和酶活性以及平板技术;③环境特性,包括土壤的温度、孔隙度、渗透率以及污染区域的地理、水文地质、气象条件和空间因素(如可利用的土地面积和沟渠井位);④当地有关的法律法规,以确立处理目标。

(2)技术路线选择。在掌握了当地情况以后,查询有关生物修复技术发展应用的现状,是否有类似情况和经验。提出各种修复方法(不只是生物修复)和可能的组合,进行全面客观的评价,筛选出可行的方案,并确定最佳技术路线。

(3)可处理性试验。如果认为生物修复技术可行,就需要进行实验室小试和现场中试,获得有关污染物毒性、温度、营养和溶解氧等限制性因素的资料,为工程的实施提供必要的工艺参数。

(4)实际工程设计。如果通过小试和中试均表明生物修复技术在技术上和经济上是可行的,就可以开始生物修复项目的具体设计,包括处理设备、井位、井深、营养物和氧源(或其他受体)等。

7.4.2 富营养化水体的微生物修复技术

目前,我国80%以上的湖泊受到污染,许多湖泊已达不到Ⅲ类水水质标准,湖水的颜色、气味均有不同程度的恶化,部分湖泊甚至成为纳污水体,导致城市景观质量下降,严重影响了居民身心健康。我国湖泊污染的主要特征是由人类经济活动引起的人为富营养化。从技术上,消除湖泊富营养化的关键在于削减湖泊水体的氮、磷以及底泥有机碳和氮、磷的负荷,消除水体中藻类疯长的基础,达到降低水体中藻类生物量、提高水体透明度的目的。图7.2为湖泊的生态关系示意图,由图可见藻类在整个湖泊生态系统中的重要性。

削减湖泊水体氮、磷及有机碳负荷的技术途径除了消除点源(截留污染源并施行清污分流)、减少和控制面源污染这类最基本的途径外,最常见的有机械清淤法,另外引水冲洗

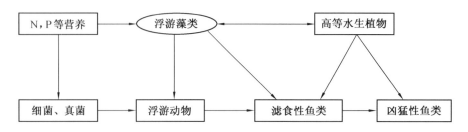

图 7.2 以藻类为中心的湖泊生态关系示意图

和生物修复法也是有效的方法。湖泊生物修复包含微生物修复、水生植物修复、生态修复几大类,它们之间只有相辅相成、联合作用,才能获取总体上满意的治理效果。

富营养化湖泊的生物修复也分为以强化土著微生物功能的曝气修复和添加外来微生物的投菌剂修复。

7.4.2.1 深水曝气修复

深水曝气的目的通常有:①在不改变水体分层的状态下提高溶解氧浓度;②改善冷水鱼类的生长环境和增加食物供给;③改底泥界面厌氧环境为好氧条件,降低内源性磷的负荷。其他附带的目的或者效果包括降低氨氮、铁、锰等离子性物质的浓度。

从种类上来说,有三种深水曝气方式:机械搅拌(包括深水抽取、处理和回灌)、注入纯氧和注入空气。

机械方式曝气包括将深层水抽取出来,在岸上或者在水面上设置的曝气池内进行曝气,然后再回灌深层。这种技术应用并不普遍,主要原因是空气传质效率比较低,成本比较高。注入纯氧能够大幅度提高传质效率,但是容易引起深层水与表层水混层。

空气曝气包括空气全部提升或者部分提升。全部空气提升指空气将水全力提升至水面然后再释放,而部分提升仅是空气和深层水在深层混合,然后气泡分离。有关的研究和实践表明,全部空气提升系统与其他系统相比,成本最低而效果最好。尽管如此,部分空气提升系统仍应用得最多,其设备多由 PVC 材料制成。

从实际应用情况来看,曝气系统能够有效地增加深层水的溶解氧,一般可以达到 7 mg/L;同时氨氮和硫化氢能够得到降低,厌氧环境可以转变为好氧环境。内源性的磷负荷的降低通常并不如想像的效果那样理想,而且内源性磷的控制效果也不稳定,一旦停止了曝气,内源性磷浓度就重新回升至曝气前的水平,因此,对富营养现象的改善或者对藻类生长的控制可能并不如预期的那样理想。

研究发现,曝气还会影响水体生物。虽然表层水和浅层水中的生物种类变化不大,但是深层水由于从厌氧转变为好氧,相应生物种类发生比较大的变化,增加了诸如食草生物的生存空间。某些大型食草生物的增加可能有助于控制藻类等富营养化生物的生长。因此,曝气可能有着更深远的作用。

由于溶解氧浓度增加,深水高等动物(如冷水鱼类)将会增加,而不会被排挤进入浅水层,底栖生物增加也增加了鱼类的食物供应。例如,某湖泊在曝气改善深层水水质后,鳟鱼又重新出现,而且解剖后发现其胃内含有好氧条件下生长的浮游和底栖生物。

7.4.2.2 有效微生物修复

有效微生物是由乳酸菌、酵母菌、放线菌、光合细菌等四大类80余种微生物组成的复合菌剂的统称。对于EMs,国内外学者历来有不同的看法,颇有争议,甚至有相反结论的报道。在此介绍华南植物园人工湖泊的成功实例。

李雪梅等人在重度富营养化的人工湖(约1 000 m^2)进行投加多糖EMs制剂试验,1998年4～6月投加的制剂达到湖水菌剂质量浓度为187 mg/L,均匀投加60个固定了高浓度EMs的泥球。从投菌之日起经75 d,湖水透明度从原来的0.09 m提高到0.48 m,提高了433%;此后停止投菌45 d,透明度回落到0.3 m。透明度提高的原因在于EMs抑制了水体中藻类的生长,从水体叶绿素看,投菌30 d后表面水就从3 780 mg/m^3降到130 mg/m^3,下降了97.5%。在投菌75 d后,总氮从7.3 mg/L降为2.5 mg/L,下降了97.5%,此后停止投菌45 d后,又回升到4.5 mg/L;总磷在投菌35 d后即从3.5 mg/L降为0.15 mg/L,从停止投菌起45 d后又回升到0.2 mg/L。COD在投菌75 d后,从29 mg/L降为13 mg/L,停止投菌45 d后又回升到24 mg/L。可喜的是停止投菌后,尽管各项指标有所反弹,但再未见"水华"发生。所以,从这个案例看,EMs修复湖泊富营养化是有效的。

7.4.2.3 Clear-Flo系列菌剂修复

美国Alken-Murry公司开发的Clear-Flo除了用于修复污染河流外,也用于修复富营养化的湖泊。1997年,美国马里兰州Gaithersburrg城的一个湖用Clear-Flo1200阻止了丝状蓝绿藻的孳生。1998年,西班牙瓜达拉哈拉城郊俱乐部,用Clear-Flo7000抑制了大部分池塘表面的藻类,但水体仍持续呈现绿色,令人不快。因而将少量"聚合物"加到少量Clear-Flo1001里塘水立即变清,之后持续用Clear-Flo1000补加Clear-Flo1001进行处理则可以保持塘水的持续清澈,治理后BOD_5下降了97%,COD下降了85%,SS总量下降了98%,磷酸盐下降了69%。

7.4.3 富营养化水体的水生植被修复

湖泊水生植被由生长在湖泊浅水区和湖周滩地上的沉水植物群落、浮叶植物群落、漂浮植物群落、挺水植物群落及湿生植物群落共同组成,这几类群落均由大型水生植物组成,俗称水草。水草茂盛则水质清澈、水产丰盛、湖泊生态稳定,水草缺乏则水质浑浊、水产贫乏、湖泊生态脆弱。湖泊水生植被的重要环境生态功能已经为人们所认识,保护和恢复水生植被已被作为保护和治理湖泊环境的重要生态措施。

湖泊水生植被的恢复是湖泊环境综合整治的一个重要环节,我国许多城市湖泊、游览型湖泊和水源型湖泊已经过治理,但尚没有一个湖泊脱离富营养水平,其中的关键问题在于缺乏水生植被的恢复环节。其中治理时间最长、治理强度最大的杭州西湖将外源磷负荷降低到了0.65 g/(m^2·年),这已经低于同一气候带内其他湖泊出现富营养化问题时的外源磷负荷水平,但由于没有恢复水生植被,仍然处于富营养状态,湖水透明度只有0.5 m左右,因此在湖泊环境治理中必须重视水生植被的恢复问题。

水生植被修复包括人工强化自然修复与人工重建水生植被两条途径。前者是指通过对湖泊环境的调控来促进湖泊水生植被的自然恢复。后者则是对已经丧失了自动恢复水生植被能力的湖泊。通过生态工程途径重建水生植被。重建水生植被绝非简单的"栽种水草",也并非要恢复遭受破坏前的原始水生植被,而是在已经改变了的湖泊环境条件基础上,根据湖泊生态功能的现实需要,依据系统生态学和群落生态学理论,重新设计和建设全新的能够稳定生存的水生植被和以水生植被为核心的湖泊良性生态系统。水生植物的生长以年为周期,水生植被的建设要经过从无到有、从有到优、最后达到稳定的过程,需要比较长的时间。在水生植物的基本生存条件遭到严重破坏的湖泊或湖区,重建水生植被还需要改造环境。创建适合水生植物生长的生态环境条件,这就需要借助某些工程措施。

7.4.3.1 富营养化水体水生植被修复的优化设计基础

在一个湖泊中,应该并且能够建立什么样的水生植被?多大的面积比例比较适宜?在湖泊内怎样分布较为合理?这些问题可以通过水生植被的优化设计得到解决。因此,水生植被修复的优化设计包括以下内容:

1. 由湖盆形态、底质条件和水文条件决定的水生植被面积、类型和分布格局

健康的水生植被由生长在湖泊上的湿生植物、挺水植物、浮叶植物和沉水植物所组成,各类水生植物对底质条件和湖水深度有各自的适应范围,水深是由湖盆形态和水位决定的。岩石湖岸往往承受着强烈的水流或风浪冲刷,因而是无法种植水生植物的。大部分水生植物同样无法在砾石基质上生长,只有某些宿根性多年生挺水植物例外,它们的植丛能借助发达的根状茎和根系向裸露的砾石基质上扩展,通过其促淤作用逐渐形成沉积物。实践证明,在砾石质湖滩上栽植芦苇、茭草等挺水植物是可行的。砂质沉积物和淤泥是任何水生植物都能够适应的,但当受到严重的有机污染时,苦草、微齿眼子菜、马来眼子菜、水车前等种类的适宜度就会大大降低。在浪击带或风浪冲刷比较强烈的浅水区,有时会出现坚硬的黏土质湖底,几乎没有水生植物能够附着生于其上。

水深决定了各类水生植物的分布格局。湿生植物只能够生长在季节性显露的滩地上;挺水植物的分布上限可以高出最高水位线,分布下限可以达到最低水位线下 1 m 左右的深度,但水位年变幅比较大时分布下限也比较高;浮叶植物的最大适应水深一般在 3 m 左右;沉水植物则可达到 10 m 左右的深度。

2. 强烈的风浪扰动能决定水生植被的分布格局和面积

在太湖、洪泽湖、巢湖等大型浅水湖泊中,水生植被主要分布在风浪比较小的河口、湖湾和沿岸带,在开阔湖面上水生植物无法生长,主要原因在于风浪能造成水生植物的严重机械损伤,或者在坚硬的湖底下没有水生植物着生的沉积物。芦苇等挺水植物抗御风浪的能力比较强,可以在有底质条件的迎风岸生长。有些沉水植物如马来眼子菜、片草等也有较强的适应风浪能力,它们往往分布在水生植被的外沿。莲、茭、水车前等阔叶植物只能生长在湖湾深处或挺水植物群落之间接近于静水的环境中。

3. 水质和湖水透明度是决定水生植物分布深度和面积的重要因素

当湖水的高锰酸盐指数大于 3 时,有机物就容易在沉水植物的茎叶表面上形成附着层,这不仅直接影响其光合作用,还能招致微生物和附着藻类的大量繁殖,引起沉水植物生长停滞甚至死亡。因此,湖中有机污染比较严重时,种植沉水植物难度比较大;一定强度的风浪能够帮助沉水植物清洁其表面,保持水面开敞有利于沉水植物的生长。定期收割可以及时清除趋于衰老的植物茎叶,刺激新生茎叶的形成,保持沉水植物的旺盛生长。如果有机污染

问题得不到解决,恢复水生植被只能以挺水植物为主、浮叶植物为辅,植被面积也会受到严格的限制。

湖水透明度比较低时能限制沉水植物和浮游植物的分布深度,在水位稳定的条件下,沉水植物的最大分布水深约是湖水透明度的 25 倍,这主要归因于光的限制。沿岸带水生植被一旦建立,不仅可以在植被区内部保持比较高的透明度,还能在一定程度上提高植被区边沿的湖水透明度,促进植被向远离湖岸方向发展,但这种自然发展速度是比较缓慢的。

4. 人类需求是决定水生植被类群、面积和分布格局的主导因素

这里的人类需求是指人类对于湖泊或湖区生态功能的界定。依据人类的需求,常常将湖泊或同一个湖泊的不同湖区按照其主要生态功能进行分类,湖泊(或湖区)的主导功能决定了对水生植被恢复的需求特性。

(1)调蓄型湖泊。调蓄型湖泊又称过水性湖泊,以蓄洪、泄洪、灌溉为主要功能,因此,恢复水生植被的主要目标是保护堤岸,减轻风浪和水流对湖岸的侵蚀。调蓄型湖泊吞吐量大,要求水流通畅,最忌讳淤积,不宜大规模发展水生植被。此类湖泊通常水位落差比较大,水质浑浊,不利于沉水植物的生长。在沿岸带一定宽度范围内恢复挺水植物和湿生植物可以有效地保护堤岸,但一定要严格限制其规模,过度发展将会引起淤塞、阻滞水流,影响蓄洪和泄洪功能。

(2)水源型湖泊。水源型湖泊以城镇供水为主要功能,保护水质是恢复水生植被的主要目标。从净化水质方面考虑,水生植被的净化能力与其面积成正比,应该尽可能地扩大水生植被的面积,并且以沉水植被为主。在收割管理条件下,沉水植被不影响水面的开敞度和风浪的搅拌作用(天然曝气作用),在光合作用过程中还能向湖水中释放大量的氧气,这有利于保持湖水的高度氧化状态,促进有机污染物和某些还原性无机物(比如氨态氮、亚硝态氮、硫化氢等)的氧化分解。沉水植被与湖水有较大的接触面积,可以成为"生物膜"的附着基,能提供强大的生物降解能力。沉水植被可以直接吸收湖水中的营养盐,降低湖水营养水平,抑制浮游藻类的生长,其周丛生物还能直接捕食浮游藻类。大多数沉水植物有饲用价值,定期收割利用不仅能够创造一定的经济效益,还能有效地防止二次污染并输出大量的营养盐。倘若缺乏管理,大量的水生植物就会在湖泊内死亡腐烂,有可能引发严重的水质污染。

(3)运动娱乐型湖泊。运动娱乐型湖泊以水上运动、娱乐为主要功能,多数为城市湖泊和靠近城镇的湖泊或湖湾,水生植被主要起美化环境的点缀作用。恢复水生植被主要在沿岸带,应充分注意其景观效应,以观赏性湿生植物和挺水植物为主,辅以少量的浮叶植物。因为运动娱乐型水体必须保证水面开敞、水下没有水草,因此应防止水生植物的蔓延。

(4)观光游览型湖泊。观光游览型湖泊以观光游览为主要功能,要求湖水清澈,自然景色优美。此类湖泊的水生植被恢复技术要求最高,实施难度也最大。清澈的水质和优美的景观二者缺一不可,水生植被的设计需要渊博的湖泊生态知识和水体园林知识,合理地布设各类水生植物,形成强大的水质净化能力和和谐的景观效果。

5. 水质保障的营养平衡和生态平衡原则

各种类型湖泊对水质都有严格的要求。尤其在污染负荷比较高的情况下,水生植被的水质保护功能显得更为重要。恢复水生植被的首要目标就是要在现有的环境条件下保障所

要求的水质,设计水生植被必须优先考虑其在污染净化、营养平衡和生态平衡方面的作用,能够在给定的污染负荷和水质需求条件下保持湖泊的营养平衡和生态平衡,不发生蓝藻水华或者将蓝藻水华控制在不危及水质保障的程度上。

(1)营养平衡原则。在地面水水质标准中对于氮、磷浓度(c_N,c_P)的营养平衡有明确的要求,当湖水满足这样的氮、磷浓度标准时,湖泊生态系统的磷输入总量与输出总量在湖水磷浓度小于或等于c_P的前提下达到平衡,这就是磷平衡原则。氮平衡比磷平衡稍许复杂一些,多了生物固氮输入项和反硝化输出项。在一个湖泊中,磷的生物输出量 BRp 包括水产品捕捞和水生植物收获所带走的磷量,而水产品的生产在一定程度上依赖于大型水生植物的初级生产力,BRp 与水生植被面积和水生植物收获利用率成正比。另外,水生植物可以通过"促淤防蚀作用"增加磷的沉积输出量 S_p 并抑制沉积物磷释放量 R_p,其中包括增加磷的生物沉积、促进非生物颗粒态磷的沉降、抑制沉积物的再悬浮和磷的溶解释放等复杂内容。因此,水生植被在湖泊磷平衡中的综合效应(输出能力 VR_p)可以表示为

$$VR_p = 植被面积 \times 初级生产力 \times 磷含量 \times (收获率 + 水产品增产效率 + 沉积效应)$$

对不同的湖泊,各类水生植被的初级生产力会有所差异,水产品增产效率和沉积效应则变化幅度更大,需要针对具体的湖泊通过试验予以确定。

(2)生态平衡原则。恢复水生植被必须要达到一定的规模,以保障水质和控制蓝藻水华;同时又要防止因水生植物过度发展引起沼泽化问题,这就是生态平衡原则。调查表明,在外源磷负荷不超过 0.5 g/($m^2 \cdot a$)的浅水湖泊中,当水生植被占湖泊总面积的比例大于 1/3,并且对水生植物进行严格的收获管理时,才能有效地控制水质,在中营养至中-富营养水平上不会发生蓝藻水华。沼泽化现象是浅水湖泊富营养化的另一种表现形式,主要问题在于大量植物体腐烂分解引起的二次污染和植物残体引起的湖泊淤浅消亡。挺水植物对沼泽化的贡献率最大,浮叶植物和漂浮植物次之,沉水植物最小。因此,在水生植被设计中首先要适度控制总面积,同时要尽可能缩小挺水植物和浮叶植物的比例,还要把收获利用和管理列入水生植被恢复计划。

7.4.3.2 富营养化水体水生植被修复的优化设计

在富营养化湖泊大型水生植物恢复中,物种和群落是恢复生态系统的主体,恢复物种和群落的选择是恢复成败的关键因素之一。合理优化的群落配置是提高效率、形成稳定并持续利用生态系统的重要手段。

1. 先锋物种的选择

先锋物种的选择是在对水生植物生物学特性、耐污性、对氮磷去除能力及光补偿点的研究的基础上,筛选出几种具有一定耐受性的,能适应湖泊水质现状的物种作为恢复的先锋物种,同时为水生植物群落的恢复提供建群物种。

2. 物种选择原则

物种选择原则包括:①适应性原则。所选物种对湖泊流域气候水文条件有很好的适应能力;②本土性原则。优先考虑采用湖内原有物种,尽量避免引入外来物种,以减少可能存在的不可控因素;③强净化能力原则。优先考虑对氮、磷等营养物有较强去除能力的原则;④可操作性原则。所选物种繁殖、竞争能力较强,栽培容易,具有管理、收获方便,有一定经济利用价值等特点;⑤确定植物种类。根据上述基本原则,并在广泛调查的基础上,结合原

有水生生物种类,进行恢复先锋物种的选择。近年来国内外有关水生植物的生理生态特性及其在湖泊治理中的许多研究为物种选择提供了可能。

3. 群落配置

群落配置就是通过人为设计,将欲恢复重建的水生植物群落,根据环境条件和群落特性按一定的比例在空间分布、时间分布方面进行安排,高效运行,达到恢复目标,即净化水质,形成稳定可持续利用的生态系统。一般来说,水生植物群落的配置应以湖泊历史上存在过的某营养水平阶段下的植物群落的结构为模板,适当地引入经济价值较高、有特殊用途、适应能力强及生态效益好的物种,配置多种、多层、高效、稳定的植物群落。人工植物群落的构建主要包括如下两个方面的内容:

(1) 水平空间配置。水平空间配置指湖泊不同的受污水域或湖区上配置不同的植物群落。依据恢复目标的不同,所配置的植物群落可分为生态型植物群落和经济型植物群落。生态型植物群落以水体污染的治理、污水净化、促进生态系统的恢复为主要目标,注重群落的生态效益,其建群物种一般为耐污、去污能力强、生长快、繁殖能力强、环境效益好的物种。而经济型植物群落则以推动流域经济发展,顺应地方的需求为目的,注重群落经济效益的发挥,建群物种一般为经济价值较高、有特殊用途、具有一定社会经济效益的物种。在湖泊水生植被恢复群落配置时,应同时考虑生态学和经济学原则,将生态型群落和经济型群落的配置有机地结合起来。对某些污染相当严重、水生植被很难恢复的湖区,应以生态恢复为目标,配置以生态效益为主的植物群落结构;而对某些污染较轻、水质较好的湖区,应在生态恢复的同时考虑经济效益,本着利于地方可持续发展的原则配置生态经济型植物群落。

(2) 垂直空间配置。水生植被群落的生长和分布与水深有密切的关系,有的植物群落只能分布在浅水区,如挺水植物群落、某些沉水植物群落(如菹草群落和马来眼子菜群落)等,有的植物群落常分布在较深水区,如苦草群落。因而在进行群落配置时,还要考虑不同生活型植物群落与不同沉水植物群落对水深的要求。群落配置时从湖岸边至湖心,随水深的加深,分别选用不同生活或者相同生活型不同生长型的水生植物,这些物种分别占据不同的空间生态位,能适应不同水深处的光照条件,以它们作为建群物种形成群落,图7.3为湖泊的群落垂直空间配置情况。

在进行群落的配置时,除考虑湖区的水质、水深等条件外,还需考虑底质因素(如底质是泥沙质还是淤泥质),根据不同植物对底泥的喜好性在不同的底质上配置的群落也不同。

7.4.3.3 富营养化水体水生植被修复的技术途径

1. 蓝藻水华的控制

沿岸带是恢复水生植被的核心区,也是蓝藻水华聚集的场所。蓝藻水华能降低湖水的透光率,减少水下可供水生植物利用的光资源;同时蓝藻能黏附在水生植物表面,不仅会严重妨碍光合作用和水生植物与湖水间的物质交换,还能招致微生物的大量繁殖,严重时会引起水生植物的腐烂死亡。蓝藻水华的控制可以采取两种方式:一种是全湖性控制,即对全湖蓝藻总量进行控制,防止在沿岸带形成蓝藻聚集,此方式在小型湖泊中比较容易实现;另一种是局部湖区的蓝藻控制,利用围隔技术将需要恢复水生植被的湖区与大湖面隔离开来,在隔离区内控制蓝藻,在大型湖泊中采取这种方式比较合理。控制技术通常有机械捕捞、生物控制、药物控制等,如何经济有效地使用这些技术可视具体情况确定。比如在运动娱乐型城

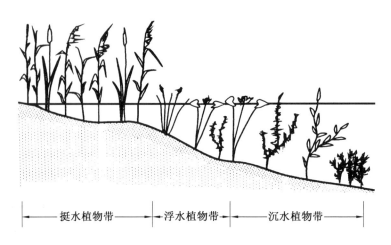

图 7.3 群落垂直空间配置

市湖泊中采用药物控制可能会更快捷,但必须保证所使用的药物不会妨碍水生植物的生长和水生动物的生存。

2. 风浪的控制

强烈的风浪能造成水生植物的机械损伤,影响水生植被恢复的进程;风浪扰动能引起湖底沉积物再悬浮,污染水质,降低湖水透明度,并容易在植物表面形成附着层。可以考虑采取适当的消浪措施,用漂浮植物水花生网制成的大型"浮毯式"消浪带是比较经济有效的一种措施,一般在小型湖泊或湖湾内比较适用。在大型湖泊中风浪比较大的湖区,可以将水花生网制成小型"浮毯",将众多的消浪"浮毯"以弹性方式固定在水生植被恢复区外侧,组成阵列,也有很好的消浪效果。

3. 沿岸带浅滩环境的创建

湖泊沿岸带的浅滩环境是水生植物的"大本营"或"避难所",尤其对于水位或水质波动比较大的湖泊,水生植物的稳定生存是离不开浅滩环境的。挺水植物和浮叶植物只有在浅滩才能够生存。当遇到灾害性洪水或水质污染时,深水区的沉水植物有可能死亡,但在浅水区仍然可以保留一定数量的沉水植物,一旦洪水消退或者水质好转,浅水区的沉水植物就会向深水区发展,形成一种自动恢复机制或"缓冲机制"。要是没有沿岸带的浅滩环境,就不可能恢复沉水植物,这种由单一生态型植物组成的水生植被不但景观功能比较差,而且很不稳定,遇到较大的环境波动时就有可能全军覆没,这就是"用人工堤岸包围起来的水体"在生态上的脆弱性。

恢复沿岸带浅滩环境的方式要因地制宜。对于因围垦而丧失了湖滩的岸段,应该首先考虑退垦还湖和恢复湖滩湿地的可能性。在其他条件适宜的岸段,利用清淤挖起的湖泥在沿岸需堆积成类似于海洋中大陆架的台阶式滩地,可以营造出比较理想的浅滩环境,同时还可以解决湖泥的堆放场问题。利用外源性泥土堆造浅水湖滩也未尝不可,但这未免有"填湖"之嫌,在水源型湖泊和调蓄型湖泊中这样做会减小蓄积库容,影响湖泊的主要生态功能。

4. 污泥的清除

在有机污染比较严重的湖区,湖底沉积物表面往往被一层有机质含量很高的污泥所覆盖。这种污泥密度很小,呈半流体状态,水生植物难以在这种污泥中扎根,因此在遇到风浪时容易发生再悬浮,引起水质污浊和营养盐释放,从而影响水生植物的生长。另外,污泥中的微生物活性比较高,一般处于缺氧状态,容易引起水生植物烂根。在水生植被恢复区清除这种污泥是完全必要的,但在清除技术方面还有一定的难度。最有效的方法当数直接抽吸法,在可能的情况下排干湖水后,"冲洗"效果更为理想。如果存在有毒物质的污染,清除受到污染的底泥就显得更加重要。在湖水偏深的湖区,清除污泥可能会增加湖水深度,更加不利于水生植物的生长,此时可以考虑用干净的泥土覆盖受到污染的底泥。

5. 水深的调控

适当降低水位可以减小水生植被恢复区的湖水深度,改善水下光照条件,促进水生植物繁殖体的萌发和幼苗的生长。因此,在开始种植沉水植物时,如果条件许可,可以将工作区水深控制在 1 m 以内,这样将有利于沉水植物的成活和群落的发育。

6. 水质的改造

水质改造一方面可以提高湖水的透明度,改善水下光照条件,另一方面可以降低湖水中有机污染物的含量。在需要恢复水生植被的湖区,湖水透明度必须大于水深的 2/5 才能保证沉水植物和浮叶植物的需求,湖水高锰酸盐指数一般要求小于 3 mg/L。影响湖水透明度的因素有三类:一类是由于风浪扰动引起的沉积物再悬浮;另一类是浮游生物死亡分解形成的有机污染;第三类是外源性污染物。

7.4.3.4 恢复水生植被的技术途径

恢复水生植被是一个从无到有、从有到优、从优到稳定的逐步发展过程,其中包含了水生植被与环境的相互适应、相互改造和协同发展。在没有人为协助的条件下,要完成这一自然发展过程至少需要十几年甚至几十年的时间。人工恢复水生植被则利用不同生态型、不同种类水生植物在适应和改造环境能力上的显著差异,设计出各种人为辅助的种类更替系列,并且在尽可能短的时间内完成这些演替过程。

1. 挺水植物的恢复

挺水植物的恢复一般无需任何演替过程,在确定目标植被的空间分布和种类组成之后,可以直接进行种植。芦苇、茭草、香蒲等挺水植物种类大多为宿根性多年生植物,能通过地下根状茎进行繁殖。这些植物在早春季节发芽,发芽之后进行带根移栽成活率最高。在湖水比较深的地段也可以移栽比较高的种苗,原则是种苗栽植之后必须有 1/3 以上挺出水面。春季栽种茭草的最大水深可以达到 1 m 左右,只要有两个以上的叶片浮出水面就可以成活。

2. 浮叶植物的恢复

浮叶植物对水质有比较强的适应能力,它们的繁殖器官如种子(菱角、芡实)、营养繁殖芽体(荇菜莲座状芽)、根状茎(莼菜)或块根(睡莲)通常比较粗壮,贮存了充足的营养物质,在春季萌发时能够供给幼苗生长直至到达水面。它们的叶片大多数漂浮于水面,直接从空气中接受阳光照射,因而对湖水水质和透明度要求不严,可以直接进行目标的种植或栽植。

种植浮叶植物可以采取营养体移栽、撒播种子或繁殖芽、扦插根状茎等多种方式。究竟哪一种最为简捷有效,这要根据所选植物种的繁殖特性来决定。比如菱和芡,以撒播种子最为快捷,且种子比较容易收集;初夏季节移栽幼苗效果也比较好,只是育苗时要控制好水深,移栽时苗的高度一定要大于水深。荇菜的种子比较细小,种植后成苗率比较低,但深秋季节在荇菜茎尖上能形成一种特化的肉质莲座状芽体,到了冬季植物体死亡解体后这种芽体便掉落在湖底越冬,来年春天可以萌发生长成新的植株,因此在秋季采集营养芽进行撒播比较适宜。莼菜和睡莲通常是在早春季节萌芽前移栽根系,但同样可以移栽幼苗甚至已经开花的植物体,成活率都很高。在制定种植方案时,必须认真查阅文献,请教专家或进行观察研究和试验,弄清其繁殖特性、最佳种植方式和季节。

3. 沉水植物的恢复

沉水植物与挺水植物和浮叶植物不同,它生长期的大部分时间都浸没于水下,因而对水深和水下光照条件的要求都较高。沉水植物的恢复是湖泊水生植被恢复的重点和难点。沉水植物恢复时,应根据湖区沉水植被分布现状、底质、水质现状等因素,选择不同生物学、生态学特性下先锋种进行种植。在沉水植被几乎绝迹、光效应差的次生裸地上,应选择光补偿点低、耐污的种类建齐先锋群落。同时,先锋种还需能产生大量种子,植株地生能力强,有利于扩大分布。在光效应较好,尚有一定面积沉水植被残存的湖区,选耐污和较高光补偿点的种类为先锋种。湖泊底质较硬时,应当选择易于扎根的种类进行种植。湖区污染严重,直接种植沉水植物难以存活时,可先移植漂浮植物如凤眼莲、大藻等,或浮叶植物如菱等对湖水先进行净水,待透明度提高后再种植沉水植物,建立先锋群落。沉水植物恢复时,应从水浅的岸边开始,并在低水位季节进行。

4. 水生植被的收割利用

采用水生植被修复营养化水体时,必须及时收割水生植物。收割时可以去除多余的或者不需要的水生植物,控制水生植物可能对环境产生的不利影响。一般的步骤是收割、收集、加工储存、运输、处置和利用等。主要利用的途径是做动物饲料、鱼饵料、能量来源等。

7.4.4 富营养化水体的底泥疏浚修复

7.4.4.1 底泥对湖泊的潜在污染

湖泊污染底泥是湖泊污染的潜在污染源,在湖泊环境发生变化时,底泥中的营养盐会重新释放出来进入水体。尤其是对城市湖泊,长期以来累积于沉积物中的氮磷往往很高,在外来污染源存在时,氮磷营养盐只是在某个季节或时期会对富营养化发挥比较显著的作用,然而在湖泊外来污染源全部切断以后,底泥中的营养盐会逐渐释放出来,仍然会使湖泊发生富营养化。

氮的释放取决于氮化合物分解的程度。氮化合物在细菌的作用下可以相互转化,不同形态的氮,其释放能力不同。溶出的溶解态无机氮在沉积物表面的水层进行扩散。由于表面的水层含氧量不同,溶出情况也不同。厌氧性时,以氨态氮溶出为主;好氧性时,则以硝态氮溶出,其溶出速度比厌氧时快。

磷的释放与其化学沉淀的形态有关。底泥中的磷主要是无机态的正磷酸盐,一旦出现利于钙、铝、铁等不溶性磷酸盐沉淀物溶解的条件,磷就释放。一般情况下释放出的营养盐首先进入沉积物的间隙水中,逐步扩散到沉积物表面,进而向湖泊沉积物的上层水混合扩散,从而对湖泊水体的富营养化发生作用。根据研究资料,江苏固城湖、大理洱海和杭州西湖沉积物中磷的释放速率分别为 7.74~8.1 mg/(m²·d)、2.2~5.6 mg/(m²·d) 和 1.02 mg/(m²·d)。根据对西湖的研究计算表明，每年沉积物中磷的释放量可达 1.3 t 左右，相当于年入湖磷负荷量的 41.5%。安徽巢湖的磷年释放量高达 220.38 t，占全年入湖磷负荷量的 20.90%。南京玄武湖的磷释放量占全年排入量的 21.5%。从以上几个例子中不难看出，沉积物中磷释放对水体磷浓度的补充，是一个不可忽视的来源，尤其像杭州西湖采取了截污工程措施以后，这种来自沉积物中的磷，其重要性是不言而喻的。因此，国内外都采取多种方法对污染底泥采取工程措施，在城市附近污染底泥堆积深度很厚的局部浅水域，环境疏浚工程技术最为普遍，效果也最为明显。

7.4.4.2 底泥环境疏浚的特点

环境疏浚旨在清除湖泊水体中的污染底泥，并为水生生态系统的恢复创造条件，同时还需要与湖泊综合整治方案相协调。工程疏浚则主要为某种工程的需要（如流通航道、增容等）而进行，两者的区别见表 7.3。

表 7.3 环境疏浚与工程疏浚的区别

项 目	环境疏浚	工程疏浚
生态要求	为水生植被恢复创造条件	无
工程目标	清除存在于底泥中的污染物	增加水体容积，维持航行深度
边界要求	按污染土壤分层确定	底面平坦，断面规则
疏挖泥层厚度	较薄，一般小于 1 m	较厚，一般几米至几十米
对颗粒物扩散限制	尽量避免扩散及颗粒物再悬浮	不作限制
施工精度	5~10 m	20~50 m
设备选型	标准设备改造或专用设备	标准设备
工程监控	专项分析严格控制	一般控制
底泥处置	泥、水根据污染性质特殊处理	泥水分离后一般堆置

7.4.4.3 底泥环境疏浚的调查

在湖泊污染综合治理工程中，考虑对污染面源、点源治理的同时，应对湖泊污染的内源（即污染底泥）存在的危害性及分布进行调查和分析，并确定是否应对污染底泥进行疏浚和处置。

污染底泥的调查与分析一般应分两个阶段进行：第一阶段为项目立项和可行性研究而进行的初步调查和分析；第二阶段为项目设计而进行的勘测与分析。

污染底泥初步调查的目的是对污染底泥的分布影响及清除和处理的必要性、可行性及经济合理性的论证提供依据。污染底泥的初步调查与分析应包括以下内容：污染底泥及污染物的来源；污染底泥的分布及厚度；污染底泥中污染物的种类及含量分析；污染物的化学及生态效应分析；污染底泥的数量；污染底泥疏浚区的地质情况及物理力学特性；污染底泥的处置场地的确定；污染底泥疏浚设备的选样范围；对污染底泥疏挖、输送及处置过程中防止二次污染的技术措施；污染底泥处置场的地质调查及结构；地下水的调查；废水的排放标准及监测;污染底泥疏浚的工艺流程;现场施工条件及协作条件;污染底泥疏挖处置的利用价值;有关的材料、人工、设备价格;对社会其他方面的影响等。

7.5 受污染地下水的修复

地下水污染问题相当复杂,这是由多方面原因造成的,其中包括:污染物的腐烂,受污染水体运动的影响,土壤丧失降低污染物浓度或除去特殊污染物的能力,污染水流体积形态的复杂性及其他一些因素。西方发达国家在20世纪30~40年代曾出现过导致污染的一系列行经,而我国在50年代污染事件就已日趋突出,那时所渗入地下的污染物绝大部分仍残留在含水层或土壤中,随着时间推移污染物将沿着水平和垂直方向扩散,越来越明显地影响地表和地下水体。对现存的污染问题,最通常的办法都是在发现地下水污染造成的严重后果后才采取补救措施,才被迫去调查分析污染的原因,随后再减少或停止污染物的排放,终止那些将污染物不断带入地下水系统的活动。如果及早实行预防措施,许多类型的地下水污染可以完全被控制。

地下水含水层在自然界的分布是有限的,尤其是在城市、工农业生产基地附近的含水层对该地区的居民生活和生产都密切相关,这些含水层可能是当地唯一的供水来源。在没有其他水源可代替的情况下,如何挽救被污染的含水层使其再生,是目前水资源保护的一项迫切而艰巨的任务,一些方法已在实验室中完成并逐步推广到实际应用中来。

污染地下水的净化有三种基本方法,收容、清除、生物修复方法。收容的办法是防止已受污染的含水层中水质继续恶化,扩散到有水力联系的其他含水层或地表水体。这类方法包括消除污染源、衬砌废水坑或修筑暗坝以阻止污染物迁移。然而在大面积"三废"造成危害的地方或水质极度恶化的含水层中,就不得不采用第二种方法从地下含水层中除去污染物,包括抽水净化、化学处理、生物分解、活性炭吸附、电解法等。本节将介绍一些已成功使用过的方法,其中最简单的清除污染物的方法是利用已有的供水井或排水沟渠,把污染水抽出或排放到地面进行处理,然后再重新注入含水层。生物修复技术主要是利用自然环境中生长的微生物或投加的特定微生物,在人为促进工程化条件下,分解污染物,以此修复受污染的环境。除此之外,常见的治理方法还有隔离法、泵提法、吸附法、化学栅栏法、电化学法等,生物修复方法与上述方法相比,具有独特的优势。

总之,治理被污染的地下水含水层是比较困难的,许多方法尚处在探索阶段,需在今后的理论领域内继续研究,同时在技术上不断创新和提高。

7.5.1 受污染地下水的物化处理技术

总体来讲,污染含水层治理方法与污染土壤的治理方法有许多相似之处。但治理含水层时不仅要考虑组成含水层的固体介质,还要考虑空隙中所储存的地下水。含水层的水文地质条件和地下水的运动特点都直接影响着含水层的污染状况。含水层遭污染后涉及的范围一般都很大,污染物质扩散的速度也远比土壤层中快,实际上对污染含水层的治理是对固体介质和所储存的地下水同时进行的。在制定净化含水层的计划时,首先要对污染的性质和特征进行逻辑分析,然后再提出各种可行的措施和方法,综合环境因素及治理的花费等因素,才能选出最佳方案,具体实施之前还应对有效性进行模拟。

7.5.1.1 化学处理法

对含水层进行化学处理时,必须是在污染物质已查明并且遭污染的地下水水位及范围也已弄清的前提下才能进行。处理过程往往在注入井周围或污染带的界面上设置暗坝,然后才能将处理的化学试剂投入含水层内,试剂必须是针对清除的污染物而选择的,无论是试剂本身或化学反应后的生成物都不应带有任何毒性。下面介绍在生产实践中已成功采用的几种方法。

1. 利用高锰酸钾清除砷

用高锰酸钾作为氧化剂可以清除污染含水层中的砷。由于 As^{5+} 与 Ca^{2+} 和一些亚离子形成的化合物溶解性很小,因而在氧化条件下所产生的大量 As^{5+} 的化合物就会从地下水中沉淀出来。通过注入高锰酸钾投入含水层中,可使地下水中砷含量降低,这种净化含水层的技术是暂时性的,最根本的措施还是要首先清除污染源和上部被污染的土壤层。

2. 利用臭氧处理污染含水层

向含水层中输入臭氧可以形成利于石油微生物分解的生长环境,减少溶解有机碳(DOC)的含量,同时又可促使氰分解。用深井抽水时,在井底安装有臭氧混合装置,使抽到地表的地下水已与臭氧均匀混合,然后再把抽出的地下水通过设在污染带周围的注水井回灌到地下。地下水位在注水井下部被抬高而形成一道水墙,阻止了污染地下水向污染带范围之外的扩散和运动。用此方法可以成功地清除了含水层中的石油和氰。

3. 氧化还原条件下去除铁和锰(Vyredox 法)

Vyredox 法是利用向抽水井周围的含水层注入氧气来形成高氧化还原电位和高的 pH 值,使铁锰离子在该条件下被氧化而淀析出来,其原理如图 7.4 所示。

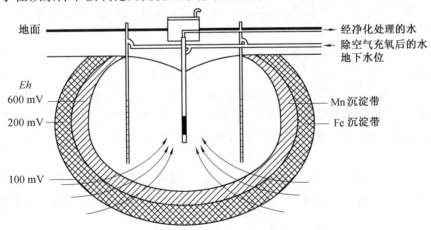

图 7.4 高氧化还原电位条件下去除铁、锰原理示意图

向井中注入富含氧的水中不含铁、锰离子,因而 Fe^{2+} 在距抽水井较远处即可被较低的氧化还原电位氧化为 Fe^{3+} 而沉淀下来。在抽水和注水循环过程中,地下水中的微生物也会繁殖起来,相应的微生物死亡量也会增大,死亡微生物遗体提供了大量有机碳,又可促使一种能氧化分解锰的微生物生长,故沉淀去除锰的作用一般发生在抽水井附近的高为 h 的区域。

显然该方法形成的物理、化学及生物条件是先除去污染含水层中的铁离子,然后再去除锰离子。

从地下抽出的污染地下水并不能直接用于回灌,而是经过专门处理之后才能输给注水井。净化含水层时一般都设有多个抽水井,而每个抽水井的四周又被多个注水井包围起来,抽水井和注水井的总数量应由水文地质条件和污染物的浓度来确定。所有抽水井和注水井都用管道系统联结在一起,并与曝气装置和氧气输入装置相接。抽出的地下水先在地表进行净化,将所含的污染物去除并收集起来,然后再曝气并输入氧气,经过上述过程处理后才输向注水井进行回灌。

7.5.1.2 受污染地下水的含水层的抽水净化技术

目前世界各国普遍采用的清理污染含水层的方法是抽取污染的地下水,在地表处理使污染物浓度降低到一定标准后再重新注入含水层中,在条件许可情况下,也可排放到附近的地表水体中。最简便和经济的受污染地下水处理方法,是将抽出的地下水在适当地段进行农田灌溉,不仅有利于农业生产,而且也利用了土壤层进行天然净化,促使被污染地下水的循环交替并加快净化速度。这种方法必须注意土壤层的自净能力、污染水体内有害物质的浓度、灌溉方式等,以防止土壤层毒化而带来恶劣效果。

在污染源被清除或限定之后,若要用抽水来净化含水层,就首先要弄清含水层污染带的分布范围、形态及浓度分布状况。净化施工的设计无疑要涉及如下问题:为使受污染地下水能全部抽出,抽水井如何布置、每眼井最佳抽水量是多少、处理后的地下水应如何重新注入含水层中、处理抽出的污染地下水的方法。

美国加州大学贝克莱分校地球科学系的 I. Javandel 和 Chin-Fu Tsang 研究出的截获带曲线法可以圆满地解决前四个问题,处理抽出的污染地下水的方法应由抽水净化的设计者按具体情况而定。截获带曲线法在抽水净化含水层时有很高的实用价值。

1. 理论分析

取一个均质、各向同性、等厚度的含水层来研究。含水层的厚度为 M,在区域 A 内地下水的渗透流速为 v,流向与 x 轴平行并指向 x 轴的负方向。设所有抽水井为完整井,均布置在 y 轴上。若布置多眼井时,应设计出优选的最大井距,保证在这种布局下能把所有被污染的地下水汲取出来。井距被确定之后还需研究每个截获带的特点,可从研究一眼井着手($n=1$),然后再扩展到有多眼井的井群及整个含水层,全部推导过程都建立在复变函数理论的基础上。

（1）设置一个净化水井。为使理论分析工作简化又有普遍性,可假定净化抽水井位于直角坐标系原点,截获带边界以外的水体看成不再向井内流动,边界流线的水力方程可写为

$$y = \pm \frac{Q}{2Mv} - \frac{Q}{2\pi Mv}\tan^{-1}\frac{y}{x} \tag{7.3}$$

式中　M——含水层厚度,m;

　　　Q——净化井的抽水量,m^3/s;

　　　v——研究范围内地下水的天然渗流速度,m/s。

在式(7.3)中可发现唯一的参数是比值 $Q/(Mv)$,它具有长度的量纲(m),图 7.5 表示参数 $Q/(Mv)$ 取五个不同值时相对应的曲线形状。对于每个具体的 $Q/(Mv)$ 曲线来说,在

曲线范围内所有的地下水将流入抽水井内。边界曲线在两轴上的交点与原点间的距离为 $Q/(2\pi Mv)$，该交点也称为滞留点。

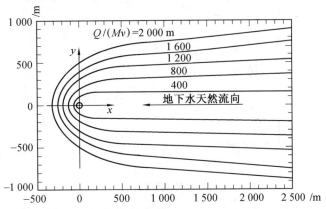

图 7.5　单井位于坐标原点抽水时，不同 $Q/(Mv)$ 值所对应的截获带边界曲线

（2）设置两个净化水井。为讨论简单，可将两眼净化抽水井置于 y 轴上，距原点距离分别为 d 和 $-d$，每眼井都以恒定抽水量汲取污染地下水。用复变函数可将地下水在含水层中的天然渗透流速及汇集向抽水井的流速综合表示为

$$W = v_z + \frac{Q}{2\pi M}[\ln(z - \mathrm{i}d) + \ln(z + \mathrm{i}d)] + c \tag{7.4}$$

式中　z——复变量，$z = x + \mathrm{i}y$，$\mathrm{i} = \sqrt{-1}$。

当两井井距过大时，必定会有被污染的地下水从两井之间流过，因而必须求出最佳井距。为了确定曲线滞留点的位置，可设 W 方程式的导数为 0，解出方程的根后分析可知最佳的井距应为 $2d = Q/(\pi Mv)$，如图 7.6 所示。若 $2d > Q/(\pi Mv)$，污染水就有可能从两井之间流过。通过滞留点的流线方程应为

$$y + \frac{Q}{2\pi Mv}\left(\tan^{-1}\frac{y - d}{x} + \tan^{-1}\frac{y + d}{x}\right) = \pm\frac{Q}{Mv} \tag{7.5}$$

按方程（7.5）就可绘出两井抽水时，当 $Q/(Mv)$ 取不同值时的截获带边界曲线。

（3）设置多个净化水井。当净化抽水井为 3、4 眼，甚至数量级大为 n 眼时，其滞留点上的流线方程为

$$y + \frac{Q}{2\pi Mv}\left(\tan^{-1}\frac{y - y_1}{x} + \tan^{-1}\frac{y - y_2}{x} + \cdots + \tan^{-1}\frac{y - y_n}{x}\right) = \pm\frac{nQ}{2Mv} \tag{7.6}$$

式中　$y_1, y_2, \cdots, y_n$——净化抽水井 $1, 2, \cdots, n$ 在 y 轴上的位置。

所有净化抽水井应在 y 轴上排成一条直线且以原点对称分布，当 n 为奇数时最中心的一眼井应布置在原点上，相邻两井间的距离均相等，其井距可按式（7.7）计算。

$$d = \frac{1.2Q}{\pi Mv} \tag{7.7}$$

2. 曲线的实际应用方法

如前所述，净化抽水是目前应用最广泛、最简单的一种恢复污染含水层水质的方法。整个净化过程的花费显然应是净化程度的函数，当最大允许污染物浓度确定之后，整个净化过

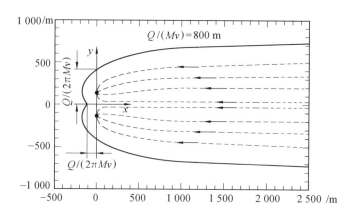

图 7.6　两井抽水时截获带内最佳井位示意图

程的设计应取决于以下几点:花费应当最小;净化后的地下水中某些化学成分的最大含量不能超过规定指数;抽水井的运转过程应尽可能短。

抽取污染的地下水和确定井位是一个复杂的问题,采用下述的简单方法和步骤就可避免工作中的错误判断。在进行净化前应确定污染源已被排除掉或限制住,然后再进行净化含水层才是有意义的。制定的净化标准首先应是现实可行的,被污染的地下水体只有在某个浓度等值线内才能划归于净化抽水井的截获带内。

假定含水层的污染带已被查明确定,某些化学物质的分布状况也已弄清,地下水的流向及流速也已知,我们就可以按以下步骤进行:

(1) 准备一张与前述系列曲线同比例的地图,图上应标注出地下水流向,化学物质最大允许浓度等值线也应在地图上勾绘出来。

(2) 把经过加工的地图叠置在单井抽水时取不同 $Q/(Mv)$ 值所绘制的系列截获带边界曲线上(图 13.2),确使两张图上的地下水流向保持平行。移动浓度等值线,使闭合的等值线完全包括在某一标准曲线范围内,读出这个标准曲线的 $Q/(Mv)$ 值。

(3) 因含水层厚度 M 和地下水的渗透流速 v 为已知,按照所读的 $Q/(Mv)$ 值便可计算出 Q 值。

(4) 如果井的设计抽水能力可以达到上面所计算的 Q 值,说明一眼井就能满足该含水层的净化抽水工作,应建立的抽水井位置正好是曲线上的井点在地图上的投影。

(5) 如果一眼净化抽水井不能达到所要求的抽水量,则需设置两眼抽水井,在两眼井净化的系列标准曲线上重复上述步骤来确定抽水量及井位,依次可类推到 3、4 眼井及更多井的规划过程。但应注意两眼以上井抽水时的干扰作用,井位除按同比例尺地图及标准曲线选置确定外,井距还应按公式 $2d = Q/(\pi Mv)$ (对两眼净化抽水井)和 $d = 1.2Q/(\pi Mv)$ (对 3、4 眼以上井群)来验证。

(6) 确定注水井的位置,如果抽出的污染地下水经处理后要重新注入含水层,仍可按上述步骤(1)、(2)进行。只是绘有化学物质最大允许浓度等值线的地图上,地下水流向应同标准曲线上的天然地下水流向保持平行,但方向相反。注水井应位于浓度等值线范围之外,靠近地下水天然流向的上游方向,这样也能确保最大允许浓度等值线范围内所有被污染地下水都会由抽水井排出。

注水井的存在会增大地下水的水力坡度,使地下水流速变大,有助于缩短抽水净化时间。这种技术的唯一缺点是:当污染带延续的距离很长时,在最上游方向的尾部水体流动相对很慢,为清除这部分水体必定要花较多时间。为解决这一矛盾,当抽水延续一段时间后,可将抽水井位置向地下水流的上游方向移动,在原抽水井与污染带尾部的中间位置另开净化井抽水。

7.5.2 受污染地下水的生物修复

近年来,由于地表生态环境的破坏和污染,致使地下水水质日益恶化、污染越来越严重。据美国联邦水利局的调查,美国现已有1%~3%的地下水受到有害物质的侵袭和污染,有几千口公用和私人水井被迫停用。日本环境厅对全国地下水进行的调查发现,很多地方的地下水中三氯乙烯和四氯乙烯的含量已严重超过WHO所规定的饮用水水质标准。

根据20世纪80年代初期我国地下水污染情况的调查,地下水污染严重的城市占调查城市总数的64%,基本未受污染的城市只占3%。在一些地区由于作为饮用水的地下水受到污染,对人体的健康已构成严重的威胁。我国林县食道癌发病区就是因饮用水中亚硝酸盐含量过高所致;淄博地区的浅层地下水因受石油化工废水的污染,致使污染区人群的肝肿大和消化系统恶性肿瘤发病率和死亡率均高于对照区,有逐年升高趋势。饮用酚、氰化物、汞、铬、氟等超标的地下水,可以使人慢性中毒,致癌、致畸,甚至致死。

鉴于地下水污染对环境尤其是对人类自身的严重危害,目前许多国家已颁布相关法规,采取了相应的防护措施,同时也开展了有关污染地下水的治理研究。以往常见的治理方法主要是隔离法、泵提法、吸附法、化学栅栏法、电化学法等,生物修复方法与上述方法相比,具有独特的优势。由于地下水深埋于地下,生物修复技术的实施一般应结合污染的具体情况,采取不同的方法。

7.5.2.1 生物注射法

生物注射法亦称空气注射法,它是在传统气提技术的基础上加以改进形成的新技术,主要是将加压后的空气注射到污染地下水的下部,气流加速地下水和土壤中有机物的挥发和降解,如图7.7所示。这种方法主要是抽提、通气并用,并通过增加及延长停留时间以促进生物降解,提高修复效率。以前的生物修复利用封闭式地下水循环系统往往氧气供应不足,而生物注射法提供了大量的空气以补充溶解氧,从而促进生物的降解作用。Michael等人利用这一方法对污染地下水进行了修复,结果表明,生物注射大量空气,有利于将溶解于地下水中的污染物吸附于气相中,从而加速其挥发和降解。

营养物质最佳加入量需要通过试验确定,以避免营养盐加入过多或过少。营养盐过少,导致生物转化速率较慢。营养盐过多,则生物量剧增,导致含水层堵塞,生物修复作用停止。保证生物最佳活性的三种营养源是氮、磷及溶解氧。它们是限制土著微生物活性的因素。含氮、磷的盐类溶解在地下水中并在污染区域内循环。加入营养盐的方法是将营养液通过注射井注入饱和含水层,目前还可以采用入渗渠加入到不饱和含水层或表面土层,即生物滴滤池法,如图7.8所示,也可以从取水井将水抽出,并在其中加入营养物质,然后从注射井注入含水层,形成循环。

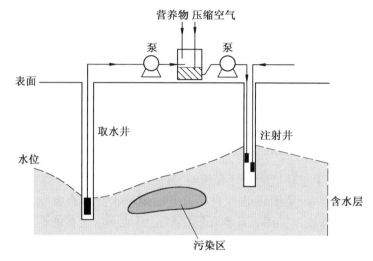

图 7.7　地下水的注射井法生物修复示意图

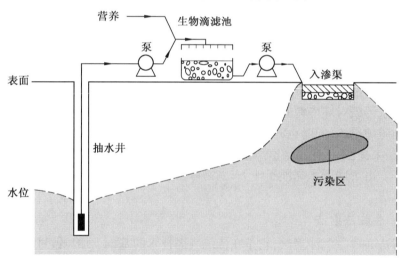

图 7.8　利用生物滴滤池进行地下水修复

欧洲从 20 世纪 80 年代中期开始使用这一技术,并取得了相当的成功。当然这项技术的使用会受到场所的限制,它只适用于土壤气提技术可行的场所,同时生物注射法的效果亦受到岩相学和土层学的影响,空气在进入非饱和带之前应尽可能远离粗孔层,避免影响污染区域,另外它在处理黏土层方面效果不理想。

弗吉尼亚综合技术学院的研究人员发现了一种新的方法,它可集中地将氧气和营养物送往生物有机体,从而有效地将厌氧环境转变为好氧环境,这种方法被称之为微泡法(micro-bubble)。它实际上是采用含有 125 mg/L 的表面活性剂的气泡进行注入,这种气泡的直径只有 55 μm 大,看起来很像乳状油脂。据研究,将这种微泡注入污染环境后,它可以为细菌提供充足的氧气,二甲苯可被降解到检测水平以下。研究人员同时发现该法将比生物注射法更有利于含铁化合物的沉淀。Douglas Jerger 认为这是一种效率高、经济适用的方法,它可以有效地将氧气送到表面环境,从而提高微生物代谢速度。

7.5.2.2 有机黏土法

目前又发展了一种新的原位处理污染地下水的方法,利用人工合成的有机黏土有效去除有毒化合物。带正电荷的有机修饰物、阳离子表面活性剂通过化学键键合到带负电荷的黏土表面上合成有机黏土,黏土的表面活性剂可以将有毒化合物吸附到黏土上从而去除或进行生物降解。密西根州立大学的Boyd博士专门从事了这一方面的研究,他认为有机黏土可以扩大土壤和含水层的吸附容量,从而加强原位生物降解。

7.5.2.3 抽提地下水系统和回注系统相结合法

这个系统主要是将抽提地下水系统和回注系统(注入空气或H_2O_2、营养物和已驯化的微生物)结合起来,促进有机污染物的生物降解。Smallbeck、DonaldR等人在加利福尼亚洲的研究表明,采用此系统修复污染的环境,生物降解明显得到促进,这个系统既可节约处理费用,又缩短了处理时间,无疑是一种行之有效的方法。

7.5.2.4 生物反应器法

生物反应器的处理方法是上述方法的改进,就是将地下水抽提到地上部分用生物反应器加以处理的过程。这种处理方法包括四个步骤,自然形成一闭路循环。这四个步骤是:①将污染地下水抽提至地面;②在地面生物反应器内对其进行好氧降解,生物反应器在运转过程中要补充营养物和氧气;③处理后的地下水通过渗灌系统回灌到土壤内;④在回灌过程中加入营养物和已驯化的微生物,并注入氧气,使生物降解过程在土壤及地下水层内亦得到加速进行。

生物反应器法不但可以作为一种实际的处理技术,也可用于研究生物降解速率及修复模型。近年来,生物反应器的种类得到了较大的发展。连泵式生物反应器、连续循环升流床反应器、泥浆生物反应器等在修复污染的地下水方面已初见成效。

7.5.3 其他方法

最近在地下水生物修复的研究与应用中,开发了一些供氧的新方法。

(1)利用过氧化物,如MgO_2,CaO_2,H_2O_2等所含的氧在介质中缓慢持续释放,例如土壤中的MgO_2通常是按照下式进行氧气的缓慢释放

$$MgO_2 + H_2O = Mg(OH)_2 + 1/2 O_2$$

在污染地下水流经的地方设置井,将固体MgO_2加到井内。在石油烃污染的修复中利用此方法使BTEX的浓度从17 mg/L降至3.4 mg/L。方法应用中还有一些有待解决的问题。

(2)利用硝酸盐、硫酸盐、三价铁等的结合氧。有些微生物可以利用氧以外的分子,如硝酸盐作为电子受体,在兼性水体中分解有机物。硝酸盐在水中的溶解度很高,价格也很便宜,但它在饮用水中浓度超过10 mg/L时,自身即成为污染物。此外,硝酸盐完全还原产生的氮气可能替换含水层中的孔隙水,造成导水能力下降。已有成功地利用此法处理含BTEX地下水的例子,污染现场含水层缺乏溶解氧。将污染地下水抽出,加入KNO_3及其他营养物,再通过渗入渠回灌到污染土层。促进了兼性微生物的活性,使污染物得到分解,检测井中BTEX减少了99%。

硫酸盐及三价铁也可以作为某些微生物降解有机物的电子受体。它们在天然及合成有机物的生物降解中均能发挥作用。但实际工程应用硫酸盐受到一些限制,因为硫酸盐还原的最终产物 H_2S 对微生物、人类、高等动物及植物均有毒。三价铁目前也还没有实际应用的例子,因为它是固体,不易均匀混合。

以上介绍的生物修复方法都是在好氧环境中进行的,事实上在厌氧环境中进行的生物修复也具有极大的潜力,目前在这个方向已做了不少的研究工作。厌氧降解碳氢化合物时,微生物可以利用的电子受体包括:硫酸盐、硝酸盐、Fe^{3+}、Mg^{2+}、CO_2 等。Richardm. Gersbers 等人对圣地亚哥的一处受石油污染的地下水进行了厌氧修复研究。他们利用硝酸盐作为电子受体补给到地下水中,强化细菌的脱氮过程(该过程有利于单环芳香族化合物的生物降解)。结果表明,在营养物富足的地带,6 个月内 BTEX 水平降低了 81%~99%。Doong. R. A 等人在厌氧环境下通过添加电子受体和无机离子处理地下水中的四氯化碳也取得良好的效果。

从上面的介绍不难看出,生物修复技术自广泛使用以来,已提供不少成功的例证,正因为它在污染地下水的修复方面所表现出的极大发展潜力,从而得到公众的普遍接受。为了进一步提高生物修复效率,并且有新的突破,又相应地发展了不少辅助技术,如利用计算机作为辅助工具来设计最佳的修复环境、预测微生物的生长动态和污染物降解的动力学。其二,将注意点转移到植物系统上,希望通过植物根际环境改善微生物的栖息环境,从而加强其生长代谢来促进污染地下水的原位修复。其三,人们也寄希望于潜力极大的遗传工程微生物系统,通过降解质粒或基因整合来获得降解能力更强、清除极毒和极难降解有机污染物效果更好的微生物。

7.6 城市其他水域系统生态修复

在城市水生态系统中,除河流、湖泊、水库、湿地等大型水体外,还存在一些小型水体,如公园、广场、居住区的景观水体、城市水塘等。它们也是城市水面系统重要的组成部分。但由于人类活动的影响,缺乏统一规划和管理,这部分水体遭到人为干扰的程度更为严重,水面面积得不到保障,水体污染十分普遍,各种垃圾、泡沫漂浮在水面上,藻类大量滋生,严重影响水景观的视觉效果。因此,对这部分水体进行生态修复,已是市政建设的重点内容之一。

7.6.1 城市公园水体、城市水塘系统的生态修复

公园水体、城市水塘系统作为城市水体,是城市环境的重要组成部分,它不仅具有水上游乐、水产养殖功能,而且还具有城市备用的饮用水水源和调节城市气候等多种功能。

近年来国内大多数园林水体出现了严重的富营养化问题,春季水草繁生,夏季水体浑浊、腥臭。为防治公园水体进一步富营养化,更好地开发利用、保护管理这一宝贵的城市资源是恢复城市水环境的重点。城市公园水体的生态修复包括以下几个方面:

(1)控制污染源。对水体的环境容量进行计算,对进入水体的污染物进行严格监控,通过点源污染防治技术达到控制水体污染的目的。工业废水和生活污水严禁直接排入景观水

体,应排入城市污水管道。对初期雨水进行简单地处理,去除大部分的污染物后,再排入水体;调整、改善水体周围植被状况;有选择性地栽种水边树木,定期对水面漂浮的枯枝腐叶及垃圾杂物进行清除,严格限制水体附近农药的使用,禁止使用高毒性高残留农药,控制易导致直接污染的项目。

(2) 加强水体自净能力。可采用曝气设备人为增加水中溶解氧浓度,加强水体的自净能力,可以把曝气和建设水景园结合在一起。喷泉、溪流、瀑布等都可以收到很好的充氧效果,既增强了公园的娱乐和艺术性,又起到了很好的曝气效果。

(3) 人工或化学方法除藻。人工或化学方法定期除藻可采用人工打捞或药物除藻的方法。人工打捞耗费的劳动量较大,但不会带来二次污染;杀死或抑制藻类生长的药剂,其成分基本都是重金属盐或有机的化合物,易引起二次污染。用石灰、二氧化氯作为藻类消除剂效果好,既可杀藻,又可灭菌,但由于残余的有效氧会影响鱼类生长繁殖,部分酚类化合物会与水中的腐殖酸反应生成致癌物氯仿(THMs)等,因此在使用过程中要严格控制。

(4) 利用环境生态技术。定期清除水体底泥,或对水体进行彻底的换水、消毒,重建水体内生物群落,优化水体内生物结构,有选择地放养鱼类,进一步建立生态经济系统,实行污染的综合防治。最有效的是建造人工湿地系统来修复公园水体,它完全是依照自然过程,生态效益高。

7.6.2 城市水塘的生态恢复

无论是人工的或是自然的城市水塘,都以其独特的环境和生态结构特点,对城市气温的调节、空气湿度的增加、生态环境的有效改善、景观结构的美化有着非常重要的作用。然而,由于我国目前城市的快速发展,地价急剧上升,许多城市围湖造田、填湖开发,导致今天城市的水面面积急剧下降,城市水塘日渐消失或被排放的污水污染,成为臭城市水塘。恢复城市水塘的作用对于城市建设和发展有着特别重要的意义。

7.6.2.1 城市水塘的功能

城市水塘一般位于城市的低洼处。在城市中,沿河或沿湖星罗棋布的城市水塘水面,对城市的重要作用不可忽视。表现如下:

1. 防洪调蓄

城市水塘是小型的蓄水库,可以在暴雨和河流涨水时储存过量的雨水,然后均匀地径流释放,减小危害下游的洪水,借此保护城市水塘,有利于保护天然储水系统。

2. 消除和转化有害物质,保存营养物质

城市水塘有助于减缓水流的速度,当含有毒物和杂质的流水经过城市水塘时,流速减慢,有利于有毒物质和杂质的沉淀和排除,此外,一些城市水塘植物和微生物能有效地吸收有毒物质。在现实生活中,不少城市水塘可以用作小型生活污水处理场地,这一过程能够提高水的质量。

水流经城市水塘时,其中所含的营养成分被城市水塘植被吸收,或者积累在城市水塘泥层之中,净化了下游水源。

3. 提供资源

城市水塘可以提供多种多样的产物,人们可以充分利用自然形成的或人工开挖出来的城市水塘发展渔业,养殖鱼、虾等水产品,有益于增加收入。

4. 保持小气候、丰富景观

城市水塘可以影响小气候,水塘的水分通过蒸发成为水蒸气,然后又以降水的形式降到周围地区,保持当地的湿度和降雨量,保障当地人民的生活和工农业生产。城市水塘有利于人们近水亲水,城市水塘中栖息有大量的鱼类、两栖动物,生长有许多的野生植物,人们在生态结构完整的城市水塘边可以休憩,回归自然。由于有城市水塘的点缀,可以使得平坦的土地或单调的河岸线、湖岸线变得丰富多彩起来。在城市,人工开挖或自然形成的城市水塘已经成为重要景观布置区,形成了独特的水景观结构系统。

7.6.2.2 城市水塘的恢复技术

城市水塘恢复是指通过生态技术或生态工程对退化或消失的城市水塘进行修复或重建,再现干扰前的结构和功能,以及相关的物理、化学和生物学特性,使其发挥应有的作用。包括改善水禽栖息地;增加城市水塘的深度和广度以扩大塘容,增加鱼的产量,增强调蓄功能;迁移城市水塘中的富营养沉积物以及有毒物质以净化水质;恢复平原区的结构和功能以利于蓄纳洪水,提供野生生物栖息地以及户外娱乐区,同时也有助于水质恢复。根据城市水塘的构成和生态系统特征,城市水塘的生态恢复包括:生物恢复、生态系统结构与功能恢复等部分。城市水塘的生态恢复技术也可以划分如下:

(1)城市水塘生物恢复技术。城市水塘生物恢复技术主要包括物种选育和培植技术、物种引入技术、物种保护技术、种群动态调控技术、种群行为控制技术、群落结构优化配段与组建技术、群落演替控制与恢复技术等。

(2)生态系统结构与功能恢复技术。生态系统结构与功能恢复技术主要包括生态系统总体设计技术、生态系统构建与集成技术等。

城市水塘面积的减少、水质的改变、生物多样性的降低已成为城市水塘日渐消失的主要过程。为防止这些过程的进一步恶化,保护现有城市水塘,恢复退化城市水塘,已经成为发挥城市水塘生态、社会和经济效益的最有效手段。

7.7 污染土壤的净化修复

地下水污染的严重性日益被人们所重视,废渣的随意堆放现象也很普遍,使土壤和地表水体污染,从而又逐渐导致地下水的污染,地下水的污染往往都是因土壤污染而引起的。因此,对土壤的净化修复与地表水、地下水水质保障休戚相关。

土壤污染是指由于化学物质的侵入而损害了土壤的机能,一般由人类活动产生的污染物质通过各种途径排入土壤,其输入数量和速度超过了土壤自身净化作用的速度,使污染物质的积累过程逐渐占优势,从而导致土壤正常自然功能的失调,使土壤质量下降,并影响到作物的生长发育等。从环境污染的观点来看,土壤既起着缓和及减少污染危害的作用,同时也是引起污染的场所。天然有机物污染土壤后,通过提高土壤微生物活动能力,造成了氧化还原环境一般会使污染程度逐渐减轻,但不易分解的有机物和重金属却很难从土壤中自动清除掉。残留在土壤中的污染物到达地下水面之前要经过包气带土层下渗,借助于土壤的过滤、吸附、离子交换等自净能力,可使污染物的浓度变小。特别是当包气带土壤颗粒较细时,若有足够厚度就能将许多污染物的含量大为降低,甚至全部消除,只有那些化学性质稳定、迁移性强的物质才能到达含水层水体中。因地下水的污染在很大程度上是受含水层上覆的土壤层影响和控制的,要想净化被污染的含水层就必须首先处理上部土壤层中的污染物,恢复土壤层的自净能力,使其重新成为保护地下水质的天然屏障。当前净化土壤层所采用的方法主要有换土法、淋滤冲洗法、化学处理法、植物吸收法、电动处理法、热熔玻璃化法、生物法等。

7.7.1 换土法

如果各种污染物大量聚集于土壤层中,超过了土壤天然净化能力,使土壤丧失原有的机能,就必须将含水层上部遭受严重污染的土壤移走,换上能增加自净能力的土壤或其他覆盖物质。这是一项巨大的土方工程,要进行交换的未经污染土壤及其他覆盖物都在一定距离之外,因而换土法只能局部应用在原污染源堆积位置或土壤层遭严重污染地段。移土后采取的重新覆盖措施主要目的是恢复上部土壤的天然屏障作用,控制住污染物向下淋滤及水平扩散。移土后的覆盖物可以是天然土壤或经混合加工后的土壤,也可先用塑料薄膜铺衬后上部再堆放覆盖物。有时受污染的土壤层厚度太大,不能全部置换时,则应在包气带和饱水带的界面上灌浆构筑人工局部隔水层,防止深部土壤层残留的污染物下渗。

7.7.2 淋滤冲洗法

对遭受污染的土壤层,可用清水或加入特定化学成分及生物成分的溶液对污染物进行冲洗,使部分污染物质被水溶解带走,剩余部分将与溶液中的化学或生物组分起作用而降解掉。冲洗后的水不能任其流入深部含水层中,必须在土壤层适当的深度位置上进行回收,然后再抽到地表进行净化处理。

7.7.3 化学处理法

在污染的土壤中喷洒或注入化学试剂,使其与污染物发生化学反应,以实现净化的目的,是一种简单而可行的方法。但必须符合下述条件才能经济、合理地达到预期效果。

(1) 土壤中所含的污染物应均匀分布,在只投放一种化学试剂的情况下就能将一些主要污染物中和、分解或转化为没有危害性的化合物。

(2) 污染物的成分在土壤中要表现得稳定,这样投入的试剂才能充分起反应。

(3) 土壤中固有的化学成分也应当是稳定的。

对被氰污染的土地进行化学处理时,将次氯酸钠溶液喷洒到土壤中,使氰被氧化分解掉。显然简单和经济是化学处理法的最大优点,但采用该方法时一定要注意对具体污染物要用专门的化学试剂,反应生成的新化合物,不能再参与其他反应而形成另一种污染物,投入的化学试剂一定要严格计算,以免反应不完全而残留在土壤中成为污染物。

利用在土壤中掺入离子交换树脂的方法,来减少污染的土壤中能被植物吸收的有害金属离子。这种树脂与遭受冶炼废渣污染的土壤混合后,可吸收 Cu^{2+}、Pb^{2+}、Zn^{2+} 等金属离子,同时,树脂中的 Ca^{2+}、Mg^{2+}、K^+ 等将被置换出来。经过离子交换后土壤的污染程度大大降低,而交换出来的 Ca^{2+}、Mg^{2+}、K^+ 又都是植物生长所需要的养分。

投放还原剂亚硫酸盐可以处理土壤层中严重的铬污染,在已污染的土壤中,可溶性的 Cr^{6+} 被还原为不溶性的 Cr^{3+},停止了 Cr^{6+} 向周围土壤的进一步扩散。此外还采取相应的辅助措施,将污染范围用钢板隔离起来,钢板一直插到深部不透水层位置上,为使还原作用进行彻底,又撒入了褐煤和酸性黏土作为慢速还原剂,处理后的污染土壤最终又用新鲜土壤覆盖起来。

7.7.4 植物吸收法

让植物根系吸收或转化土壤中的污染物是进行大面积处理的有效方法。各类植物都会有选择性地优先吸收不同的离子,但吸收量又受到气候条件、土壤类型及离子浓度等因素的影响。因而,在确定土壤污染物的主要化学成分后,才能决定栽种的植物种类,另外也应考虑经济效益、植物的吸收程度、植物与人的关系等因素。目前的研究表明,土壤中的无机物、甚至重金属离子都可被特定植物吸收,但碳水化合物及熔点较高的有机物却很难被植物吸收。农药污染是当前环境工作中的新课题,但植物对土壤中农药残留物的净化程度至今研究得还很不够。

7.7.5 电动处理法

利用在孔隙介质中产生静电场和电流而使污染物离子发生运动,最后达到净化土壤层的目的,该方法就称为电动处理法。带有正、负电荷的离子在电场作用下分别在电极附近自动富集起来,然后配合淋滤或灌浆等措施把污染物在土壤中限定住或清除掉。

早在1936年,印度就曾用电动处理法来除去土壤中的碱性化合物,前苏联用电动处理法从土壤中除盐并增强土壤的团粒结构。随着该项技术的不断改进,目前已广泛应用在环境工程中。在土建工程中已成功利用电极向地下输送电流来萃取土壤中的水分,以达到固结土粒的目的。标准的电动处理法在净化土壤时,应当在土壤中对称成排地安放正负电极,同时要事先向土壤喷洒净水,使土壤孔隙中保持一定含水量才能获得较好效果。

7.7.6 热熔玻璃化法

污染物或被污染的土壤经高温加热后会硬化,最终可变为玻璃质,冷却后又会像石头一样坚硬。加热过程由插入土壤内的电极来完成,当通入巨大电流时土壤中产生的高温会使土壤中的有机物质燃烧或分解掉,金属物质和土壤颗粒也会被熔化掉。根据土壤和污染物的化学成分,如果加热后能放出有害气体或挥发物时,应在热熔处理的范围内加覆盖物,以便将气体或挥发物收集起来进行处理。

7.7.7 污染土壤的生物修复

我们通常所说的土壤生物修复实际上乃是一个狭义的概念,它主要是指利用生物技术对进入土壤环境中的难降解物质,如大分子有机污染物、重金属等进行治理。

7.7.7.1 土壤有机物污染的生物修复

受有机物污染的土壤的修复类型可以分为微生物修复和植物修复两种。

1. 微生物修复

微生物一般通过两种方式对有机物进行代谢,一是以有机污染物作为唯一的碳源和能源;二是将有机物与其他物质一起进行共代谢(或共氧化)。研究证实,许多微生物能以土壤中低分子量的多环芳烃化合物(双环或三环)作为唯一的碳源和能源,并将其完全无机化,但是共氧化更能促进四环或多环高分子量的PAHs的降解。

有机污染物的生物可利用性是影响生物修复的因素。污染物的物理化学特点决定其生物可利用性,如低水溶性物质形成独立的非水相,该物质毒性太大,不能直接被微生物降解。疏水的污染物,如PAHs、PCBs和某些疏水性较强的化合物,极易被吸引于土壤固相的表面,由此降低了可利用性。利用表面活化剂可促进有机物的解吸与溶解,如辛苯环氧树脂能够促进水土悬浮液中PAHs的解吸,提高其生物可利用性。表面活化剂的使用不仅成本昂贵,而且还可能导致微生物活性的下降或者作为一种母体底物先于污染物而被利用。现有研究表明,有些微生物能够自身产生生物表面活化剂,这样可降低其成本,又提高了处理的专一性。

影响生物可利用性的因素还有污染物的分布特性、初污染物的数量、腐殖质类物质的存在、土壤的松散程度等。微生物的活性也强烈地影响生物修复的效果,许多情况下,微生物会逐渐适应污染区的特定条件,为了缩短适应的期限,提高有机污染物的降解速率,常常从受污染土壤中分离并培育降解速率最大的微生物菌系,也有把对某区域适应性特强的微生物种类培养后,再引入到受同类污染物污染的土壤。据报道,用后一种方法治理石油污染土壤,烃类的去除率可提高22%。影响微生物活性的外界因素有土壤性质与环境条件,其中土壤pH值和养分比例可通过加入石灰、营养盐类肥料来调节。许多生物修复的设计中采用土壤耕耙直接充氧,或强制通风提供充足的氧气,使微生物能完全矿化有机污染物,但其成本较高。有的设计中采用H_2O_2和固体产氧剂(如过碳酸钠)。适于微生物降解的温度一般难以控制,尤其是在土壤原位修复中。

2. 植物修复

植物一方面可以提供土壤微生物生长的碳源和能源,同时又可将大气中的氧气经叶、茎传输到根部,扩散到周围缺氧的物质中,形成了氧化的微环境,刺激了好氧微生物对有机污染物的分解作用。另外,高等植物根际渗出液的存在,也可提高降解微生物的活性。Erickon等人运用植物和细菌共同组成的生态系统有效地去除了土壤中的PAHs、三氯乙烯等有机污染物。

7.7.7.2 土壤重金属污染的生物修复

一般工矿区内的土壤表面都要受到金属污染,如废弃的矿场(含有Zn、Pb)、堆积的废弃物(含有Cu、Hg、Pb)、污泥堆放等均含有重金属污染的问题。传统的治理技术是采用填埋法,这种方法不仅成本高、劳动强度大,而且填埋后的土壤由于渗透等原因产生新的环境问题,用生物法可以清除环境中的污染物。

重金属污染土壤的环境修复可分为微生物修复和植物修复。

1. 微生物修复

与有机污染物的微生物修复相比,关于重金属污染的微生物修复方面的研究和应用较少,仅在最近几年才引起人们的重视,并相应地开展了一些工程实践。重金属污染的微生物修复包含两方面的技术:微生物吸附和微生物氧化还原。前者是重金属被活的或死的生物体所吸附的过程;后者则是利用微生物改变重金属离子的氧化还原状态,从而降低环境和水体中的重金属水平。

迄今为止,微生物吸附作为治理废水的主要方法被普遍采用。从经济上看,生物吸附治理废水与离子交换法、化学沉淀法相比具有很大的优势。微生物吸附的实际应用取决于两个方面:筛选具有专一吸附能力的生物和降低培育生物的成本。最近在改进生物吸附方面的研究包括:提高微生物吸附特定金属离子能力的方法;收集生物体及被吸附金属的新方法等。

对于某些重金属污染的土壤,可以利用微生物来降低重金属的毒性。研究表明,细菌产生的特殊酶能还原重金属,且对 Cd,Co,Ni,Mn,Zn,Pb 和 Cu 等有亲和力。如 Citrobactersp 产生的酶能使 Cd 形成难溶性磷酸盐。L. Barton 等人选用从含 Cr^{6+},Zn,Pb 等 10 mmol/L 的土壤中分离出来的菌种能够将硒酸盐和亚硒酸盐还原为胶态的 Se,能将 Pb^{2+} 转化为胶态的 Pb,胶态 Se 与胶态 Pb 不具毒性,且结构稳定,从而实现了土壤的污染修复。

在目前的有毒金属离子中,以铬污染的微生物修复研究较多。在好氧或厌氧条件下,已知有许多异养微生物能够进行催化 $Cr^{6+} \rightarrow Cr^{3+}$ 的还原反应。许多研究还表明,有机污染物如芳香族化合物可以作为 Cr^{6+} 还原的电子供体,这一结果表明微生物可以同时修复有机物污染和铬污染。同样,还原微生物在还原 Cr^{6+} 的同时,把有机污染物氧化成 CO_2。微生物还可以通过产生还原性产物如 Fe^{2+} 和硫化物,间接促进 Cr^{6+} 的还原。Cantafio 等人发现,微生物 Thauera selenatis 可以除去污水中 98% 以上的硒,同时经反硝化作用除去 NO_3^-。

一些 Fe^{3+} 还原细菌可以把 Co^{3+}-EDTA 中的 Co^{3+} 还原成 Co^{2+}。这有较大的实用价值,因为放射性 Co^{3+}-EDTA 的水溶性很高,而 Co^{3+} 与 EDTA 结合较弱,可使钴的移动性降低。除了通过还原金属离子形成沉淀外,微生物还可把一些金属还原成可溶性的或挥发性的物质。如一些微生物可把难溶性的 Pu^{4+} 还原成可溶性的 Pu^{3+},某些微生物可把 Hg^{2+} 还原成挥发性的 Hg。铁锰氧化物的还原也可把吸附在难溶性 Fe^{3+},Mn^{4+} 氧化物上的重金属释放出来。

在微生物修复中,也常利用微生物的氧化反应。例如,在含高浓度重金属的污泥中,加入适量的硫,微生物即把硫氧化成硫酸盐,降低污泥的 pH 值,提高重金属的移动性。

2. 植物修复

对重金属污染土壤还可以采用植物修复方法,其机理包括植物的萃取、根际的过滤以及植物的固化作用。植物萃取是利用植物的积累或超积累功能将土壤中的重金属萃取出来,富集并搬运到植物的收获部位。根际过滤作用则是利用超积累植物或耐重金属植物从土壤溶液中吸收沉淀和富集有毒重金属。植物固化是利用植物降低重金属的活性,从而减少其二次污染(随径流污染地表水,随渗流污染地下水)。至于植物的耐重金属原因可能包括回避、吸收排除、细胞壁作用、重金属进入细胞质、重金属与各种有机酸络合、酶适应、渗透调节等机制。

在所有污染环境中,Pb 是最常见的。在实际环境中植物吸收 Pb 的能力很低,但如果往土壤中加入一些络合剂,如 EDTA,则络合后的 Pb 更容易被植物利用。络合剂将吸附在土壤颗粒上的 Pb 解吸,进入土壤溶液,有利于金属达到植物根部,增加了植物对 Pb 的吸收能力。加络合剂做 Pb 的生物萃取试验,茎干对 Pb 进行了有效的富集,使 Pb 占干重的 1.5%。不同的植物种类和数量,都显著影响 Pb 的生物积累。络合剂辅助的 Pb 生物萃取技术应该是经济有效的去除污染物的方法,且有望商业化。

影响植物修复的首要因素是土壤重金属的特性。重金属在土壤中一般以多种形态储存,不同的化学形态对植物的有效性(或可利用性)是不同的。其次是植物本身,包括植物的抗逆能力、植物的耐重金属能力。当然影响植物生长的土壤与环境条件如有机质、酸碱度、CEC、水分、土壤肥力等都将影响植物对重金属污染的修复。

总之,与传统的处理土壤重金属污染的方法相比,生物修复费用较低。在该技术商业化之前,仍有许多工作要做,但随着技术的发展,该方法一定会得到广泛的应用。

7.7.7.3 土壤生物修复的工程方法

土壤生物修复技术分为原位生物修复、异位生物修复和生物反应器三种方法。

1. 原位生物修复技术

原位生物修复技术是指不移动土壤,通过直接加营养物、供氧或是向受污染土壤投加外援微生物,而使污染物得到降解的方法。

(1) 土地处理。天然土壤中存在丰富的微生物种群,具有多种代谢活性。因此,处理污染物的一个简单的方法是依靠土著微生物的作用将污染物分解或去除,这种方法称为土地处理。这种方法用于石油工业废弃物处理已有多年的历史,也被用于处理多种类型的污泥、石油气厂的废弃物、含防腐油土壤及各类工业废弃物,如食品加工、纸浆及造纸、鞣革业等的废弃物。

当土著微生物不具有污染物降解能力或其数量较少时,可以在污染场地投加具有分解活性的微生物,这种方法称作生物强化。土著微生物经过长时间与污染产物作用最终能获得降解能力,外加具有活性的微生物可以缩短污染物降解的滞后期。此外,应用此方法还可以根据污染场地的实际情况进行调整,如加入具有某几种特征的微生物以克服不良环境的影响。不良环境可能是极端pH值环境、含重金属的土壤等。在这样的不良环境条件下,土著微生物往往难以具备良好的降解特性。对于一些特殊污染物而言,它们只可能被工程菌所降解。在这样的条件下,添加具有降解活性的工程菌将促进生物降解过程的进行。

无论是否投加工程菌,应用生物修复技术处理污染土壤,尤其是石油类污染土地时,常常需要考虑下列问题:

①微生物碳源充足,但氮源、磷源或其他无机营养盐缺乏。通常需要添加营养物质,用作补充氮、磷营养源的物质常常是作为商品的农用肥料。肥料加入之前,首先要了解污染土壤中原有可用的氮、磷含量。营养物质的加入量一般要通过试验确定。加入营养物质促进生物降解,有时也被称为生物刺激,但其并不总是有利的。实验室研究试验中曾发现氮源的加入对芳香烃及脂肪烃类化合物的生物降解有阻碍作用,其作用机理目前尚不清楚。

②溶解氧供应不足。土壤空气中的氧自然扩散进入土壤的速度较慢,不能满足起主要作用甚至是唯一作用的好氧微生物代谢有机物的需要。解决这一问题可将土壤用适当的方法混合,如简单犁耕或更彻底的混合。也可以向土壤中通入湿空气以解决供氧问题,此方法在石油污染土壤的生物修复中已有成功使用的范例。

③湿度也是限制微生物快速分解污染物的因素。表层土壤容易被风干,需要以某种方式补充水分以保持好氧微生物的最佳生存条件。

④在有些条件下需要考虑pH值。适于土壤生物修复的pH值范围为7.0~8.0,当污染

物是碳氢化合物时尤其是这样。

实验室研究表明,添加低浓度表面活性剂,通常是阴离子或非离子表面活性剂,可以促进吸附于土壤表面的碳氢化合物或 DDT 的分解。最近一项实地研究也证实了添加阴离子表面活性剂能够促进土壤中碳氢化合物的生物降解。但实际应用表面活性剂时应注意有些表面活性剂在浓度高时有毒,有些可生物降解的表面活性剂会增大需氧量,有些由于价格因素难以使用。

土地处理对于石油及石油制品污染土壤的处理效率已被实验室内精确控制的试验及实际处理实践所证实。如已有实验室研究表明,汽油、喷气燃料及加热用油内的碳氢化合物在用肥料、石灰处理过且模拟耕种过的土壤中浓度大幅度降低。又如在对某 120 m^2 被污染耕种土壤的研究中,发现经过 15 个月的生物修复,石油浓度降低 80%。另一项工作是处理储存与配送石油场地周围 12.7 万 m^2 的土壤,土壤污染时含 2 000～75 000 mg/g 的石油烃类化合物,经过两个季度的处理,60% 的土地已适于居住。

石油类污染物的生物降解主要是好氧分解过程,但厌氧分解也时有发生。有学者观察到发酵及反硝化过程中碳氢化合物的代谢。但对厌氧过程的研究目前尚处于起步阶段,其机理尚不清楚。

(2)光修复。直接或间接利用高等植物分解有机物的技术被称为光修复技术,这项技术引起了社会广泛关注。可用于土壤、某些情况下浅层沉积物中化合物的生物修复。光修复过程可能包括植物对污染物质的吸收及植物根部及根部附近土壤中微生物对污染物的分解。

植物根部附近的土壤被称为植物根际,它包括根及附近土壤的表面积,大量微生物特别是有细菌在此生长。根际环境的特殊之处是其含有大量由植物根系不断分泌的小分子化合物,这些化合物作为极易利用的碳源和能源供微生物生长。根际环境中的氧浓度及无机营养物浓度等也与周围土壤不同。需要注意的是,对于生物修复而言,不同植物根际的微生物种群的大小、活性、种类组成均有较大差异。

一些研究表明,在控制条件下,植物对生物修复有益。有一项研究将烷烃与多环芳烃的混合物 400 g 置于容器中的土壤中,然后在其中种上黑麦草,结果(见表 7.4)表明,种植黑麦草可以提高碳氢化合物的去除速率及去除量。另一项在温室内进行的试验表明,种植苏丹草、摇摆草、苜蓿等可以提高芘的降解速率。

表 7.4 黑麦草对去除土壤中碳氢化合物的影响

时间/周	碳氢化合物总浓度/(mg·kg^{-1})	
	未 种 植	种 植
0	4 330	4 330
5	3 690	2 140
12	2 150	605
17	1 270	223
22	972	112

植物对有机物降解的促进作用还有许多试验证据。所涉及的植物包括豆、麦子、水稻、

麦草、玉米等。污染物包括农药、五氯酚、表面活性剂、2,4-二氯苯氧乙酸、2,4,5-三氯苯氧乙酸、除草剂等。多数试验是在试验室或温室中进行的,但也有实地研究的例子,如一项持续三年的对比试验表明,种植水牛草可以提高萘的降解速率及降解总量。

根际环境对生物降解促进作用的机理目前尚不清楚。可能的解释是,根际周围的微生物量及活性相对较大,无论这些微生物是否能够以目标化合物为基质或共代谢目标化合物,植物根系连续分泌的低分子有机物作为碳源或能源可能促进它们的生长。

植物对生物降解作用的促进程度是不同的。有些植物的促进作用有些明显,有些不明显,甚至有些会有不利作用,因此选择正确的植物非常重要,但目前可供参考的资料较少。很明显,被选植物首先要能在目标化合物存在的环境中生长,并能适应污染场地的其他环境条件,如有毒重金属、非水相液体(NAPLs)、不良排水状态、高盐度、极端 pH 值环境等。生长速度快的多年生植物更有优势。植物根系的形态很重要,根系发达即根际环境范围的深度、密度大者较好。

光修复技术的主要优点是:其费用与其他生物处理技术相比较低。当污染土壤的深度在 1~2 m 或更深一些时,此技术有相当的保证性。这种技术适用的污染物种类尚不十分清楚,但吸附力极强或已经老化或处于螯合状态的有机物不宜用此技术。光修复速率通常较低,需要时间较长。

(3)生物投菌培养法。直接向遭受污染的土壤接入外源的污染降解微生物,同时提供这些微生物生长所需营养。Cutright 等人使用三种补充的营养液与 Mycobacterium sp 一起注入土壤中,已取得了良好的效果。

定期向土壤投加 H_2O_2 和营养,以满足污染环境中已经存在的降解菌的需要,从而使土壤微生物通过代谢将污染物彻底矿化成 CO_2 和 H_2O。Kaempfer 向石油污染的土壤中连续注入适量的氮、磷营养和 NO_3^-,O_2 及 H_2O_2 等电子受体,经过两天后便可采集到大量土壤菌株样品,其中大多为烃降解细菌。

(4)生物通气法。这是一种强迫氧化的生物降解方法。在污染的土壤上打井,并安装鼓风机和抽真空机,将空气强排入土壤中,然后抽出空气,土壤中的挥发性有机毒物也随之去除。在通入空气时,加入一定量的氨气,可以为土壤中的降解菌提供氮素营养,提高其降解活力。另外还有一种生物通气法,即将空气加压后注射到污染地下水的下部,气流加速地下水和土壤中有机物的挥发和降解,这种方法被称之为生物注射法。生物通气法的主要制约因素是土壤结构,不适的土壤结构会使氧气和营养物在到达污染区域之前就已被消耗,因此它要求土壤具有多孔结构。

生物通风,是在土壤含水层之上即不饱和层通入空气,为好氧微生物提供最终电子受体。一般做法是在污染场地上打井,通入空气或抽真空。

这种技术在碳氢化合物的生物修复中得到了应用,但如果被处理化合物的蒸气压太高,挥发太快,可能尚未降解即挥发了。渗透性太差的土壤对氧的扩散阻力大,难以保证好氧微生物的氧需求,不宜采用此技术。另外,应防止通入空气时将挥发性化合物组分携带到未污染的土层中去。

目前,这项技术在实际生物修复中的应用情况已有全面评价,例如有一片被柴油污染的土壤,面积为 11 500 m²,深度为 20 m。在两年的试验中大部分土壤中的柴油浓度降低了

55%~60%。试验还表明,90%的柴油被生物降解了,只有小部分挥发。这项技术还成功地应用于含燃料油、发动机油、单一芳香烃土壤的生物修复。

生物喷雾是与生物通风相似的技术,不同的是将空气通入地下水位以下,即通入饱和层。通入空气的目的不仅是提供氧,还要将饱和土层内的挥发性有机物转移到不饱和土层内,使之在微生物的作用下得到降解。此外,一部分有机物在饱和层内通入空气的状态下得到降解。这项技术已成功地用于降低土壤中 JP-4 喷气燃料的浓度,土壤及地下水中的燃料浓度分别减少了 46% 和 97%。

(5)农耕法。对污染土壤进行处理,在处理进程中施入肥料,进行灌溉,加入石灰,从而尽可能为微生物降解提供一个良好的环境,使其有充足的营养、水分和适宜的 pH 值,保证污染物降解在土壤的各个层次上都能发生。农耕法的最大缺陷是污染物可能从污染地迁移,但由于该法简易经济,因此在土壤渗透性较差、土壤污染较浅、污染物又较易降解时可以选用。

(6)植物修复。在污染的土壤上栽种对污染物吸收力高、耐受性强的植物,应用植物的生长、吸收以及根区修复机理(植物-微生物的联合作用)从土壤中去除污染物或将污染物予以固定。

Pradhan 等人研究发现,利用植物还可降解与修复多环芳烃(PAH)污染的土壤。在煤气生产厂附近的土壤中,发现大量多环芳烃。用三种植物进行了 6 个月的实验室研究,发现其中应用苜蓿和柳枝稷处理,6 个月后土壤中总 PAH 浓度减少了 57%,然后,再用苜蓿可进一步减少 15% 的 PAH。

William 等人研究了植物对三氯乙烯(TCE)污染浅层地下水系的汽化、代谢效应,发现地下水中 TCE 的浓度远低于植物承受能力,范围在 0.4~90 mg/L 之间;利用一种玻璃箱收集植物对 TCE 分解的蒸腾气体,采集植物的茎、叶、根分析 TCE 及三种代谢物:2,2,2-三氯乙烷(TCEt)、2,2,2-三氯乙酸(TCAA)和 2,2-二氯乙酸(DCAA),结果发现,污染场所中所有样品都可检测出 TCE 的汽化挥发以及上述三种中间产物。

Aitchison 等人研究了在水培和模拟土壤条件下杂交杨对 1,4-二氧六环化合物的降解、去除效果,发现水培条件下杂交杨的茎、叶可快速去除污染物,8 d 内平均清除量达 54%,但在模拟土壤中的清除速度较慢,18 d 仅有 24%。其余途径皆是由蒸腾吸收后通过叶片表面产生汽化、挥发。而应用放线菌 CBH90 在未加土壤的培养下 1 个月可降解 100 mg/L,且杨树根系可增加微生物的降解活性,45 d 内清除率达 100%。

我国野生植物资源丰富,生长在天然的污染环境中的野生超积累植物和耐重金属植物不计其数,因此开发与利用这些野生植物资源对植物修复的意义十分重大。

2. 异位生物修复技术

(1)生物反应器。在某些条件下,尤其当土壤污染较为严重或污染物质较难控制和分解时,需要采用一些工程措施,如利用生物反应器预制床法。

预制床法又称为特制生物床反应器,是一个用于土壤修复的特制生物床反应器,包括供水及营养物喷淋系统、土壤底部的防渗衬层、渗滤液收集系统及供气系统等。在美国超级基金污染土壤生物修复计划中使用了许多这类反应器。处理对象主要是多环芳烃、BTEX(苯、甲苯、乙基苯、二甲苯)或多环芳烃与 BTEX 的混合物。使用衬层及渗滤液收集系统的目的是防止污染母体化合物或代谢中间产物被渗流水带入地下,污染地下水。渗滤液被送到附近其他生物反应器内进一步处理。如果处理过程中可能产生有害气体,反应器可用塑料篷封闭起来。在不泄漏的平台上,铺上石子与沙子,将遭受污染的土壤以 15~30 cm 的厚度平铺其上,并加入营养液和水,必要时加入表面活化剂,定期翻动充氧,以满足土壤中微生物生长的需要。处理过程中流出的渗滤液回灌于该土层,以便彻底清除污染物。目前对预制床处理技术进行了深入研究,内容涉及 pH 值控制、翻动操作、湿度调节及营养要求等。预制床处理是农耕法的延续,但它可以使污染物的迁移量减至最低。

除此之外,目前应用的生物反应器方法中还有一种泥浆反应器法,即将污染土壤与液体混合起来形成泥浆,引入反应器进行处理。该类型生物反应器把污染土壤移到生物反应器(Bio-reactor)中,加入 3~9 倍的水混合使其呈泥浆状,同时加入必要的营养物和表面活化剂,鼓入空气充氧,剧烈搅拌使微生物与底物充分接触,完成代谢过程,而后在快速过滤池中脱水。这种反应器可分为连续式与间歇式两种,但以间歇式居多。由于生物反应器内微生物降解的条件很容易控制与满足,因此其处理速度与效果优于其他处理方法,但它对高分子量 PAHs 的修复效果不理想,且运行费用较高,目前仅作为实验室内研究生物降解速率及影响因素的生物修复模型使用。

泥浆反应器可以是具有防渗衬层的简单水塘,也可以是精细设计制造的反应器,如图 7.9 所示,污染物在其中充分混合,与活性污泥法反应器相似。许多运行参数,如溶解氧、pH 值、温度、混合状态等均可以控制,反应器还可以设置气体收集装置。

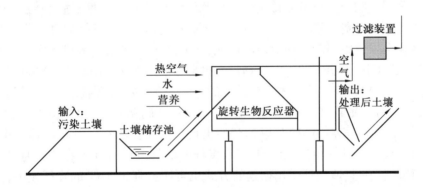

图 7.9　泥浆反应器生物修复示意图

许多试验研究表明,泥浆反应器可以有效地分解 PAHs、杂环化合物、杂酚油中的酚(停留时间 3~5 d),但相对分子质量高的 PAHs 降解较慢。在一项实际处理中,将一个 7.5 m³ 的移动式反应器运至现场,加入 23 m³ 被三硝基甲苯(TNT)污染的土壤,加入等体积的水制成泥浆,加入淀粉使土著微生物分解淀粉时消耗溶解氧形成厌氧环境,经处理 TNT 浓度从 3 000 mg/kg 降至低于 1 mg/kg。好氧泥浆反应器已应用于碳氢化合物污染土壤的生物修复。

在泥浆反应器中有时也会添加表面活性剂,以促进微生物与污染物的充分接触,加速污染物的降解。

(2)堆肥式处理。与预制床处理不同的是,堆肥是将污染物质与一些自身容易分解的有机物(如新鲜稻草、木屑、树皮、用作家禽饲料的稻草等)混合堆放,并加入氮、磷及其他无机营养物质。堆放的形状一般是长条状的,也可以将物料放入一个具有曝气设备的容器内,保持湿度,通过机械搅拌或某种供气设备提供氧气。曝气可以通过简单的鼓风机实现,也可以在堆放物料底部设布气系统。如果曝气会引起挥发性有毒气体释放,则必须设置气体吸收装置,防止污染空气。当处理有毒有害化合物时最好使用容器。微生物利用固体有机物生长时释放的热量使温度上升。保持高温(50~60 ℃)比低温有宜于生物降解的进行。然而对于一些有害化学物质而言,温度不能超过 50 ℃。

堆肥的方法已应用于处理被氯酚污染的土壤。物料露天堆放成长条状,夏季温度高时,物料中多种氯酚的浓度显著下降,寒冷季节时氯酚转化速率减慢。有一项研究用堆肥方式处理含有 TNT 等炸药的沉积物,三种炸药均被生物降解,浓度显著下降。土壤中直接加入可能提高处理效果的支撑材料,如树枝、稻草、粪肥、泥炭等易堆腐物质,使用机械或压气系统充氧,同时加石灰以调节 pH 值。经过一段时间的发酵处理,大部分污染物被降解,标志着堆肥的完成,经处理消除污染后的土壤可返回原地或用于农业生产。

堆肥式处理法包括风道式、好气静态式和机械式等三种,其中以机械式(在密封的容器中进行)最易控制,可以间歇或连续运行。LinJianer 等人研究了在堆肥式处理装置中投加菌种和营养的方法。他们将降解菌和菌体生长所需营养包埋于 PVA 胶囊中或用聚氨基甲酸乙酯固定,掺入所处理的土壤中避免流失,明显提高了微生物降解速率。

(3)厌氧处理。大量研究工作表明,厌氧处理对某些污染物如三硝基甲苯、PCB 等的降解比好氧处理更为有效,如原美军基地中军用化学物 2,4,5-三硝基甲苯(TNT)严重污染了当地的土壤。采用生物修复技术较传统的焚化脱污法显然具有价廉、适应性强、操作简单,避免了挖出土体而耗时费力且破坏自然景观与土层构造、加重环境负担的优点。因 TNT 的好氧性生物转化会导致中间产物偶氮键的形成,从而产生二聚化或多聚化作用而不是进行降解,但在厌氧条件下,不稳定的中间产物没有机会形成偶氮键,相反在生物降解过程中,首先是硝基依次被还原为氨基,然后才是芳香环的降解。在特定的厌氧条件下,检测结果表明随着 TNT 浓度下降,最早出现的是 4-氨基-2,5-二硝基甲苯(4A26DNT),之后随着 4A26DNT 减少,2,4-二氨基-6-硝基甲苯开始出现。由此证明在连续反应体系中,硝基被依次还原的反应模式。进一步试验证明,不仅接种甲烷菌、调节 pH 值在 7.0 时可以明显提高 TNT 的降解速率,并且适当地采用振摇的方式也可明显促进 TNT 的降解速率,类似的方法也曾用于除草剂二硝基丁酚(地乐酚)污染土壤的修复。

第8章 城市水环境中雨水利用技术

8.1 城市雨水利用的含义与意义

8.1.1 城市雨水利用的含义

城市雨水利用可以有狭义和广义之分,狭义的城市雨水利用主要指对城市汇水面产生的径流进行收集、储存和净化后利用。我们说的是广义的城市雨水利用,可做如下定义:在城市范围内,有目的地采用各种措施对雨水资源进行保护和利用,主要包括收集、储存和净化后的直接利用;利用各种人工或自然水体、池塘、湿地或低洼地对雨水径流实施调蓄、净化和利用,改善城市水环境和生态环境;通过各种人工或自然渗透设施使雨水渗入地下,补充地下水资源。

8.1.2 城市雨水利用的用途

现代意义上的城市雨水利用与传统而古老的(农业)雨水利用有很大的不同,主要体现在技术的复杂程度、产生的效益和影响、雨水的用途、雨水水质的污染性与处理要求、涉及的各种复杂因素等。现代意义上的城市雨水利用在我国发展较晚。以前,城市水资源主要着眼于地表水资源和地下水资源的开发(严格说也是来自雨水资源),不重视对城市汇集径流雨水的利用,而任其排放,造成大量宝贵雨水资源的流失,随着城市的扩张,雨水流失量也越来越大。因此,一方面出现严重缺水,地下水过量开采,地下水位逐年下降,另一方面又大量地排放雨水并带来城市水涝、城市生态环境恶化等一系列严重的环境问题,还花巨资长距离甚至跨流域调水。

根据用途的不同,雨水利用可以分为雨水直接利用(回用)、间接利用(渗透)、综合利用等。

雨水利用的用途应根据区域的具体条件和项目要求而定。一般首先考虑补充地下水、涵养地表水、绿化、冲洗道路和停车场、洗车、景观用水和建筑工地等杂用水,有条件或需要时还可作为洗衣、冷却循环、冲厕和消防的补充水源。在严重缺水时也可作为饮用水水源。

由于我国大部分地区降雨量全年分布不均,故直接利用往往不能作为唯一的水源满足要求,一般与其他水源互为备用。在许多情况下,如果雨水直接利用的经济效益不明显,雨水间接利用往往成为首选的利用方案。最好根据现场条件将二者结合起来,建立生态化的雨水综合利用系统。

现代城市雨水利用是一种新型的多目标综合性技术,其技术应用有着广泛而深远的意义。可实现节水、水资源涵养与保护、控制城市水土流失和水涝、减轻城市排水和处理系统的负荷、减少水污染和改善城市生态环境等目标。

城市雨水利用是解决城市水资源短缺、减少城市洪灾和改善城市环境的有效途径。具体包括：

（1）雨水的集蓄利用。可以缓解目前城市水资源紧缺的局面，是一种开源节流的有效途径。

（2）雨水的间接利用。将雨水下渗回灌地下，补充涵养地下水资源，改善生态环境，缓解地面沉降和海水入侵，减少水涝等。

（3）雨水综合利用。利用城市河湖和各种人工与自然水体、沼泽、湿地调蓄、净化和利用城市径流雨水，减少水涝，改善水循环系统和城市生态环境。

（4）对于城市合流制排水管道，会减轻污水处理厂的负荷和减少污水溢流而造成的环境污染。对于分流制排水管道，会减轻市政雨水管网的压力，减轻雨水对河流水体的污染，同时，也会减轻下游的洪涝灾害。

8.1.3 城市雨水利用的优点

8.1.3.1 城市雨水利用可以减洪免涝

城市防洪历来是我国防洪的重中之重。原因也很简单，一是我国城市多处于暴雨水高风险区，不仅城市的地理分布铸就了城市遭受暴雨袭击的必然性，而且城市化改变了城市暴雨水规律，加大了洪涝强度。二是城市化加大了洪涝灾害的损失，不仅城市是人口和财富的聚集地，而且灾害损失主要集中在东部发达地区。三是城市防洪标准偏低已成为保障我国国民经济可持续发展的制约因素之一；在我国672座城市中约有95%的城市有防洪任务，其中尚有72%的城市低于国家规定的防洪标准。四是内涝的威胁日趋增大，如武汉市，1998年长江大水时，军民严防死守，确保了大堤安全。但同年7月21日一场暴雨，由于湖泊水域萎缩，绿地减少，蓄水量减少，暴雨加快，排水不畅，造成了市区严重内涝，市内交通、电力、通信等生命线工程瘫痪。

从以上分析可以看出，我国城市洪涝灾害主要来自弃水，即市区暴雨和江河洪水。拦蓄、储存了雨水，就等于减少了暴雨汇流的速度和水量，避免或减少内涝发生几率和损失；拦蓄、分流了洪水，就等于减少了洪水的流速和流量，削减洪水，避免和减轻洪灾发生的几率和损失程度。而城市雨水利用的目的恰恰是拦蓄、储存和利用这一部分时空分布不均的弃水的部分水量，使之由弃水转化成资源水、产品水或商品水。尽管它的数量有限，但在某一时间差、空间差内还是可以起到错峰、调峰、削峰的作用，减轻洪涝灾害损失，尤其是内涝不仅可以减轻，还可以避免。如果整个流域的城市都是如此，那么作用就更大了，不仅可以削峰，还可以避洪。

8.1.3.2 城市雨水利用可以增水添优

我国大部分地区干旱缺水问题尤为明显，这不仅是就农村而言，而且针对城市。假如说农村表现是干旱的话，那么城市的表现就是缺水。在我国672座城市中，有400多座城市供水不足，110多座城市严重缺水，其中南方43座，北方70多座。在北方缺水城市中，主要是资源型短缺，即城市人口发展规模已超过当地水资源的承受力，如大连、西安等城市虽采取了调水工程缓解了供需矛盾，但并没得到根本解决，供需矛盾依然存在；南方地区城市主要是工程型短缺或污染型短缺。32座百万人口以上的城市,有30座受到缺水的困扰,如天津、北京、青岛等,而且这些缺水型大中城市主要集中在省会和经济发达的东部地区。因为缺水,全国工业产值平均每年减少2 300亿元。

从分析可以看出,缺水和严重缺水的城市,主要是资源型缺水、工程型缺水和污染型缺水。资源型缺水的原因是人口多,水资源少。这也可以说是我国的国情、水情。我国是个人口大国,又是一个水资源贫国,现在人均占有水资源为2 340 m^3,到21世纪下叶将降到1 750 m^3。加之,水资源时空上的分布不均,更加重了资源型短缺。尤其是北方地区,不仅降水量偏少,而且高度集中在夏季,尤其是强度较大的暴雨。这就必然会导致大量的弃水,不仅难以利用,而且还会造成洪涝灾害。城市雨水利用就是利用工程性和非工程性措施加以拦蓄、储存雨水,以丰补枯,以夏储冬,变废为宝,化害为利。因为雨水不仅可以作为资源水、产品水或商品水利用,而且是价廉物美的优质水,完全可以与矿泉水媲美。天然的降水微带酸味,经过混凝土蓄水池中和后酸性物质会转化成矿物盐,含钙40～60 mg/L,同软化过的自来水一样。经过反渗透过滤后,降至10～20 mg/L,和市场上销售的优质矿泉水(16～32 mg/L)相当。而一般自来水矿物盐含量都超标,有的竟达500～1 200 mg/L。而且雨水的生物电指标也比较优良,具有可生物相容性,即pH为5～7,电阻率大于5 000 $\Omega \cdot cm$;矿物盐干残留物为10～150 mg/L。而纯净水多低于10 mg/L,最好不饮用。

8.1.3.3 雨水利用是修复城市生态的需要

我国改革开放以来,经济的迅速发展,极大地改善了人民的生活水平。但同时,城市化步伐的加快、城市人口的增多,加上一向"重视经济,忽视环境"的观念,城市生态不断受到破坏。由于硬化地面造成土壤含水量降低,空气干燥热岛效应加剧;硬质地面代替了原有的植被和土壤,加速雨水的汇集,使洪峰迅速形成,城市洪涝灾害越来越严重。城市雨水利用有利于生态景观。

1. 保护水面,恢复水域空间

我国城市防洪比较重视外水,忽视内水,城市排涝标准普遍较低,一般不足10年一遇,一遇大雨,到处是水。因此,今后在城市规划时,应积极重视保留市内原有河流、湖泊、洼地及排水通道,尽可能恢复原有河道的拦蓄空间,甚至退堤,恢复漫滩。并重视其利用,制造以水和绿为空间基质的亲水环境。

2. 生态河堤,自然型护岸

生态河堤是融现代水利工程学、环境科学、生物科学、生态学、美学等为一体的水利工程。它以保护、创造良好的生物生存环境和自然景观为前提,以具有一定强度、安全度和持久性为技术标准,把过去的混凝土人工建筑改造成水体,适合生物生长,仿自然护坡。

3. 分流集雨,增供、削洪、减污

分流集雨,即采用屋顶集雨饮用、马路分流集雨杂用、林草集雨下渗等方式,增加优质水供应,削减暴雨汇流,减少雨水污水混流。这方面我国已有成熟技术,虽用于农村,但亦可用于城市,而且更加方便。今后城市小区规划和建设时,都应尽量要求增设屋顶集雨设施;城市公共设施也应在改造时增设分流集雨的项目。

4. 全河统筹,上下同治

城市雨水利用不是一个城市的事,也是全流域城市的事,可以全河统筹,上下兼治,达到全流域避洪免涝、增水添优、营造生态景观,恢复水生态系统的自然功能。

5. 以人为本,思路有所创新

城市和流域水环境综合整治规划都要贯彻"以人为本"的思想,改变过去那种单一的防洪、供水、重防轻管、重大轻小的工程性治理,统筹规划,综合整治,还河流优美、宜人、充满生机的原貌,营造一个安全、舒适、富于情趣的水生态环境。

8.1.3.4 节水的需要

雨水利用作为开源和节流并举的一项措施,是缓解或解决上述水问题的一项重要措施,它具有节水、防洪、生态环境三个方面的效益。

8.1.4 雨水利用的意义及必要性

我国是个缺水的国家,人均水资源量为 2 300 m^3 仅占世界人均水资源量的1/4,干旱缺水、洪涝灾害和水环境恶化成为了新世纪我国水资源领域面临的问题,并较大程度地制约了经济增长和社会的可持续发展。随着社会经济的发展,城市规模和数量迅速扩大,水资源短缺的局面也日趋严峻,有近400座城市缺水或严重缺水。与此同时,城市化也带来了环境污染、洪涝灾害等一系列问题。特别是不透水性的地表铺砌面积的不断扩大和建筑密度的大幅度提高,使地面径流形成时间缩短,峰值流量不断加大,排水系统的雨季流量大量增加,产生洪涝灾害的机会增加、危害加剧。同时,城市雨水也是城市水体的一种污染源。据有关资料报道,在一些污水点源得到二级处理的城市水体中,BOD_5(生物氧化量)负荷约有40% ~ 80%来自于降雨产生的径流。在全国523条河流中,有436条河注受到不同程度的污染,其中流经城市的河段90%受到污染。七大水系中除长江外,其他六大水系流域40% ~ 70%的水质降到Ⅳ、Ⅴ类水质,流经城市的河段水质更加恶化。全国有2 400 km的河流鱼虾绝迹,80%的平原湖泊受到污染,其中26%富营养化,浅层地下水也有不同程度的污染,致使不少重点城镇饮用水达不到饮用标准。尽管一些城市为解决这些水问题,采取了调水等措施,但还是没有从根本上解决上述问题。

要推广雨水利用技术,必须有系列化的成套设备。国外已经有许多成套的相关设备,并在全球范围推广使用。我国近些年通过研究已经取得了一些成果,形成了一些较成熟的技术,但设备方面还没有专业的生产厂家。急需结合有关研究和示范成果,加快雨水利用技术的产业化。

我国早在秦汉时期就有修建池塘拦蓄雨水用于生活的记录,而西北地区水窖的修筑已有几百年的历史。国外收集利用雨水的记录也不乏其例。而真正现代意义上的雨水收集利用尤其是城市雨水的收集利用是从20世纪80 ~ 90年代约20年时间里发展起来的。随着城市化进程的进一步加快,城市缺水的矛盾也进一步加深,环境与生态问题也同步扩展。为了解决缺水、环境、生态等一连串的矛盾,人们把注意力放到雨水的收集和利用。雨水的收集和利用解决的并不仅仅是水的问题,它还可以减轻诸如上海地区日显巨大的自来水的供水压力、路面积水等问题。对水土流失、河水污染等问题也有一定的缓解作用。

城市绿地、园林和花坛等是现代化城市基础设施的重要组成部分。随着市民生活水平的提高和环保意识的增强,城市绿化建设不仅可为市民提供娱乐、休闲、游览和观赏的场所,而且是改善和美化城市环境的重要措施。绿地在空间上是成片、分散分布的,这一特点为雨水利用创造了条件。降雨不仅在空间上分布是分散的,而且水质清洁,没有异味,弥补了再生水的不足。所以,雨水是城市生态用水的理想水源。根据城市生态环境用水和建筑物分布的特点,因地制宜地建造雨水积蓄工程,以达到充分利用雨水、提高雨水利用能力和效率的目的。其利用途径有以下几种:

(1) 城市绿地、花坛和园林雨水集蓄。在城市绿地规划设计和建设时,应根据周边降雨产流的特点,确定绿地的高低、坡度和集蓄水池的位置、大小与结构,以充分收集和蓄存雨水,为就地利用雨水创造条件。在建造绿地时,应调查绿地周边高程、绿地高程和集蓄水池高程的关系,使周边高程高于绿地高程。为节省紧张的城市用地,把集蓄水池做成肚大口小的蓄水窖。即蓄水池急需的雨水既可用来灌溉绿地,又可作为城市清洁用水。窖水的利用可配合移动式滴灌或喷灌,使有限的水资源发挥最大的环境效益。

(2) 城市道路、广场和停车场雨水集蓄。城市道路、广场和停车场等是良好的雨水收集面。雨后自然产生径流,只要修建一些简单的雨水收集和蓄存工程,就可将雨水资源化,用于城市清洁、绿地灌溉,维持城市的水体景观等。如在集蓄水池基础上进行装饰建造美观的喷泉,可解决喷泉用水和绿地用水的矛盾。集蓄水池要根据集流面积、降水量和用水方式进行设计和建造。

(3) 雨污分流,集中蓄水。目前一些城市将雨水和污水排到同一条沟渠或排水道,这些沟渠得不到足够的清水补充,在源源不断的污水排入下变的又脏又臭,使水质较好的雨水白白浪费和流失。为了利用雨水资源,应采取措施,如采用双层排水管,下层排泄污水,上层排泄雨水,实现雨污分流。分流后的雨水经排水管道排出,排入排泄点(如人工湖、蓄水池等),用于维持和改善城市的生态环境。

雨水集蓄利用工程在经济上是可行的,对水环境和水循环不会造成负面影响。因为雨水量占整个雨水资源量的比例很小,从远景看,即使是最乐观的估计,开发利用的雨水也只可能占全部雨水。

目前,人们越来越认识到雨水利用在节水、防洪、环境方面的重大效益,全国各地,特别是北方地区的城市开始逐步实施雨水利用工程。同时,由于我国在城市雨水利用的研究和应用方面还处在起步阶段,没有专业的设备和生产厂家。对于环保型雨水口,由于当前国内道路传统的雨水口没有截断垃圾、污水等功能,对城市水环境污染负荷的贡献率较小。急切需要开发新型的环保型雨水口产品,以解决雨水口污染问题。因此,首先以较成熟的透水地面砖、环保型雨水口和填充式蓄水池为突破口,建设生产基地,进行雨水利用系列设备的生产,实现雨水利用的产业化,在国内将具有十分广阔的市场和应用前景。

8.1.5 城市绿色生态中雨水利用的总体目标

1. 雨水资源化

雨水收集利用以及各种滞留、促渗、调控措施;地表径流调控就地消纳雨水,减少外排雨水量,实现雨水资源化。

2. 实现节水目标

充分利用水质良好的雨水资源和再生水资源,实现节水目标。

3. 径流流量、径流系数的控制

控制雨水径流的排放，实现项目开发后雨水的径流系数不超过开发前雨水的径流系数（以原始状态计）。

4. 改善景观与生态环境

保证对水资源有效、合理的再利用，并减少对市政水的需求，改善景观与生态环境。

8.2 国内外城市雨水利用

8.2.1 国外城市雨水利用

雨水作为一种极有价值的水资源，早已引起德国、日本等国家的重视。目前世界上很多国家已经采用各种技术、设备和措施，对雨水进行利用、控制和管理。美国、加拿大、意大利、德国、法国、墨西哥、印度、土耳其、以色列、日本、泰国、苏丹、也门、澳大利亚等五大洲约40多个国家和地区已经开展了不同规模的雨水利用与管理的研究和应用。国际雨水收集利用协会（IRCSA）自成立以来，不断地促进国际间的交流与合作，两年一度的交流大会使各国之间的雨水利用技术和信息能够很快地传播。网络技术的发展也为雨水利用技术的国际化提供了良好的平台。其中，发展较快的是德国和日本等国家，德国雨水利用技术已经从第二代向第三代过渡，其第三代雨水利用技术的特征就是设备的集成化，各项雨水利用技术已达到了世界领先水平。

8.2.1.1 德国的雨水利用

德国是国际上城市雨水利用技术最发达的国家之一。1989年，德国出台了雨水利用设施标准，对住宅、商业和工业领域雨水利用设施的设计，制定了施工和运行管理、过滤、调蓄、控制与监测等四个方面标准。1992年，进行第二代雨水利用技术，到本世纪初，经过近10年的发展与完善，已可称第三代雨水利用技术及相关的新标准。德国第三代雨水利用技术的主要特征之一是设备的集成化，从屋面雨水的收集、截污、调蓄、过滤、渗透、提升、回用到控制都有一系列的定型产品和组装式成套设备。

2001年9月10~14日，在曼海姆市召开第十届国际雨水利用大会。来自68个国家和各种组织机构的400多位代表就"雨水收集利用技术与规范"、"雨水用于工业"、"商业和农业"、"雨水水质控制"、"湿润与干旱地区的雨水利用"、"雨水利用与屋顶花园"、"发达国家与发展中国家的雨水利用"、"雨水利用的法律与法规"、"雨水利用的市场化"、"教育与意识的培养"等十多个专题进行了广泛的交流与讨论。

德国有大量各种规模和类型的雨水利用工程和成功实例。如柏林 Potsdamer 广场 Daimlerchrysler 区域是城市雨水利用生态系统的成功范例，该区域年产雨水径流量为2.3万 m^3。采取的主要措施为：建有绿色屋顶4 hm^2；雨水调蓄池3 500 m^3，主要用于冲洗厕所和浇灌绿地；通过水体基层、水生植物和微生物等进一步净化雨水。此外，对鸟类等动植物依水栖息进行考虑，使建筑、生物、水等元素达到自然的和谐与统一。据不完全统计，到1999年有约20万套雨水利用设备投入使用，之后又有更大的发展。

德国的城市雨水利用方式有三种：一是屋面雨水集蓄系统。集下来的雨水主要用于家庭、公共场所和企业的非饮用水;二是雨水截污与渗透系统。道路雨水通过下水道排入沿途大型蓄水池或通过渗透补充地下水。德国城市街道雨水管道口均设有截污挂篮,以拦截雨水径流携带的污染物;三是生态小区雨水利用系统。小区沿着排水道建有渗透浅沟,有表面植物、草皮,供雨水径流流过时下渗。超过渗透能力的雨水则进入雨水池或人工湿地,作为水景或继续下渗。

在早期雨水利用中,德国 GEP 公司的雨水过滤器、屋顶回水处理回用 IRM 控制设备、雨水储存罐等产品畅销整个欧洲市场;德国 UFT 公司的流量控制和监控设备已经开始在全球 20 多个国家和地区销售使用;荷兰 WAVIN 公司的孔隙雨水蓄水池填充料、整体式雨水检查井、雨水口等雨水利用设备已经在全球 30 多个国家投入使用。除发展雨水利用技术外,德国污水联合会和 1995 年成立的雨水利用专业协会制定了德国的一系列城市雨水利用与管理的技术性规范和标准,对雨水利用给予支持。目前,德国在新建小区之前,无论是工业、商业还是居民小区,均要设计雨水利用设施,若无雨水利用措施,政府将征收雨水排放设施费和雨水排放费等。

8.2.1.2 日本的雨水利用

日本的年降雨量丰富,高达 1 000 ~ 2 000 mm,超过年蒸发量。由于地理条件等自然因素和经济发展等社会因素,日本水资源比较缺乏,目前全国水资源利用率已达到 20% 左右,新开辟水源所需的投入越来越大。日本政府除了采取开源措施和提高水的利用率、利用循环水外,十分重视对雨水的利用。日本是亚洲重视城市雨水利用的典范,十分重视环境、资源的保护和积极倡导可持续发展的理念。日本在一些大城市,利用屋顶设计雨水收集装置,供冲洗厕所、城市环保或绿化之用,节约水资源。在全日本有数千个雨水利用实例,包括区域性雨水利用设施、学校、公园、事务所大楼、大规模运动场馆等公共设施、住宅区、单体住宅及其他类型的各种雨水利用系统。

日本的城市雨水利用在亚洲先行一步,于 1963 年开始兴建滞洪和储蓄雨水的蓄洪池,还将蓄洪池的雨水用作喷洒路面、灌溉绿地等城市杂用水。这些设施大多建在地下,以充分利用地下空间。而建在地上的也尽可能满足多种用途,如在调洪池内修建运动场,雨季用来蓄洪,平时用作运动场。日本城市雨水利用主要有三种方式:调蓄渗透;调蓄净化后利用;利用人工或天然水体(塘)调蓄雨水,提供环境用水和改善城市、小区和公园等场所的水生态环境。三种方式都有很多成功的实例。近年来,各种雨水入渗设施在日本也得到迅速发展,包括渗井、渗沟、渗池等,这些设施占地面积小,可因地制宜地修建在楼前屋后,其主要功能是可将地面径流就地入渗地下,在控制径流汇集、减小洪峰流量的同时,使地下水得到补给,使遭受破坏的水环境系统得以恢复,同时也起到阻止地面沉降的作用。日本还在屋顶修建蓄水系统,或修建屋顶蓄水和渗井、渗沟相结合的回补系统,雨水在屋顶集蓄后,逐步进入渗井和渗沟,再回补地下。

早在 1980 年,日本建设省就开始推行雨水贮存渗透计划。采用雨水贮存渗透计划,可以有效地补充涵养地下水,复活泉水,恢复河川基流,改善环境和生态。利用雨水调蓄渗透的场所一般为公园、绿地、庭院、停车场、建筑物、运动场和道路等。采用的渗透设施有渗透池、渗透管、渗透井、透水性铺盖、渗透侧沟、调蓄池和绿地等。1988 年,成立"日本雨水贮留渗透技术协会"。1992 年,颁布"第二代城市下水总体规划",正式将雨水渗沟、渗塘及透水地面作为城市总体规划的组成部分,要求新建和改建的大型公共建筑群必须设置雨水就地下渗设施。

日本目前对城市雨水利用虽无硬性规定,但国家和地方政府都大力支持和鼓励雨水项目,并有相关的资助制度和政策,各县(相当我国的省)市的政策不统一,一般是根据项目的具体内容和规模,给予一定比例的补助,补助率可达到总投资的 $1/3 \sim 1/2$。

日本"降雨蓄存及渗滤技术协会"经模拟试验得出,在使用合流制雨水管道系统地区合理配置各种入渗设施的设置密度,使降雨以 5 mm/h 的速率入渗地下,可使该地区每年排出的 BOD 总量减少 50%,有效促进了城市雨水资源化进程。

8.2.1.3 美国的雨水利用

美国的雨水利用是以提高天然入渗能力为宗旨,针对城市化引起河道下游洪水泛滥问题,美国的克罗拉多州(1974 年)、佛罗里达州(1974 年)、宾夕法尼亚州(1978 年)和弗吉尼亚州(1999 年)分别制定了《雨水利用条例》。这些条例规定新开发区的暴雨水洪峰流量不能超过开发前的水平,所有新开发区(不包括独户住家)必须实行强制的"就地滞洪蓄水"。同时,美国许多地区出台了相应的技术手册、规范和标准,美国 Stafford 郡的《雨水管理设计手册》、佐治亚州的《雨水管理手册》、北卡罗莱纳州的《雨水设计手册》、弗吉尼亚州的《弗吉尼亚雨水管理模式条例》、Hall 郡与 Gainesville 市的《雨水管理手册》、Portlands 市的《雨水管理手册》等。

发达国家通过制定一系列有关雨水利用的法律、法规,不断地开发研制新技术产品,城市雨水利用技术逐步成熟起来。建立了完善的屋顶蓄水系统和由入渗池、井、草地、透水地面等组成的地表回灌系统;将收集的雨水用于冲洗厕所、洗车、浇洒庭院、洗衣和回灌地下水等;从不同程度上实现了雨水的利用。

8.2.2 我国城市雨水利用

雨水利用在我国有悠久的历史,近年来也做了不少工作。自 20 世纪 80 年代末以来,甘肃实施的"121 雨水集流工程"、内蒙古实施的"集雨节水灌溉工程"、宁夏实施的"小水窖工程"、陕西实施的"甘露工程"等促进了缺水地区农村的雨水集蓄利用措施的研究和应用,产生了明显的经济效益和社会效益。

现代意义上的城市雨水利用在我国发展较晚。以前的城市水资源主要着眼于地表水资源和地下水资源的开发,不重视对城市汇集径流雨水的利用而任其排放,造成大量宝贵雨水资源的流失,随着城市的扩张,雨水流失量也越来越大。如何改善并形成城市或区域水的良性、健康循环系统成为一个迫切的战略性课题,已引起学术界和国家的高度重视,"雨水"在整个循环系统中担负极为重要的作用。

随着城市化进程和经济的高速发展,水资源不足的矛盾和城市生态问题在我国的许多地区愈显突出,全国 600 多城市中就有 400 多座缺水甚至严重缺水。近年来,北京和天津都多次从外城调水以弥补水源的不足,不少城市也对工农业用水和城市居民用水制定了严格的限制。水的问题已成为 21 世纪我国乃至世界关注的重大问题。

我国城市雨水利用起步较晚,目前主要在缺水地区有一些小型、局部的非标准性应用。但总的来说技术还比较落后,缺乏系统性,更缺少法律、法规保障体系。20 世纪 90 年代以后,我国特大城市的一些建筑物已建有雨水收集系统,但是没有处理和回用系统。我国大中城市的雨水利用基本处于探索与研究阶段,北京、上海、大连、哈尔滨、西安等许多城市相继开展研究,已显示出良好的发展势头。

由于缺水形势严峻,北京的步伐较快。曾于20世纪90年代初,开展了"北京市水资源开发利用的关键问题之一——雨水利用研究"课题的研究,提出了一些北京城区雨水利用的对策和技术措施。北京市水利局和德国埃森大学的示范小区雨水利用合作项目于2000年开始启动;北京市政设计院开始立项编制雨水利用设计指南;北京市政府66号令(2000年12月1日)中也明确要求开展市区的雨水利用工程等。因此,北京市的城市雨水利用已进入示范与实践阶段,可望成为我国城市雨水利用技术的龙头。通过一批示范工程,争取用较短的时间带动整个领域的发展,实现城市雨水利用的标准化和产业化,从而加快我国城市雨水利用的步伐。正在实施的中德两国政府间科技合作项目"北京城区雨水控制与利用技术研究与示范",建设了分别代表老城区、新建成区、将建设区、公园、校园雨水利用模式的6个雨水利用示范区和1个试验中心,总面积达到60 hm^2。通过试验研究,形成雨水收集与传输、雨水处理与利用、雨水回补地下水以及雨水控制系统等完整雨水控制与利用技术体系;并通过示范工程验证,探索了雨水控制与利用的工程形式,开发雨水控制与利用设备,形成配套工程技术,为加强管理提供雨水控制指标和管理措施,为北京乃至我国北方地区城市雨水利用提供方法、依据和途径。北京市水利科学研究所依托中德合作"北京城区雨水控制与利用"项目,已经研制开发了透水型地面砖、环保型雨水口、填料式蓄水池、屋顶雨水过滤器等雨水利用设备,这些也是实施雨水利用的主要关键设备。所研制的透水地面砖的渗透系数能达到0.5 mm/s,大于目前所有降雨的强度,即使使用一段时间后,有些堵塞也能使渗透系数保持在0.1 mm/s,能够渗透50年一遇的最大降雨。该砖的抗压强度在35 MPa以上,能够承受常见各种车辆的荷载。采用透水性的垫层所铺装的透水地面能够消纳两年一遇降雨而不产生地表径流,使雨水渗入地下或收集利用。另外,中国农业大学、北京建筑工程学院、华北水利水电学院、上海、天津等单位和地方都开始了城市雨水利用技术的研究和应用。中德合作"北京城区雨水控制与利用"项目的示范区中应用一些技术成果,取得了良好的效果,表现出广阔的应用前景。研究的环保型雨水口能够拦截道路上的初期径流,其中的过滤斗能够有效拦截道路上的各种较大颗粒污染物,一流装置和渗透装置具有拦截和吸附油污的功能,能够大大减少经雨水管道排入城市河道的污染物,显著改善城市水环境。孔隙蓄水池填料是一种高强度的孔隙填料,有效孔隙率在95%以上,比传统的钢筋混凝土蓄水池的有效蓄水空间率大20%左右,同时能够最大限度地利用开挖空间,具有占地少、造价低的优点,代表了地下蓄水构筑物新的发展趋势。这将有力地推动雨水利用在我国的实施,有利于解决城市缺水、防洪、环境三方面水问题。

尽管目前北京市和国内一些城市在雨水利用方面取得了一些成果,但与一些发达国家的技术水平相比还有一定的距离,特别是在雨水利用系统的设备方面,没有形成规模生产,实际应用过程中还需要单独设计,给工程建设过程和效果造成很多不便。目前的雨水蓄存设备采用较多的是钢筋混凝土储水池,不仅施工慢,造价高,占地面积大,而且还存在水质不稳定等问题。目前的市政雨水口还只是为顺畅排水设计的,不能去除水中的漂浮物、大颗粒污染物和油污。目前城市道路、广场、人行道的铺装用砖都是不透水的,一下雨就积水,不仅行走不便,而且增加了河道洪峰量,对城市的防洪很不利。

近年来,我国城市住宅产业发展迅速,在许多缺水城市,住宅区的供水和水源保证已成为开发商和住区物业公司头痛的问题,尤其对一些没有市政供水与排水系统的城郊生态住宅小区。小区大面积的绿地用水、景观水体水质水量的保障、雨污水的处理和利用及排放、小区水系统的优化等都成为小区开发管理的重大问题。政府和居民对城市住宅区的水环境及生态的要求也越来越高。

我国城市雨水利用的快速发展对雨水利用技术的科学性、系统性也提出了更迫切的高要求。随着该领域科学研究和工程技术的深入发展,城市雨水利用将走与城市防涝减灾、城市非点源污染控制和生态环境保护相结合的雨水利用可持续发展道路,近期的重点应该是雨水利用系统的优化、技术设备的集成和规范标准化。把城市雨水利用纳入规范化的轨道,避免或减少雨水利用工程实施中因缺乏系统的技术资料和规范标准带来的失误,促进我国城市雨水利用稳步健康的发展,尽快地建立我国城市雨水利用科学的技术和管理体系。

8.3 雨水利用系统

城市雨水利用系统是指对城区降雨进行收集、处理、存储、利用的一套系统。主要包括集雨系统、输水系统、处理系统、存储系统、加压系统、利用系统等。

1. 集雨系统

集雨系统主要是指收集雨水的集雨场地。雨水利用首先要有一定面积的集雨面。在城市雨水利用方面,屋顶、路面等不透水面都可以作为集雨面来收集雨水,城市绿地也可以作为雨水集水面。

2. 输水系统

输水系统主要是指雨水输水管道。在整个城市的雨水利用系统中输水系统还包括城市原有的雨水沟、渠等。收集屋面雨水用雨水斗或天沟集水;收集路面雨水用雨水口;绿地雨水可先埋设穿孔管或挖雨水沟的方法收集。地面上的雨水经雨水口流入街坊、厂区或街道的雨水管架系统。

3. 处理系统

处理系统是由于雨水水质达不到标准而设置的处理装置。天然降雨通过对大气的淋洗以及冲洗路面、屋面等汇集大量污染物,使雨水受到污染。但总体来说,雨水属轻污染水,经过简单处理即可达到杂用水标准。

4. 存储系统

存储系统以雨水存储池为主要形式,我国降雨时间分布极不平衡,特别是在北方,6~9月份汛期多集中全年降雨的70%~80%,且多以暴雨形式出现。要想利用雨水必须以一定体积的调节池存储雨水,其体积应根据具体的集雨量和用水量确定。

5. 加压系统

雨水调节池一般设于地下,这样可以减少占地面积及蒸发量。由于用水器水位高于调节池水位,而且用水器具还要求一定的水头以及补偿中间管道损失,因此需要设加压系统。

6. 利用系统

为实现雨水的高效利用，用水器具应推广采用节水器具。

8.4 雨水收集与截污工程

8.4.1 雨水收集

在城市，雨水收集主要包括屋面雨水、广场雨水、绿地雨水和污染较轻的路面雨水等。应根据不同的径流收集面，采取相应的雨水收集和截污调蓄措施。

当项目汇水面较大，雨水量充沛，地面雨水主要应考虑渗透利用，就近通过植被浅沟、渗透沟渠、生物滞留系统等措施对雨水截污后下渗，同时设溢流口以便雨水较大时排涝。

根据小区高程条件及规划，雨水系统主要以近自然的方式利用地面组织排水，例如，深圳信息学院（大运会期间为运动员宿舍）保留1/3面积的山体，在汇集输送过程中同时完成截污净化和调蓄、渗透利用。

停车场、广场的地面雨水径流量较大，水质也较差，因此可考虑采用透水材料铺装路面或广场面以增加雨水下渗量，沿道路铺设渗管或渗渠，地面雨水经雨水口进入渗管、渗渠。

对雨水的收集贮存，有多种方式可供选择，如图8.1所示。

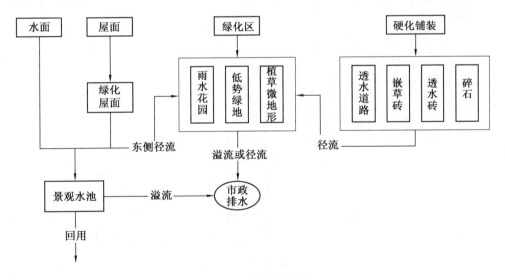

图8.1 雨水收集方案

8.4.1.1 屋面雨水收集

1. 屋面雨水收集方式和组成

屋面是城市中常用的雨水收集面，屋面雨水的收集除了通常的屋顶外，根据建筑物的特点，有时候还需要考虑部分垂直面上的雨水。对斜屋顶，汇水面积应按垂直投影面计算。

屋面雨水收集利用的方式按泵送方式不同可以分为直接泵送雨水利用系统、间接泵送雨水利用系统、重力流雨水利用系统三种方式（分别见图8.2、8.3、8.4）。

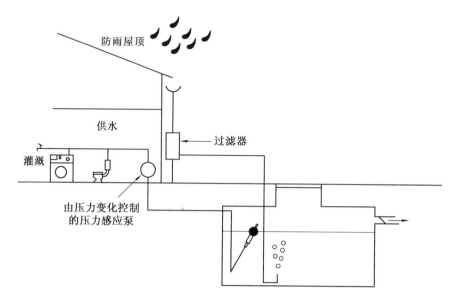

图 8.2 直接泵送雨水利用系统

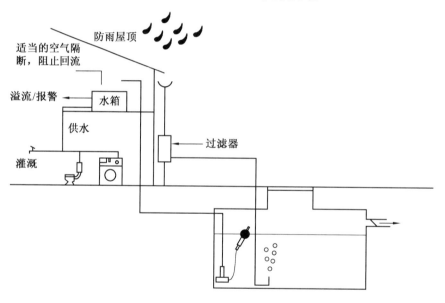

图 8.3 间接泵送雨水利用系统

屋面雨水收集方式按雨水管道的位置分为外收集系统和内收集系统,雨水管道的位置通过建筑设计确定。普通屋面雨水外收集系统由檐沟、收集管、水落管、连接管等组成。

在实际工程中应该与建筑设计师进行协调,根据建筑物的类型、结构形式、屋面面积大小、当地气候条件及雨水收集系统的要求,经过技术经济比较来选择最佳的收集方式。一般情况下,应尽量采用一种最佳收集方式或两种收集方式综合考虑。对一些采用雨水内排水的大型建筑,最好在建筑设计时就考虑处理好与雨水收集利用的关系。

从水力学的角度可将屋面雨水收集管中的水流状态分为有压流和无压流状态,有些情况下还可表现为半有压流状态。设计时应按雨水管中的水流分类选择相应的雨水斗。重力

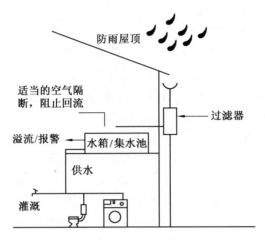

图 8.4　重力流雨水利用系统

流雨水斗用于半有压流状态设计的雨水系统和无压流状态设计的雨水系统,虹吸式雨水斗用于有压流状态设计的雨水系统。

当采用雨水收集利用时需要根据利用系统的设计方案和布置重新设计或改造屋面雨水收集系统。水落管多用镀锌铁皮管、铸铁管或塑料管。镀锌铁皮管断面多为方形,尺寸一般为 80 mm×100 mm 或 80 mm×120 mm;铸铁管或塑料管多为圆形,直径一般为 70 mm 或 100 mm。根据降雨量和管道的通水能力确定一根水落管服务的屋面面积,再根据屋面形状和面积确定水落管间距。对长度不超过 100 m 的多跨建筑物可以使用天沟,天沟布置在两跨中间并坡向端墙。雨水斗设在伸出山墙的天沟末端,排水立管连接雨水斗并沿外墙布置,天沟坡度一般在 0.003～0.006 之间。天沟一般以建筑物伸缩缝或沉降缝为屋面分水线,在分水线两侧分别设置。天沟的长度应根据地区暴雨强度、建筑物跨度、天沟断面形式等进行水力计算确定,一般不超过 50 m。

屋面内收集系统是指屋面设雨水斗,建筑物内部有雨水管道的雨水收集系统。对于跨度大、跨度多、立面要求高的建筑物,可以使用内收集系统。内收集系统由雨水斗、连接管、悬吊管、立管、横管等组成。

按雨水排出的安全程度,内排水系统分为敞开式和密闭式两种。前者是重力流,后者是压力流。雨水斗包括进水格栅、进水小室、出水管三部分。为减少雨水斗进水时的掺气量,应加设一个整流器。一个屋面上的雨水斗个数不少于 2 个。虹吸式雨水斗系统同一排水悬吊管上的多个雨水斗宜布置在同一水平面上。天沟内布置多个虹吸式雨水斗时,天沟不需做坡度;如雨水斗为重力式,则宜有坡向雨水斗的坡度。在屋面雨水收集系统沿途中可设置一些拦截树叶等大的污染物的截污装置或初期雨水的弃流装置。截污装置可以安装在雨水斗、排水立管和排水横管上,应定期进行清理。

2. 屋面雨水流量计算

屋面雨水流量可按下列两个公式计算

$$Q = k_1 F q_5 / 10\,000 \tag{8.1}$$

或

$$Q = k_1 F h_5 / 10\,000 \tag{8.2}$$

式中 Q——屋同面雨水设计流量,L/s;
F——屋面设计汇水面积,m^2;
q_5——当地降雨历时为 5 min 时的暴雨强度,L/(s·m^2);
h_5——当地降雨历时为 5 min 时的小时降雨量,mm/h;
k_1——设计重现期为 1 年时的屋面宣泄能力系数。设计重现期为 1 年时,屋面坡度小于2.5%时,k_1 取1.0,屋面坡度大于等于2.5%时,k_1 取1.5~2.0。

常见雨水斗的设计流量见表8.1或8.2。

表8.1 65型、87型雨水斗的设计流量

口径/mm	75	100	150	200
设计流量/(L·s^{-1})	8	12	26	40

表8.2 虹吸式雨水斗的设计流量

口径/mm	65	75	100
设计流量/(L·s^{-1})	6	12	25
斗前水深/mm	40	70	70

屋面天沟雨水计算按明渠均匀流计算。总收集管根据坡度、流量等计算确定。

3.屋面雨水集水管的设计

屋面雨水集水管的设计,主要内容包括管径确定和配管系统的设计。集水管管径根据计算屋面面积或集雨区的面积和前述屋面雨水流量来计算。雨水配管系统应注意下列问题:

(1)雨水集水管不得与建筑物的污水排水管或通气管并用,必须独立设置配管;
(2)不同楼层的集雨区域,应设置各自独立的排水路径,避免混用造成低层的泛水溢流;
(3)雨水集水横管的端部或转弯处,应适当地设置清除口,以利清洁维修;
(4)应确保雨水管系统中检查井设施易于维护和清洁,并避免地表水和垃圾等流入。

8.4.1.2 其他汇水面雨水收集系统

1.路面雨水收集

路面雨水收集系统可以采用雨水管、雨水暗渠、雨水明渠等方式。水体附近汇集面的雨水也可以利用地形通过地表面向水体汇集。

需要根据区域的各种条件综合分析,确定雨水收集方式。雨水管设计施工经验成熟,但接入雨水利用系统时,由于雨水管埋深影响,靠重力流汇集至贮水池会使贮水池的深度加大,增加造价,有些条件下会受小区外市政雨水管衔接高程的限制。雨水暗渠或明渠埋深较浅,有利于提高系统的高程和降低造价,便于清理和与外管系的衔接,但有时受地面坡度等条件的制约。利用道路两侧的低绿地或有植被的自然排水浅沟,是一种很有效的路面雨水收集截污系统。雨水浅沟通过一定的坡度和断面自然排水,表层植被能拦截部分颗粒物,小雨或初期雨水会部分自然下渗,使收集的径流雨水水质沿途得以改善。但受地面坡度的限

制,还涉及到与园林绿化和道路等的关系;浅沟的宽度、深度往往受到美观、场地等条件的制约,所负担的排水面积会受到限制;可收集的雨水量也会相应减少。

2. 停车场、广场雨水、绿地雨水的收集

停车场、广场等汇水面的雨水径流量一般较集中,收集方式与路面类似。但由于人们的集中活动和车辆等原因,如管理不善,这些场地的雨水径流水质会受到明显的影响,需采取有效的管理和截污措施。

绿地既是一种汇水面,又是一种雨水的收集和截污措施,甚至还是一种雨水的利用单元。图8.5是庭院绿地对雨水进行收集和渗透利用示例,此时它还起到一种预处理的作用。但作为一种雨水汇集面,其径流系数很小,在水量平衡计算时需要注意,既要考虑绿地的截污和渗透功能,又要考虑通过绿地径流量会明显减少,可能收集不到足够的雨水量。应通过综合分析与设计,最大限度地发挥绿地的作用,达到最佳效果。如果需要收集回用,一般可以采用浅沟、雨水管渠等方式对绿地径流进行收集。

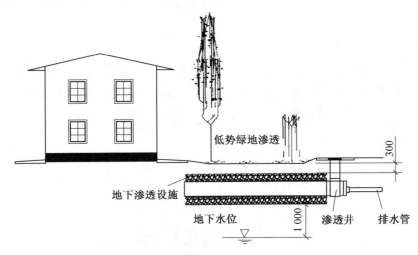

图 8.5 庭院绿地雨水收集渗透示例

3. 低势绿地

为促进雨水下渗减少雨水排放,建议将区域内的绿地(不含微地形)在景观上能够接受的情况下尽可能设计为低势绿地,周边地表径流雨水首先进入绿地下渗,不能及时下渗的雨水由设置的溢流雨水口排放,溢流口与周边铺装区应有 50 mm 的高差。

为保证积水在 24 h 内渗透完全,种植土宜采用沙壤土,渗透系数不小于 10^{-6} m/s;植物应选择喜水耐淹(24 h 积水不会影响其生长)植物;绿地平均下凹深度不大于 90 mm。低势绿地结构如图 8.6 所示。

4. 雨水花园

雨水花园结构如图 8.7 所示。种植土厚度根据种植植物生长要求确定。为保证积水在 24 h 内渗透完全,种植土宜采用沙壤土,渗透系数不小于 10^{-6} m/s;植物应选择喜水耐淹(24 h 积水不会影响其生长)植物,雨水花园平均下凹深度不大于 90 mm。

5. 微地形的收集

微地形坡度较大,径流速度快,为减少径流排放,微地形周边应建成低势渗透铺装,如图

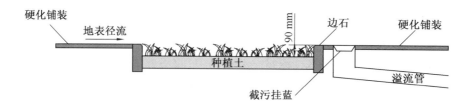

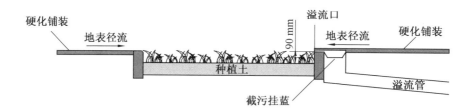

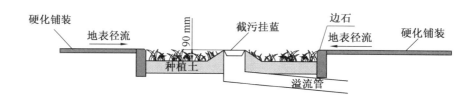

图 8.6　低势绿地结构示意图

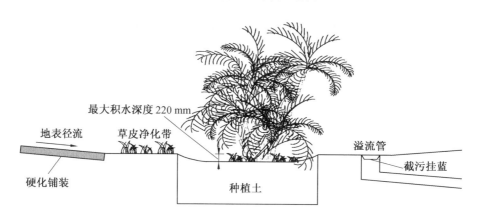

图 8.7　雨水花园结构示意图

8.8 所示,溢流口的设置方式根据景观要求确定。

8.4.2　雨水径流截污措施

8.4.2.1　控制源头污染

源头污染控制是一种成本低、效率高的非点源污染控制策略。对城市雨水利用系统也应首先从源头入手,通过采取一些简单易行的措施,可以改善收集雨水的水质和提高后续处

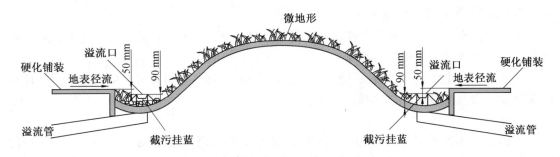

图 8.8 微地形周边的低势渗透铺装

理系统的效果。源头控制应该包括以下一些方面：

1. 控制污染材料的使用

屋面材料对雨水水质有明显的影响，城市建筑屋面材料主要有瓦质、沥青油毡、水泥砖和金属材料等，污染性较大的是平顶油毡屋面，应尽量避免用这种污染性材料直接做屋面表层防水。对新建工程应规定限制这类污染性屋顶材料的使用。限制及合理使用杀虫剂、融雪剂和化肥肥药等各种污染材料，尽量使用一些无毒、无污染的替代产品。

2. 加强管理和教育

应该重视环境管理和宣传教育等非工程性的城市管理措施，包括制定严格的卫生管理条例、奖惩制度，规范的社区化管理，专门的宣传教育计划和资料等。这些措施可以有效地减少乱扔垃圾、施工过程各种材料的堆放、垃圾的堆放收集等环节产生的大量污染，提高雨水利用系统的安全性。

3. 科学地清扫汇水面

主要针对城市广场、运动场、停车场和路面等雨水汇集面。可以通过加强卫生管理，及时清扫等措施有效地减少雨水径流污染量，因为大部分污染物都直接来自于地面积聚的污物。它们的主要来源有：大气污染沉降物、人们随意丢弃的垃圾和泼洒的污水、汽油的泄漏和洒落、轮胎的磨损、施工垃圾、路面材料的破碎与释放物、落叶、冬季抛洒的融雪剂等。其中大部分可以通过清扫去除。

地面维护工作对减少污染物从街道表面进入雨水径流能起到积极的作用。国外有资料介绍，落叶和碎草的清除可减少 30%~40% 的磷进入水体。加利福尼亚州的一个城市经过检测，表明每天一次的路面清扫可以去除雨水中 50% 的固体悬浮物和重金属。

科学的清扫方式对清扫效率很关键。因为清扫对大的颗粒物（大于 200 μm）有较好的去除效果，而对污染成分含量较多的细小颗粒则效率较低，街道清扫效率取决于路面颗粒的尺寸，总的清扫效率最高可达到 50%。

一般人工清扫常常忽略细小的污染物，所以清洁工作应注意清扫沉积在马路台阶下积聚的细小污染物，实际的清扫效率与清扫方法有直接关系。

需要特别注意避免的是直接把路面的垃圾扫进雨水口，其污染后果非常严重。这也是目前国内城市比较普遍的现象，应该严加管理，否则，会使大量的垃圾污染物进入雨水收集系统或城市水体，堵塞管道造成积水，并带来灾难性的水污染后果。

8.4.2.2 源头截污装置

为保证雨水利用系统的安全性和提高整个系统的效率,还应考虑在雨水收集面或收集管路实施简单有效的源头截污措施。

雨水收集面主要包括屋面、广场、运动场、停车场、绿地甚至路面等。应根据不同的径流收集面和污染程度,采取相应的截污措施。

1. 截污滤网装置

屋面雨水收集系统主要采用屋面雨水斗、排水立管、水平收集管等。沿途可设置一些截污滤网装置拦截树叶、鸟粪等大的污染物,一般滤网的孔径为 2~10 mm,用金属网或塑料网制作,可以设计成局部开口的形式以方便清理,格网可以是活动式或固定式的。截污装置可以安装在雨水斗、排水立管和排水横管上,应定期进行清理。这类装置只能去除一些大颗粒污染物,对细小的或溶解性污染物无能为力,用于水质比较好的屋面径流或作为一种预处理措施。

2. 花坛渗滤净化装置

可以利用建筑物四周的一些花坛来接纳、净化屋面雨水,也可以专门设计花坛渗滤装置,既美化环境,又净化雨水。屋面雨水经初期弃流装置后再进入花坛,能达到较好的净化效果。在满足植物正常生长要求的前提下,尽可能选用渗滤速率和吸附净化污染物能力较大的土壤填料。要注意进出口设计,避免冲蚀及短流。一般 0.5 m 厚的渗透层就能显著地降低雨水中的污染物含量,使出水达到较好的水质。

3. 初期雨水弃流装置

初期雨水弃流装置是一种非常有效的水质控制技术,合理设计可控制径流中大部分污染物,包括细小的或溶解性污染物。弃流装置有多种设计形式,可以根据流量或初期雨水排除水量来设计控制装置。国内外的研究都表明,屋面雨水一般可按 2 mm 控制初期弃流量,对有污染性的屋面材料,如油毡类屋面,可以适当加大弃流量。国外已有一些定型的截污装置和初期雨水弃流装置。下面介绍一些弃流方式。

(1)弃流池。在雨水管或汇集口处按照所需弃流雨水量设计弃流池,一般用砖砌、混凝土现浇或预制。弃流池可以设计为在线或旁通方式,弃流池中的初期雨水可就近排入市政污水管,小规模弃流池在水质条件和地质、环境条件允许时也可就近排入绿地消纳净化。在弃流池内可以设浮球阀,随着水位的升高,浮球阀逐渐关闭,当设计弃流雨量充满池后,浮球阀自动关闭。弃流后的雨水将沿旁通管流入雨水调蓄池,再进行后期的处理利用。降雨结束后打开放空管上的阀门就排入附近污水井。

(2)切换式或小管弃流井。在雨水检查井中同时埋设连接下游雨水井和下游污水井的两根连通管,在两个连通管入口处通过管径和水位来自动控制雨水的流向,也可设置简易手动闸阀或自动闸阀进行切换。可以根据流量或水质来设计切换方式,人工或自动调节弃流量。这种装置可以减小弃流池体积,问题是对随机降雨难以准确控制初期弃流雨量。当弃流管与污水管直接连接时,应有措施防止污水管中污水倒流入雨水管线,可采用加大两根连通管的高差或逆止阀等方式。

(3)雨落管弃流装置。屋面上安装在雨落管上的弃流装置,是利用小雨通常沿管壁下流的特点进行弃流。但弃流雨水量和效果难以保证,尤其遇到大雨时,会使较多的污染物直接进入调蓄池。对目前流行的屋面雨水有压流雨水管也不宜采用这种方法。

4. 路面雨水截污措施

由于地面污染物的影响,路面径流水质一般明显比屋面的差,必须采用截污措施或初期雨水的弃流装置,一些污染严重的道路则不宜作为收集面来利用。在路面的雨水口处可以设置截污挂篮,也可在管渠的适当位置设其他截污装置。路面雨水也可以采用类似屋面雨水的弃流装置。国外有把雨水检查井设计成沉淀井的实例,主要去除一些大的污染物。井的下半部为沉渣区,需要定期清理。

(1)截污挂篮。挂篮大小根据雨水口的尺寸来确定,其长宽一般较雨水口略小 20~100 mm,方便取出清洗格网和更换滤布;其深度应保持挂篮底位于雨水口连接管的管顶以上,一般为 300~600 mm。

为了保障截污效果,尤其是初期雨水中冲刷固体物能被截留,而在暴雨时不会因截污挂篮而排水不畅,可以将挂篮分成上下两部分。侧壁下半部分和底部设置土工布或尼龙网,土工布规格应根据所用地点的固体携带物和雨水径流强度等来确定。一般为 100~300 g/m^2,有效孔径为 50~90 μm,透水能力强,可拦截较小的污染物。为防止截污挂篮堵塞而减小过流能力,一般截污挂篮侧壁上半部分不设土工布,直接利用金属格网自然形成雨水溢流口,金属格网可拦截粗大污物。

国外也有在道路雨水口设置截留较大杂物的金属截污挂篮和能去除更细小悬浮物的专用编织袋。因各地条件不同,应根据具体水质对象和要求开发、设计或选用适用的装置。

(2)雨水沉淀井与浮渣隔离井。在雨水管系的适当位置可以修建雨水沉淀井或浮渣隔离井,其主要功能是将雨水中携带的可沉物和漂浮物进行分离,也可与雨水收集利用的取水口或集水池合建,井下半部沉渣区需要定期清理。

沉淀井或浮渣隔离井的数量、位置、具体形式等要考虑安全、地面交通、地面环境等影响因素,经过技术经济比较后确定。

沉淀井可按平流式沉砂池或旋流式沉砂池来设计。浮渣隔离井可以参照隔油井进行设计。也可在沉渣井内设置简易格栅。

它与普通雨水入流井和检查井的不同之处在于,井内的出水口设置在较高的中间部位,出水口以下有一个沉积固体物的沉淀区,表面漂浮物由上部的挡板隔离。这种截污井可截留较大的可沉固体和漂浮物,但对沉淀速率慢的细小颗粒、胶体物以及溶解性污染物的去除效果差,需及时清理井内截留的污染物。

(3)植被浅沟。植被浅沟或者植被渠、植被缓冲带是利用地表植物和土壤来截留净化雨水径流污染物的一种设施。植被浅沟是指在地表沟渠中种有植被的一种工程性措施,一般是靠重力流收集雨水并通过植被截留和土壤过滤处理雨水径流。

当雨水流过地表浅沟,污染物在过滤、渗透、吸收及生物降解的联合作用下被去除,植被同时也降低了雨水流速,使颗粒物得到沉淀,达到控制雨水径流水质的目的。

低势绿地或植被浅沟:硬化铺装径流雨水就近直接排入低势绿地或植被浅沟等雨水渗蓄设施,或由盖板渠收集后排入植被浅沟等雨水渗蓄设施。

绿地上的径流由浅沟收集,不能及时入渗的雨水由渗渠或暗管排入水体。小区道路中间绿化带应建成浅沟或低势绿地,用于消纳、排出路面及停车场雨水;硬化铺装区域径流可采用盖板渠收集。浅沟在穿越道路时,通过暗管相连接。单条植被浅沟的最大汇水面积约为0.6 hm²,假设小区植被浅沟断面形式采用梯形植被浅沟的断面示意图如图8.9,8.10所示,植被浅沟断面形式采用梯形或者弧形。

图8.9 植被浅沟

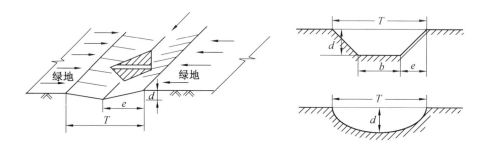

图8.10 植被浅沟断面示意图

植被沟渠是一种投资小、施工简单、管理方便的减少雨水径流污染沟控制措施,在国内外应用较多。

8.5 雨水调蓄

8.5.1 雨水调蓄的概念

雨水调蓄是雨水调节和储存的总称。传统意义上雨水调节的主要目的是削减洪峰流量。利用管道本身的空隙容量调节流量是有限的,如果在城市雨水系统设计中利用一些天然洼地和池塘作为调蓄池,将雨水径流的高峰流量暂存其内,待雨流量下降后,从调蓄池中将水慢慢地排出,则可降低下游雨水干管的尺寸,提高区域防洪能力,减少洪涝灾害。此外,当需要设置雨水泵站时,在泵站前设置调蓄池,可降低装机容量,减少泵站的造价。雨水利用系统中的雨水调蓄,是为满足雨水利用的要求而设置的雨水暂存空间,待雨停后将储存的雨水净化后再使用。通常,雨水调蓄兼有调节的作用。当雨水调蓄池中仍有部分雨水时,则下一场雨的调节容积仅为最大容积和未排空水体积的差值。

在雨水利用尤其是雨水的综合利用系统中,调节和储存往往密不可分,两个功能兼而有之，以下称之为雨水调蓄池。在雨水利用系统中还常常作为沉淀池；一些天然水体或合理设计的人造水体还具有良好的净化和生态功能。有时可根据地形、地貌等条件，结合停车场、运动场、公园、绿地等建设集雨水调蓄、防洪、城市景观、休闲娱乐等于一体的多功能调蓄池。

8.5.2 雨水调蓄的方式与设施

8.5.2.1 雨水调蓄池

雨水调蓄池的方式有许多种，根据建造位置不同，可分为地下封闭式、地上封闭式、地上开敞式等。地下封闭式调蓄池的作法可以是混凝土结构、砖石结构、玻璃钢结构、塑料与金属结构等；地上封闭式调蓄池的常见作法有玻璃钢结构、塑料与金属结构等，地上开敞式常利用天然池塘、洼地、人工水体、湖泊、河流等进行调蓄。

雨水调蓄池的位置一般设置在雨水干管（渠）或有大流量交汇处，或靠近用水量较大的地方，尽量使整个系统布局合理，减少管（渠）系的工程量。

1. 地下封闭式调蓄池

目前地下调蓄池一般采用钢筋混凝土结构或砖石结构，其优点是：节省占地，便于雨水重力收集；避免阳光的直接照射，保持较低的水温和良好的水质，藻类不易生长，防止蚊蝇滋生；安全。由于该调蓄池增加了封闭设施，具有防冻、防蒸发功效，可常年留水，也可季节性蓄水，适应性强。可以用于地面用地紧张，对水质要求较高的场合。但施工难度大，费用较高。

2. 地上封闭式调蓄池

地上封闭式调蓄池一般用于单体建筑屋面雨水集蓄利用系统中，常用玻璃钢、金属或塑料制作。其优点是：安装简便，施工难度小，维护管理方便。但需要占地面空间，水质不易保障。该方式调蓄池一般不具备防冻功效，季节性较强。

3. 地上开敞式调蓄池

地上开敞式调蓄池属于一种地表水体，其调蓄容积一般较大，费用较低，但占地较大，蒸发量也较大。地表水体分为天然水体和人工水体。一般地表敞开式调蓄池体应结合景观设计和小区整体规划以及现场条件进行综合设计。设计时往往要将建筑、园林、水景、雨水的调蓄利用等以独到的审美意识和技艺手法有机地结合在一起，达到完美的效果。

地表水体的一个突出问题是由于阳光的照射和光合作用，容易生长藻类，使水质恶化，许多保护不好的景观水体存在这方面的严重问题。最重要的是严格控制进入水体的氮、磷含量，保证一定的水深和循环水量，种植足够的水生植物，使水体具有较强的自净功能。

8.5.2.2 雨水管道调蓄

雨水也可直接利用管道进行调蓄。管道调蓄可以与雨水管道排放结合起来一起考虑，超过一定水位的水可以通过溢流管排出。溢流口可以设置在调蓄管段上游或下游。由于雨水管系设有溢流口，所以对调蓄管段上游管系不会加大排水风险。

8.5.2.3 雨水调蓄与消防水池的合建

雨水水质等条件满足要求时，雨水调蓄水池可以与消防水池合建，但由于雨水的季节性和随机性，此时必须设计两路水源给消防水池供水。其他用水严禁使用消防储备水。一般可设置自动控制系统,在用水过程中,当池中水位到达设定的消防储备水位时,其他用水供水系统应自动停泵。当水位低于设定的消防水位时应自动启动自来水补水系统,还可设定自来水补水高水位,控制自来水补水系统自动停泵,自来水补水高水位可以与雨水进水低水位平齐,其上是雨水调蓄空间。

对城市雨水利用系统,一般的雨水储存最大的问题是储存池容积受到限制,不容易达到明显调蓄暴雨水峰的目的。为了更多地调蓄雨水,占地和投资都会很大,调蓄设施的闲置时间很长,影响雨水利用系统的经济性,在我国许多降雨比较集中、暴雨又较多的城市,这个问题尤为突出。

我国许多的城市都同时面临严重缺水、雨水径流对城市水系的严重污染和城区多发性水涝的困扰,土地资源也越来越紧缺和昂贵。因此,开展多功能调蓄技术研究和应用无疑符合城市可持续发展的战略思想,对我国许多城市生态环境的保护和修复,都具有重大意义。

8.6 雨水处理与净化技术

根据雨水的不同用途和水质标准,城市雨水一般需要通过处理后才能满足使用要求。常规的各种水处理技术及原理都可以用于雨水处理。同时要注意城市雨水的水质特性和雨水利用系统的特点,根据其特殊性来选择、设计雨水处理工艺。

雨水处理可以分常规处理和非常规处理。常规处理指经济适用、应用广泛的处理工艺,主要有沉淀、过滤、消毒和一些自然净化技术等;非常规处理则是指一些效果好,但费用较高或适用于特定条件下的工艺,如活性炭技术、膜技术等。

8.6.1 沉淀技术

8.6.1.1 雨水沉淀机理

1. 雨水沉淀类型

沉淀通常可分为四种类型:自由沉淀、絮凝沉淀、成层沉淀和压缩沉淀,关于沉淀的理论分析与描述可参考其他水处理书籍。雨水水质的特点决定其主要为自由沉淀,沉淀过程相对比较简单。雨水中密度大于水的固体颗粒在重力作用下沉淀到池底,与水分离。沉淀速率主要取决于固体颗粒的密度和粒径。

但雨水的实际沉淀过程也很复杂,因为不同的颗粒有不同的沉降速率,一些密度接近于水的颗粒可能在水中停留很长时间。而且,对降雨过程中的连续流沉淀池,固体颗粒不断随雨水进入沉淀池,流量随降雨历时和降雨强度变化,水的紊流使颗粒的沉淀过程难以精确描述。

在雨水利用系统中,如果不考虑降雨期间进水过程,雨停后池内基本处于静止沉淀状态,沉淀的效果很好。

2. 雨水的沉淀性能

城市雨水有较好的沉淀性能。但由于各地区土质、降雨特性、汇水面等因素的差异,造成雨水中的可沉悬浮固体颗粒的密度、粒径大小、分布及沉速等不同,其沉降特性和去除规律也不尽相同。

沉淀的去除率和初始浓度有关,初始浓度越高,沉淀去除率也越高。不同初始浊度的径流雨水达到相同去除率时所需沉淀时间不同。

8.6.1.2 雨水沉淀池的设计

雨水沉淀池可以按照传统污水沉淀池的方式进行设计,如采用平流式、竖流式、辐流式、旋流式等,其目的是将雨水中固体颗粒在流动过程中从水中分离。考虑降雨的非连续性,也可根据雨水沉淀的特点设计为静态沉淀池,与调蓄池共用,以减少投资。在降雨过程中首先将雨水收集至调蓄池,待雨停后再静沉一定时间,将上清液取出使用或排入后续处理构筑物。当雨水中含有较多的砂粒等颗粒物且雨水利用系统规模较大时,也可以在调蓄池之前设计旋流式沉砂池。具体设计时应根据系统设计目的、场地、水质、后续工艺和运行要求等情况加以选择。由于城市用地紧张和收集雨水的高程关系要求,雨水沉淀池多建于地下。根据规模的大小和现场条件,雨水沉淀池一般可采用钢筋混凝土结构、砖石结构等。如果选用塑料等有机材料,在酸雨较多的地区可添加适量的硅、钙以中和雨水的酸性。有条件时,最好能利用已有的水体作调蓄、沉淀之用,可大大降低投资。如景观水池、湿地水塘等,后者还有良好的净化作用。如水质较差,可考虑设计前置沉淀塘来保护整个系统的正常运行和维护。

在污水沉淀池设计中,颗粒沉速(或表面负荷)是关键设计参数。但在雨水沉淀中,由于雨水的随机性、非连续性等,流量、水质等都不稳定,沉淀池的形态、工作方式等也不完全同于污水沉淀池,故在许多场合下难以用颗粒沉速进行设计计算。

对雨水沉淀池(塘),将沉淀时间作为设计和控制参数更便于应用。国内目前还没有雨水沉淀池的设计规范和标准。间歇运行的雨水收集沉淀池(兼调蓄),可按沉淀时间不小于 2 h 来控制。有条件的可根据当地雨水沉淀试验确定设计运行参数。实际应用中,雨水沉淀时间应根据项目所在地的汇水面特性、雨水水质情况、降雨情况、工艺流程和用水要求等具体情况而定。

8.6.2 过滤

8.6.2.1 雨水过滤机理

过滤可以去除雨水中悬浮物,同时部分有机物、细菌、病毒等将随悬浮物一起被除去。残留在滤后水中的细菌、病毒等在失去悬浮物的保护或依附时,在滤后消毒过程中也容易被杀灭。雨水过滤是使雨水通过滤料或多孔介质等,以截留水中的悬浮物质,从而使雨水得到净化的物理处理法。这种方法即可作为用以保护后续处理工艺的预处理,也可用于最终的处理工艺。雨水过滤的处理过程主要是悬浮颗粒与滤料颗粒之间黏附作用和物理筛滤作用。在过滤过程中,滤层空隙中的水流一般属于层流状态。被水流携带的颗粒将随着水流运动。当水中颗粒迁移到滤料表面上时,在范德华引力和静电力相互作用及某些化学键和某些特殊的化学吸附力下,被黏附于滤料颗粒表面,或者滤料表面上原先黏附的颗粒上。此外,也会有一些絮凝颗粒的架桥作用;在过滤后期,表层筛滤作用会更明显。

直接过滤对 COD 的去除率较低,根据水质的不同有时可能仅为 25% 左右,而接触过滤可达 65% 以上,接触过滤对 SS 的去除率可达 90% 以上,对雨水中的 TN 去除率达 30% 以上,金属去除率达 60% 以上,细菌去除率达 35%~70%。

8.6.2.2 雨水过滤池类型与方式

1. 雨水过滤池的类型

(1)表面过滤。表面过滤是指利用过滤介质的孔隙筛截留悬浮固体,被截留的颗粒物聚积在过滤介质表面的一种过滤方式。根据雨水中固体颗粒的大小及过滤介质结构的不同,表面过滤可以分为粗滤、微滤、膜滤。粗滤以筛网或类似的带孔眼材料为过滤介质,截留粒径约在 100 μm 以上的颗粒;微滤所截留的颗粒粒径约为 0.1~100 μm,所用的介质有筛网、多孔材料等,在截污挂篮中铺设土工布属于此类;膜滤所用过滤介质为人工合成的滤膜,电渗析法、纳滤法即属于这一类。膜滤在雨水净化中较少采用,仅在雨水回用有较高水质要求和有相应的费用承受能力时采用。

(2)滤层过滤。滤层过滤是指利用滤料表面的黏附作用截留悬浮固体,被截留的颗粒物分布在过滤介质内部的一种过滤方式。过滤介质主要是砂等粒状材料,截留的颗粒主要是从数十微米到胶体级的微粒。

(3)生物过滤。生物过滤是指利用土壤-植物生态系统的一种技术,是机械筛滤、植物吸收、生物黏附和吸附、生物氧化分解等综合作用截留悬浮固体和部分溶解性物质的一种过滤方式,因此效果较好。

2. 雨水过滤的方式

用粒状材料的雨水滤池有多种方式,有代表性的是直接过滤和接触过滤。雨水水质较好时可以采用直接过滤或接触过滤。直接过滤即雨水直接通过粒状材料的滤层过滤;接触过滤是在进入过滤设施之前先投加混凝剂,利用絮凝作用提高过滤效果。根据工作压力的大小可以选用普通滤池或压力过滤罐。滤池由进水系统、滤料、承托层、集水系统、反冲洗系统、配水系统、排水系统等组成。

8.6.3 消毒

8.6.3.1 雨水消毒方法选择

雨水经沉淀、过滤或滞留塘、湿地等处理工艺后,水中的悬浮物浓度和有机物浓度已较低,细菌的含量也大幅度减少,但细菌的绝对值仍可能较高,并有病原菌的可能。因此,根据雨水的用途,应考虑在利用前进行消毒处理。

消毒是指通过消毒剂或其他消毒手段灭活雨水中绝大部分病原体,使雨水中的微生物含量达到用水指标要求的各种技术。雨水消毒也应满足两个条件:经消毒后的雨水在进入输送管以前,水质必须符合相关用水的细菌学指标要求;消毒的作用必须一直保持到用水点处,以防止出现病原体危害或再生长。

雨水中的病原体主要包括细菌、病毒及原生动物胞囊、卵囊三类,能在管网中再生长的只有细菌。消毒技术中通常以大肠杆菌类作为病原体的灭活替代参数。消毒方法包括物理法和化学法。物理法主要有加热、冷冻、辐照、紫外线和微波消毒等。化学法是利用各种化学药剂进行消毒,常用的化学药剂为各种氧化剂(氯、臭氧、双氧水、碘、高锰酸钾等)。

雨水的水量变化大,水质污染较轻,而且利用具有季节性、间断性、滞后性,因此宜选用价格便宜、消毒效果好、具有后续消毒作用以及维护管理简便的消毒方式。建议采用技术最为成熟的加氯消毒方式,小规模雨水利用工程也可以考虑紫外线消毒或投加消毒剂的方法。根据国内外实际的雨水利用工程运行情况,在非直接回用不与人体接触的雨水利用项目中,消毒可以只作为一种备用措施。不宜采用加热消毒、金属离子消毒。

8.6.3.2 雨水消毒方式

1. 液氯消毒

液氯与水反应所产生的 ClO^- 是极强的消毒剂,可以杀灭细菌与病原体。消毒的效果与水温、pH 值、接触时间、混合程度、雨水浊度及所含干扰物质、有效氯浓度有关。

(1)投加氯气装置必须注意安全,不允许水体与氯瓶直接相连,必须设置加氯机。
(2)液氯汽化成氯气的过程需要吸热,常采用水管喷淋。
(3)氯瓶内液氯汽化及用量需要监测,除采用自动计量外,可将氯瓶放置在磅秤上。
(4)加氯量一般应根据试验确定。
(5)氯与消毒雨水的接触时间不小于 30 min。

2. 臭氧消毒

臭氧具有极强的氧化能力,是氟以外最活泼的氧化剂,对具有顽强抵抗能力的微生物如病毒、芽孢等都有强大的杀伤力。臭氧除具有很强的杀伤力外,还具有很强的渗入细胞壁的能力,从而破坏细菌有机体链状结构,导致细菌的死亡。

3. 次氯酸钠消毒

从次氯酸钠发生器发出的次氯酸可直接注入雨水中,进行接触消毒。不同厂家技术参数不同,有效氯产量一般为 50~1 000 g/h。

4. 紫外线消毒

水银灯发出的紫外光,能穿透细胞壁并与细胞质反应而达到消毒的目的。紫外线消毒器多为封闭压力式,主要由外筒、紫外线灯管、石英套管和电气设施等组成。紫外光波长为 2 500~3 600 A 的杀菌能力最强。因为紫外光需要照透水层才能起消毒作用,故水中的悬浮物、有机物和氨氮都会干扰紫外光的传播,水质越好,光传播系数越高,紫外线消毒的效果也越好。紫外线消毒也可作为规模较大的雨水利用工程的选择方案。

为使水流能接触光线、有较好的照射条件,应在设备中设置隔板,使水流产生紊流。设备中水流力求均匀,避免产生死角,使水流处在照射半径范围之内。照射强度为 0.19~0.25 $W \cdot s/cm^2$,水层的深度为 0.65~1.0 cm。

5. 二氧化氯消毒

二氧化氯(ClO_2)以自由基单体存在,对大肠杆菌、脊髓灰质炎病毒、甲肝病毒、兰泊氏贾第虫胞囊等均有很好的杀灭作用,效果优于自由性氯消毒,pH 值在 8.5~9.0 范围内的杀菌能力比 pH 值为 7 时更有效;二氧化氯的残余量能维持很长时间。

8.7 雨水自然净化技术

8.7.1 植被浅沟与缓冲带技术

植被浅沟和植被缓冲过滤带既是一种雨水截污措施,也是一种自然净化措施。当径流通过植被时,污染物由于过滤、渗透、吸收及生物降解的联合作用被去除,植被同时也降低了雨水流速,使颗粒物得到沉淀,达到雨水径流水质控制的目的。

植被浅沟和缓冲带具有下列特点:可以有效地减少悬浮固体颗粒和有机污染物,植被浅沟的 SS 去除率可以达到 80% 以上,植被缓冲带可达 5%~25%,对 Pb、Zn、Cu、Al 等部分金属离子和油类物质也有一定的去除能力;植被能减小雨水流速,保护土壤在大暴雨时不被冲刷,减少水土流失;可作为雨水后续处理的预处理措施,可以与其他雨水径流污染控制措施联合使用;建造费用较低,自然美观;具有雨水径流的汇集排放与净化相结合的功能,并具有绿化景观功能。

8.7.2 生物滞留系统技术

生物滞留设施类似于植被浅沟和缓冲带,是在地势较低的区域种植植物,通过植物截留、土壤过滤滞留处理小流量径流雨水,并可对处理后雨水加以收集利用的措施。生物滞留适用于汇水面积小于 1 hm^2 的区域,为保证对径流雨水污染物的处理效果,系统的有效面积一般为该汇水区域的不透水面积的 5%~10%。生物滞留系统是由表面雨水滞留层、种植土壤覆盖层、植被及种植土层、砂滤层和雨水收集等部分组成。

表面雨水滞留层是指在系统表面留有一定低于周边地表标高的空间,用以收集径流雨水以及当径流量大时暂时储存雨水。

种植土壤覆盖层是指在种植土表层铺树叶、树皮等覆盖物,防止雨水径流对表面土层的直接冲刷,减少水土流失。还可以使植物根部保持潮湿,为生物生长和分解有机物提供媒介,并过滤污染物。

植被及种植土层是指用于过滤径流雨水,种植土层可用 50% 的砂性土和 50% 的粒径约 2.5 mm 左右的炉渣组成。植物选择上需要注意的是应选择当地的常见树木、灌木以及草本植物,品种最好保持在三种以上。

砂滤层是指在砂滤层和种植土层间添加 200 g/m^2 的土工布,用于防止土层被侵蚀进入砂滤层堵塞渗管。渗管开孔率不小于 2%,砂滤层采用黄豆粒大小的滤料。

8.7.3 雨水土壤渗滤技术

人工土壤-植被渗滤处理系统应用土壤学、植物学、微生物学等基本原理,建立人工土壤生态系统,改善天然土壤生态系统中的有机环境条件和生物活性,强化人工土壤生态系统的功能,提高处理的能力和效果。特别是把雨水收集、净化、回用三者结合起来,构成一个雨水处理与绿化、景观相结合的生态系统。是一种低投资、节能、运行管理简单、适应性广的雨水处理技术。适用于城市住宅小区、公园、学校、水体周边等。

雨水土壤渗滤技术实质是一种生物过滤。其核心是通过土壤-植被-微生物生态系统净化功能来完成物理、化学、物理化学以及生物等净化过程。土壤渗滤的作用机理包括土壤颗粒的过滤作用、表面吸附作用、离子交换、植物根系和土壤中生物对污染物的吸收分解等。

天然土和人工配制土的渗滤对雨水主要污染物有明显的去除净化作用。并表现出具有耐冲击负荷能力和良好的再生功能。说明土壤中微生物群通过适应与驯化,对雨水中主要污染物有分解能力。人工土的渗透系数可得到 10^{-5}~10^{-3} m/s 数量级,还具有良好的通透性,改善了土壤的物化条件和微生物栖息条件,有更强的净化能力。土壤垂直渗滤净化效果与渗透深度密切相关,人工土 1 m 深 COD 去除率可达 70%~80%,天然土 1 m 深 COD 去除率可达 60% 左右,即地表 1~1.5 m 厚土壤层可去除大部分有机污染物。由于土壤较强的净化与再生能力,经合理设计与控制,雨水径流通过天然绿地或人工渗透装置的渗滤,可得到较好的水质。通过控制汇水面的污染、采用初期弃流装置和保证至地下水位有足够的土层,是控制地下水免受污染的有效措施。

8.7.4 雨水湿地技术

城市雨水湿地大多为人工湿地,它是一种通过模拟天然湿地的结构和功能,人为建造、控制和管理的与沼泽地类似的地表水体,它利用自然生态系统中的物理、化学和生物的多重作用来实现对雨水的净化作用。根据规模和设计,湿地还可兼有削减洪峰流量、调蓄利用雨水径流和改善景观的作用。雨水人工湿地作为一种高效的控制地表径流污染的措施,投资低,处理效果好,操作管理简单,维护和运行费用低,是一种生态化的处理设施,具有丰富的生物种群和很好的环境生态效益。

雨水人工湿地根据不同的目的、内容、建造方法和地点等可分为不同的类型。按雨水在湿地床中流动方式的不同一般可分为表流湿地和潜流湿地两类。

表流湿地系统也可称水面湿地系统,在地下水位低或缺水地区,通常是衬有不透水材料层的浅蓄水池,防渗层上充填土壤或沙砾基质,并种有水生植物,大部分有机污染物的去除是依靠生长在植物水下部分的茎、秆上的生物膜来完成的。其与自然湿地最为接近,因而,这种系统难以充分利用生长在填料表面的生物膜和生长丰富的植物根系对污染物的降解作用,其处理能力较低。同时,管理不好时,这种湿地系统的卫生条件较差,易在夏季生长蚊虫,产生臭味而影响湿地周围环境;在冬季,尤其我国北方地区则易发生表面结冰问题。但该系统所需投资较低。

潜流湿地系统亦称渗滤湿地系统,其一方面可以充分利用填料表面生长的生物膜、丰富的植物根系及表层土和填料的截留等作用,以提高其处理效果和处理能力;另一方面则由于水流在地表以下流动,故有保湿性较好、处理效果受气候影响小、卫生条件较好的特点。故该系统更适合于寒冷地区,不易产生蚊蝇。但若有机物负荷太高时,该系统易发生堵塞,所以通常在该系统前设置一个沉淀过程以去除悬浮固体,此外常设多个进口,尽可能地分散悬浮固体以避免堵塞。潜流湿地由于需换填沙砾等基质,建造费用比表流湿地系统要高。

潜流系统可以设计为平流或垂直流。平流式潜流湿地能有效地降解有机物和悬浮固体,去除病原体的效果极佳,但由于相对缺氧,氨的硝化较难进行。垂直流式潜流系统可以间歇配水促进氨硝化,而且交替运行的潮湿期和干燥期可以提高基质的固磷作用。如果能将垂直流式和平流式潜流湿地串联起来联合使用,则可以取得较彻底的处理效果。

8.7.5 雨水生态塘技术

雨水生态塘是指能调蓄雨水并具有生态净化功能的天然或人工水塘。雨水生态塘按常态下有无水可分为:干塘、延时滞留塘和湿塘三类。

干塘通常在无暴雨时是干的。用来临时调蓄雨水径流,以对洪峰流量进行控制,并兼有水处理功能。

延时滞留塘时干时湿,提供雨水暂时调蓄功能,雨后缓慢地排泄贮存的雨水。

湿塘是一种标准的永久性水池,塘内常有水。湿塘可以单独用于水质控制,也可以和延时塘联合使用。

雨水生态塘的主要目的有:水质处理;削减洪峰与调蓄雨水;减轻对下游的侵蚀。在住宅小区或公园,雨水生态塘通常设计为湿塘,兼有储存、净化与回用雨水的目的,并按照设计标准排放暴雨。设计良好的湿塘也是一种很好的水景观,适合大量动植物的繁殖生长,改善城市和小区环境。雨水生态塘作为净化措施其主要去除机理是去除沉淀和生物作用。能去除的污染物包括悬浮颗粒、氮、磷和一些金属离子。

8.8 雨水综合利用系统

8.8.1 雨水综合利用系统

雨水综合利用系统是指通过综合性的技术措施实现雨水资源的多种目标和功能,这种系统将更为复杂,可能涉及包括雨水的集蓄利用、渗透、排洪减涝、水景、屋顶绿化甚至太阳能利用等多种子系统的组合。

雨水综合利用系统的设计是一个更为复杂的过程。关键是处理好子系统间的关系、收集调蓄水量与渗透水量的关系、水质净化处理的关系、投资的关系、直接的经济效益与环境效益的关系等。组合的子系统越多,需要考虑和处理的关系也越多,设计也就越复杂,有时利用计算机辅助设计和水环境专家系统是一种有效的手段。

在新建生活小区、公园或类似的环境条件较好的城市园区,将区内屋面、绿地和路面的雨水径流收集利用,达到显著削减城市暴雨径流量和非点源污染物排放量、优化小区水系统、减少水涝和改善环境等效果。因这种系统涉及面宽,需要处理好初期雨水截污、净化、绿地与道路高程、建筑内外雨水收集排放系统、水量的平衡等各环节之间的关系。具体做法和规模依据园区特点的不同,一般包括水景、渗透、雨水收集、净化处理、回用与排放系统等。有些还包括集屋顶绿化、太阳能、风能利用和水景于一体的生态区和生态建筑。

对包括雨水利用子系统的小区水景观复杂体系,需要进行综合性的规划设计和科学合理的设计流程来保证整个系统的成功,避免常见的环节缺失、赶进度或程序不当等造成的设计和工程失误。

项目资料收集主要包括建设场地的水文地质资料、气象资料、水资源和水环境状况资料、市政设施资料等尽可能详细的基础资料,这些资料有助于按实际条件对水景观的建设规模或目标设计一个合理的初步意向。

作为小区总体规划的一部分,在水景观的立项阶段,开发商应对水体的大致面积、生态性、经济性等提出具体的指导性意见和要求,避免对"水"的盲目追求,导致后续设计上的败笔或此后对总体规划做大的调整。立项后,规划设计者在小区的总体规划中对水景进行概念规划,给出水体的类型、位置和规模等。

在水景观规划设计阶段,设计者需要对水景观概念方案进行评估和方案的细化设计,主要工作内容包括水量平衡分析，水景的补水、雨水收集利用、再生水利用等方案设计，水景的面积、水深与防洪调蓄能力的调整，水体结构考虑，水生动植物选择与分布等生态系统设计，污染控制措施与水质保障设计等。显然，这是一个涉及到多学科专业的复杂的系统工程，并涉及到一些新的设计理念和技术，又直接关系到水景观实施的投资、运行费用和最后效果，因此，需要认真和反复地进行方案比选和调整，力争实现最优设计方案。该项工作最好由有经验并具有多学科综合规划设计能力的设计者或公司来完成。

当水景观规划设计完成之后，还应该形成水景观分项设计任务书，再由各专业设计公司分别进行实施方案或施工图设计。

8.8.2 屋顶绿化

城市化进程的加速使城市生态环境不断遭受破坏。营造以崇尚自然、回归自然为主旨的绿色生态型城市，已成为城市人居环境建设的发展趋势。目前城市用地日趋紧张，城市绿地的发展受到限制，屋顶绿化已受到越来越多的重视。

屋顶绿化是指在各类建筑物、构筑物、桥梁等的屋顶、露台或天台上进行绿化和种植树木花卉的统称。

我国内地从 20 世纪 60 年代开始研究屋顶绿化的建造技术，70 年代我国第一个大型屋顶绿化工程在广州东方宾馆(10 层)屋顶建成。它是我国建造最早，并按统一规划设计与建筑物同步建成的屋顶绿化工程。20 世纪 80 年代开始，在个别大城市出现了一批较为著名的屋顶绿化工程，如北京长城饭店、北京林业大学主楼、成都饭店、兰州园林局办公楼。目前我国多数城市已逐步展开屋顶绿化工作，如深圳市政府 1999 年 11 月已明文规定："高层建筑屋顶，都要种植植物，进行绿化和营造屋顶花园。"2002 年又进一步提出"对现有建筑物第五立面，采取政府给予一定补偿的形式，进行绿化改造"。迄今深圳市已完成屋顶绿化 181 万 m^2；珠海市倡议"美化建筑第五面"，要求新建建筑实施屋顶绿化，已有建筑也应根据条件尽可能地实施屋顶绿化。

屋顶绿化对改善城市环境的作用如下：

1. 提高城市绿化率和改善城市景观

城市人均绿化面积是衡量城市生态环境质量的重要指标。据国际生态和环境组织的调查：要使城市获得最佳环境，人均占有绿地需达到 60 m^2 以上。屋顶绿化使绿化向空间发展，为提高城市绿化面积提供了一条新的途径。

2. 调节城市气温与湿度

城市"热岛效应"是指城市中心地带比市郊夜晚的温度高出很多的现象，该现象正在大城市中逐步扩散。传统的深色屋面，尤其是直晒的屋面，吸热量大却很难冷却，对"热岛效应"具有加强的作用，屋顶绿化能够缓解这个现象。有试验表明，屋顶绿化对"热岛效应"的减弱量可达 20%，如果普遍推广，就有助于调节改善城市的气温。屋顶绿化对城市环境湿度也有显著改善：一方面，绿色植物的蒸腾和潮湿土壤的蒸发会使空气的绝对湿度增加；另一方面，由于绿化后温度有所降低，其相对湿度也会明显增加。

3. 改善建筑物屋顶的性能及温度

没有屋顶绿化覆盖的平屋顶，夏季阳光照射，屋面温度很高，最高可达 80 ℃ 以上；冬季冰雪覆盖,夜晚温度最低可达-20 ℃,较大的温度梯度使屋顶各类卷材和黏结材料经常处于热胀冷缩状态,加之紫外线长期照射引起的沥青材料及其他密封材料的老化现象,屋顶防水层较易遭到破坏造成屋顶漏水。我国部分城市的"平改坡"工程主要解决的就是这一问题。

屋顶绿化为保护屋面防水层、防止屋顶漏水开辟了新的途径。经过绿化的屋顶由于种植层的阻滞作用,屋面内外表面的温度波动较小,减小了由于温度应力而产生裂缝的可能性。有资料表明,夏季绿化较好的屋顶种植层下表面的温度仅为 20~25 ℃。同时,由于屋面不直接接受太阳直射,延缓了各种防水材料的老化,也增加了屋面的使用寿命。

4. 削减城市雨水径流量

屋顶经绿化后,由于植物对雨水的截留、蒸发作用以及人工种植土对雨水的吸纳作用,屋面汇流的雨水量可大幅降低。有资料介绍,绿化的屋顶径流系数可下降到 0.3。屋顶绿化削减雨水径流量,有利于城市的防洪排涝,相应提高防涝标准;同时,随着绿化屋顶的日益增多,可减少雨水资源的流失,调节雨水的自然循环和平衡。

5. 削减城市非点源污染负荷

(1)减轻大气污染。屋顶绿化减轻大气污染主要表现在两方面:减少灰尘和吸收二氧化碳。

屋顶绿化对大气中灰尘的降低有两条途径:①降低风速。种植植物可增大屋面的粗糙程度,增大风的摩擦阻力;同时,屋顶绿化对"热岛效应"的减弱,在一定程度上也减弱了热岛环流,使风速减小。随着风速的降低,空气中携带的灰尘也随之下降。②吸附作用。绿色植物叶片表面生长的绒毛有皱褶且能分泌黏液,能够阻挡、过滤和吸附各种尘埃。与地面植物相比,屋顶植物生长位置较高,能在城市空间中多层次地拦截、过滤和吸附灰尘,提高减尘效果。

(2)削减雨水污染负荷。屋面雨水污染负荷包括两部分:降雨污染负荷和屋面径流污染负荷。降雨污染负荷是指降雨过程中雨水与大气中污染物质接触所形成的污染负荷。屋面径流污染负荷是指雨水在屋面汇流冲刷过程中所形成的污染负荷。未经绿化的屋面径流雨水尤其是初期径流污染会比较严重。

屋顶绿化主要可以从三个方面削减雨水中的污染物质:①通过屋顶绿化层截留、吸纳部分天然雨水,并逐渐利用植物和人工种植土层中微生物的作用降解所蓄集的污染物质。②利用土壤渗透过程净化天然雨水中的部分污染物质。③杜绝了沥青等屋面材料对径流雨水的污染。

绿化屋面产生的径流具有更好的水质,有利于后续的收集利用。事实上,绿化屋面也是一种特殊的雨水收集净化设施。

8.9 雨水水文循环途径的修复

从地球系统的水循环与水量平衡来看,天然降水是维持整个陆地生态系统的基础,是地表、地下径流的来源。

传统的城市规划及建筑设计习惯于将雨水当作"洪水猛兽",都是以"将地面降雨尽快排入城市雨水管网、尽快入河入海"为首要原则,贯彻的是使雨水尽快远离城市这一传统的防水思路。这就忽略了蓄存、调节雨水是涵养地下水和补充地表枯水流量的水文循环规律。

随着城市化进程的不断深入,市区原有的自然环境(如森林、农田、牧场等)被建筑物、构筑物及硬化地面所取代,原有疏松透气的地表被混凝土、沥青、砖石等坚硬密实的不透水材料所取代。在现代城市中,除了散布于市区的公园绿地及天然水体以外,整个市区几乎被一张不透水的大网所笼罩,它阻隔了雨水向市区下部土壤的渗透,截断了地下水径流,严重影响了城区雨水的水文循环。造成雨季市区雨水成灾,枯水期小河干涸的局面。

我国绝大多数城市是以地下水资源和天然降水资源作为城市水资源供应的主渠道,而地下水资源主要借助于包括雨水在内的天然降水加以补充。目前城市地下水的过量开采造成城市市区下层地下水降落漏斗,越靠近市区中心漏斗越深。因此,充分利用天然降水特别是雨水的渗透是有效补充城市地下水及解决城市水资源短缺的重要途径。所以,雨水水文循环的修复是建立健康水循环的重要方面。

8.9.1 雨水水文循环途径修复措施

雨水水文循环途径的修复主要是通过雨水渗透和贮存来完成的。屋面、庭院、道路上的降雨经收集系统进入渗水设施——渗透井和渗水沟可将雨水渗入地下。设施的渗透能力是以 m^3/h 或 L/min 来表示的,如果除以集水区域的面积(比如屋顶面积或庭院面积)就称为渗透强度,与降雨强度单位相同(mm/min)。雨水渗透设施设计时,常应用雨水渗透率的概念,即渗入土壤中的雨水占总雨量的比例。

雨水贮存设施主要有市区水面的雨水径流调节,用庭院中和建筑物地下修建的贮水池来贮留雨水,达到抑制暴雨径流和雨水利用的目的。目前雨水贮留利用在世界上已经越来越受到重视。

8.9.2 雨水渗透利用效果

雨水渗透利用对于维持城市水资源供需平衡,增加当地溪流和地下水枯水季节补给水量,保护城市水环境具有重要意义。我国在这个领域的实践还刚刚起步,尚缺乏系统研究,以下以日本相关研究资料为例分析。

日本昭岛市内一个占地 27.8 hm^2 的住宅区,分成面积相当的两个区域。一个区域内集中建设了雨水渗透井 40 座,渗透管渠 637 m,渗水铺砌 2 405 m^2,另一个区域只修建了常规雨水道。该区对 1990 年 8 月 9 日和 9 月 30 日的两场降雨进行了观测。观测结果如图 8.11、8.12 所示。从图中可以看出 1990 年 8 月 9 日的降雨属于时大时小的雨型,总雨量为 134.5 mm。由于人工渗透设施的设置,径流系数由 0.64 降至 0.09。1990 年 9 月 30 日的降雨属于后期大强度型,总雨量为 154.5 mm。径流系数由 0.72 降至 0.29。可见起到了很好的削减洪峰流量和径流总量的作用。

雨水循环途径的修复对地下水涵养及中小河川的枯水季节流量的恢复也有显著作用。日本关东地区有几个中小河川流域,在 50% 的建筑住宅中,设置了屋面集水和渗透井系统。设计渗透强度为 5 mm/min,结果这些流域地下水位都有所上升。如图 8.13 所示,平均上升了 1~2 m。

根据达西法则,地下水位上升,就会增加泉涌水量。世田谷区为涵养地下水,保护名泉,从 20 世纪 80 年代就开始了设置雨水渗透设施,经 20 年的努力已初见成效,见表 8.3。

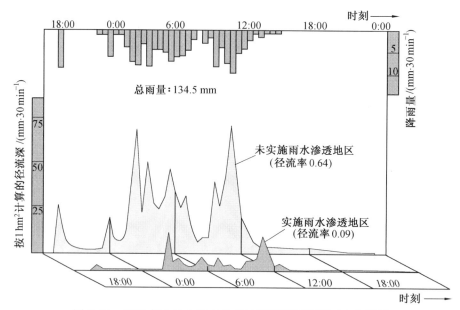

图 8.11　1990 年 8 月 9 日本关东地区降雨径流逐时变化图示

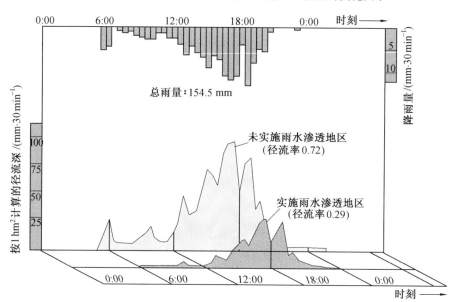

图 8.12　1990 年 9 月 30 日日本关东地区降雨径流逐时变化图示

表 8.3　东京都世田谷区见池涌水的枯竭状况

项　　目	1988 年	1995 年
渗透井设置个数/座	20	901
涌水枯竭期	1988.1.31 始持续 52 d	1955.2.10 始持续 34 d
枯竭期间的降水量/mm	194.5	93.0
枯竭前 3 个月的降水量/mm	139.0	104.0
枯竭前 1 年间的降水量/mm	1 168.0	1 118.5

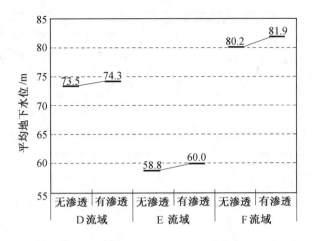

图 8.13　雨水渗透设施对地下水位恢复的效果

尽管 1995 年泉水枯竭期间和其前 3 个月和前 1 年的降雨量都少于 1988 年,但泉水枯竭天数却由 52 d 缩短至 34 d。地下水位的提高、泉水枯期的缩短、涌水量的增加,补给了中小河川的枯水流量。图 8.14 是在 50% 的住宅建设了渗水井,设计渗透强度在 5 mm/min 的条件下河川枯水量的变化情况。G 流域是一个小河川,没有过大的污水处理水排入,由于人工渗透设施的建设,枯水量由原来的 0.12 m³/s 增加到 0.29 m³/s。H 流域有大量的污水处理水流入,占据枯水流量大多数。枯水流量也由 15.7 m³/s 增加到 19.0 m³/s。

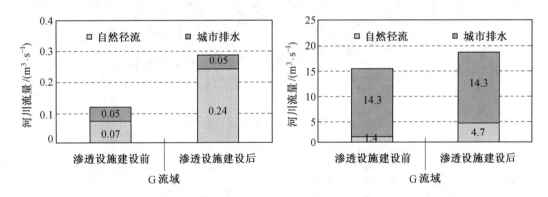

图 8.14　雨水渗透设施对丰富河川流量的效果

石神井川、神田川流域的城市化程度已超过 50%,由于设置了雨水渗透设施,如图 8.15 所示河流的枯水量一直较为稳定。与其相反,空堀川等流域没有雨水渗透设施,枯水流量则逐年下降,如图 8.16 所示。野川流域雨水渗井的座数由 1990 年的 1 500 座增加到 2000 年的 14 500 座。不但带来了枯水流量的增加,而且平均 BOD 值也在逐年下降,如图 8.17 所示。尤其是 1994~1998 年 4 年间,天神森桥断面 BOD 值由 6.5 mg/L 直线下降到 1.8 mg/L。

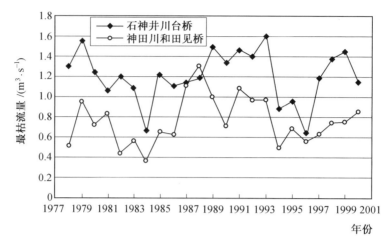

图 8.15　有雨水贮存和渗透设施河川

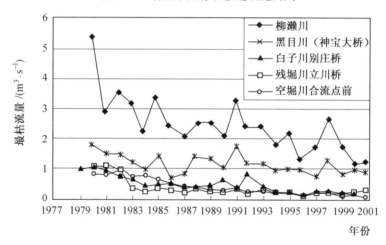

图 8.16　无雨水贮存和渗透设施河川

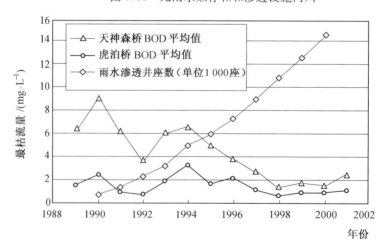

图 8.17　野川水质测定结果

第 9 章　创新的城市用水模式

9.1　创新的水资源利用模式

几乎所有的人类活动都依赖于可靠、充足的供水。纵观人类历史长河,人类社会往往都是在滨水地区繁荣昌盛、发展壮大起来的。在人类历史的绝大部分时间里,河流、湖泊是全人类发展的基础与前提。在古代文明中,对水的认识和利用主要处于受自然支配的状态,人们总是主动逐水而居,寻找可以方便使用的淡水资源,同时又可以较易避开洪涝灾害。并逐渐发展成为人口聚集、各类活动集中的聚居地,演化成为不同规模的城镇。

城镇的产生和发展,除了人类活动的主导作用外,与当地的自然地理条件紧密相连。水资源条件作为重要自然因素在城市出现的早期就得到重视,这在很大程度上决定和影响着城市的布局、生存和发展。

9.1.1　传统用水模式

城镇、村落最初利用的水源是当地就近清澈的湖水、河水、泉水、浅井水等。井水作为一种重要的水源,在古代文明中维持用水需求占据重要地位,这已经在考古学上得到证明。随着人口的增长和人类活动强度的加大,聚居地范围不断扩展,部分用户与水源之间的距离也就越来越远。随着人类科技的发展,也产生了人工运河(人工输水渠道),许多输水渠的建设水平、稳固程度都达到了一个很高的境界。例如著名古罗马输水渠,其中一些部分至今还在发挥作用。再后,科技的进步使我们能利用深层地下水作为供水水源。人工运河的出现以及地下水源的开采,使得水源的供给扩展到了比原来距离远得多、面积大得多的广阔的地域上,从而也使得城市的规模不断扩大,城市可以建设在离水源更远的地方。这时候城市的供水系统如图 9.1 所示。此时由于人口规模较小,用水量也不至于影响河流的生态基流,河流污染情况也不算严重。

虽然不少城市将河流引入运河改变流向,使人们能够方便取用,但是这种供水方式仍存在若干问题:首先居民的供水难以得到有效的保障。这些河流和运河并非总是能够轻易取得的,即使它们穿城而过,也会存在距离水源较远的街区。由于缺乏发达的配水系统,生活在那里的居民的供水就很难得到满足。

纵观 20 世纪水利建设的全过程不难看出,传统水利建设出现了三个方面的问题:一是流域水循环的短路化。随着大量堤防和水库建成后,降雨迅速汇入河道,其水量大部分被贮存在水库内,河道内的汇流又因为河道的疏浚和堤防的修建而快速地排入大海,流域的水循环时间过程加快。二是流域水循环的绝缘化。由于河流防洪工程体系的建设,河流不再泛滥,洪泛区的水循环与河流的水循环无关,在杜绝了洪水灾害的同时也中断了洪泛区的生态过程,使整个洪泛区的生态系统难以维持。三是流域生态系统的孤立化。水库的建设破坏

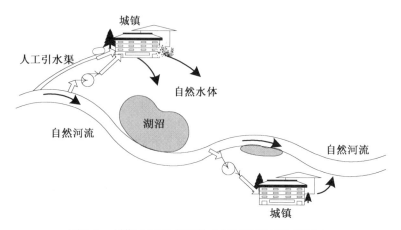

图9.1 早期人工引水渠供水使城镇发展空间扩大

了河流的连续性,堤防的建设破坏了水陆的连续性,使大量湿地消失。加上陆地渠道、公路、铁路等大型连续性的工程也割断了流域生态系统的连续性,流域内的动物难以自由移动觅食,生物通道被阻隔,连续的生态系统被分割成一个个孤立的区域,生态系统的食物链被破坏,生态系统难于保持平衡。正是这些问题的存在使流域水循环状况恶化,从而导致流域生态系统恶化。

更加严重的是污染问题,水污染使得再多的水也不能使用。因为河流和运河除了供给饮用水之外还有多种用途,例如,运输货物、农业灌溉和手工业作坊用水,从而使水质易受到污染。当然,也存在生活污水进入自然水体的风险。河流和运河网络千丝万缕,被无数的城市和村庄所共享,因此,上游的污染将会影响下游居民的用水。虽然航运和农业灌溉会使得污染物进入水中,但天然水体存在一定的自净能力,那时的航运和农业灌溉相当分散,强度也较今天低得多,并不一定会使水体污染至不能使用的程度。工业用水量集中、强度大,是当时最大的污染源。例如制革业,制革需要大量的用水,同时用后水需要排放,在污水处理观念尚未出现和重视的那个年代,除了排放到河流或者运河之外,还能排放到哪里去呢?除了工业用水之外,第二个主要的污染源就是人类生活废弃物。考古学证据表明,在远古美索不达米亚的城市中,缺乏家庭厕所、公共厕所这类卫生设施,污水横流,导致水源污染。

进入20世纪中后期以来,城市人口迅猛增长,全球城市化的进程越来越快,城市需水也日渐增加。水污染状况有增无减,给城市水源带来了更大的供给压力。许多城市周边适于取水的河流已经基本开发殆尽,河流开发利用程度不断提高,为了满足供水,人类不断地从周边和越来越远的地方获取水资源,修建了越来越多的长距离、跨流域供水工程。很多引水工程发展成为跨越几个流域甚至是一个国家的巨型工程。例如深圳市东部供水水源工程,东起惠阳市东江泵站,西到深圳市宝安区的五指耙水库,全长160 km,由东部引水工程、网络干线工程、宝安分部工程及位于市中心的调度中心组成,初期引水规模为15 m³/s,最终可达30 m³/s,工程中共有5座泵站,连接了6个水库;再如以色列的北水南调工程,贯穿整个以色列。这些远距离供水工程普遍耗资巨大、运行费用高。

总的来看,城镇发展取用水一直沿用这样一种线性思维:先从近处取水,不足时从上游或周围地区调水,用后水即排放、废弃;水资源仍不足时,考虑从更远一些的地方去调水。这种思维方式的流行,促使很多地方建设的引水工程规模越来越大、距离越来越远。这时候的取水情况如图9.2所示。

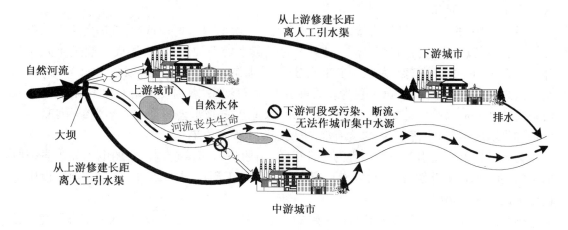

图 9.2　现代的城市取水不断修建越来越远的引水工程

9.1.2　传统用水模式的反思

直到现在,世界上许多城市的取水策略仍是基于从远处取水的思想。动辄几十公里、上百公里乃至数百公里的引水工程早已是司空见惯之事。然而,这种用水策略越来越依赖于城市内陆腹地河流上游地区水源的可用性,这种可用性面临着越来越大的挑战。尤其是在各地用水普遍增长的今天,河流上游地区的用水增加也将在所难免,下游地区可利用水资源将不断下降,从而给这种传统的城市取水模式的前景蒙上了一层阴影。在进入21世纪的今天,面临的严峻水危机迫使我们必须对这种取水策略进行反思,以便更好地利用地球上有限的、宝贵的淡水资源。

1. 日益增长的巨额费用,造成越来越重的财政负担

修建远距离引水工程就意味着是一笔巨额的投资,因此,采用远距离调水的供水方式会引起供水成本的剧增。一方面,建立新的水库会淹没大量的土地、房屋和森林,随时间的推移,支付给受淹地区居民的补偿费用越来越高,从而相应地引起水坝建设成本和供水成本的上升。另一方面,引水工程的日常运行、管理和维护费用通常也是一笔相当可观的开支,受水地区需要支付较高的水资源费,相应地增加了城市供水成本。据估算,由长江调水到北京,引水成本达 8 元/m³;由黄河万家寨调水到太原市,每立方米水成本达 5 元。

由于供水成本上升,而自来水一直是作为社会公共福利事业来运营的,因此,大部分依靠远距离引水工程供水的自来水售价都会低于其实际的制水费用。为了维持城市供水的正常运转,政府财政不得不为之提供相应的差额补贴。例如,天津市于 20 世纪 80 年代实施的引滦入津工程,引水成本达 2.3 元/m³ 左右,而天津市的自来水价格为 1.4 元/m³,不足的 0.9 元/m³ 只能依靠政府财政补贴,从而造成调水越多,财政负担就越重的状况。再如万家寨引黄入晋一期工程。1993 年,总投资达 103 亿元的山西省万家寨"引黄入晋"一期工程正式开始实施。所引黄河水经五级泵站提升,扬程 630 多米,才能到达汾河水库,因此万家寨

引黄一期工程把黄河水从晋蒙两省区交界的万家寨水库引到太原呼延水厂时,引水单位成本高达 6.98 元/m^3;再经水厂和管网到达最终用户,单位成本达 9.5 元/m^3,远高于 2003 年太原市城市 2.5 元/m^3 的综合水价。

目前,引来的黄河水虽然直接成本超过 5 元/m^3,却以 2.28 元/m^3 的价格卖给山西省黄河供水公司,黄河供水公司呼延水厂把买来的引黄水处理加压后,直接成本超过 4 元/m^3,却以 2.5 元/m^3 的价格卖给太原市自来水公司,太原市自来水公司再以 2.5 元/m^3 的价格卖给最终用户。结果是,引黄工程管理局每引 1 m^3 黄河水,就需要补贴大约 3 元;黄河供水公司每处理 1 m^3 黄河水,要补贴 1.6~1.7 元;太原市自来水公司把水卖给最终用户,由于水损和供水成本,每销售 1 m^3 的黄河水,也要补贴 1.5 元左右。

为了维持万家寨引黄一期工程的正常运转,山西省每年从全省销售的电力和煤炭征收的 10 亿元"水资源补偿费"中设置专项资金补贴引黄工程。到 2005 年,这项专项建设资金已经为此补贴约 70 亿元。

引水工程除了巨额的投资之外,还要占用大量土地,且存在被引水地区的生态环境危害等问题。但是引水工程所引起的生态环境问题以及由此产生的成本,由于难以定量计算,通常只是简单加以论述,并没有真正计入项目的投资成本之中。因此,在实际的成本计算中,目前很多跨流域调水工程没有把工程投资费用以及被引水地区的间接经济损失计算在内,仅以日常运行费用、管理费计算其成本,这与引水的真正成本相去甚远。如引黄济青工程,工程总投资 10 亿元,增加供水能力 $30×10^4$ m^3/d,工程投资为 3 333 元/(t·d)。现黄河水仅水源价格就在 1 元/m^3 左右,再加上进入水厂、工艺处理等环节,成本即在 1.60~1.80 元/m^3 之间。同时,引黄济青工程永久性占地 $4.2×10^7$ m^2,如果将这部分土地折旧计算在内的话,其成本与海水淡化的成本已不相上下。

而且,随着引水工程建设的增加,很多河流已经基本没有了筑坝蓄水的条件,使得开发新的水源和修建引水工程的难度越来越大。未来建设远距离引水工程的造价将会越来越高。城市供水成本的上升反过来又增加了城市居民的水费支出,虽然现在由政府实施补贴政策,但是,归根到底,政府财政收入仍旧是所有纳税人的钱,也就是说,尽管补贴这种支付形式不同于自来水收费,但实际上这部分差额补贴仍旧是城市居民来分担的。对于城市中的低收入阶层,对这种水价提高的承受力较低,在实际运行管理中,如何制定合理的水价政策或补贴政策,使得这些阶层可以负担得起基本的用水需求,也是一个不小的挑战。

同时,我国是最大的发展中国家,社会经济能力还不高,财政实力毕竟有限,在有限的资金情况下,越来越高的引水投资和运行费用,使得新增单位供水量的边际成本不断上升,必然会降低城市开发水源总量的能力,对城市满足未来供水需求也埋下了潜在的隐患。

2. 水量不足与水质安全

城市取水距离越远,跨越的流域数量越多,受到的风险和威胁就越大。

首先是水量的减少问题。随着各地用水的增长,能否保证引水工程的水量是值得重视的问题。退一步说,即使水资源外调区的经济发展用水不至于影响调出水资源的数量,但是在干旱年份这种威胁还是相当大的。在汛期或丰水年这个问题可能还不明显,但是如果碰上都是枯水年或干旱季节,这种引水的水量就会受到极大的威胁,难以保证城市供水。例如大连市的引碧入连工程,通过长 68 km 的输水暗渠将水从碧流河水库引至大沙河水厂。修建的引水设施规模可达 120×10^4 m³/d。这套系统在平丰水年为大连市城市供水发挥了重要的作用。但是 1999~2001 年,大连市连续发生严重干旱。截止 2001 年仲夏,大连大部分河流断流,城市供水告急,引水工程的水源地碧流河水库由于连续几年来水不足,已失去调节能力,可供水量仅有 $1\ 250\times10^4$ m³。引碧入连供水工程输水能力虽有保证,但却无用武之地。

其次是水质的污染问题。长距离的输水工程,一般很难采取全线铺设管道的方式。为了降低造价,通常会尽量利用已有的河道和渠道作为输水渠。但是这样一来,沿途经过的村庄、农田等排水造成的污染也是令人头疼的问题。例如为解决香港、深圳特区的用水紧张而建设的东深供水工程,全长 83 km,经东江左岸的东莞桥头镇取水,经过多级泵站提升 46 m,穿越石马河进入东深渠道,然后注入深圳水库,再通过涵管进入香港的供水系统。东江是广东水质保护最好的地区之一,东深供水工程吸水口处的水都基本保持在 I~II 类水质标准。但是由于经沿途工业区、农田径流、乡镇的污染,到达深圳水库时,水质已超 V 类标准。为此,2000 年 8 月东深供水工程不得不开始动工建设改造工程,投资 49 亿元,将原来 51.7 km 的天然输水河道,采用隧洞、涵管、渡槽等多种方式建设成为全封闭式专用输水管道,以避免取自东江的源水受沿线污染,保证引水工程末端的水质。

3. 河流生命的丧失,景观和地貌的改变

河流是地球上物质和能量交换的重要载体,地表径流有补给两岸地下水和湖泊池沼的水源、塑造河床和地表景观、输送泥沙等作用,是维持河流、湖泊等水生生态系统功能不可缺少的因素。河流冲积平原的形成就得益于河流上游向下游输送泥沙的沉积,而中下游河道也因每年汛期的洪水冲刷,避免泥沙过度沉积,才能保持一定的河道断面。

引水工程对工程所在地的上、下游会产生一定的影响,引起下游水量下降、流速变缓,进而影响河口地区。河口三角洲是河流与海洋潮流共同作用所形成的生产力丰富的生态系统富集地。由于河流径流量的下降,势必使得原来河口水量平衡的关系发生变化,从而导致地表景观和地貌发生变化,咸水入侵、河口萎缩。

美国科罗拉多河贯穿墨西哥和美国,由于 20 世纪 20 年代美国政府在制定分水方案时没有考虑维持河流生命所必需的基本水量,导致 1997 年科罗拉多河断流,从而引发了河道萎缩、水质恶化以及河口湿地锐减、一些野生生物失去栖息地等一系列生态危机。迄今人类文明最古老的摇篮尼罗河,近年来也频频断流。受断流影响,河口三角洲大幅度蚀退。

国外很多引水工程最终没有实施的原因,也是考虑到了这种跨流域引水工程对河流生命、当地生态环境的极大改变。例如 20 世纪 80 年代以前,前苏联制定了一个宏大的跨流域调水方案,把前苏联北冰洋盆地主要河流的水调到乌克兰和中亚共和国,计划历时 50 年,每年调水 600×10^8 m³,开发 230×10^4 hm² 的灌溉地,并减缓里海与阿拉尔海水位的下降幅度。前苏联最高苏维埃于 1982 年批准了实施计划,然而,1986 年戈尔巴乔夫政府决定停止这项计划,他认为产量的下降主要是由当时的农业体制造成的。从环境与生态方面考虑,这项工程将对迁移性鱼类产生重大影响。同时,进入北冰洋的淡水量的大幅度下降将减少海冰,从而对气候与海洋生态系统产生深远影响。

近几十年来,我国各大流域人类活动对流域地生态环境的影响正在日益强烈地显现出来。例如长江流域,由于流域内用水量的大幅度增长与不断增加的跨流域调水导致长江流量大幅下降,长江河口处水量平衡产生巨大变化,近 20 年长江口盐水入侵的频率与强度比以前显著上升。

而我国母亲河黄河的状况更加严峻。有关资料显示,自 20 世纪 70 年代以来,黄河入海年径流量逐渐变小。20 世纪 60 年代,年径流量为 $575\times10^8 \text{ m}^3$,70 年代年径流量为 $313\times10^8 \text{ m}^3$,80 年代年径流量为 $284\times10^8 \text{ m}^3$,90 年代中期年径流量为 $187\times10^8 \text{ m}^3$。在短短的几十年里,黄河入海径流总量锐减了一多半。与此同时,黄河下游多次断流,特别是进入 20 世纪 90 年代之后,断流现象更为严重,黄河断流情况如图 9.3 所示。

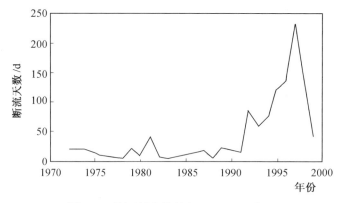

图 9.3 黄河断流情况(1972~1999 年)

黄河断流与中上游耗用水量逐年增加、下泄流量逐年减少有一定关系,但主要原因还在于黄河下游引黄灌溉用水量剧增,两岸的引水规模过大,引水量超过黄河的负载能力。与 20 世纪 50 年代相比,20 世纪 90 年代黄河下游非汛期来水减少了 $24.5\times10^8 \text{ m}^3$。

黄河季节性断流后,黄河三角洲地区缺乏足够的泥沙沉积与水量输入,地下水位下降,海水入侵,土壤盐碱化速度加快,降低了生物种群多样性,破坏了黄河下游原来的生态环境状况。

4. 城市、地区之间的冲突和潜在纠纷

流域是地球上天然的水文地理单位,在一个大流域内,经常存在不同的城市或者国家。目前世界上有 240 条以上的河流流域由两个或更多的国家共享,5 条河流由至少 7 个国家共享。例如约旦河由叙利亚、黎巴嫩、约旦和以色列共享,尼罗河流经苏丹、埃塞俄比亚、埃及等 9 个国家。流域上、中、下游国家和城市之间的用水如果没有一个强有力的协调部门和机制,常常会导致这些地区因为水资源的开发产生矛盾和冲突。尤其是那些跨国河流,这种情况更加严重。例如印度于 1951 年宣布建造法兰卡(Farakka)大坝时,就引起巴基斯坦的强烈抗议。法拉卡调水工程位于孟加拉国上游印度境内 18 km,有近 2 000 m^3/s 的水量被调往加尔各答(Calcutta)港口改善其航道的通航条件,1993 年仅有 260 m^3/s 的水量进入孟加拉国,至 1995 年,孟加拉国枯季流量下降 80%,位于孟加拉国南部面积超过 $1.2\times10^5 \text{ hm}^2$ 的全国最大的灌溉工程不得不关闭。为此,孟加拉国从 1971 年开始在随后几十年间与印度就水源分配问题进行了长期的交涉和谈判。

在某些地方,因用水的竞争而引起的内部争端已经达到白热化的程度。仍旧以印度为例,由于水资源缺乏,其水资源供应一直很紧张。至少从 20 世纪 60 年代之后,印度不同的邦之间因水而发生冲突,这种冲突现在变得更为激烈。据报道,在 1992 年由于灌溉水分配不均导致的卡纳塔克邦(Karnataka)骚乱中,超过 50 个人被杀。旁遮普邦(Punjab)和哈里亚纳邦(Haryana)也在为比亚斯河(Beas)和苏特莱杰河(Sutlej)的分配发生争论。哈里亚纳邦和德里(Delhi)之间的关系也因 Yamuna 河而处于尴尬的状态。

这些冲突也因进一步的城市化和工业化变得更尖锐。印度的 Andra Pradesh 和卡纳塔克邦因为克利须那河(Krishna)上 Alamatti 水坝的高度而发生争执,而 Madhya Pradesh 邦和古吉拉特邦(Gujarat)因纳尔默达河(Narmada)而引起冲突。一些专家认为,如果不加注意,那么水资源所引起的争论将成为影响印度社会稳定的主要威胁。

不同国家之间,城市化和工业化的进程也加剧了水源紧张的局面。以尼罗河为例,埃及用水中约有 97% 来自这条河流,尼罗河水大多发源于尼罗河上游的盆地,包括苏丹、埃塞俄比亚、肯尼亚、卢旺达、布隆迪、乌干达、坦桑尼亚和扎伊尔等国家。当流域上游国家的人口继续增加,经济继续发展时,他们就需要截流更多的尼罗河水。从而减少了尼罗河进入埃及的流量,并且严重影响到它的农业生产,这一状况显然埋下了冲突的种子。

围绕水资源展开武力冲突的典型例子是中东地区幼发拉底-底格里斯河流域与约旦河流域。尽管 2 500 年以前在中东沙漠上因控制水井和绿洲而爆发的战争早已结束。但时至今日,中东地区为了控制水资源在很大程度上依然要诉诸于武力与军事行动。土耳其于 1966 年在幼发拉底河开始建造 Keban 大坝后,叙利亚竭力反对;而叙利亚在幼发拉底河上建造 Tabqa 高坝又进一步加剧了叙利亚与伊拉克之间的紧张局势。

1964 年,以色列建成国家输水工程,开始从约旦河取水,最初这项工程的目的是将水输送至内盖夫(西南亚巴勒斯坦南部一地区)作为农业灌溉水源,现在,大约 80% 的水被用作居民生活用水。这项工程完工后,从约旦河取水就成了以色列与叙利亚和约旦两国之间关系紧张的起源。1965 年,阿拉伯国家开始建设河流上游源头输水计划项目,一旦这项计划得以实施完成,约旦河的大部分水将不再流入以色列和加勒比海,而是进入约旦和叙利亚,并转输至黎巴嫩。这样将会导致以色列已建好的引水工程水量降低 35% 以上,以色列国防部于 1965 年 3 月、5 月和 8 月三次对上游输水构筑物发动了袭击,并最终导致了 1967 年阿以战争的爆发。最终以色列取得了胜利,并占领了戈兰高地、耶路撒冷位于约旦的部分、约旦河西岸以及埃及东北部的一大片领土。以色列至今仍旧占领这些领土,他们认为从这些地方撤出,国家将会面临巨大的安全危机。其实质就是为了获得这些土地上的宝贵淡水资源的控制权。因此,可以说正是为了控制约旦河的水源,引起了阿以之间长达数十年的冲突。

在国内,许多引水工程同样存在多种冲突隐患。例如江浙水事纠纷、苏鲁边界水事纠纷、浙闽大岩坑水事纠纷、川黔赤水河水事纠纷、晋豫沁河水事纠纷、漳河水事纠纷。以漳河水事纠纷为例,位于河南省林州市的红旗渠,建于 1960 年,全长 1 500 km,穿越太行山,将漳河水从山西境内引入林州。早在 20 世纪 50 年代,漳河上游两岸之间因水而起的纠纷就时有发生。进入 20 世纪 60~70 年代,山西、河南、河北三省相继在漳河上游修建了数十座水库和大量的引水工程。进入 90 年代后,每逢灌溉季节,漳河上游河道径流不足 10 m^3/s,而沿河两岸工程的引水能力却超过 100 m^3/s。

1992 年 8 月 22 日,红旗渠数十米渠道被炸毁,村庄被淹,直接损失近千万元。破坏者来自与林州一水相隔的河北涉县的村民。漳河红旗渠纠纷的直接原因,就在于漳河两边引水工程引水数量过大,漳河水量不足所致。

5. 新世纪呼唤建立用水伦理

河流是由源头、支流、干流、湖泊、池沼、河口等组成的完整生态系统。奔腾不息的河流是人类及众多生物赖以生存的生态链条,是哺育人类历史文明的摇篮。但是,由于长期以来人们过度开发利用,当今全球范围内的河流已经普遍受到污染或面临耗竭的危机。这一严峻的现实,迫使我们重新思考人类社会的用水模式和策略。同时,确保一个流域之间用水的公平性和可持续性也成为今天水资源开发利用的重大挑战。对于一个流域的用水而言,需要流域上、中、下游城市用水的合理分配和优化,以保证河流生态系统得以生存和持续发展。

水资源可持续利用就是人类对水资源的开发利用既要满足当代经济和社会发展对水的需求,又不损害未来经济和社会发展对水需求的能力;既要满足本流域(区域)经济和社会发展对水的需求,又不危害其他流域(区域)经济和社会发展对水需求的能力。水资源可持续利用本质上是建立一种人与自然和谐相处、兼顾代际和代内公平的水资源开发利用模式。

在一个流域中,水资源可持续利用公平性原则的具体表现就在于流域上下游之间用水的公平合理,上游不能影响中、下游城市的用水。要想实现这种公平性,当然需要建立一系列的水资源分配法律和制度。例如借鉴国外发达国家的水权理论,建立合理的水价体系,进行水交易的市场机制等。

此外,建立一种新的用水伦理也是非常重要和必需的选择。因为伦理是人与人之间的道德行为规范,是人类社会赖以稳定发展的重要力量。伦理学根源于人与人之间的社会关系,它尊重所有人的利益。伦理学从大多数人的利益出发,制定人类行为的道德准则和道德规范,并在人类社会活动中,使个人的行为受这些准则和规范的调节和约束。在人类社会中,习惯和传统往往具有极其强大的力量。当一种认识逐渐成为社会遵循公认的道德准则和规范,形成一种行为习惯的准则时,它就会对我们每个个体形成强大的约束力,让我们的行为遵循这种准则。

目前的城市用水模式已经导致了河流生命的丧失、供水成本的急剧上升以及上下游城市之间的潜在争端。原本流域用水中天然的水利用循环是上游城市的排水成为下游城市的水源。这就要求上游城市的用水不应该破坏下游城市用水的功能,应将排入河道的污染物进行妥善处理,实现河流生命的延续和水资源的可持续利用。这是每个城市不可逃避的义务与责任。

在一个流域中,我们应该提倡一种新的取水伦理。这种用水伦理的基本特点是:①城市的用水立足于依靠本地区河流的水资源来解决;②在保证生态用水量的情况下进行取水。在不同气候、地理、水文地质条件下,河流的生态用水量并不相同,但是一般认为取水量不超出径流量的40%是较为合适的;③城市节约和有效地利用水资源,充分利用污水再生水,实现社会用水的健康循环,尽量减少淡水取水量;④在缺水严重地区,在取水量不得已超出径流量的40%时,必须根据河流生态需水的质和量要求,利用再生水补给河湖,增加相应份额的生态用水量;⑤上游城市的用水和排水不影响下游城市的用水,实现水源的共享。每个城市既需要限制取水的数量,也要控制排水的数量和质量,不至于污染下游河段,从而保证整条河流的水资源利用是可持续的。

它要求我们在水资源的使用观念上做出新的改变,不能停留在能取得多少便用多少的程度,也不能再等到水量不敷使用时,便想尽办法开发新水源。这种伦理的建立,并不是可有可无的。如果没有这样一种用水伦理来保护河流的生态系统以及上下游地区之间的和谐共处,那么整个流域地区的社会经济发展就要受到阻碍和制约。

9.1.3 取用水模式的革新

哈尔滨工业大学张杰院士指出:进入21世纪的今天,城市取水、用水策略必须进行根本性的转变。需要转变成为一种使上下游城市用水、人类用水与自然和谐发展的新模式。这种模式简略示意于图9.4。

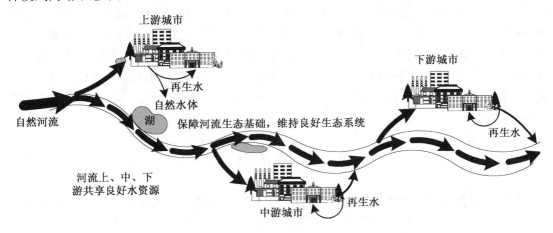

图9.4 新的城市取用水模式

相比传统的取水模式,这种新模式具有以下显著的特点。

1. 以流域为单元的水资源利用模式

流域是一个从源头到河口的天然集水单元,也是水文大循环的基本单元。所以,在人类社会用水循环中,也必须以流域为单位进行管理才符合水资源本身的自然属性和系统特性。如图9.4所示,这种新的取水模式强调每个流域内的用水立足于本流域解决,流域范畴内的用水,做到统筹兼顾上下游城市、人类和河流生态系统的用水,更大程度上体现了流域水资源的公平性和共享性。

这种以流域为单元的取用水模式打破了原来基于行政区管理水资源的模式,可以统筹兼顾上下游各城市、各地区间的利益。目前,以流域为单元对水资源进行综合开发与统一管理,已经得到世界上越来越多国家和国际组织的认可和接受,成为一种先进的水资源管理模式。

2. 水资源的共享与循环利用

城市用水的主要水源要在本地区河流流域内解决,就要求改变一次性用水的直流模式,在城市、流域范畴上实现水的利用、处理与再循环。这种方式主要通过城市用水的再生循环利用来实现。如图9.4所示,各个城市通过污水再生循环利用,进一步降低了城市的需水量,使流域内的水源能够满足更多城市的用水需求。

在这种取水模式中,一个很大的特点就是可以实现水资源的共享。这种共享主要有两个层次,第一个层次是流域上、中、下游地区之间水资源的共享。如图9.4所示,河流上游城市用水之后,排放的处理水不会影响下游城市的使用,从而实现了一条河流上、下游城市对良好水资源的共享。也就改变了城市取水越来越向上游发展、修建越来越远的引水工程的局面,每个城市都可以从本地区河流上游取水,从而大大降低供水成本,提高供水服务水平。第二个层次是流域内人类用水与河流生态需水的共享,这种新的模式要求每个城市的取水必须满足河流生态需水的要求,这种要求不仅仅是水量或水质的某一方面,而是同时需要满足水质与水量这两方面的要求。从而,保障了河流的生命和富有活力的生态系统。

3. 增强水安全

用水安全性有多种含义,其中包括具有满足使用要求水质的充足水量,它是水量和水质的函数。本地水循环的健康发展,可以减轻对外流域水资源的依赖性,相应地也就提高了本地用水的可靠程度。同时,新的流域用水模式增强了城市用水的安全性,如果城市实现污水再生水循环利用,在一定程度上可以减轻突发性自然灾害事件所带来的危害。例如由于新的取水靠近城市,减少了输水管道的长度和跨越山岭谷地的现象,也在一定程度上降低了受地震、飓风等自然灾害事件破坏的机会,对于保证在这些灾害情况下城市的正常供水会有很大的帮助。

9.2 城市节水

节制用水首先是一种水资源利用观,或者是水资源利用的指导思想。在水资源开发利用过程中,不仅要节省、节约用水,更要在宏观上控制社会水循环的流量,减少对自然水循环的干扰。从这个意义上看,节制用水不是一般意义上的用水节约,它是为了社会的永续发展、水资源的可持续利用以及水环境的恢复和维持,通过法律、行政、经济与技术手段,强制性地使社会合理有效地利用有限的水资源。它除包含节约用水的内容外,更主要在于,根据地域的水资源状况,制定、调整产业布局,促进工艺改革,提倡节水产业、清洁生产,通过技术、经济等手段,控制水的社会循环量,合理科学地分配水资源,减少对水自然循环的干扰。

除水资源短缺、水资源利用模式不合理外,全国各城市还不同程度地存在用水效率低、管网漏失率高、水资源污染等问题。因此,在开源的同时,高效的节流对于实现我国水资源优化配置、合理使用、有效保护与安全供给等具有重大的战略意义。《中华人民共和国水法》明确规定:"国家厉行节约用水,大力推行节约用水措施,推广节约用水新技术、新工艺,发展节水型工业、农业和服务业,建立节水型社会。"(总则第八条)将节约用水纳入了法制管理的范畴,成为我国一项必须长期坚持的战略方针。

节约用水,是指通过行政、技术、经济等管理手段加强用水管理,调整用水结构,实行计划用水,杜绝用水浪费,运用先进的科学技术建立科学的用水体系,有效地使用水资源,保护水资源,适应城市经济和城市建设持续发展的需要。

"节流优先,治污为本,多渠道开源",既是城市水资源可持续利用的基本策略,也是城市节水的基本原则。值得强调的是,节约用水的目的,是提高用水效率、防止水污染,而不是单纯地减少用水量,城市雨、污水资源化也属于节水的范畴。因此,国内有专家认为"节制用水"一词更能反映"合理有效用水"的实际内涵。本书对节约用水与节制用水作了区分,并分别进行了阐述。

城市节水工作是全社会节水工作的重要组成部分,它可以取得巨大的经济效益、社会效益和环境效益。城市节水涉及面广,政策性强,是一项复杂的系统工程,需要政府部门按照法律法规的要求,密切配合,形成合力,全面统筹,综合运用法律、经济、行政、技术等手段搞好各项工作。

从管理与技术层面看,城市节水工作包括建立节水制度、加强节水执法、加强城市用水定额管理、减少城市给水管网漏失率、提高工业用水重复利用率、推广应用节水器具、城市污水、雨水利用、合理调整水价等内容。

9.2.1 城市节水考核指标及体系

9.2.1.1 城市节水考核指标

可参照《节水型城市目标导则》,从以下几个方面考核城市节水工作:

1. 产业结构

(1) 城市用水相对经济年增长指数≤0.5。城市用水相对经济年增长指数是指城市用水年增长率与城市经济(国民生产总值)年增长率之比。计算公式为

$$\frac{城市用水年增长率}{城市经济年增长率} \times 100\%$$

(2) 城市取水相对经济年增长指数≤0.25。城市取水相对经济年增长指数是指城市取水年增长率与城市经济年增长率之比。计算公式为

$$\frac{城市取水年增长率}{城市经济年增长率} \times 100\%$$

(3) 万元国内生产总值(GDP)取水量降低率≥4%。万元国内生产总值取水量降低率是指基期与报告期万元国内生产总值(不含农业)取水量之差与基期万元国内生产总值取水量之比。计算公式为

$$\frac{基期万元国内生产总值取水量-报告期万元国内生产总值取水量}{基期万元国内生产总值取水量} \times 100\%$$

2. 计划用水管理

城市计划用水率≥95%。城市计划用水率是指在一定计量时间内(年),计划用户取水量与城市非居民有效供水总量(自来水、地下水)之比。计算公式为

$$\frac{城市计划用水户取水量}{城市非居民有效供水总量} \times 100\%$$

3. 工业节水

(1) 工业用水重复利用率≥75%。工业用水重复利用率是指在一定的计量时间(年)内,生产过程中使用的重复利用水量与总用水量(生产中取用的新水量、重复利用水量)之比。计算公式为

$$\frac{重复利用水量}{生产中取用的新水量+重复利用水量} \times 100\%$$

(2) 间接冷却水循环率≥95%。冷却水循环率是指在一定的计量时间(年)内,冷却水循环量与冷却水总用水量(冷却用新水量、冷却水循环量)之比。计算公式为

$$\frac{\text{冷却水循环量}}{\text{冷却用新水量+冷却水循环量}} \times 100\%$$

(3) 锅炉蒸汽冷凝水回用率≥50%。锅炉蒸汽冷凝水回用率是指在一定计量时间(年)内,用于生产的锅炉蒸汽冷凝水回用水量与锅炉产汽量之比。计算公式为

$$\frac{\text{锅炉蒸汽冷凝水回用水量}}{(\text{锅炉产汽量} \times \text{年工作小时数}) \times \text{水密度}} \times 100\%$$

(4) 工艺水回用率≥50%。工艺水回用率是指在一定的计量时间内,工艺水回用量与工艺水总量之比。计算公式为

$$\frac{\text{工艺水回用量}}{\text{工艺水总量}} \times 100\%$$

(5) 工业废水处理达标率≥75%。工业废水处理达标率是指经处理达到排放标准的水量占工业废水总量之比。计算公式为

$$\frac{\text{工业废水处理达标量}}{\text{工业废水总量}} \times 100\%$$

(6) 工业万元产值取水量递减率(不含电厂)≥5%。工业万元产值取水量递减率是指基期与报告期工业万元产值取水量之差与基期工业万元产值取水量之比。计算公式为

$$\frac{\text{基期工业万元产值取水量} - \text{报告期工业万元产值取水量}}{\text{基期工业万元产值取水量}} \times 100\%$$

4. 自建设施供水(自备水)

(1) 自建设施供水管理率≥98%。自建设施供水管理率是指各城市法规及政府规定已经管理的自备水年水量与要管理的自备水年水量之比。计算公式为

$$\frac{\text{已经管理的自备水年水量}}{\text{要管理的自备水年水量}} \times 100\%$$

(2) 自建设施供水装表计量率达到100%。自建设施供水装表计量率是指自备水纳入管理范围内已装表与应装表计量水量之比。计算公式为

$$\frac{\text{自备水已装表计量水量}}{\text{自备水应装表计量水量}} \times 100\%$$

5. 城市水环境保护

(1) 城市污水集中处理率≥30%。城市污水集中处理率是指在一定时间(年)内城市已集中处理污水量(达到二级处理标准)与城市污水总量之比。计算公式为

$$\frac{\text{城市已集中处理污水量}}{\text{城市污水总量}} \times 100\%$$

(2) 城市污水处理回用率≥60%。城市污水处理回用率是指在一定时间(年)内城市污水处理后回用于农业、工业等的水量与城市污水处理总量之比。计算公式为

$$\frac{\text{城市污水处理后的回用水量}}{\text{城市污水处理总量}} \times 100\%$$

6. 城市公共供水

(1) 非居民城市公共生活用水重复利用率≥30%。非居民城市公共生活用水重复利用率是指在一定计量时间(年)内,扣除居民用水外的城市公共生活用水的重复利用水量与总用水量之比。计算公式为

$$\frac{\text{重复利用水量}}{\text{生活用新水量}+\text{重复利用水量}} \times 100\%$$

(2) 非居民城市公共生活用水冷却水循环率≥95%。非居民城市公共生活用水冷却水循环率是指在一定计量时间(年)内,冷却水循环量与冷却水总用水量(冷却用新水量+冷却水循环量)之比。计算公式为

$$\frac{\text{冷却水循环量}}{\text{冷却用新水量}+\text{冷却水循环量}} \times 100\%$$

(3) 居民生活用水户装表率≥98%。居民生活用水户装表率是指按宅院、门楼计算,已装水表户数与应装水表户数之比。计算公式为

$$\frac{\text{已装居民生活(宅院、门楼)水表户数}}{\text{应装居民生活(宅院、门楼)水表户数}} \times 100\%$$

(4) 城市自来水损失率≤8%。城市自来水损失率是指自来水供水总量之差与供水总量之比。计算公式为

$$\frac{\text{供水总量}-\text{有效供水量}}{\text{供水总量}} \times 100\%$$

9.2.1.2 工业节水指标体系

1. 工业用水分类

按工业用水用途的不同,可分为生产用水和生活用水。

(1) 生产用水。直接用于工业生产的水,包括间接冷却水、工艺用水、锅炉用水。

(2) 生活用水。厂区和车间内职工生活用水及其他用途的杂用水,如图9.5所示。

2. 工业节水指标体系

工业节约用水指标体系可归纳为两类8种指标,见图9.6和表9.1。

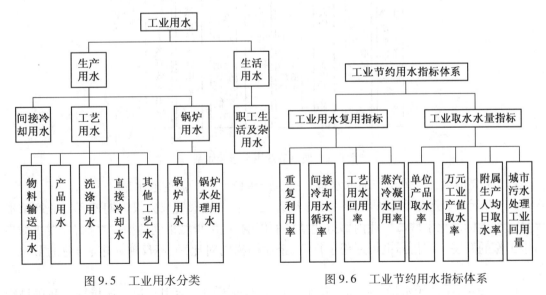

图9.5 工业用水分类　　图9.6 工业节约用水指标体系

表9.1 工业节约用水指标体系

类别	序号	指标名称	反映内容
工业节约用水水量指标	1	万元工业产值取水量（万元工业产值取水量减少量）	总体节水水平 纵向水平比较
	2	单位产品取水量	产业节水水平
	3	城市污水处理工业回用量	污水再生回用水平
	4	附属生产人均日取水量	生活节水水平
工业节约用水率指标	1	工业用水重复利用率	重复利用水平
	2	间接冷水循环率	分类节水水平
	3	工艺水回用率	分类节水水平
	4	冷凝水回用率	分类节水水平

9.2.1.3 城市节约用水指标体系

1. 城市节约用水指标体系

城市节约用水指标体系见图9.7。

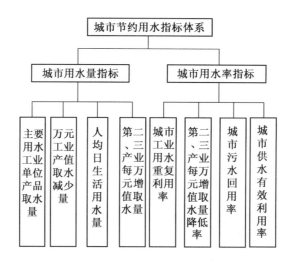

图9.7 城市节约用水指标体系

(1) 主要用水工业单位产品取水量。指生产单位产品所需的取水量。

(2) 万元工业产值取水减少量。指基期万元工业产值水量减去报告期万元工业产值取水量。该指标淡化了城市工业内部行业结构的影响，适用于城市间的横向对比，以促进城市节水工作的开展。该指标也可适用于行业、企业的横向对比，但不反映城市、行业的节水水平。

(3) 人均日生活用水量。指每一用水人口平均每天的生活用水量。该指标是我国城市目前民用水统计分析的常用指标，也是国外城市用水统计的内容。

(4) 第二、三产业每万元增值取水量。指在报告期内，城市行政区划取水量与城市行政区划第二、三产业增值之和的比。

2. 城市用水率指标

评价城市对自来水(包括工业、企业自备水源的自来水)的有效利用、重复回用水平的指标。它包括以下4个专项指标。

(1)城市工业用水重复利用率。指城市工业用水中重复利用的水量在城市全部用水量中所占的比例,是综合城市各工业、行业的重复用水指标。

(2)第二、三产业每万元增值取水量。基期与报告期第二、三产业每万元增值取水量的差值,与基期第二、三产业每万元增值取水量之比。

(3)城市污水回用率。指报告期内(如年),城市污水回收利用总量与同一城市的污水总量之比。是评价城市污水再生回用的重要指标,城市污水的回用必须经过污水处理。

(4)城市供水有效利用率。指报告期内(如年),城市用水的总取水量(有效供水总量)与同一城市净水厂(包括工业自备水源)供给的总水量(供水总量)之比,是评价城市供水有效利用程度的重要指标,是城市节水指标的重要组成部分。

9.2.2 城市节水潜力分析及节水措施

9.2.2.1 工业节水潜力分析及节水措施

城市用水分为工业用水和生活用水。城市工业用水在城市用水中占较大比例,有时甚至高达70%。据统计,城市和工业用水量大体上经过15年的时间翻一番,详见表9.2。许多国家把节约工业用水作为节水重点,以此来缓解水危机。主要措施是重复利用工业内部已使用的水,即"一水多用"。美国制造工业水重复利用的次数1985年为8.63次,2000年已达到17.08次,因此美国制造工业需(新鲜)水量不但不增加,反而比1978年的需水量减少了45%,详见表9.3。日本大阪1970年的工业用水重复率只有47.4%,到1981年已提高到81.7%。1978年美国制造业需水量为$490×10^8$ m^3,每立方米的水循环使用3.42次,这就相当于减少了$1 200×10^8$ m^3的需水量。

表9.2 世界城市工业用水量统计表

年 份	城市耗水/10^8 m^3	工业用水/10^8 m^3	年增长量/10^8 m^3	年增长量占总用水量之比/%
1900	200	300	22.5	12.5
1940	400	1 200	90.0	19.5
1950	600	1 900	140	22.7
1960	800	3 100	240	20.5
1970	1 200	5 100	300	24.2
1975	1 500	6 300	570	26.1
1985	2 500	11 000	—	34.6

表 9.3　美国制造工业 1954～1985 年以及 2000 年水重复利用的次数

年　份	造纸业	化学工业	石油和煤制品	主要冶金工业	整个制造工业平均值
1954	2.38	1.60	3.33	1.29	1.82
1959	3.12	1.61	4.38	1.53	2.16
1964	2.66	1.98	4.41	1.46	2.13
1968	2.90	2.10	5.08	1.55	2.31
1973	3.37	2.66	6.36	1.79	2.89
1978	5.30	2.89	6.98	1.91	3.42
1985	6.64	13.19	18.38	5.99	8.63
2000	11.84	28.03	32.73	12.31	17.08

根据工业生产特点,工业节水的基本途径可分为三类:

(1)通过加强节水管理,减少水的损失,或通过利用海水、大气冷冻、人工制冷等,减少淡水或冷却水量,提高用水效率,这类节水简称为"管理节水"。

(2)提高生产用水系统的用水效率,即通过改变生产用水方式而提高水的再利用率,简称"系统节水"。系统节水一般可在生产工艺条件基本不变的情况下进行,故较易实现。

(3)通过实行清洁生产、改变生产工艺或生产技术进步;采用少水或无水生产工艺和合理进行工业布局,以减少水的需求,提高用水效率,简称"工艺节水"。

据有关资料分析表明,目前我国主要工业、行业的单位产品取水量指标,除纯碱、合成氨与国外同类先进指标值相当外,其余绝大多数高出同类先进指标值 2～3 倍,部分行业的差距更大。目前国外先进用水(节水)指标值是我国各行业今后(2010 年甚至更长时间)可以达到的用水(节水)水平(根据 2010 年节水规划目标分析)。据统计,从 1983～1997 年,我国城市工业用水再利用率从 18% 上升到 73.35%,万元产值取(新鲜)水量从 495 m^3/万元下降到 89.8 m^3/万元。据此估计,取得这种节水效果的贡献份额大致是系统节水约占 65%,管理节水和工艺节水占 35%。

综上所述,我国工业生产及相应的节水水平与国外发达国家相比还比较落后,其特点是新水量的节约主要是增加重复利用水量实现的,在保持较高再用率的前提下大量的水在重复循环,其结果是徒耗许多能量。我国的节水进程显示,今后单靠提高用水系统用水效率即再用率以节约新水的潜力已越来越小,应转向依靠工业生产技术进步去减少水的需求即单位产品用水量,也就是说以工艺节水为主。

1. 循环用水

循环用水在美国工业中得到了广泛应用,包括食品、金属精加工、纸张再处理、电子工业等,采用循环用水,总节水量达 56×10^4 m^3/a,总经济效益为 200 万美元。在这些循环用水工艺中,有些将工艺过程中的用水回收循环利用,有些则在排放下水道前经预处理后回收利用。事实证明,一个工厂之内的循环用水,允许有较大的水质波动范围(回用于不同的生产工序),因此应首先考虑的是节水措施。

2. 冷却塔回用水

国外很多公司通过改进冷却塔给水系统来节约用水,也有一些大公司采用臭氧对空调用水或其他轻度污染水进行处理回用。

3. 设备改进

很多工厂通过改进生产工艺和生产设备而减少用水量。许多公司采用反渗透生产去离子水时,通过采用新材料和改变运行参数大大减少了反渗透工艺中的耗水量。也有的公司在电镀部分安装空气刀(Air Knife),将电镀的废酸洗液吹回到工艺池中,从而减少了清洗水的补充量。

4. 用水监测和雇员教育

资料表明,国外十分重视用水量监测,大部分工业监测设备较为完善,确保节水措施发挥作用,同时降低漏损和杜绝其他用水浪费现象。而且,国外极其重视对雇员进行节水教育,雇员是节水运动的主体,他们节水意识的提高对保证节水效果是极其重要的。

9.2.2.2 生活节水潜力分析与措施

城市生活用水增加主要是由于城市人口增加,另一方面由于第三产业的发展和人们生活水平的提高。例如,1950 年日本第三产业人口占就业人口比例为 30%,到 1983 年增至 57%。第三产业人口的增加,标志着饭店、旅店等服务性设施的发展,用水量自然要增加。此外,家用设备的现代化,洗衣机、洗碗机、浴缸、便器、轿车的普及,使生活用水逐年增长,在今后相当长的时期内仍将呈增长之势。

1. 采用节水型室内卫生设备

据调查显示,一些国家居民做饭、洗衣、冲洗厕所、洗澡等用水占家庭用水的 80% 左右。另据典型调查分析,在居民家庭生活用水中,厕所用水约占 39%,淋浴用水约占 21%,难于节水的洗衣(机)用水占 8%,饮食及日常用水占 32%;在公共事业用水中,厕所用水约占 8%、淋浴用水约占 5%,饮食及日常用水占 30%,其他难于使用节水器具的用水(如饮水锅炉、暖气锅炉、市政用水等)占 57%。

节水型卫生器具一般具有低流量或超低流量的特点。节水型卫生器具包括节水型便具、节水型淋浴器具等。研究表明,这种器具节水效果明显,用以代替低用水效率的卫生器具可平均节省 32% 的生活用水。目前推广的节水器具中,节水便器主要包括节水型水箱(6~9 L)、红外小便冲洗控制器等;节水淋浴器包括脚踏式淋浴器、电子感应淋浴器等;节水龙头包括节水阀芯龙头(泡沫龙头)、陶瓷龙头等。据有关调查分析显示,上述节水器具与普通节水器具相比,节水便器平均可节水 38%,节水淋浴器可节水 33%,节水龙头可节水 10%。因而,节水潜力十分巨大。由此可见,改进厕所的冲洗设备,采用节水型家用设备是城市节约用水的重点。例如,美国一般的厕所冲洗一次要用水 19 L,而抽水马桶制造者协会推荐的节水型产品平均只需 13 L 左右。表 9.4 列举了美国研制的多种节水装置,一般可节约生活用水 20%。

表9.4 美国家庭节水装置的节水能力

设施		用水量/(L·次$^{-1}$)	与普通装置比较的节水能力/%
厕所	普通	19	—
	低用水量	13	32
	冲洗式	4	79
	空气压水掺气式	2	89
沐浴喷头	普通	19	—
	低流量	11	42
	限流式	7	63
	空气压水掺气式	2	89
洗衣机	普通型	140	—
	循环型	100	29
	衣服由前侧放入	80	43
水龙头	普通	12	—
	低流量	10	17
	限流式	6	50

2. 降低供水管网漏失率

目前,我国城市供水管网漏失率普遍较高,一般在15%～25%,35%以上者也不鲜见,大量优质水资源浪费严重,徒增供水成本。工程实践表明,造成管网漏失率偏高的主要原因是管材材质较差而引起的爆管、破裂,以及管道接口不严、阀门漏水等。因此,采用优质管材及阀件(如采用球墨铸铁管、PE管),加强管网检漏,是降低管网漏失率的主要技术措施,其节水效益非常可观。

3. 水价的节水管理作用

在水供给管理中,价格是一个"软"需求管理的作用形式和有效的信号,通过价格政策对水需求进行管理也是常规水供给管理的一个手段。经济学家认为,金融刺激是决定用水量的一个重要因素,因此也是促进保护水资源的重要手段。

节水管理的措施可分为制度性和市场性两种手段。节水的制度性手段是限制不必要的用水,如限制高耗水企业的发展;市场性手段是用价格刺激自愿保护。水价的节水管理作用,就是应用市场经济价格的杠杆作用,通过价格手段调节水资源的供需关系,达到资源管理的目的:或促进水资源保护、节约用水;或促进用水,给企业提供足够的利润等。其调节手段是调整价格结构和价格水平,其中最关键的影响因素是水的需求价格弹性。水需求价格弹性系数是指需水或用水量下降或上升的百分比与水价上升或下降的百分比的比值。微观经济学一般认为,若水需求价格弹性系数小于1,则为无弹性或弹性不明显;若水需求价格弹性系数大于1,则表现为有弹性。水的需求价格弹性系数也是衡量区域水资源管理功效的主要因素。

价格对需求的反应应该是需求上升,价格也上升,无论上升是因为天气变化、收入增加或其他情况;额外供水能力的增加,价格即下降,无论供水能力的增加是因为现有工厂的扩建或水需求的减少。

普遍认为,水价对水资源管理的作用是明显的,而且价格应作为水资源管理的重要手段,水价在长期的供水规划和保护中起着主要的作用。价格机制(如超额罚款或递增水价等)能有效抑制基于季节或年的水消费;制度性措施能缓解如长期干旱等紧急事件。

对于生活用水的研究表明,居民水需求由三个部分组成:基荷需求,夏季平均洗、浴需求和最大日洗、浴需求都受水费的影响,水价与供需关系密切。一般认为生活必需用水的水需求价格弹性较小,如饮用水等,而对其他用水则较大,如洗车和娱乐等用水。在短期,水价的明显变化可能引起较小的(家庭)水消费变化,但随着时间的推移,家庭将存在一个机会"反适应",现有的用水设备使它不消耗大量的水,这产生了比短期大的中长期的需求弹性。

部分研究显示,水价的管理作用有限,并不能经常作为一个政策工具。消费者对于峰谷供水定价的价格结构的反应显示,对水供给的需求并不像预期的那么敏感,用水行为对价格变化不明显。小的价格变化对高收入家庭的水消费变化不大,但对低收入消费者有显著影响。

9.2.2.3 城市污水资源化

城市污水资源化是将污水进行净化处理后,进行直接或间接的回用,使之成为城市水资源的一个重要组成部分。

城市污水由生活污水和工业废水组成,就实际运行的污水厂而言,城市工业废水约占56%,城市生活污水约占33%。随着城市化的发展,城市生活污水所占比例将会逐渐增加。因此,污水资源化是城市节水的必然途径。

城市污水资源化包括两种途径,即直接回用和间接回用。城市污水的直接回用由再生水厂通过输水管道,或者其他输水设施直接送给用户使用;间接回用则由二级污水处理厂或再生水厂将处理后的出水直接排入水体,由用户再从水体中取用。处理后的再生水可作为一种有效水源。据统计,在城市用水中只有1/3的水用于直接或间接饮用,其他2/3理论上都可以由再生水代替。加上河湖等所需的环境生态流量,污水回用的潜力会更大。如果处理后的污水大部分就近排入自然水体,则不仅给自然水体造成了污染,而且浪费了宝贵的淡水资源。

根据我国工程院预测结果显示,2010年、2030年全国污水二级处理普及率分别达到50%和80%时,城市污水对水环境的污染负荷并没有明显减弱,近岸海域、江河湖泊的污染趋势仍然得不到遏制。这是由于污水处理率虽在增加,但污水排放总量也在增长,使得污染负荷总量削减有限。因此,在提高污水二级处理普及率的基础上,推进污水深度处理的普及和再生水有效利用,就是解决水资源危机、建立健康水循环的必然选择。无论是国内还是国外,这都已经是发展的必然需要。据文献报道,东京污水处理率达95%以上,区域内河川水质已有明显改善,但是东京湾富营养化仍有增长趋势,赤潮时有发生。日本东京湾特定水域高度处理基本计划的预测中,当东京湾流域的川崎市、横滨市和东京都的污水二级处理率都达到100%时,污水厂排放的负荷仍占入海负荷的大半,海水上层水质COD_{Mn}仍为 5.46~5.75 mg/L,还是达不到环境标准,这是因为普通二级处理只能去除易分解的含碳有机物,而对 N、P 和难降解有机物作用不大。1997 年,东京湾排放标准提高到 COD_{Mn} 为 12 mg/L,TN 为 10 mg/L,TP 为 0.5 mg/L,这就意味着东京湾的环境质量已寄希望于污水深度处理。

1. 国内外现状

从国内外大量相关实例来看,污水深度处理与再生利用无论是在理论上还是实际工程应用上都相当成熟,只要按照科学的规划、建设和管理进行的污水再生回用工程都获得了满意的效果。

(1)美国。污水再生和回用在美国的发展,可以追溯到 20 世纪 20 年代。目前,再生水作为一种合法的替代水源,在美国正在得到越来越广泛的利用,成为城市水资源的重要组成部分。20 世纪 80 年代,美国污水再生利用量已达 260×10^4 m³/d,其中,62% 用于农业灌溉,31.5% 用于工业,5% 用于地下水回灌,其余用于城市市政杂用等。

①洛杉矶市污水再生利用规划。洛杉矶是美国缺水城市之一,在解决需水和缺水之间的矛盾时采用了较为系统的污水再生利用中长期规划。规划到 2010 年,该市再生水量是其总污水量的 40%,到 2050 年再生水量为 70%,到 2090 年将达到 80%。近期规划年限到 2010 年,延续实施 20 世纪 80 年代再生利用政策。中期规划年限到 2050 年,主要应用:补充地下水和阻止海水入侵;在圣约奎恩(San Joaquin)山谷地区,再生水用于农业灌溉。在 2090 年远期规划中,着重考虑用于饮用水和地下水补充。

②佛罗里达的双重供水系统。在满足日益增长的需水要求方面,佛罗里达的圣彼德斯堡可称为典范。从 1975 年到 1987 年,圣彼德斯堡花费了超过 1 亿美元用于提高污水厂处理程度、扩建四个污水厂和建设超过 320 km 的再生水管网,成为当时拥有最庞大的分质供水系统的城市。此系统同时还提供满足水质标准的居民区用水。到 1990 年,几乎每天有 7 000 的居民使用 76 000 m³ 的再生水用于灌溉,2000 年有 12 000 的居民使用再生水,灌溉面积达到 3 600 hm²。由于采用了饮用水和非饮用水分质供应的双重供水系统,使得自从 1976 年以来,该市在需水量增长 10% 的情况下,自然水取水量需求无增加。

(2)日本。日本是开展污水回用研究较早的国家之一,主要用于小区和建筑物生活杂用水。据报道,目前仅东京的大型建筑物内已建成的中水道系统就达 60 余处,总供水能力达 10×10^5 m³/d,日本 1986 年城市污水回用量达 63×10^5 m³,占全部城市污水处理量的 0.8%。污水再生后主要回用于中水道系统、农田或城市灌溉、河道补给水等。表 9.5 列出了日本再生水利用的各种用途及其所占的百分率。表 9.6 列出了日本双管系统再生水的各项用途及其所占的百分率。

表 9.5　日本再生水的利用途径

用　途	百分率/%	用水量/(10^4 m³·d⁻¹)
双管供水系统	40	11.0
非饮用的回用	—	—
工　业	29	7.7
农　业	15	4.0
景观与除雪	16	4.3
合　计	100	27.0

表 9.6　日本双管系统再生水的利用途径

用　途	百分率/%
冲洗厕所	37
冷却水	9
洗公园、草地美化环境	15
冲洗汽车	7
冲洗马路	16
其他(景观、消防等)	16
合　计	100

到 1996 年底,日本用于保护指定湖泊、维系环境水质的深度处理厂共 15 座,保护水源水域水质的处理厂有 28 座,保护三大湾水质的处理厂有 32 座,服务人口达 593 万人。据 1996 年统计,日本再生水总量是全国污水处理总量的 1.5%。再生水厂 162 座,为全国污水处理厂的 13%。最大日再生水量为日均水量的 3.9%。深度处理主要应用于:防止指定湖泊和三大湾等封闭性水域的富营养化;保护城市水源水域的水质、维系水质环境标准等。日本再生水主要用途构成如图 9.8 所示。

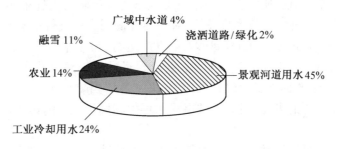

图 9.8　日本再生水主要用途构成(1996 年统计)

日本污水再生利用工程已见显著成效,目前福冈、高松市、琦玉县、长崎等各地已开始实施深度处理水利用计划。

(3)南非。南非作为世界上最缺水的国家之一,年降水量仅 44 mm。再生水是重要的供水水源,通过水的再生和回用提供的水量占总供水量的 22%。在纳米比亚温德霍克市建了世界上第一座再生水饮用水厂。污水经二级处理后进入熟化塘,经除藻、加氯、活性炭吸附后与水库水混合作为该市自来水水源,再生水量在城市供水体系中的比例达 20% ~ 50%。目前在南非已广泛采用双重供水系统(也称双轨或双管系统)。再生水厂处于污水管网的中上游,接近用水点。由于回收水中含有营养盐,使灌溉的植被大大节省了肥料,因而作为城市中灌溉用水尤其经济。另外再生水用户支付再生水的费用要比用自来水低得多,体现了再生水在经济上竞争的优势,并可使污水处理的运营赢利化。

(4)以色列。以色列是在再生水利用方面做得最为出色的国家之一。以色列地处干旱半干旱地区,解决水资源短缺的主要对策是农业节水和城市污水再生利用。现在,以色列几乎100%的生活污水和72%的城市污水已经再生利用。处理后42%的再生水用于农灌,30%的再生水用于地下水回灌,其余的再生水用于工业和市政等。该国建有127座再生水库,其中地表再生水库123座,再生水库与其他水库联合调控,统一使用。

世界上其他国家,如阿根廷、巴西、智利、墨西哥、科威特、沙特阿拉伯等国在污水再生利用中也做了许多工作。

(5)中国。我国对城市污水处理与利用的研究,早在1958年就被列入国家科研课题。20世纪60年代,污水处理及利用停留在一级处理后灌溉农田的水平。利用污水灌溉,其水源成本低、植物有效利用废水中含有的营养物质。但未经妥善处理的污水灌溉使其中的溶解物质在作物中形成毒物积累,对蔬菜及其他农产品的质量造成危害,不是合理的利用方式。事实上,若利用污水灌溉,应采用二级处理并经清水稀释,配合相应的施肥、灌溉制度,用于指定作物的灌溉。这样既可以解决干旱季节或干旱地区的农业灌溉问题,又在保证灌溉安全的前提下充分利用了污水资源。

20世纪70年代,我国把进行水污染防治的重点放在工业废水污染的控制上,提出了"三同时"的方针,但处理率不过1%~2%。"六五"期间进行了城市污水以回用为目的的污水深度处理小试,工作重点主要停留在开发单元技术上。

80年代初,我国污水产生量为$6\,000\times10^4\ m^3/d$,处理率为1.5%~3%。"七五"、"八五"期间,在北方缺水的大城市如青岛、大连、太原、北京、天津、西安等相继开展了污水再生利用于工业与民用的试验研究。中国市政工程东北设计院与大连市排水处经过了"六五"、"七五"、"八五"三个五年的技术攻关后,对大连春柳污水厂进行技术改造,建成再生水量为$1\times10^4\ m^3/d$的深度处理示范工程。1992年投产运行,再生水水质长期稳定,浊度<5 NTU,BOD_5<10 mg/L,COD_{cr}<50 mg/L。再生水供给附近的大连红星化工厂为工业冷却水,并为热电厂、染料厂等企业提供了稳定的水源,解决了各厂因缺水而停产的问题,开创了城市污水作为城市第二水源的事业,树立了城市污水再生利用于工业的典范,成为国家的回用水示范工程。

同期,建筑中水技术开始发展。建筑中水是住宅小区、大厦、机关大院的污水再生利用系统。日常生活中不直接接触人体的各种杂用水约占生活用水量的一半以上,即在保证同样生活质量的前提下,普及建筑中水系统可以节省用于生活的自来水30%~50%。

90年代中叶之后,国务院开始了包括治理三河(淮河、海河、辽河)、三湖(滇池、太湖、巢湖)在内的绿色工程计划。尽管如此,2000年底我国城市废水处理率也仅为14.5%,主要水系的水质仍没有达到其功能的要求,约有40%以上的河段仍处于Ⅴ类或劣Ⅴ类水质状态。点源处理与达标排放的策略已经由环境整体恶化的事实证明了其局限性。

21世纪初期,部分城市开始进行城市范畴上的污水再生利用规划。深圳2001年完成了规划编制,大连2004年完成规划战略研究,北京、天津等城市相应规划正在进行中。进入21世纪,我国的污水处理与再生利用趋向于城市范畴内水资源循环利用与水环境的维系。

2. 污水深度处理与再生水回用形式

污水的深度处理与有效利用有多种不同形式。最初出现的形式是"中水道",起源于日本。中水(再生水/回用水)主要是指城市污水或生活污水经处理后达到一定的水质标准,可在一定范围内重复使用的非饮用的杂用水,其水质介于上水与下水水质之间。中水的输送、分配系统称为中水道。

按照当前再生水利用的发展阶段和应用范围,再生水系统主要有以下四种方式:建筑中水、小区中水道、城市再生水道、流域水循环系统。

(1)建筑中水。建筑中水立足于建筑大厦内部的污水处理和回用系统。该系统是将单体建筑物产生的一部分污水,经设在该建筑物内的处理设施处理后,作为中水进行循环利用。该方式具有规模小,不需在建筑物之外设置中水管道,较易实施等优点,但单位水处理费用大,不易管理,并存在卫生学上的问题。其典型示意图如图9.9所示。

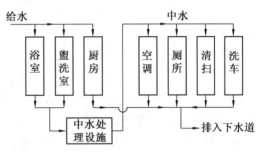

图9.9 建筑中水典型结构示意图

虽然建筑中水对于缓解水资源短缺曾做出一定贡献,具有积极意义。但是应指出,小区、大厦中水系统由于其单元规模小、成本核算高、运行操作复杂等因素,常常不能稳定运行,已出现多处此类中水系统建成后短期内便停运的现象。例如深圳特区自1992年颁布《深圳经济特区中水设施建设管理暂行办法》以来,建成中水工程29座,总规模达 $400~m^3/h$。现在,大多数中水工程已停止使用,只有百花公寓和长乐花园2个中水工程还在不正常运行,规模为 $30~m^3/h$。

因此,事实已经证明了建筑中水的局限性,已经不足以适应目前发展的需要。只有将小区、大厦中水系统纳入城市污水回用大系统成为城市或区域中水道,其经济效益、管理水平才会有大幅度提高。

(2)小区中水道。该系统可用在建筑小区、机关大院、学校等建筑群,共同使用一套中水输送管道及处理设施供应中水。小区中水道的特点是:规模相对较大,较建筑中水的综合效益有较大提高。但运行管理需要专业技术人员,对小区的人员、管理水平有较高的要求。其典型示意图如图9.10所示。

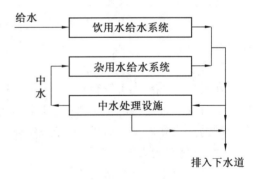

图9.10 小区中水典型结构示意图

(3)城市再生水道。该系统的水源取自城市二级污水设施的出水,再生水处理设施可设于城市污水处理厂区内,亦可设于接近于再生水大用户的位置,城市二级处理出水经深度处理后,达到再生水水质标准,供给工业、农业、生活、景观绿化、市政杂用等。城市再生水道是目前应用研究的主要方向之一。新建或有条件改造的原污水二级处理厂,应该统筹规划设计污水处理、深度处理的全流程,在各净化单元之间合理分配污染物净化负荷,建立污水再生全流程水厂。其典型示意图如图9.11所示。

(4)流域水循环系统。流域水循环系统是广义上的"再生水道系统",该系统的实质是从恢复水环境、实现流域水健康循环的角度出发,以流域为单位,规划若干城市群的污水再

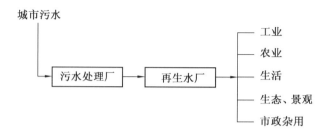

图 9.11 城市再生水道典型结构示意图

生利用系统,并与流域水系功能相结合,实现流域内城市群间水资源的重复与循环使用,以获取整个流域最佳水资源生态效益、经济效益和社会效益。由于此项工作需要强大的宏观调控作用,同时还会影响到某些局部城市的短期利益,因此其研究和应用还十分不足。

在建筑中水、小区中水、城市(区域)再生水道这几种污水再生回用方式中,城市再生水道具有经济、高效、可靠等诸多优点,并且是流域水循环系统的基本单位,已经逐渐成为发展的主导方向。这种城市范畴上的再生水供应系统是城市水系走向健康循环的桥梁,是我国水环境恢复、达成水资源可持续利用的切入点。

9.2.2.4 沿海城市的海水利用

所谓海水利用是指不经过淡化处理而直接替代某些场合下所需的淡水(新水)资源。

海水作为水源一般用在工业用水和生活杂用水方面,海水的开发利用中,海水腐蚀和海生物附着会对管道和设备造成危害。海水利用范围近来随着防垢、防腐和海生生物防治技术的发展正在逐步扩大。按水的用途,我国沿海地区海水利用有以下几种。

1. 海水用作工业冷却水

海水可广泛用于电力、机械、纺织、食品行业。海水冷却应从间接直流循环为主转向循环冷却为主。

2. 海水用于工业生产用水

在建材、印染、化工等行业,海水可直接作为生产用水。海水还可以用于洗涤和海产品加工。海水经过适当的预处理后,使之澄清并除去其中的菌类物质,完全可以代替淡水进行海产品的洗涤和加工。另外,碱厂采用海水作为化盐水,既节约了相当数量的自来水,又降低了盐耗,具有较大的社会效益。

3. 海水用于城市生活用水

海水经过简单的预处理后即可替代自来水用于城市生活杂用。推广应用后可取得一定的直接经济效益。据估计,冲洗厕所所占城市生活用水的 1/3 左右,利用海水代替淡水冲厕,将对缓解沿海城市淡水资源紧缺作出一定的贡献。因而,海水冲厕将成为节水技术进步的一个新途径。

4. 海水用作其他用水

海水还可直接用于其他方面。很多电厂用海水作为冲灰水,节省了大量的淡水。近来研究表明,海水用作烟气洗涤水,可以将烟气中的 SO_2 吸收后,经曝气氧化为硫酸盐,经济有效地实现烟气脱硫,既节约了淡水资源,又消除了 SO_2 对大气的污染。

9.3 节制用水

9.3.1 节制用水概念

节制用水首先是一种水资源利用观,或者是水资源利用的指导思想。在水资源开发利用的过程中,不仅要节省、节约用水,更要在宏观上控制社会水循环的流量,减少对自然水循环的干扰。从这个意义上看,节制用水不是一般意义上的用水节约,它是为了社会的永续发展、水资源的可持续利用以及水环境的恢复和维持,通过法律、行政、经济与技术手段,强制性地使社会合理有效地利用有限的水资源。它除包含节约用水的内容外,更主要在于,根据地域的水资源状况,制定、调整产业布局,促进工艺改革,提倡节水产业、清洁生产,通过技术、经济等手段,控制水的社会循环量,合理科学地分配水资源,减少对水自然循环的干扰。节制用水与节约用水的区别可简要总结于表9.7。

表9.7 节约用水与节制用水的区别

项 目	节约用水	节制用水
出发点	道德、责任、经济	可持续发展
介入点	已有的产业结构和布局	尚未规划或重新规划产业结构与布局
归宿点	提高具体行业的用水水平	实现水的社会循环与自然循环协调发展
实施主体	个体、用水单位	社会整体、政府水管理部门

水资源的短缺和污水处理费用的昂贵,要求每个城市都要大力节制用水,以缓解水荒和经济重负。节制用水是为了人类的永续发展,将水视为宝贵的、有限的天然资源,在各领域均应改变观念,由传统的"以需定供"转变为"以供定需",在国土规划上要将水系流域和城市统筹考虑,渗入节制用水的理念,在保障适宜生态环境用水基础上,合理规划、调整区域经济、产业结构和城市组团,促进工艺改革,提倡清洁生产与节水产业,采取以供定需,合理分配水资源,不断提高用水效率。

对于普通用户来说,主要是节约用水的范畴。按照不同用水户可分成工业、农业、生活节水等方面。

9.3.2 节制用水的意义

(1)节制用水减少了对新鲜水的取用量,减少了人类对水自然循环的干扰,是维持水的健康循环所必需的;

(2)节制用水实现了流域水资源的统一管理,可以提高水的使用效率,减轻了水的浪费状况;

(3)节制用水减少了污水排放量,从而节省了相应的排水系统和其他市政设施的投资及运行管理费用,同时,由于减少污水排放量,减少了污染,改善了环境,可以产生一系列的环境效益及生态效益;

(4) 节制用水不仅是用户的行为，更重要的是政府行为，可以提高全社会节水意识，是创建节水型、水健康循环型城市的前提条件；

(5) 节制用水可以促进工业生产工艺的革新，反过来又可进一步降低水的消耗量；

(6) 节制用水可以节省市政建设投资，提高资金利用率，在目前我国市政建设资金普遍紧缺的情况下，具有重要的现实意义（例如，节水投资、开发新水源投资、污水治理的投资，解决了等量的缺水问题等）。

(7) 通过节制用水的推广，社会水环境的改善和城市良好形象的建立，会产生一系列的增量效益。如由于投资环境的改善而使地价的增值，对于旅游城市，由于城市面貌的改善而提高旅游收入，提高了城市卫生水平，相应地提高了人们的生活质量，自来水厂由于原水水质的改善而减少了运行、改造费用。

9.3.3 节制用水的措施

1. 法律手段

法律是最具权威性的管理手段，依法治水是社会进步的必然趋势，也是现代化社会的内在要求。目前还缺乏对于节制用水的一系列相关管理、实施的法律法规，应该根据我国水资源的实际情况，在有关法律的基础上，尽快建立可操作性强的节制用水法律法规。通过法律途径促进节水型社会的建设和高效水管理机制的形成，是节制用水策略得以顺利实施的前提和基础，也是我国节制用水得以健康发展的最有力保障。

在发达国家，水环境能够维持或恢复到较为良好的水平，严格、完善、可操作性强的法律法规体系起着重要的作用。如德国的环境法制体系已经进入较为完备的阶段，而且其法律规定明确、具体，易于操作。如《水管理法》规定：违反本法，罚款10万马克。这些法律法规的颁布和严格执行收到了良好的效果，使德国的环境质量有了巨大的改善。20世纪50~60年代曾是污染严重、鱼虾绝迹的莱茵河，如今其水质已达到饮用水标准。

2. 管理手段

管理薄弱是导致水资源未能合理利用的重要原因，在某种程度上也影响水问题的顺利解决。我国目前的水管理体制表现为条块分割、相互制约、职责交差、权属不清、行政关系复杂，水资源的开发、利用和保护缺乏统一的规划和系统的管理。

水资源管理必须从全流域角度进行统一管理，改变传统的管理方法，由供给管理转向需求与供给有机结合的管理，进而逐步实现需求管理。同时在水资源管理当中，政府的宏观调控功能应该得到加强和完善。

3. 教育手段

目前，虽然许多事实迫使人们对于水问题有了一定的认识，但是社会上有许多人对于水资源仍存在一些错误观念，对于水环境的恶化没有足够的认识。因此，通过课本、电视、网络等多种媒体形式开展有针对性的宣传教育，向公众大力宣传我国水资源短缺的现状，增强公众对水资源短缺的危机感和紧迫感，让人们了解国内水环境恶化的现状和危害，增强公众对再生水的了解，取得社会对节制用水的共识和支持。这样有助于纠正人们认识的误区，提高全社会保护水资源和水环境的意识，对于恢复流域水环境、提高用水效率等方面具有极其重要的作用。

在国外,对于水问题的教育已经渗透到了人们生活的许多方面。在美国,除了在小学至大学设置环境和水资源课程外,还利用电视、报纸、广播等现代媒体向公众传授水资源保护的重要性。

4. 科技手段

清洁生产、少或无水工艺等先进的生产技术可以从根本上减少水的消耗量。采用先进的生产技术包括工业上的新工艺、新设备,农业上的节水灌溉新技术、新品种等多方面的内容。例如农业灌溉用水中,发展了许多新的灌溉技术,包括小畦灌、喷灌、滴灌、低压管道灌溉技术等。采用喷灌比目前的畦灌可以节水50%,滴灌可以节水70%~80%。

5. 经济手段

环境问题是在经济发展过程中产生的,也必须在经济发展过程中解决,而最好的解决方法就是经济手段。这在发达国家多年实践中已得到证明,例如荷兰和德国,环境税已实施多年,环境保护的主要财政来源就是环保税收。针对居民的废物回收费和污水处理费(如德国柏林居民自来水费为3.45马克/m^3,而污水处理费为3.86马克/m^3),不仅有效保证了城市环保处理设施的正常运行,同时在很大程度上鼓励了公众节约用水和减少废物的产生。

第10章 城市水经济与水文化建设

10.1 城市水经济建设

10.1.1 城市水经济内涵

城市水生态系统的经济体系与水利工程经济有类似之处,但也有差别。城市的水经济主要是指因"水"的存在产生的与经济有关的事务,一般涉及城市取水、供水、用水及由于水生态系统的参与带来的经济变化等方面。

10.1.2 城市水市场

近年来,水资源日益短缺,我国全国中约1/4的城市存在严重缺水现象,城市供水水源日趋紧张,许多城市的水价一路攀升。水资源的合理优化配置的研究已经为人们所重视,由此产生的水权、水价问题也引起了广泛关注。

目前国内很多城市在建设适合自身经济发展模式的城市水市场,着眼于建立合理的水分配利益调节机制,以产权改革为突破口,明晰水资源产权,建立由价格制度、保障市场运作的法律制度为基础的、合理的水权分配和市场交易管理模式。在按量分配与协调分配相结合原则的基础上,同时建立地表水和地下水的水权机制。设立促成交易的组织或管理单位,完善水资源调节基础设施。逐步建立对第三方不良影响的补偿机制,完善水市场由于水权交易而受到损害的第三方利益的机制。

建立水市场的良性运行机制,其中很重要的一点是建立和完善科学、合理的供水价格形成机制。比较常用的是强化定额管理,采用基本水价和计量水价相结合的两部制水价。对供水水源受季节影响较大的工程,推行丰枯季水价或季节浮动水价,对各类用水实行重要产品用水单耗、万元产值和计划用水相结合的办法进行定额管理,包括:超定额用水,加价收费;定额内用水按价计费;低于定额降价计量,并改革供水管理体制,加强水费计收和管理力度。建立水价执行情况联系网络,加强对水价执行的监督,掌握水价执行动态,及时、准确地指导水价管理工作。通过建立适应城市市情的水市场运行机制及良性的水价格形成机制,实现水资源开发、利用、节约和保护的良性循环。

在城市水生态建设中,引入市场机制的实例很多。例如,英国泰晤士河在20世纪80年代实行污染防治产业化管理,实行谁排污谁付费,以此发展沿河旅游业和娱乐业,经济效益显著。1987年和1988年两年净收益达2.11亿英镑,既解决了河流污染治理资金不足的问题,又促进了城市的社会经济发展。我国江苏省比较落后的宿迁市,引入市场机制,拍卖黄河沿岸的废土地,并要求开发商按照城市河流沿岸土地利用性质进行开发建设,在创造效益的同时改善水生态系统的水滨带环境,而且拍卖的资金还用以河流水体环境的改善和生态修复建设。

10.1.3 其他涉水经济

追求环境的自然和谐、生态的良性发展已经成为现代城市发展的最高目标和居住适宜度评判的标准。城市中高品位的居住区在讲究绿地面积和覆盖率的同时,开始追求水景观的补充,要求一定的水面面积和动静水面的最佳组合。因为水生态系统的参与,提高了相邻地域的居住适宜度,进而拉升了地产、房产的价格,不仅促进了行业经济的增长,还极大地改善城市的投资环境,对吸引外资有很大的促进作用。

10.1.4 城市水经济开发途径

城市水经济开发就是运用市场经济手段,将城市水生态系统中可以用来经营的资本和生产要素推向市场,进行重新组合和优化配置,寻求开发途径,从中获得收益,再将这笔收益投入到城市水生态系统建设和管理的新领域,从而实现城市水生态系统建设的可持续发展。

10.1.4.1 城市水经济开发方法

1. 城市水经济开发的主要内容

城市水经济开发经营的主要内容包括城市涉水的有形资产和无形资产。有形资产包括城市水生态系统中的社会公共产品,如城市河道、湖泊、土地、桥梁、堤防、供水、排水、水处理厂、商业点、娱乐场所等资产。无形资产包括城市水利工程的冠名权以及市政府及行业政策规定的特许权等。城市水经济的有形和无形资产都必须加强开发工作。

2. 树立经营城市水经济的科学理念

(1) 要树立城市水利资产也是商品要素的意识,即城市水资源、河湖沿岸土地资源、水面景观旅游资源、休闲娱乐场所资源、公共设施物质资源等要素。既然是资源,就可以有计划地合理开发,就可以像商品一样推向市场,就可以通过投入使城市涉水资源产业化后实现资产增值;

(2) 要树立水生态意识,水生态环境就是效益,一个城市水生态环境的好坏,直接关系到城市的形象、城市的品牌、城市招商引资的成败、城市资产价值的高低、城市综合竞争力的强弱。必须树立"管理就是生产力"、"环境就是生产力"的观念,强化城市水经济管理,优化美化城市水环境,提升城市品位和档次,使城市水经济方面的资产不断增值;

(3) 要树立市场意识,要经营好城市水经济,必须树立强烈的市场意识,用市场的眼光认识城市水生态系统,用市场的手段经营城市水生态系统,把市场经济中的经营意识、经营机制、经营主体、经营方式等多种要素引入城市水生态系统建设,把城市水经济经营贯穿于城市水生态系统规划、建设和管理的始终,走出一条用市场机制筹措城市水生态系统建设资金的路子,形成投入-产出-再投入的良性循环。

3. 城市水经济开发和经营的主要方式

(1) 政府直接开发方式。政府直接开发建设城市水生态系统中水经济项目是指工程既有经济价值更有社会公益性价值的项目。由于经济利润微薄,仅靠市场化运作,可能投资的来源较少,或不能达到市民的要求,因此,这类工程项目一般以政府直接开发为宜。如城市人工湖建设,该工程具有蓄洪、排涝、景观、体闲等城市公共利益价值,虽然也具有提升地价、商业网点、水上娱乐等商业性价值,但其社会公益性作用明显,一般由政府开发和经营,当然也可结合其他方式。

(2)联合开发和经营方式。对城市水生态系统建设的重点项目可采用多种资金投入渠道,实施联合开发和经营的方式,按投资比例来分配经营利润或经营权。我国现阶段城市建设项目,尤其是有市场化前景的项目大多数都采用了政府、集体和个人联合开发和经营的方式。如城市河道整治、水环境改善、沿岸园林绿带建设、湖泊景观建设等,可以多渠道筹集资金建设。投资方可通过工程效益,如工程在促进周边土地升值和拉动房地产市场等方面的潜力,获得投资利润和未来发展的机会。

(3)产权拍卖转让方式。对城市水生态系统中的很多资产,可通过招标拍卖、转让产权或经营权等方式,直接获取水土资源收益。对水资源产权的转让,首先必须明确城市水资源权属,即"水权"问题,根据河湖或地下水资源的所属权,进行水资源开发利用权的分配和转让。对河流、湖泊及湿地周边土地资源也同样可以进行资产转移,当然这种转移后的资源,必须满足城市水生态系统功能对水土资源的要求,以不丧失正常运行和不破坏管理为原则。

(4)经营权出租方式。经营权出租就是将水生态系统中的资产按市场化运作方式进行经营权出租,以提高经营成效和经济效益。如城市供水、排水、污水处理厂等公共设施,是我国城市长期较难解决的问题,造成投入资金不足和运营资金短缺,城市水环境质量长期得不到改善。近年来城市给排水和水处理厂通过建设资金筹集方式和经营权出租的改革,不仅解决了投入资金和运营资金问题,而且还有赢利,取得了显著的社会、经济和环境效益。在城市河湖沿岸水经济建设的商业网点、娱乐设施等都可实施经营权出租方式。

城市水经济经营的利润应该应用于城市水生态系统建设和管理中。从城市水生态系统建设和管理的公益性特点来看,城市政府公共财政的直接参与应该是经营城市水利的重要资金来源:一是城市政府财政的供给,如土地出让金、城市建设维护税、机动财力等。如浙江省丽水市为了加强城市水生态系统建设和管理,市政府决定从土地出让金中拿出20%作为城市水环境综合整治经费,取得了显著效果;二是城市政府的地方性规定补给费,如城市防洪保安资金、基础设施配套费等。政府财政的供给,不仅提供了初期建设必需的资金,而且政府对城市水生态系统建设的投入政策,为向银行融资提供有效的担保。

10.1.4.2 城市水经济经营的保障措施

1. 强化规划的"龙头"作用

城市水生态系统规划是城市水生态系统建设的"龙头",也是城市水经济经营的依据。要搞好城市水经济,就必须强化规划,规划的主要内容如下:

(1)做好城市水生态系统规划与流域生态规划和城市总体规划的有机衔接,确保其超前性、科学性和可操作性。

(2)编制国有水土资源使用权出让规划。为防止出现盲目过量开发水土资源现象,必须编制城市国有水土资源使用权出让规划,以保证城市水土资源开发在规划指导下有规划、有秩序地进行。

(3)编制城市水经济开发和经营规划。城市水经济开发和经营活动必须与城市经济发展规划相协调,水上娱乐经营活动必须符合城市旅游发展规划;河湖沿岸商业活动必须符合城市商贸发展规划,并形成自身的特色。

(4)注重规划的多学科结合。鉴于城市水生态系统建设过程中的不确定因素多、发展变化快,为保证规划在一定时期内的适应性和先进性,在城市水经济开发和经营规划编制过程中要全面引入水市场经济分析、水景观生态经济、水环境容量经济等新思想、新技术和新学科,通过多学科的融合,提升城市水经济开发和经营规划的水平。

(5)加强对城市水生态系统中无形资产经营的规划引导,一方面通过对城市河道、湖泊沿岸以及桥梁、水闸、坝附设的广告位置进行定点规划,在达到美化、亮化的同时,获得广告权出让收益;另一方面对水生态系统规划近期修建的人工湖、河道、水文化广场等的冠名权进行招标、拍卖,在改善城市水生态环境的同时,努力增加城市水经济经营在无形资产方面的收益。

2. 水资源有偿使用政策

(1)水资源的价值观。水资源可分为天然水资源和人工水资源,其中人工水资源是指采用人类的工程或非工程措施拦蓄、调配、治理或处理净化将废水转变为可以利用的淡水资源,淡水资源具有价值是毫无疑问的;天然水资源是指自然环境中未受人类活动影响或人类活动影响甚微的各种形态的淡水资源,有的人称其为"原水"。长期以来,人们对自然水资源具有价值的问题认识不足,其实天然水资源不仅有支持生命、生态、环境和社会、经济发展的正面价值,而且还有洪、涝、旱、碱等灾害,从而成为妨碍人类生存发展的负面影响。因此,必须客观地界定水资源的价值。

(2)水资源市场价格的确定。①确定合理水源价格的作用。制定合理的水资源价格是实施社会经济和生态环境可持续发展战略的一个重要问题,也是水资源能否持续利用的关键问题之一。确定合理的水资源价格,包括使用天然水资源应收纳的水资源费的单价和经开发后进入市场交换的商品水的单价两个部分,它们都对水资源利用和支持可持续发展起着重要的作用。②水资源市场价格的确定。水资源市场价格如何确定一直是水利部门十分关注的问题,对该问题的研究也十分普遍。它涉及到国民经济各个行业、人们日常生活和生态环境的保护等多方面,所以要合理地确定水资源市场价格是十分困难的。天然水资源转化为产品水或商品水,对它的价格确定,既要考虑它具有商品的一般性,又要考虑到商品水的特殊性。水资源作为商品的特殊性,除表现在其本身的属性外,还有资源的日益短缺性、开发的日益困难性、供用水过程的易污性、传统用水的无节制性和水对可持续发展的重要性等。因此,水资源市场价格组成应包括水资源费、水厂工程建设费(投入折算价)、供水运营成本及利润价、排水及污水处理价、水环境保护治理年费用价等组成,各部分价格根据城市的实际情况确定。一般来说,排水及污水处理费比例较大,如南京自来水价格中,污水处理费占到52.6%,而水资源费仅为 0.01 元/m^3。

3. 城市河湖水环境容量资源有偿占用机制

水环境容量资源已经早被人们所认识,水环境容量是一种资源性商品,具有价值和使用价值。在我国水资源短缺日益突出的今天,水环境容量资源更得到人们的关注。水环境容量资源的使用价值是指它能容纳排污者排放的一定数量的污染物,使排污者(商品生产者)的生产能够顺利进行。科学的水环境资源价值观的建立,为水环境资源的有偿使用提供了理论依据,同时也为合理制定排污权的价格和健全排污权有偿转让市场奠定了基础,有利于充分利用经济手段管理水环境资源和进行水资源保护工作。排污权初始分配又称为"排污许可"、"排污指标"等,是环保行政主管部门向排污者颁发的允许其在一定时间内向环境排放一定量的污染物的行政许可,排污者因此而获得的有限的排放污染物的权利。其实质是对水环境容量资源这种商品的一种配置。

在市场经济体制内,无偿取得排污权,便是无偿获得了财富,并且往往剥夺了其他人在同等条件下无偿获得相同的财富的机会。我国现实行污染物排放总量控制,谁拥有了水环境容量资源,谁就拥有了排污权。对于其他受总量控制制度制约,而不能同样无偿地获得自己所需的全部排污指标的排污者来说,这是不公平的。因为作为同样的生产者和排污者,它必须把排污的成本内部化,从而要么因提高了技术改造的难度,而提升了生产成本,要么因提高商品的销售价格而降低了竞争力,与无偿获得排污权的生产者展开的是一种不公平的竞争。同样,对其他社会公众也是不公平的,因为水环境容量资源既是有限的,又是公共的,无偿取得排污权的生产者,实际上不仅占用了本身的环境容量份额,同时还大量地无偿占有了社会公众的环境容量份额,使其他公众要么失去了使用自己份额的环境容量资源的机会(一旦使用将会加剧环境污染),要么必须支付更高额的费用才能得到本应自然拥有的清洁的水和优美的环境。这与市场经济的平等公平原则和等价有偿原则是相悖的。实行有偿取得原则后,排污者取得排污权必须支付相应的代价,它就不会滥占排污权。对于其他生产者来说,在同样条件下就有机会获得排污许可,竞争便是公平的。对于公众来说,政府把排污许可的收入用于环境保护和改善,环境损失得到了弥补,或者因政府调控能力加强而不会造成环境损害,有限的水环境容量资源得到合理的使用和补偿,这也是公平的。因此,在城市水生态系统管理中,实施河湖水环境容量资源有偿占用机制是有理论依据并且是合理的。

4. 完善河湖沿岸土地资源出让行为

(1) 高度垄断土地资源的一级市场。要保证政府在土地资源方面的收益,必须在城市形成统一的土地资源市场,对城市区域内的河流堤防、湖泊岸线、湿地周边规定的土地资源,实行统一规划、统一储备、统一开发、统一管理。对不利于经营城市水经济要求的土地资源供应政策要以新的制度予以规范。

(2) 理顺城市土地资源管理体制。一是建立法人制度,建立城市水经济运营公司。法人制度是市场经济的伴生物,市场中的一切经济活动,必须有市场法人来运作。传统的水行业管理模式只是代行政府对国有资产的监控职能而不具有市场法人资格,无法履行、行使市场义务和权利。建立水利资产经营公司法人主体,是依法建立法人制度的前提条件。二是建立法人资本制度,资本金来源主要依靠政府的政策性投入。首先是依靠政府的管理资源,重组分散在多行业、多部门的城市涉水水务资产,这是国有资产的主要来源渠道;其次是依据开发利用规划和年度实施计划,通过红线储备和征用、收回、收购、置换等实物储备方式,实施城市河道和湖泊岸线土地的储备;再次是依靠政府的政策资源,根据法规政策规定,界定城市河道和湖泊岸线管理的土地使用权。

5. 合理分配水土资源收益

为了调动城市社会各方面对水生态环境建设的积极性,必须对城市水土资源收益作出定量考核并进行合理分配。定量考核的依据可结合城市水生态环境评价体系提出的专门方法建立城市水土资源收益考核体系,并根据水生态环境的判断依据,建立城市水经济开发经营收益体系。

6. 把握水经济开发重点

(1) 系统开发。城市河湖既是流域的重要组成部分,又是十分重要的市政基础设施。由于城市河道的服务对象、承担的任务都具有相当的特殊性,必须把城市河湖纳入整个流域和城市基础设施这两大系统中,使之有机地协调、兼容。城市河湖的整治由偏重某一功能向全面系统延伸,已成为城市水生态系统建设的一种趋势。

(2) 生态开发。长期以来,生产力的进步和经济的发展一直是衡量人类社会进步的标志。但这个标志现今已经不全面了,存在着明显的缺陷和不足。人类社会进步的标志应该是社会、经济和生态三个方面协同发展。在城市发展中,生态环境建设的重要性显得越来越重要。我国城市水生态环境恶化十分普遍,水质下降的趋势还没有完全得到遏制,水生态系统退化十分严重,生态环境问题已经直接影响到城市社会经济的可持续发展。因此,在城市水经济活动中应优先考虑生态开发建设。

(3) 综合开发。综合开发利用主要表现在城市河流、湖泊、湿地及其他洼陷结构的建设治理目标、手段、措施以及城市水域功能的多元化。

10.2 城市水文化建设

21世纪,人们对资源的依赖越来越强烈。水作为国家安全的战略资源,越来越成为最有依赖价值的资源,而水资源衍生的水文化资源,已脱胎于概念化,初步具备资源化的开发条件。因此,正确认识水文化资源价值,建立水文化资源开发机制,对于开掘行业潜能,增强行业品位,具有十分重要的意义。

10.2.1 水文化的内涵及功能

水文化是一种反映水与人类社会、政治、经济、文化等关系的行业文化。目前我国对水文化的研究还很少,对其内涵的界定也不十分明确。水文化有广义和狭义之分,广义的水文化是大文化概念,即城市水利在形成和发展过程中创造的精神财富和物质财富的总和;狭义的水文化是指河湖沿岸以及水域所发生的各种文化现象对人的感官发生刺激,人们对这种刺激会产生感受和联想,通过各种文化载体所表现出来的作品和活动。一般地也可以理解为水文化是人们在从事水务活动中创造的以水为载体的各种文化现象,是民族文化中以水为轴心的文化集合体。

广义上的水文化包括三方面的内容:

(1) 水务活动是水文化产生的基础。水是人类乃至地球生命不可缺之物,它是人类衣食之源,但也会给人们带来危害。人类在对水进行治理、开发、利用、配段、管理的同时,也建立了对水的认识、观赏和表现水务活动精神的文化。

(2) 水文化是反映人们对水务活动的思考和社会意识。水文化是人们对各种水务活动理性思考的结晶,同时也必然形成与之相适应的社会意识。所谓理性思考,就是人们从丰富多彩的水务活动深厚的历史底蕴和现实活动中,运用概念、判断、推理等思维方式,去探求事物内在的、本质的联系,从而形成一定的观念和思想。

对于水务活动的这种理性思考首先表现为对城市治水、管水、用水、保护水的经验总结和规律的认识,表现为城市水利工作的方针、政策、法规、条例、办法等;其次,它还表现为反映城市水务活动的社会意识。社会存在决定社会意识,社会意识反映社会存在。城市水务活动是一种客观的社会存在,必然形成与之相适应的社会意识。这种社会意识主要表现为城市水行业的文化教育、自然科学、技术科学;表现为城市水行业职工的思想道德、价值观念、行为规范、组织机构和以水为题材创作的神话传说、民谣故事、诗词歌赋、绘画戏剧、文学作品等社会意识形态。这些都是人类精神财富中的灿烂明珠,都是反映城市水务活动的社会意识。从城市文化的形态看,城市水文化是城市文化中以水为轴心的文化集合体。城市文化从内容上讲,是生活在城市这个区域内人们的思想感情和意识形态经过扬弃后而沉淀形成的共同的心理状况、文化行为、价值观念、社会规范以及由此形成的各种文化形式。从时空上讲,它包含各种不同时期、不同地区、不同类型的城市文化,如古代、近代、现代的不同城市文化,而城市水文化只是各种文化中与水有关系的那一部分文化。无论水文化、城市文化,还是城市水文化,都是中华民族文化的组成部分,也是有中国特色社会主义文化的组成部分。城市水文化是一种体现水与城市关系的文化,这种文化的实质是人们对城市水务活动的一种理性思考和社会意识,即以水为载体的文化现象的总和;是城市文化中以水为轴心的文化集合体。

(3)水文化是民族文化中以水为轴心的文化集合体。水文化是民族文化中的重要组成部分,是民族文化中以水为轴心的文化集合体,是作为历史的沉淀和社会意识的清泉渗入社会心理深层,构成民族文化的一支奇葩。

城市水文化是自城市出现以后就存在的一种文化形态,但是把这种文化形态作为一种科学概念提出来加以考察,是随着我国城市化进程的加快和城市水利专业委员会的成立才引起人们关注的。

水利的发展史实际也是一部文明发展史,数千年来人们对水利的追求基本保持在防洪安全和生产生活用水的保障方面。即便如此,洪涝灾害一直困扰了中华民族几千年。随着解放后的近50年的技术发展,我国的水利建设事业突飞猛进,通过水利工程建设,得到防洪抗旱的相对安全保障。但同时,人们也逐渐发现,人类活动对这些自然的河流湖泊的干扰已过分严重,特别是在中小城市,水系污染、江河断流、生态环境恶化、美丽的自然特征消失等重大问题相继发生。另一方面,随着人们生活水平的提高,对河流提出了许多新的要求,人们要求河流能够给社会生活提供越来越多的服务,除了防洪、抗旱的安全保障之外,人们开始关注水环境、水生态、水景观以及城区中的水塘、湿地等水环境的保护,关注城区水生态和水循环系统的建设。社会的客观要求推动城市水利建设事业的发展,在城市水利建设的同时如何改善水域的景观和生态环境,已成为现代城市水利事业发展的主流。现代水文化创立的基本原则是满足现代人对水文化的基本需求、反映现代人与水的关系、体现现代科技进步。在不断总结现代水文化发展经验的基础上,创造新的水利建设理论,充分展现我国水利建设事业的文化内涵。并且通过水文化的发展,引导社会建立人水和谐的生产生活方式。总之,水文化内涵要丰富多彩,水域空间设计更不能平铺直叙、匆忙上马,一定要深思熟虑、精心推敲。首先要挖掘、保护、继承当地优秀的水文化历史遗存、历史文脉,形成历史、现代、未来的有机结合和相互辉映;其次要与时俱进,理念创新,创造高品位、有特色、有个性的新的水文化精品,做到功能与形式、艺术与实用、工程与生态的有机统一。

10.2.2 水文化建设途径

要发展和繁荣城市水文化就必须加强城市水文化的建设。城市水文化建设作为有中国特色社会主义文化建设的重要组成部分,应该坚持中国先进文化的前进方向。具体地讲,应该体现在全面提高城市水利工作者的思想道德和科学文化素质,体现在提高水利工程的文化品位,为实现城市水利的现代化提供智力支持和精神动力。根据这一正确方向的要求,加强城市水文化建设的主要途径有以下几点:

(1)全面提高城市水文化规划、设计和建设工作者的思想文化素质。只有高素质的人才,才有高水平的工作,才有高品位的水文化工程。

(2)更新观念,提高城市水工程的规划、设计和建设的文化品位。随着社会经济的不断发展和人民物质文化生活水平的不断提高,城市水利的功能日益多样化,不仅要满足除害和提供生产、生活用水的需要,还要建设清澈、美丽、舒适、人水相亲、人水相依的水环境,满足人们亲水、爱水、戏水、休闲、娱乐等文化的需要。在此情况下,就要求更新设计和建设观念,注重水工程的文化内涵和人文色彩,把每一项工程当作文化精品来设计、建设。使每项水利工程成为具有民族优秀文化传统与时代精神相结合的工艺品,使水工程和水工程管辖区在发挥工程效益和经济效益的同时,成为旅游观光的理想景点、休闲娱乐的良好场所、陶冶情操的高雅去处,为提高人们的生活质量提供优美的水环境。在建设具有浓厚的城市水文化环境方面,上海的苏州河、天津的海河、南京的秦淮河、浙江绍兴的城市河道以及其他一些城市都做了大量的工作,取得良好的效果。首都北京是一个城市水文化极为丰富的城市,在建设一流的现代国际化大都市和世界历史文化名城中、在申办和筹办奥运中,对城区的水系治理提出了"水清、岸绿、流畅、通航"的目标;全市水系治理提出了"一三环绿水绕京城,一千顷水面添美景"的目标。这些目标都有极浓的人文色彩和极深的水文化内涵,体现人与水的和谐相处关系;在具体的河湖水系的整治和建设中,十分注意水工程建筑物功能的拓展和工程的造型艺术。

(3)要继承和发扬我国优秀的城市水文化遗产。我国有5 000多年的历史,创造和形成了极其光辉灿烂的城市水文化,其主要体现在大量的历史典籍、文物、古迹和各种古代水利工程中。这些都是中华民族优秀文化遗产的重要组成部分,我们应大力发掘,精心维护,使之与现代化城市水工程和水文化相映成辉,同时作为进行爱国主义教育的良好教材。我国许多的历史水利工程都很注重其文化内涵。被命名为世界文化遗产的都江堰水利枢纽工程就是典型代表,都江堰始建于战国时期,其工程建设和治水思想都有当时文化的烙印,"道法自然"就是这项工程深刻的文化内涵。老子在《道德经》中说:"域中有四大,而人居其一焉。人法地,地法天,天法道,道法自然。""道"在老子那里既是万物赖于存在的根据,又是书物运动的规律。老子认为,人、天、地、道的关系中,实现人与环境的协调,就是"道法自然"的基本思想。山民江激流驰出三口之后,地势突然展开。从白沙一带的出口处至垒山脚下的宝瓶口,群山环绕,大江中行,形成了环带的地势和环流的水势。李冰正是利用弯道环流的水流规律和坡度适宜,取水高程优势的地理条件,巧夺天工地建构了鱼嘴、飞沙堰、宝瓶口三大主体工程。三大工程首尾相应,融为一体,势若蟠龙,不仅与所处地理环境十分吻合,还把"道法自然"的哲学思想深藏其中。北京颐和园中昆明湖的文化内涵也非常丰富,昆明湖原为北京西北郊一处众多泉水汇聚的天然小湖,元代定都北京后,为接济酒运用水需要,由水利科学家郭守敬主持,开辟上游水源,引昌平白浮村神山泉及沿途流水注入湖中,使水势增大,成为宫廷用水的蓄水库。到明代,湖中多植荷花,湖周种植稻谷,湖旁有一寺院,亭台应景。清乾隆建清漪园时,将湖拓为200多万平方米,并取汉武帝在长安凿昆明池操演水战的故事,更名昆明湖。湖中西堤,是仿杭州西湖苏堤建造的,堤上建有六座桥。湖上最大的17孔桥,长150 m,飞跨于东堤和湖岛间,壮若长虹卧波。湖周的各种建筑物,阁耸廊回,金碧辉映,成为中外驰名的游览胜地。

(4)提高认识,加强领导,注重宣传。任何一个行业,如果只有物质产品,没有精神产品,没有了行业的文化,没有行业的思想、精神、理论和哲学,就不可能成为真正意义上完整的行业,就不可能立足社会,更谈不上发展。城市水利,是一项历史悠久、前途远大的伟大事业,它有灿烂、博大精深的文化,这是维系、支撑城市水利延续和发展的精神动力。在城市化进程加快,城市水利迅速发展的情况下,加强城市水文化建设的意义十分重大。城市水文化建设是一个新生事物,领导的重视和支持是关键。因此,建议应把城市水文化建设列入议事日程,组织有关方面的力量,加强对这一新兴边缘学科的研究,采取有效措施,落实城市水文化建设的各项任务。

10.2.2.1 历史文化

原始信仰中,水能够祛灾除秽,甚至能赋予接受者以新的生命。

"再生"只是原始人眼中自然之水的文化功能之一,总结起来,"生殖"及"通灵"也是水的原始文化功能,它们都属于原始水文化的范畴。原始水文化的生成是以人们对水的依赖与渴望作为基础的。人类对水之重要性的认识几乎与人类的诞生同时,因为水是世界最重要的组成成分,同时它也是人类生存最基本的条件。据考古学、历史学与人类学的研究表明,人类的所有文明几乎都是起源于水边,河流文化促进了人类文明的发展,如埃及有尼罗河、印度有恒河等。中华文明也是如此,黄河是中华民族的摇篮,是中华民族的母亲河。城市依水而建,人类靠水而生,"水是人类文明的一面镜子"。水域的严重污染,说明流域内居民的生产生活方式文明程度不高,缺少优秀的、先进的水文化。先进的水文化可以促进人水关系的协调,落后的水文化使人水关系紧张。

有水则居,无水则凿井,古时所谓"凿井而饮,挖穴而居"正是原始水文化的真实写照。限于工具和技能,古代凿井者都是人们称道的英雄,如黄帝、伯益就是如此。夏商时期,水井已有文字记载,在河南安阳殷墟出土的文物中,甲骨文上已有"井"字。"井"字的形象是井上四木相交的栏圈,一井可供八家人用水,于是古制称八家为"井"。到殷周时期,官府将每方土地(九百亩)按"井"字形划分为九个区,正中间那个区为"公田",公田中有井,八家可以共用这个水井食用和灌溉。不仅农业如此,人们在集市交换商品也围绕水井进行。

城市人口多,需要的水也就更多。为解决城市用水问题,古人常将城市建于水边,如汉代首都长安,四周有径、渭、洋、涝等河流,古有"八水绕长安"之说。六朝古都南京,附近有玄武湖、莫愁湖、秦淮河。九朝古都洛阳,有洛水、伊水直通黄河。北京有永定河、周口河等。近水建城不仅用水方便,也便于各地交通往来。江南的大米,东南的海盐通过大运河源源不断地运往汴梁、洛阳、长安,这些地方因此手工业发达,商业繁荣,水文化高度发展,成为当时直至现今的驰名城市。古代埃及是一个农业民族,人民的生存主要依靠种植大麦、小麦和其他谷物。与现代一样,整个国家除了地中海沿岸一带之外,内地几乎没有雨水。埃及的土地之所以肥沃,全靠尼罗河每年的泛滥,所以尼罗河的泛滥在埃及人民那里并不是一种灾难,尼罗河养活着埃及,一旦水流减少,人们就停止了"呼吸"。历史学家希罗多德也因此而认定"埃及是尼罗河的赠礼"。河水的泛滥灌溉了田地之后,谷物就从田地里生长出来,摆脱死亡的阴影,从而获取再生。总之,水的再生功能熔铸着古代民族对于水的渴望,包含着浓厚的原始水文化意识。

河流的景观以及河流所发生的各种现象对人的感官产生刺激,人们对这种刺激会产生感受和联想,通过各种文化载体所表现出来的作品和活动都可以称为水文化。由于人类的生活和生产活动都离不开水,长期以来积累了丰富的水文化。历史水文化是一种宝贵的文化遗产,记录着我国的自然、地理、灾害和社会变迁等。其内容包括:①艺术作品。如诗歌、碑刻、绘画、史记传说、成语谚语、建筑、雕塑、瀑布喷泉乃至水幕电影等;②水运文化。在人类发明飞机、火车、汽车之前,水上运输是人们主要的交通运输方式,以京杭大运河文化为代表,包括"盐、字西、河、关"文化。苏北腹地的淮安,曾作为漕运要道、运盐枢纽,与扬州、苏州、杭州并称大运河上的"四大都市",运河文化代表中国古代水运的重大成就,现存的漕运总署、南船北马的石码头、河道总督府、淮扬菜文化丰富了水运文化的内涵;③水利文化。如闸、坝、堤、水电站建筑以及桥梁;④宗教信仰。如庙宇(龙王庙、禹王庙、纪念李冰父子的二王庙、纪念韩愈治理韩江的韩王庙等)、祭祀活动和民风民俗(西双版纳傣族的泼水节、洞庭湖区的赛龙舟等);⑤科学著作。如《山海经》、潘季驯的《治水方略》等;⑥体育运动。如近来体育界把游泳、赛艇、帆船、跳水等水上活动项目中人与水相合、相融、相谐也称之为"水文化"。由此可见,我国的水文化内容极其丰富,具有很多继承、保护和研究的价值。

10.2.2.2 现代文明

城市河道与城市生活的休戚相关,更形成了城市独特的水文化。"水"逐渐能成为一个城市的灵魂,这在我国江南地区更是如此。进入工业化进程后,城市的滨水自然环境、水文化与水景观一度遭到严重的破坏,而随着城市经济社会的发展,水文化的建设在近年来得到了重视。结合城市的重大市政工程契机,更好地制定、运用城市政策,挖掘城市水文化内涵,塑造城市特色水景观,进而实现城市水文化与水景观的和谐发展,是建设城市水文化的良好契机。

水域的严重污染,说明流域内居民的生产生活方式不文明,缺少优秀的水文化。优秀的水文化可以促进人水关系的协调,落后的水文化使人水关系紧张。在现代的水利建设中应当倡导水文化,既要注意保存我国历史遗留的优秀水文化,又要创造现代的水文化。在现代社会,由于人与水关系的变化,水文化也在不断地变化。既然有水文化存在,在进行水利工程建设时要充分注意保护该地区的优秀水文化遗产。比如说,在水文化活动、民俗盛行的地方,为居民从事水文化活动保留足够的场所,如在赛龙舟盛行的水域,堤岸建设要方便人群观看比赛,又如钱塘江堤防的建设既要便于大规模的观潮活动,既要有足够的安全保证,又要体现丰富的现代水文化。相反,如果在水利建设中缺少水文化意识,就有可能破坏了当地的水文化。例如,河流污染、断流、渠化等都可能从根本上破坏了地方水文化的基础。"太湖美,美就美在太湖水"这样家喻户晓的歌词,如今由于水体的严重污染已很难引起人们的共鸣。

建设现代水文化,就是在保存历史水文化的同时,还将现代技术、文化、观念引到水利建设中来,创造现代水文化,如在河岸建设高技术手段的水文化展览馆、现代雕塑、大型喷泉、水上娱乐、水幕电影、音乐广场、水上夜景游览等。

现代水文化创立的基本原则是满足现代人们对水文化的基本需求,体现现代科技进步,反映现代人与水的关系。在不断总结现代水文化发展经验的基础上,创造新的水利建设理论,充分展现我国水利建设事业的文化内涵。并且通过水文化的发展,引导社会建立人水和谐的生产生活方式。

10.2.3 水文化与水景观的协调

城市水文化建设与水景观建设是相互影响、相互促进、相互渗透融合的关系。要建设一个生产生活方便舒适的、人与自然和谐的、高品位的城市水文化系统,就必须充分考虑水文化与水景观的协调,将水文化融合于水景观之中,同时水景观应充分体现水文化。

10.2.3.1 水文化的景观性

在城市中大多数都是仰视角度的景观,这种情况对视觉是不利的,往往给眺望者以紧张的感觉。水平的水面从生理学角度来讲,给人以俯视的景观,使人眼界开阔,看远看深看透,给眺望者以视觉的休息。流动的水则更具有吸引力,无论是急流和缓流,让我们看到了丰富的变化反差。另外像倒景和落日那样,由风形成的水波和光线的反射相映盛辉,给人以意想不到的变化和灿烂。水生动物和水边植物不期而遇,那时的景象会给人以深刻难忘的感觉。溪流、水路、瀑布、喷泉等,在给人以跳动感觉的同时还使人有着湿润、清凉、柔和等感觉,人们对汩汩流出的泉水感觉到的是它的神秘,这些都展示了水的无限性,恰似"无限的彼岸流出的水,理应和我们有亲密的接触"。因此,在设计水文时要充分考虑其景观效应,本着以人为本的原则,在城市丰富的水文中体现出别致、优美的景观环境。

10.2.3.2 水文化景观的特征

在水景观建设中,文化概念的引入使水景观涉及的范围从单纯的自然水生态系统扩大到自然-经济-社会复合生态系统以及人文科学的社会、心理和美学领域。同时,水文化对水景观又有着深刻的影响,不论是半自然的农村水景观还是全人工化的城市水景观,都是不同程度水文化景观的体现,它反映了人类在自然环境影响下对生产和生活方式的选择,同时也反映了人类对精神、伦理和美学价值的取向。因此,水文化景观是人类文化与自然水景观相互作用的结果,是特定时间内形成的自然和人文因素的复合体。

水文化景观作为附加在自然水景观之上的各种人类活动的表现形态,由自然和人文两大因素组成。自然因素为人类物质文化景观的建立和发展提供了基础,正因为如此,由于自然环境本身所具有的地带性规律,使得水文化景观的许多人文因素(如居民等)具有明显的地带性特征。构成水文化景观基础的自然因素包括地貌、水文、气候、植被、动物和土壤等,其中地貌因素对水景观的宏观特征产生决定性的作用,动植物则是区域水文化景观外貌的重要影响因素,常成为区域水文化景观的重要标志之一。例如人们一谈起海南岛,海边婀娜多姿的椰子树便会浮现在眼前;提到苏州,就会联想到小桥流水。构成水文化景观的人文因素包括物质的和非物质的两类,使得水文化景观具备了精神意识特征。在人文因素中,物质因素是水文化景观的最重要体现,包括聚落、交通、栽培植物等;非物质因素主要包括思想意识、生活方式、风俗习惯、宗教信仰等。当研究非物质因素时,可以透视水景观外貌深入到水文化景观的内部,寻求水景观内在变化的机制和动力。

随着水文化内涵和外延的不断丰富和扩大,人们精神生活和物质生活需求的增长以及旅游业的发展推动水文化设施不断完善,滨水空间越来越多地得到重视、开发和利用,滨水公园、滨水广场越来越多;亲水建筑、亲水设施和艺术小品越来越多,例如著名的香港文化中心等亲水建筑已成为城市的标志;水文化展览馆、博物馆、水族馆等层出不穷。

水文化景观具有地域性,广义而言,水文化景观包括两个方面,即人们为满足自身生产和生活的需要而对地球表面的自然水景观实施改造利用,它通常以各种滨水土地利用方式和生产方式来实现,如农业、牧业、居住聚落和交通等;同时也包括了人们依附于这种自然环境和生产方式所表现的生活方式,如饮食、服饰、宗教等。这两个方面构成了一个区域总体的水文化景观特征,前一方面是具有空间形态的地理存在,后者则多是非空间形态的物质和精神存在。

从狭义的角度出发,水文化景观更多的是研究具有空间形态的水景观。一个区域水文化景观的形成是在当地的自然环境背景下产生的,是人们长期对自然适应的结果,因此产生了以当地自然环境为背景的各种水景观类型。例如,同样是聚落及其建筑形式,平原上的水乡聚落和山区中的村寨就有很大的不同,不仅在建筑形式上有差异,即使是在聚落斑块的分形上也有不同,因此水文化景观具有强烈的自然本底性。人类活动改变了自然环境及景观,产生了新的水景观格局,包括半自然水景观、农业景观和城市水景观等,都是不同程度的水文化景观。研究具有区域性空间形态的水文化景观,有助于人们更好地了解和掌握区域水文化景观的基本特征,并通过区域之间的对比,认识区域自然背景的作用、人为活动强度和方式的差异。

水文化景观在空间上存在着分异和趋同的运动。所谓分异,是指一个地域中水文化景观类型各自独立发展,相互差异性不断增强,且不断产生新类型的过程;所谓趋同,则是指地域上各水文化景观类型相互渗透、融合、同化,其水景观类型不断趋于单一的过程。在水文化景观发展开始阶段,不同的人群在各自隔离的环境中以不同的生活方式进行着改变自然的努力,其总的运动趋势是分异。随着人们活动范围的扩大、生活内容的日益多样化和丰富,各水文化景观的分异渐趋扩大,地域特色不断区域明显,但是水文化景观的分异常与区域的自然边界相一致,两种水文化景观在其交接地带,形成水文化景观的梯度差。随着技术的进步,交流的频繁和人类视野的扩展,水文化景观也出现了趋同现象,水文化的融合与同化逐渐代替了分异的趋势,各水文化景观特色逐渐减弱,特别是那些人类控制力较强的水景观。但是现代趋同的压力使得这些城市在其形态上的差异基本消失,这是现代水文化景观建设中所存在的明显缺陷。

10.2.4 水文化建设实例

水文化建设融入在水利发展的体系中,同整个社会文化、城市整体发展有着诸多关联。随着城市化进程的加快,对城市水文化建设提出了新的要求。

以北京为例,北京市政府在确定全市国民经济和社会发展"十五"计划思路时,对水利发展也提出了明确的目标,要求正确处理城市现代化与保护历史文化名城的关系,整治并恢复历史文化景观。结合城市市区污水截留,恢复、整治北京市城市河湖水系,实现"水清、流畅、岸绿、有条件的河段通航"的目标。北京的水系是自然水系同人工水系交织的庞大系统,人类活动在改变自然水系面貌上起到了重要作用,蕴含着丰富的水文化。

北京市规划市区在平原区的西部,以 60 km^2 的老城区为中心向四周辐射,面积为 $1\,040 \text{ km}^2$。规划市区有河道 214 km,湖泊 26 处。昆明湖、什刹海、北海、中南海等宫苑湖泊,长河、护城河、通惠河等河道,是北京城市的灵性所在,也是水文化的载体。

在城市发展过程中,人们的观念逐步得到更新,人与自然和谐共处已成为新的生活理念。北京市委、市政府确定"三环绿水绕京城,千顷水面添美景"的城市水利建设目标,正是体现了这种理念。建设的主要内容是以规划市区为重点,利用5年左右的时间建成适应北京现代化要求的城市水利体系。这种体系具有防洪、供水、水环境、水文化的符合功能,是现代化城市基础设施的组成部分。"三环绿水绕京城,千顷水面添美景"水利体系的主体包括:第一环是筒子河,这条3.5 km的河是紫禁城的护城河。1998年对城市中心区水系进行治理时,同中南海等湖泊一道进行了治理。第二环包括昆玉河、长河、南北护城河。在中心区水系治理时已经对昆玉河、长河和南护城河50 km河道进行了综合治理。2002年已打通西直门转河,使长河联通北护城河,开通东直门到朝阳公园水系,使北护城河和水雄湖、高碑店湖接通。第三环包括清河、温愉河、北运河、凉水河形成第三环,成为水清、流畅、岸绿,有条件的河段通航的郊野公园式河道。为适应"绿色奥运、科技奥运、人文奥运"的需要,北京市规划在奥林匹克公园开出一个相当于颐和园昆明湖那样规模的奥林匹克湖,水面面积为200 hm^2。同时结合河道治理,在城区及城近郊区,利用坑塘、洼地,多建设一些湿地,恢复自然的生态环境。河道设计改变了以往输水渠道式的断面设计,宜宽则宽、宜变则变、人水相亲、和谐自然,使人能接近水,能够赏水、游水、戏水。有的河段还要同岸上的水景、小区内的小型湖泊接通,使河道更加自然化。为让游人能接近河水,设计者利用挡土墙开出凹槽,形成近水廊道,布置观水平台、轩窗等。北环水系有着丰富的历史文化内涵,也是展示水文化的重要地段。在设计方案中将在河岸边建一处诗文碑林,将历史上文化名人歌颂高梁河及两岸风光的诗文镌刻其上,还将发生在这里的重要历史事件用浮雕等方式在岸墙上展示出来。

北京市的各区县也加大了水环境、水景观的建设力度。在10年的时间内建设了龙庆峡、青龙峡、十渡等数十处水风景区,活跃了地方经济,也拓展了水利的文化内涵。在建设北京历史文化名城的大环境中,水文化建设呈现出强劲的发展势头。通州区政府正在筹划恢复古运河风貌,投资建设张家湾码头、运河广场、运河碑林等,建设运河文化产业带。总之,新的治水实践正在使传统的治水观念发生转折,城市建设体现人水和谐的新观念,显现出北京的文化古都和现代化城市相融合的新风采。北京市从以下几方面切入,着手建设北京城市水文化。

(1)划定城市水文化保护区,保护历史水文化遗产。北京地区留存了丰富的水文化遗产,以莲花池、北海、昆明湖为代表的城市湖泊,以长河、通惠河、护城河为代表的城市水系是展示北京历史水文化的关键部位。

(2)创造条件恢复受到破坏的城市水系,使水文化遗产得以发扬光大。近些年在城市水系治理过程中,注意保护了水系文化遗产,恢复了部分水利历史文化古迹。治理通惠河时,北京水利局同文物和规划部门反复研讨保护广源闸、御码头、麦钟桥等遗址的方案,使这些上至元代、下到清末的水文化遗产成为十分有特色的水景观。填埋在公路下多年的北海后桥重见天日,古老的运河要重现风采,这一切,都将使水文化的遗产服务于现代化城市建设。

(3)建设具有时代特点和适应城市人居需求的新型水文化。在传统治水思路的影响下,已建造的水工建筑更多地考虑了安全性、稳定性等要求,而对工程应同时具备审美的需要注意不够。一部分水工建筑物形式简陋、功能单一,不能适应现代化城市的需要。注重城市水利的综合功能,提高水工建筑的艺术品味,已成为城市水利建设必须解决的问题。

参 考 文 献

[1] 吴季松. 水利技术标准汇编:水资源水环境卷[M]. 北京:中国水利水电出版社,2002.
[2] 刘昌明. 中国水资源现状评价和供需发趋势分析[M]. 北京:中国水利水电出版社,2001.
[3] 郭淑华,徐晓毅. 水文与水资源学概论[M]. 北京:中国环境科学出版社,2011.
[4] 崔可锐. 水文地质学基础[M]. 合肥:合肥工业大学出版社,2010.
[5] 梁川,覃光华. 河流开发保护与水资源可持续利用[M]. 北京:中国水利水电出版社,2008.
[6] 孙金华. 水资源管理研究[M]. 北京:中国水利水电出版社,2011.
[7] 朱岐武. 水资源评价与管理[M]. 郑州:黄河水利出版社,2011.
[8] 王晓昌. 水资源利用与保护[M]. 北京:高等教育出版社,2008.
[9] 陈崇希. 地下水流动问题数值方法[M]. 北京:中国地质大学出版社,2009.
[10] 金光炎. 地下水文学初步与地下水资源评价[M]. 南京:东南大学出版社,2009.
[11] 于万春,姜世强,贺如泓. 水资源管理概论[M]. 北京:化学工业出版社,2007.
[12] 阮仁良. 水资源普查方法概论[M]. 北京:中国水利水电出版社,2002.
[13] 畅建霞,王丽学. 水资源规划及利用[M]. 郑州:黄河水利出版社,2010.
[14] 赵建世. 水资源系统的复杂性理论方法与应用[M]. 北京:清华大学出版社,2008.
[15] 林学钰. 现代水文地质学[M]. 北京:地质出版社,2005.
[16] 陈鸿汉. 沿海地区地下水环境系统动力学方法研究[M]. 北京:地质出版社,2002.
[17] 万俊. 水资源开发利用[M]. 2版. 武汉:武汉大学出版社,2008.
[18] 张永波. 地下水环境保护与污染控制[M]. 北京:中国环境科学出版社,2003.
[19] 陈梦玉. 水价格学[M]. 北京:中国水利水电出版社,2000.
[20] 常杰. 生态学[M]. 北京:高等教育出版社,2010.
[21] 战友. 环境保护概论[M]. 2版. 北京:化学工业出版社,2010.
[22] 罗岩. 环境工程概论[M]. 北京:化学工业出版社,2009.
[23] 钱正英. 中国可持续发展水资源战略研究报告集[M]. 北京:中国水利水电出版社,2001.
[24] 董辅祥. 给水水源及取水工程[M]. 北京:中国建筑工业出版社,1998.
[25] 朱尔明. 中国水利发展战略研究[M]. 北京:中国水利水电出版社,2002.
[26] 左其亭. 城市水资源承载能力——理论、方法、应用[M]. 北京:化学工业出版社,2005.
[27] 高艳玲. 城市水务管理[M]. 北京:中国建材工业出版社,2006.
[28] 吴季松. 水利技术标准汇编:供水节水卷[M]. 北京:中国水利水电出版社,2002.
[29] 雒文生,宋星原. 水环境分析及预测[M]. 武汉:武汉大学出版社,2000.
[30] 蓝楠,陈燕,彭泥泥. 地下水资源保护立法问题研究[M]. 武汉:中国地质大学出版社,2010.
[31] 陈景文. 环境化学[M]. 大连:大连理工大学出版社,2009.
[32] 孙东坡. 水力学[M]. 郑州:黄河水利出版社,2009.
[33] 尚松浩. 水资源系统分析方法及应用[M]. 北京:清华大学出版社,2006.
[34] 聂晶. 水库水体总磷三维数学模型及其应用[D]. 长春:吉林大学,2004.
[35] 刘金英. 灰色预测理论与评价方法在水环境中的应用研究[D]. 长春:吉林大学,2004.
[36] 马瑞杰. 水环境数学模型正、反演数值方法研究及应用[D]. 长春:吉林大学,2005.

[37] 张观希,黄小平,杜完成. 大亚湾海水污染扩散试验及涡动扩散系数的估计[J]. 热带海洋,1997,16(1):89-94.
[38] 梁秀娟,刘恨莹,肖长来. 室内模拟试验确定横向扩散系数的研究——以吉林市第二松花江某江段为例[J]. 吉林大学学报,2004,34(4):560-565.
[39] JAVANDEL I. 地下水运移数学模型手册[M]. 林学钰,译. 长春:吉林科学技术出版社,1985.
[40] HADAMARD J. Lectures on the Cauchy problem in linear partial different equations[M]. New Haven: Yale University Press, 1923.
[41] HEIKKI P, JOUNI L, ANTTI R. Internal nutrient fluxes counteract decreases in external load: The case of the estuarial eastern gulf of finland, Baltic sea[J]. Ambio, 2001, 30: 4-5.
[42] 王燕飞. 水污染控制技术[M]. 2版. 北京:化学工业出版社,2008.
[43] 祁鲁梁. 水处理工艺与运行管理实用手册[M]. 北京:中国石化出版社,2002.
[44] 陈杰瑢. 环境工程技术手册[M]. 北京:科学出版社,2008.
[45] 胡晓华. 生命之水[M]. 呼和浩特:内蒙古人民出版社,2006.
[46] 李雪松. 中国水资源制度研究[M]. 武汉:武汉大学出版社,2006.
[47] 曲耀光. 保护人类生命之源[M]. 北京:中国环境科学出版社,2001.
[48] 程伍群. 水资源危机产生与管理[M]. 北京:中国水利水电出版社,2010.
[49] 王凯雄,朱优峰. 水化学[M]. 北京:化学工业出版社,2010.
[50] 徐炎华. 环境保护概论[M]. 2版. 北京:中国水利水电出版社,2009.
[51] 张锡辉. 水环境修复工程学原理与应用[M]. 北京:化学工业出版社,2002.
[52] 杨京平. 生态工程学导论[M]. 北京:化学工业出版社,2005.
[53] 何立慧. 环境与资源保护法学[M]. 北京:经济科学出版社,2009.
[54] 沈洪艳. 环境管理学[M]. 北京:清华大学出版社,2010.
[55] 聂永丰. 三废处理工程技术手册:固体废物卷[M]. 北京:化学工业出版社,2000.
[56] 彭党聪. 水污染控制工程[M]. 3版. 北京:冶金工业出版社,2010.
[57] 王燕飞. 水污染控制技术[M]. 2版. 北京:化学工业出版社,2008.
[58] 朱亮. 供水水源保护与微污染水体净化[M]. 北京:化学工业出版社,2005.
[59] 许有鹏. 城市水资源与水环境[M]. 贵州:贵州人民出版社,2003.
[60] 左其亭,王树谦,刘廷玺. 水资源利用与管理[M]. 北京:科学出版社,2000.
[61] 钱易,唐孝炎. 环境保护与可持续发展[M]. 郑州:黄河水利出版社,2009.
[62] 余新晓. 水文与水资源学[M]. 2版. 北京:中国林业出版社,2010.
[63] 杨士弘. 城市生态环境学[M]. 2版. 北京:科学出版社,2005.
[64] 左其亭,窦明,马军霞. 水资源学教程[M]. 北京:中国水利水电出版社,2008.
[65] 马永胜. 水资源保护理论与实践[M]. 北京:中国水利水电出版社,2009.
[66] 詹道江,徐向阳,陈元芳. 工程水文学[M]. 4版. 北京:中国水利水电出版社,2010.
[67] 余元玲. 水资源保护法律制度研究[M]. 北京:光明日报出版社,2010.
[68] 比斯瓦斯. 水资源环境规划、管理与开发[M]. 程丽君,译. 北京:中国水利水电出版社,2011.
[69] 崔振才. 工程水文及水资源[M]. 北京:中国水利水电出版社,2008.
[70] 李强. 中国水问题:水资源与水管理的社会学研究[M]. 北京:中国人民大学出版社,2005.
[71] 房玲娣. 水资源管理创新理论与实践[M]. 北京:中国水利水电出版社,2006.
[72] 唐受印,戴友芝. 水处理工程师手册[M]. 北京:化学工业出版社,2000.
[73] 任伯帜. 城市给水排水规划[M]. 北京:高等教育出版社,2011.
[74] 长江水利委员会国际合作与科技局. 世界淡水资源综合评估[M]. 武汉:湖北科学技术出版社,

2002.
- [75] 沈大军. 中国国家水权制度建设[M]. 北京：中国水利水电出版社，2010.
- [76] 郭培章，宋群. 中外流域综合治理开发案例分析[M]. 北京：中国计划出版社，2001.
- [77] 谈广鸣，李奔. 国际河流管理[M]. 北京：中国水利水电出版社，2011.
- [78] 蔡敏勇. 中国产权市场年鉴[M]. 上海：上海社会科学院出版社，2006.
- [79] 中国国家气象局. 中国气象年鉴2010[M]. 北京：气象出版社，2010.
- [80] 武春友. 资源效率与生态规划管理[M]. 北京：清华大学出版社，2006.
- [81] 钱正英，潘家铮. 西北地区水资源配置生态环境建设和可持续发展战略研究：重大工程卷. 西北地区水资源重大工程布局研究[M]. 北京：科学出版社，2004.
- [82] 赵然杭. 基于水环境与生态服务价值的水价理论与应用[M]. 北京：中国水利水电出版社，2009.
- [83] 石玉林，卢良恕. 中国农业需水与节水高效农业建设[M]. 北京：中国水利水电出版社，2001.
- [84] 齐学斌. 中国地下水开发利用及存在问题研究[M]. 北京：中国水利水电出版社，2007.
- [85] 李军华，杨珊珊. 环境影响评价中的公众参与问题[J]. 环境与可持续发展，2010(6)：31-33.
- [86] 王浩，沈大军. 面向可持续发展的水评价理论与实践[M]. 北京：科学出版社，2003.
- [87] 戴天柱，赵蕾. 基于动态博弈分析模型的环境保护投融资机制研究[M]. 北京：经济管理出版社，2010.
- [88] 王周伟. 风险管理[M]. 上海：上海财经大学出版社，2008.
- [89] 翁文斌. 现代水资源规划——理论方法和技术[M]. 北京：清华大学出版社，2004.
- [90] 中国科学院可持续发展研究组. 中国可持续发展战略报告[M]. 北京：科学出版社，2008.
- [91] 何晓科，陶永霞. 城市水资源规划与管理[M]. 郑州：黄河水利出版社，2008.
- [92] DATTA R B, ATHPARIA R P. Water and water resource management[M]. New Delhi：Omsons Publications，1999.
- [93] BERTALANFFY V. General system theory[M]. New York：George Breziller, Inc，1973.
- [94] BERTRAM I, SPECTOR E. Negotiating international regimes[M]. London：Graham & Trotman/Martinus Nijhoff，1994.
- [95] BREBBIA C A, ANAGNOSTOPOLOS P. Water resources management[M]. Boston：Witpress，2002.
- [96] 刘照龙. 环境影响评价中的公众参与制度研究[D]. 重庆：西南政法大学，2009.
- [97] 吴今培，李学伟. 系统科学发展概论[M]. 北京：清华大学出版社，2010.
- [98] 杨东平. 中国环境的危机与转机[M]. 北京：社会科学文献出版社，2008.
- [99] 《中国环境年鉴》编辑委员会. 中国环境年鉴2010[M]. 北京：中国统计出版社，2010.
- [100] 王淑莹，高春娣. 环境导论[M]. 北京：中国建筑工业出版社，2004.
- [101] 郭宏伟. 生态学基础[M]. 5版. 北京：北京教育出版社，2008.
- [102] 张恒庆，张文辉. 保护生物学[M]. 2版. 北京：科学出版社，2009.
- [103] 王焕校. 污染生态学[M]. 2版. 北京：高等教育出版社，2002.
- [104] 乔玉辉. 污染生态学[M]. 北京：化学工业出版社，2008.
- [105] CLAYTON B D, SADLER B. 战略环境评价：国际实践与经验[M]. 鞠美庭，译. 北京：化学工业出版社，2007.
- [106] 程水源，崔建升，刘建秋. 建设项目与区域环境影响评价[M]. 北京：中国环境科学出版社，2003.
- [107] 迪克逊. 环境影响的经济分析[M]. 何雪炀，译. 北京：中国环境科学出版社，2001.
- [108] 中国国家环境保护总局规划与财务司. 环境统计概论[M]. 北京：中国环境科学出版社，2003.
- [109] 盛骤，谢式千，潘承毅. 概率论与数理统计[M]. 4版. 北京：高等教育出版社，2008.

[110] 贺启环. 环境噪声控制工程[M]. 北京：清华大学出版社，2011.
[111] 李耀中，李东升. 噪声控制技术[M]. 2版. 北京：化学工业出版社，2010.
[112] 熊治廷. 环境生物学[M]. 北京：化学工业出版社，2010.
[113] 陈杰瑢. 环境工程技术手册[M]. 北京：科学出版社，2008.
[114] 周启星，罗义. 污染生态化学[M]. 北京：科学出版社，2011.
[115] 刘鸿亮. 湖泊富营养化控制[M]. 北京：中国环境科学出版社，2011.
[116] 孙福生. 环境分析化学[M]. 北京：化学工业出版社，2011.
[117] 环境保护部环境工程评估中心. 全国环境影响评价工程师职业资格考试系列参考教材：环境影响评价相关法律法规[M]. 北京：中国环境科学出版社，2010.
[118] 王澄海. 大气数值模式及模拟[M]. 北京：气象出版社，2011.
[119] 朱世云，林春绵. 环境影响评价[M]. 北京：化学工业出版社，2011.
[120] 李洪枚. 环境学[M]. 北京：知识产权出版社，2011.
[121] 李爱贞. 环境影响评价实用技术指南[M]. 北京：机械工业出版社，2008.
[122] 赵勇胜，林学钰. 环境及水资源系统中的GIS技术[M]. 北京：高等教育出版社，2006.
[123] 李纪人. "3S"技术水利应用指南[M]. 北京：中国水利水电出版社，2003.
[124] 郭泺，薛达元. 环境空间信息技术原理与应用[M]. 北京：中国环境科学出版社，2011.
[125] 毛东兴，洪宗辉. 环境噪声控制工程[M]. 北京：高等教育出版社，2010.
[126] UNESCO, WMO. Water resources assessment activities: handbook for national evaluation[M]. Geneva: WMO Secretariat, 1988.
[127] 金光炎. 地下水文学初步与地下水资源评价[M]. 南京：东南大学出版社，2009.
[128] ASIT K B. 发展中国家水资源开发保护与管理[M]. 毛文耀，译. 郑州：黄河水利出版社，2009.
[129] 项彦勇. 地下水力学概论[M]. 北京：科学出版社，2011.
[130] 管华. 水文学[M]. 北京：科学出版社，2010.
[131] 杨志峰，崔保山，刘静玲. 生态环境需水量理论、方法与实践[M]. 北京：科学出版社，2003.
[132] 高俊发，王彤，郭红军. 城镇污水处理及回用技术[M]. 北京：化学工业出版社，2004.
[133] 沈光范. 中水道技术[M]. 北京：中国环境科学出版社，1991.
[134] AINSLIE W B. Rapid wetland functional assessment: it's role and utility in regulatory arena[J]. Water, Air & Soil Pollution. 1994(3, 4): 237-248.
[135] LARSON J S. Rapid assessment of wetlands: history and application to management. in: Mitsch(ed)[J]. Global Wetlands: Old World and New. Elsevier, 1994: 623-636.
[136] 陆健健. 湿地生态学[M]. 北京：高等教育出版社，2006.
[137] 吴忠标，赵伟荣. 室内空气污染及净化技术[M]. 北京：化学工业出版社，2007.
[138] 刘慧卿，傅建. 室内环境污染与防护[M]. 郑州：黄河水利出版社，2011.
[139] JLASSON J, THERIVEL R, CHADWICK A. 环境影响评价导论[M]. 鞠美庭，译. 北京：化学工业出版社，2007.
[140] 孟伟. 流域水污染物总量控制技术与示范[M]. 北京：中国环境科学出版社，2008.
[141] 张永春. 有害废物生态风险评价[M]. 北京：中国环境科学出版社，2002.
[142] 国家林业局野生动植物保护司. 自然保护区现代管理概论[M]. 北京：中国林业出版社，2001.
[143] 崔凤军. 风景旅游区的保护与管理[M]. 北京：中国旅游出版社，2001.
[144] HAITH D A. Landuse and water quality in New York River[J]. Environ. Eng. Div. ASCE, 1976, 102(1): 1-15.
[145] 曾贤刚. 环境影响经济评价[M]. 北京：化学工业出版社，2003.

[146] 查尔斯 D 科尔斯塔德. 环境经济学[M]. 傅晋华,译. 北京:中国人民大学出版社,2011.

[147] 韩中庚. 数学建模方法及其应用[M]. 2版. 北京:高等教育出版社,2009.

[148] 张颖. 中国城市森林环境效益评价[M]. 北京:中国林业出版社,2010.

[149] 张洪江. 土壤侵蚀原理[M]. 2版. 北京:中国林业出版社,2008.

[150] 王百田. 林业生态工程学[M]. 3版. 北京:中国林业出版社,2010.

[151] SHEATE W R. Public participation: the key to effective environmental assessment[J]. Environmental Police and Law, 1991(21): 3-4.

[152] HARASHINA S. Environmental dispute resolution process and information exchange[J]. Environmental Impact Assessment Review, 1995(15): 69-80.